设计理论与实践研究

主 编　马　菁　郭　阳　张云霞
副主编　吕海军　陈文术　于　莉　李婷婷

中国水利水电出版社
www.waterpub.com.cn

内 容 提 要

　　景观设计是一门涉及多种学科的设计门类,涵盖了生态、规划、地理、工程、美学等多方面的知识,具有很强的理论性和实用性。随着人们生活水平的不断提高,对景观设计的需求和要求都在不断增加。为此,本书从理论和实践的角度出发,对景观设计的基本问题、发展历程以及其各部分的具体设计实践进行了详细阐述,以帮助读者更加全面、深入地了解景观设计的相关知识。

图书在版编目(CIP)数据

　　景观设计理论与实践研究 / 马菁,郭阳,张云霞主编. -- 北京 : 中国水利水电出版社,2016.2(2022.10重印)
　　ISBN 978-7-5170-4096-5

　　Ⅰ. ①景… Ⅱ. ①马… ②郭… ③张… Ⅲ. ①景观设计—研究 Ⅳ. ①TU986.2

　　中国版本图书馆CIP数据核字(2016)第018413号

策划编辑:杨庆川　　责任编辑:陈　洁　　封面设计:马静静

书　　名	景观设计理论与实践研究
作　　者	主 编 马 菁 郭 阳 张云霞
	副主编 吕海军 陈文术 于 莉 李婷婷
出版发行	中国水利水电出版社
	(北京市海淀区玉渊潭南路1号D座 100038)
	网址:www. waterpub. com. cn
	E-mail:mchannel@263. net(万水)
	sales@ mwr.gov.cn
	电话:(010)68545888(营销中心)、82562819(万水)
经　　售	北京科水图书销售有限公司
	电话:(010)63202643、68545874
	全国各地新华书店和相关出版物销售网点
排　　版	北京鑫海胜蓝数码科技有限公司
印　　刷	三河市人民印务有限公司
规　　格	184mm×260mm 16 开本 27 印张 691 千字
版　　次	2016年2月第1版　2022年10月第2次印刷
印　　数	2001-3001册
定　　价	89.00元

　　凡购买我社图书,如有缺页、倒页、脱页的,本社发行部负责调换

前　　言

景观设计作为一门学科,它所面临的问题是土地、人类、城市及土地上的一切生命的安全与健康和可持续发展。现代景观设计理论强调规划设计的基点是关怀人性与尊重自然和地方文化并重,在更高的层次上能动地协调人与环境的关系和不同土地利用之间的关系,以维护人和其他生命的健康与持续。虽然现代景观设计的发展在世界范围内才一百多年,在我国更是只有短短十多年历程,但是随着社会经济的快速发展,人们开始更多地关注生活环境的质量,对景观设计的需求日益增加。

景观设计是建立在多维空间概念基础上的一门艺术设计门类,从属于环境艺术设计范畴。作为现代艺术设计中的综合门类,其包含的内容远远超过了传统概念,涵盖的内容更加广泛,尺度更大,知识面更广,涉及的因素更多,是面向大众群体的、强调精神文化的一门综合学科,对专业人员综合素质的要求更高。按照人们今天对景观规划设计课程的理解,其空间艺术表现不再是传统意义上的二维或者三维设计,也不仅仅是单纯的时空艺术表现,景观规划的设计过程是一种空间整体艺术氛围的营造过程。因此,在这一过程中,从概念到方案,从方案到施工,从平面到空间,每一个环节都有不同的关注点,也都有不同的知识作为支撑,只有把各个方面高度统一起来,才能完成一个既有功能作用,又有审美情趣的景观设计。从某种角度上讲,要将这些环节高度统一,只有掌握和运用科学的设计方法和设计程序才能做到。因此,为了帮助读者更加全面地了解景观设计这一事业的理论和具体实践,我们编写了《景观设计理论与实践研究》一书。

本书共包括十四章。第一章为景观规划设计概述,对景观规划设计的内涵、原则和风格进行了研究;第二章研究了景观规划设计的方法、程序和步骤;第三章对景观规划设计的基本理论进行了分析,包括景观环境、行为与心理基本知识,景观规划设计的生态学基础,景观规划设计的美学理论;第四章对景观规划设计的发展历程进行了研究,包括西方景观规划设计的历史发展、中国景观规划设计的历史发展、现代景观的产生和发展以及景观规划的未来趋势;第五章至第十四章分别对景观建筑设计、景观建筑小品设计、校园景观设计、植物景观设计、城市公园景观设计、居住区景观设计、城市广场景观设计、城市道路景观设计、园林景观设计以及滨水景观设计进行了研究。

总体来说,本书内容全面准确,结构清晰,逻辑严谨,语言通俗易懂,具有一定的科学性、学术性和可读性。相信本书的出版,能够为广大的景观设计爱好者和研究者提供一些新的思考方向。

本书在编写的过程中参考了许多景观规划设计方面的著作,也引用了许多专家和学者的研究成果,在此表示诚挚的谢意。由于时间仓促,编者水平有限,本书难免存在不足之处,敬请广大专家学者和读者批评指正,以便本书日后的修改与完善。

编　者

2015 年 12 月

目　　录

第一章 景观规划设计概述

作为一门古老又崭新的学科,景观规划设计的存在和发展与人类的发展息息相关。本章主要从景观规划设计的内涵、原则与风格等方面来对景观规划设计的基本知识进行阐述。

第一节 景观规划设计的内涵

一、景观规划设计的含义

(一)景观的定义

"景观"一词最早在欧洲出现,在希伯来文本的《圣经》旧约全书中,它被用来描写梭罗门皇城(耶路撒冷)的瑰丽景色。这里的景观也仅仅是视觉上的描述。而后大约在 19 世纪的时候,德国地理学家、植物学家 Von. Humboldt 将景观作为一个科学名词引入地理学中,并将其解释为"一个区域的总体特征"。Humboldt 提出将景观作为地理学的中心问题,探索由原始自然景观变成人类文化景观的过程。俄国地理学家贝尔格等人沿这一思想发展形成了景观地理学派。景观一词被引入地理学研究后,已不单只具有视觉美学方面的含义,而是具有地表可见景象的综合与某个限定性区域的双重含义。

由于景观涵盖的内容非常广泛,所以至今对景观的定义尚未有一个统一的解释。1963 年版的《Webster's》、1933 年版的《牛津英语词典》以及 1979 年版的《辞海》对景观的解释多把"自然风景"的含义放在首位。而 1989 年缩印本的《辞海》则认为"景观"一词有三层含义:"①地理学名词一般概念:泛指地表自然景色;②特定区域概念专指自然地理区划中起始的或基本的区域单位,是发生相对一致和形态结构同一的区域,即自然地理区;③类型概念类型单位的通称,指相对隔离的地段,按其外部特征的相似性,归为同一类型单位,如荒漠景观、草原景观等。"1990 年版的《中国大百科全书》概括了地理学中对景观的几种理解:"①某一区域的综合特征,包括自然、经济、文化诸方面;②一般自然综合体;③区域单位,相当于综合自然区划等级系统中最小的一级自然区;④任何区域单位。"

综上所述,对景观定义的理解,可以从四个方面入手:①景观可以作为视觉审美过程的对象,通过艺术的手法表达出来;②作为人类生活的空间,是人类生活的体验;③一个具有结构和功能、具有内在和外在联系的有机生态系统;④一种记载人类历史、人与自然、表达希望和理想,赖以认同和寄托的语言和精神空间的符号。

(二)景观规划设计的定义

所谓景观规划设计,就是指在一定的地域范围内,在规则的原则下,运用艺术和工程技术手段,通过改造地形、种植树木、花草、营造建筑和布置园路等途径创作而建成的自然环境和生活、游憩境域的过程。这一过程体现了历史文化精神的延续和人文主义的关怀,为人类与自然的和谐相处做出了重大贡献。

二、景观规划设计的内容

景观规划设计的内容主要包括国土规划、场地规划、城市规划、场地设计和场地详细设计五个方面,具体如表 1-1 所示。

表 1-1　景观规划设计的内容

主要内容	具体项目
国土规划	自然保护区的规划
	风景名胜区的保护开发
场地规划	新城建设
	城市再开发
	居住区开发
	旅游游憩地规划设计
	河岸、港口、水域的利用
	开放空间与公共绿地规划
城市设计	城市空间的创造
	城市街景广场设计
	城市设计研究
	校园设计
场地设计	居住区环境设计
	科技工业园设计
	校园设计
场地详细设计	园林建筑小品
	建筑环境设计
	店面
	照明

三、景观规划设计的对象

景观规划设计的对象主要为非建筑空间。从使用性质上划分,包括城市公园绿地、居住区绿地、林地、园地、防护绿地、废弃地、广场、街道、文物古迹、历史街区、体育场馆户外运动区、度假区、风景区、绿道、滨水区、建筑墙壁和屋顶,以及其他各类开放空间。

四、景观规划设计的基本功能

功能是指事物或方法所发挥的有利的作用,具体来说,景观规划设计具有以下几种功能。

(一)使用功能

景观规划设计就是要通过空间布局、规模分配、景物塑造、游线设计,使对象空间达到其必需的使用功能。例如大型公园设计应该注意能同时容纳儿童、少年、青年、中年、老年等不同年龄层次人群的休闲活动需求;体育公园则围绕体育活动进行规划设计;生态公园则应该减少硬质铺装,多设计群落植被;广场则以硬质铺装为主,有大规模的开放平坦地,以容纳不同的人群活动;度假区应该充分发挥基地资源优势,体现景观差异性,大型度假区要有足够的住宿、停车、餐饮、游乐等设施。

景观规划设计师还应充分掌握相关人体工学、行为学、工程学、社会学、心理学的相关知识。例如公共活动区应注意无障碍化设计要求,在台阶处设置坡道,水边设置护栏;儿童游乐区应注意根据儿童尺度进行设计,并兼顾安全防护要求。此外,建筑中庭应充分考虑穿行便利因素。

(二)生态功能

景观规划设计处理的一般是非建筑空间,因此应充分考虑生态环保功能。植被、水体是景观规划设计两大要素,景观规划设计师应在充分掌握园林植物、水文相关知识的基础上,通过植物群落搭配、绿道网络、生态空间设计等手段,促进、提升基地的生态价值,发挥生态功能。

图1-1为某小区的景观规划设计局部剖面。设计者在设计中贯穿了生态设计思想。小区里面有人工河道,河道的驳岸采取自然生态的方法设计,布置了连续的群落植被,包括乔木、灌木,以及观赏水景的木甲板,这样提升了小区的生态功能,达到宜人悦目的效果。

图 1-1

(三)历史文化保护功能

对城镇地块进行整体的景观规划设计,可以达到挖掘、保护地方历史文化价值的功能。这类地块本身具有历史性建筑物或者构筑物遗迹,由于保护不善,面临毁灭的危险。景观规划设计应不单独着眼于个别建筑的保护,而是从整体环境出发,提出有效可行的保护措施和保护规划,同时通过对该地块外环境的整体设计,达到保护历史文化价值的功能。

五、景观规划设计的特征

景观规划设计的特点主要表现在以下几方面。

(一)适应性

所谓适应性,就是指景观空间的形式和功能上与环境相互协调,不仅要赋予景观环境以功能性,还要让生活在或者流连于该环境中的人得到视觉与心灵的美感体验与满足,又能够容纳公众多种活动,从物质和精神两方面引导市民的日常生活,这也是"以人为本"设计原则的具体体现。

景观规划设计追求的目标是使拥挤的城市成为一个健康的、宜人的地方,以满足人们工作、居住、儿童成长和参与公众事务的需要,并且设计必须与项目所在地特有的生态、文化和历史相协调——即尊重地方特色。例如商业步行街,它不是仅仅靠几个商场就能形成的,而是要把商业活动、绿化、游览、休闲娱乐活动集中布置于步行街上,才能满足人们的多种活动需求。上海南京路步行街是上海最繁华的商业街,是城市的标志之一,有一百多年的历史。在南京路的改造过程中,充分发挥其购物、旅游、商务、展示和文化功能,将南京路建成集购物、餐饮、旅游、休闲为一体,环境幽雅,文化层次高,具有世界一流水准的步行商业街,如图1-2所示。

图 1-2

(二)多样性

景观规划设计的多样性是指在环境健康发展的前提下,提供多样化的自然环境、开敞空间和各种功能设施,为公众提供多种体验和选择性。同时,也为各种材料、技术的多样性表达提供空间。

世界每一阶段的建筑文化都是利用当时的建筑材料和技术,创造出相应的形式和空间的表达。作品的完美是通过与客户和工作伙伴之间的充分交流与合作来实现的;人性化可以通过设计作品充分理解客户、满足客户需求来获得,创新性则来自于对材料和建造技术灵巧且富于创造性地应用。

随着技术的不断进步和发展,在建造技术和材料的应用中可以发现无数的创新机会。比如永久性的材料——石头、土壤、水和玻璃,动态而富于变化的树木;较新的材料——膨化聚苯乙烯和塑料。这些材料要用新的技术重新发掘新的用途。

（三）延续性

景观规划设计的延续性,就是指在建设中保持与自然环境和城市文脉的延续性。新建设的空间环境要素应该恰当、合理地融入已建成的历史文化环境中去。新的环境要素不应该突出表现自己而应该谦让于它周围的传统建筑物或融合于自然风景之中。例如罗伯特·F·瓦格纳公园坐落于曼哈顿西南角哈德逊河畔,与历史上有名的巴特力公园相毗邻,按照巴特力公园城的总体规划,瓦格纳公园将成为连接巴特力公园城的滨河公共空间与历史上的巴特力公园、曼哈顿金融区的重要纽带。从瓦格纳公园可以看到自由女神像和艾利斯岛的全景,从而将这两个历史和文化的标志引入到新的人文景观当中,如图1-3所示。

图 1-3

第二节　景观规划设计的原则

一、安全性原则

所谓安全性是指产品在制造、使用和维修过程中保证人身安全和产品本身安全的程度。

由于景观的安全性从根本上影响功能的发挥,因此在景观规划设计中考虑景观功能之前,首先要研究景观的安全性。景观作品只有在符合安全性原理的前提下,才能更好地发挥其各方面的功能和价值。景观规划设计的安全性包含两方面含义:一方面是景观自身的安全性,即要求景观工程本身不会对人、环境等其他客体产生损害;另一方面是景观所提供的安全性庇护功能,如在火灾、地震等自然灾害发生时，能为人们提供防灾避难场所或发挥有益的作用。

要保证景观自身的安全性，在进行景观规划设计时需要重点考虑以下几点。

（一）做好安全风险评估，保证场地安全

这主要包括地质灾害、洪灾等自然灾害发生的可能性，以及周边环境潜在的安全隐患，在此基础上进行景观规划和设计，可大大增强景观工程自身的安全性和其安全功能的发挥，反之则可能带来灾难性后果，如北川县城在"5·12"汶川地震中毁于一旦，城市被大面积的山体滑坡覆盖，震前美丽的城市景观变为震后的废墟。场地安全风险评估基本过程如下：风险识别、确定安全风险的后果属性、计算威胁指数，并对威胁进行排序，不同的场地属性和景观规划设计目的，可能对安全风险的重视程度不同，应根据实际情况，运用多属性决策原理，将风险概率、风险后果属性值、后果属性权重结合起来，得到各个风险的威胁指数。按照该方法，在较小尺度上可获得安全的景观场地，在较大尺度上可获得景观安全格局。

（二）注重结构选型，确保结构安全

在景观小品和景观构筑物的设计过程中，要充分考虑结构的安全性。"天马行空"的设计虽然有可能取得视觉上的"愉悦"，但是如果景观结构存在安全隐患，最终实施的结果往往与设计初衷相去甚远，因此，景观规划设计应在确保结构安全的前提下进行。

（三）慎重选择景观材料

所有的景观作品均需要材料进行构建，存在安全隐患的材料有可能对人体健康和生态环境造成恶劣的影响。材料的选择要避免有害物质的存在，如含对人体有害的物质的景观小品，在人长期接触后，可能导致皮肤病等疾病发生。而植物的配置也要考虑对现状生态系统的影响，如水葫芦的引入可能造成河流生态系统的破坏。

（四）考虑特殊人群的使用

为公众提供休闲娱乐场所是景观规划设计的重要任务，如同建筑设计要考虑无障碍设计一样，景观规划设计也要考虑特殊人群的安全使用问题，尽可能使更多人亲近景观、享受景观。在设计过程中，要同时考虑儿童、老人、残疾人士等特殊人群对景观的安全使用。设计中应避免游人在景点边缘"望景兴叹"，在路径的规划上，要尽量保证核心景观的通达性，确保残疾人无障碍通道的畅通和安全。在安全防护设施的设计上，不仅要考虑对成人的保护，还要重点考虑对儿童的保护，主要体现在材料选择、尺寸等细部设计上。

这就要求景观专业的学生应掌握防灾城市公共空间的规划和设计方法及原则，了解城市灾种及其特点，熟悉城市公共空间的防灾避难功能，掌握相关防灾规划理论和设计方法。在应用中注意吸收先进的规划设计理念和方法。

二、生态性原则

与自然共生是人的基本需求，生态文明是现代文明的重要组成部分。景观规划设计与建筑设计、机械设计、工业设计等设计门类的根本区别就在于其"产品"是为人类接近自然、认识自然、享受自然,提供更有生命的场所,最终达到人与自然的和谐。对自然的认识与运用已不仅仅局限于视觉感受,而是扩展到生态保护、生态服务与重塑景观价值观在内的全面认识和运用中。景观规划设计遵循的生态性原则主要体现在自然优先和生态文明。

（一）自然优先

自然的因素在景观规划设计中扮演着重要角色。其实,自然的"设计"才是最伟大的,景观中最朴实、最壮观甚至最动人的部分往往来自于自然。因此,景观规划设计时必须结合自然环境,遵循自然优先的原则,对自然环境给予高度重视和尊重,要反映人们对自然的依恋,唤起人们对自然过程的天然情感联系。要实现这一点,就要在景观规划设计时重点考虑以下几方面。

（1）要注重保护自然景观资源,保留大自然的肌理,以基地为中心,充分利用原有基地特性,保持自然景观格局的连续性,在时间和空间的双向维度上拓展思维,寻找现在与过去、将来,可见与不可见的各种因素,展现人与自然的时空联系,如自然形成的九寨沟壮丽景观（图1-4）。

图1-4

（2）要充分显露自然元素和展现自然生态过程,通过多种方式引导人们体验自然,培养人们对自然的关怀,达到生态教育的作用。

（3）景观规划设计要有地域化的特征,尊重传统文化和乡土知识,适应场所的自然过程,使景观规划设计吻合自然的生态过程与功能,与当地的气候、土壤、地形、地貌、水文、植被等自然因素有机结合,保持景观生态过程的自然性和完整性,从而使景观规划设计成为自然的延续与补充。与自然相结合的原理在地方民居建设时得到很好的体现,如丹巴甲居藏寨格局（图1-5）。

然而,人类活动已经并继续深刻地影响着大地,特别是随着城市的发展,现在某些自然景观已不再是原生景观,而是被人们改造后的次生景观。特别是城市景观的自然美是直接改造加工后以自然为对象的美,自然的景观显得越发宝贵,景观规划设计师甚至在巨大的城市建设压力下,努力挖掘地方自然因素并有机地融入自身的景观规划设计作品中,取得了良好的景观效果。例如沈阳建筑大学新校园即是以东北稻作为景观素材,设计了一片独特的稻田校园景观（图1-6）。

图 1-5

图 1-6

(二)生态文明

景观与生态的关联不言而喻,保护自然环境、维护自然过程是利用自然和改造自然的前提,是体现生态文明的物质载体。在生态与环境问题日益挑战人类生存条件的今天,生态效益已经成为景观规划设计需要考虑的重要问题。杰里科列举了三个理由加以说明:其一,人类活动正在干扰现存生物圈微妙的自然平衡秩序,正在破坏地球的保护层,人类只有通过自身的努力才能恢复这种平衡,以保证生存;其二,人类的努力首先需要诉诸生态,生态系统实际上是有效的动物状态的回归;其三,人类自己就是从这样的充满生机的动物状态进化过来的,人类所创造的环境,实际上,也就是他们的抽象观念在自然界中的具体体现。

景观的生态价值表现在多个方面:景观是保持区域基本生态过程的重要资源,对维持区域生态平衡具有重要的意义;景观生态系统的生产及供给过程为人类的生存创造了物质基础;景观所具有的生态庇护、环境改善等功能是城市人工环境的重要支撑。城市景观系统在再现自然环境、维持生态平衡、保护生物多样性、保证城市功能良性循环和城市系统功能的整体稳定发挥等方面都发挥着重要作用,立足于自然生态的景观规划设计也成为今天解决城市环境问题的重要途径。例如,成都市在城市急剧膨胀和扩张的同时,在建设用地急剧紧张的情况下,还以恢复自然生态环境为主题,在市区的黄金地段,紧靠历史名园杜甫草堂修建了浣花溪湿地公园,建成后不仅得到学术界的高度肯定,而且深受成都市民的喜爱。

生态文明应用到景观规划设计领域要按照尊重自然、集约节约、可持续发展的原则,保护物种多样性,倡导对自然资源的循环利用和场地的自我维持,在景观规划设计、建造和管理维护的全过程中,始终以对生态环境进行持续性的改善为目标。在景观实施过程中,应该不断提高可再生资源的利用率,少用甚至不用不可再生资源;通过提高使用效率尽可能减少包括能源、土地、水资源、生物资源的使用;利用废弃的土地和既有的材料服务于新的景观功能,包括植被、土壤、砖石等,以节约资源和能源的消耗。通过设计稳定的景观生态系统,减少人工维护,以最少的费用获得最大的生态效益。

从欧美景观规划设计发展过程可以看到,生态的原理对景观规划设计的发展产生了巨大的推动作用,使景观在艺术追求的基础上更增添了科学的内涵。因此,生态领域的研究成为景观发展的重要方向之一,生态学所涉及的问题已经成为景观建筑学内在和本质的内涵,生态学的引入使景观规划设计的思想和方法发生了巨大转变。生态的设计也已成为景观规划设计师的自觉选择,德国的杜伊斯堡工业遗址公园、荷兰的东斯尔德大坝景观、英国的伊甸园植物园等著名景观规划设计作品均是对生态文明理念的诠释。

三、文化性原则

景观规划设计的文化性原则主要体现在文化景观、历史景观和地域景观三个方面,具体如下。

(一)文化景观

1. 景观的文化积淀

作为一种文化载体,任何景观都必然地处特定的自然环境和人文环境,自然环境条件是文化形成的决定性因素之一,影响着人们的审美观和价值取向,同时,物质环境与社会文化相互依存、相互促进、共同成长。针对景观规划设计活动,其创作过程必然与社会各种文化现象有着千丝万缕的联系,如政治、经济、文化、艺术等,除了物质要素如顺应历史的大地形态、采用先进的技术手段、使用生态的景观材料等必要的并且是基本的要求之外,还渗入各种精神与文化意识。要使景观作品具有文化内涵,就一定要真正理解文化的精神意义,更多地运用人类积淀的精神财富,优秀的景观作品还将作为当代的精神财富传承给后人、后世。

2. 景观的文化内涵

景观作品的主要价值体现在外部形式之外的内在内容。任何一个景观,作为审美客体,在审美过程中总有一种原始美或物质形态的自然美的特征存在,例如,我国的风景名胜区是大自然千百亿年来鬼斧神工的杰作,是天地自然规律形成的、各具特色的景观精粹,雄壮的泰山、奇特的黄山、秀丽的峨眉、险要的华山、幽静的青城,其风光都是绝世遗产。美不胜收的自然景观固然重要,无疑能够引人入胜,但其价值还是有限的,而风景名胜区蕴藏着的丰富文化、承载着的悠久历史,才使自然风光具有社会的审美意义,富有文化的识读意义。以泰山为例,封建帝王祭天封禅活动在泰山留下的文物古迹,佛道两教盛行使泰山遍布庙宇名胜,历代名人宗师怀着仰慕之情来到泰山漫游后留下许多赞颂诗篇,正是文化遗存才使泰山以五岳独尊名扬天下,为中国十大名山之首,并于1987年被联合国列入世界自然与文化双遗产名录(图1-7)。

图 1-7

实际上,我国的国家风景名胜区(National Scenic Beauties and Historic Interest Zones)在国际上对应的英文名称是"National Parks of China"(中国国家公园),从中文名称上就可以看出风景名胜区所具有的自然景观价值(风景 Scenic Beauties)和历史文化价值(名胜 Historic Interest Zones)这一双重特征,这也是我国国家公园与诸如美国黄石国家公园以及非洲重在保护珍稀动植物的国家公园的区别。

由此,文化、历史与景观有机结合的结果是文化得以拓展、历史得以延续,而景观也因此拥有文化的气质、历史的内涵,使之更加丰富多彩。

3. 景观的文化识读

景观中蕴含着文化内涵的根本原因是作为景观审美主体的人的参与。这是因为,景观首先需要人的识读,然后才能进入审美的精神境界,这一过程使人文因素渗透到景观,如对自然景观特征的领悟是人参与的结果,其特征的形成也是经过人的感性感悟和理性总结而提炼出来的,从而景观的自然美才得到进一步升华。"五岳归来不看山、黄山归来不看岳"以及"峨眉天下秀、夔门天下雄、剑门天下险、青城天下幽"即是人们对自然景观特征的高度概括。

与其他文学艺术作品一样,景观规划设计作品价值体现的过程包括创作和欣赏两个阶段,景观意境的获得也需要两方面的支持,一方面是设计者有意识的景观文化塑造,另一方面是欣赏者的心领神会,特别需要欣赏的人具有一定的文化修养和对其他艺术形式的了解。欣赏不是消极的接受过程,而是较为复杂的心理过程,它需要调动大量的文化知识,如果一个人缺乏艺术修养和艺术趣味,即使最优秀的景观作品展现在他面前,也难以感受出景观形式背后隐含的意义。

景观作品的审美特征之一是象征性,同时也包含着感知、理解、情感、联想等诸多心理因素的共同作用活动,是感性和理性相结合的过程,是对艺术作品的再创造过程,以完成和实现、补充和丰富艺术作品的审美价值,否则难以引起审美再创造的联想,仅存使用功能了。因此景观意境不只是设计的研究论题,而且也是游赏识读范畴的内容。掌握一定的书法、绘画、文学知识,在一定程度上可以提高对景观美的鉴赏能力和领悟深度及敏感度,这有助于进入景观"品"与"悟"的欣赏层次,否则是不能高品位、高格调地去鉴赏景观作品的。

当然,面对同样的景物,不同的人、同一人在不同的心境下,都会有不同的结果甚至相反的审美识读。例如,面对客观的深秋景色,可能喜可能愁,唐代诗人刘禹锡的《秋词》热情赞颂秋天的美好,意境开阔,情调高昂:"自古逢秋悲寂寥,我言秋日胜春朝。晴空一鹤排云上,便引诗情到碧霄。"而宋代词人史达祖的《玉蝴蝶》:"晚雨未摧宫树,可怜闲叶,犹抱凉蝉。短景归秋,吟思又接愁边。漏初长,梦魂难禁,人渐老,风月俱寒。想幽欢,土花庭甃,虫网栏杆。"感受到的却是落叶归根,遍地凋零,万念俱灰情景,词人感叹人渐老去,令人凄凉顿生。实际上,"秋"并无情感,此乃人心使然,正如王国维所言:"一切景语皆情语也。"

(二)历史景观

1. 景观与历史文化

景观规划设计中所具有的历史属性,通常以"文脉"加以表述。文脉一词,最早来源于语言学的定义,文脉是语言学术语,说明承上启下的含义,对其广义的理解是指介于各种元素之间对话的内在联系,更确切点,是指在局部与整体之间、事物发展前后之间以及历史传承的过程之间的内在联系。对于景观规划设计而言,任何景观都具有特定的场地,为了在设计时准确把握历史的传承,掌握文化的脉络,景观规划设计师必须了解历史与文化原理,考虑文化传统的沿袭性,使景观能反映特定的时空观,与周围自然环境和人文环境有机结合,使景观既要符合社会整体形象的需要,又要有自己独特的个性。从景观解读的角度来讲,伴随历史变迁,具体景观形态可以传递给观赏者蕴含其中的文化因子,对历史和文化缺乏了解,就难以产生恰当的艺术联想。

2. 景观的历史体现

人们在不同历史背景下的生活方式、文化活动以及所拥有的科技发展水平都具有差异性,这种文化和技术的差异性制约了人们的自然价值取向,影响了人们对待大地的态度,决定了人们的土地利用方式,由此提炼出来的不同时代的景观指导理论和设计评价标准,受到当时生产力的强烈影响。例如,农业时代(小农经济)体现出唯美论;工业时代(社会化大生产)体现出以人为中心的再生论;后工业时代(信息与生物技术革命国际化)体现出可持续论。就景观审美而言,人们的审美标准在每个历史阶段都有所差异,直接影响到景观的创作、识读。

由此,一定时期的景观作品,与当时的社会生产、生活方式、家庭组织、社会结构都有直接关联。从景观自身发展的历史分析,景观在不同的历史阶段,具有特定的历史背景;景观规划设计者在长期实践中不断积淀,形成了系列的景观规划设计理论与手法,体现了各自的文化内涵。从另外一个角度来讲,景观的发展是历史发展的物化结果,折射着历史的发展,是历史某一个片段的体现。有的景观是为了再现历史原貌,设计者对历史上的事物抱有无限的好奇心与偏好,甚至刻意模仿,但创造出的景观作品同样会留下设计者创作时的历史烙印。

3. 景观的历史传承

随着科学技术的进步、文化活动的丰富,人们对视觉对象的审美要求和表现能力在不断地提高,对视觉形象的审美特征,也随着社会历史的不断发展而呈现出进步的特征。景观当然也随着历史的发展而发展,随着历史的变化而变化。如前所述,历史上形成的景观是历史某一个片段的体现,带有自身的历史局限性,其形式必然要被现代的景观所代替,未来的景观必将有新的发展,这是一个新旧更替的过程,也是事物发展的必然规律。然而,历史的长河在不断积淀,具体到每个历史时期,尽管有不同于以前的景观规划设计,但每个时代的设计并非彼此隔绝,反而是相互联系的。可以说,每个时期的景观规划设计思想都不是无源之水,景观规划设计手法也不是无本之木,景观规划设计形式更不是凭空捏造。传统景观文化和传统景观之文化关联的思想不会随历史的发展而衰退,传统的审美情趣、审美心理依然存在,不会随科技的进步而淘汰,相反它会生生不息、代代相传。

实际上,历史的景观传承具体地体现在景观规划设计上,包括当代涌现出的大量优秀景观作品,正是景观规划设计师秉承传统、弘扬历史的结果。在创作手法上,他们潜心阅读地域文化、深度挖掘历史痕迹、精心提取传统符号,创造出的景观作品不仅体现在视觉形态的优美上,还会影响到心理上的联想和艺术境界的沟通而触及心灵,属于特定场地的、特色鲜明的景观艺术,因此得以塑造。例如,美国著名的现代景观大师丹·凯利正是在游历、学习了西方古典景观作品后,从古典景观艺术中汲取了创作灵感,在设计中运用古典主义语言来营造现代空间,取得了非常良好的效果。丹·凯利于1955年在美国印第安纳州设计的米勒花园,是在建筑周围一个约十英亩的长方形基地中采用了古典的结构传统,分成了三部分:庭院、草地和树林。在设计中,一些西方历史上景观营造的语言,如轴线、绿篱、整齐的树阵、方形的水池等被采用;他通过结构(树干)和围合(绿篱)的对比,塑造了一种内外空间的流动感(图1-8)。

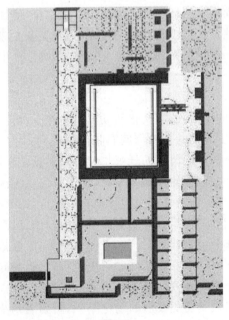

图 1-8

（三）地域景观

1. 景观的地域性

地域性指某一地区由于自然地理环境的不同而形成的特性。人们生活在特定的自然环境中，必然形成与环境相适应的生产生活方式和风俗习惯，这种民俗与当地文化相结合形成了地域文化。地域文化更多地涉及民俗范畴，并随着社会的发展不断变化，但其文化结构和精神内核依然保留了下来。无论从自然因素还是从文化因素来讲，地域的差异性决定了文化的异质性，文化的异质性形成了景观的独特性。

从空间的横向维度来看，如果具体到一个地区，自然因素无疑对景观形态的形成具有决定性影响，但相对于社会因素，自然因素的变化总是缓慢的，除了诸如地震、火山这样的极端案例外，自然本身对于景观形态的影响，往往不能以人类短短的几千年发展史作为衡量标准，巍峨的群山、苍茫的大海、辽阔的平原、逶迤的江河，都是大自然经过千百万年甚至若干亿年造化的结果。

与之相对应，景观形态的变化与人文、社会、伦理、经济等的变迁和发展具有更加直接的关联性，景观规划设计所处的具体社会环境中的人们的生活习惯、价值取向、审美观都会对其产生很深远的影响，不同的社会、国家和文化以不同的方式观察和设计景观，从而产生了不同的景观格局与意向。例如一提到英国，许多人的脑海里就会浮现出由层层叠嶂的树林、绿绿茵茵的草坪、围有篱笆的田地、舒适恬静的村庄、城堡或小镇所构成的乡村景观。

西蒙兹曾对分属四大洲的埃及、希腊、中国和美国这四个有代表性国度人的不同哲学观念进行了理性的分析，并且发现由此造成各地在景观规划设计上风格迥异。其实，即使中国和日本同属亚洲、一衣带水，在世界园林划分中同属一个体系，并且历史上中国园林传入日本后对日本园林的发展具有决定性影响，但是，由于不同的自然环境和地理特征，两国还是形成了不同的文化：大陆文化和岛屿文化。文化的差异使中国园林景观在大陆文化影响下山与水共生，保持了大陆型、山水型、山路型的基本形态；而日本园林景观在后来的发展过程中摈弃了中国的景观形态，朝向海岛型、海洋型、水路型发展，是在海洋文化影响下的海与岛共生的池泉园（偏水性）。两者不论在堆山和造水方面都有所区别。即使在同一文化背景下，由于地域的差异、生活习俗的不同，其景观也会呈现出差异性，如我国南方和北方地区的传统景观，都是在中国传统文化的影响下成长的，但江南大地地势平坦、河网密布、阴雨绵绵、气候温湿、四季常绿，景观形象给人风光秀美的整体感受，其景观意象展现出一种阴柔灵秀的地域审美取向（图1-9）；而在我国华北地区，同是一马平川，干燥少雨、气候寒冷、蓝蓝的天、黄黄的土、青青的山，使景观形象色彩对比强烈，给人粗犷雄健的整体感受，其景观意象显得厚重、封闭、严谨，皇家园林景观更是尺度宏大、富丽堂皇、气魄非凡，地域文化的特征明显（图1-10）。

2. 地域景观规划设计

一方水土养一方人，一个地方的地理区位、气候条件、民俗传统、生活习惯与当地居民长期形成的文化观念、思想意识、伦理关系、审美情趣等紧密相连，这些地域因素是景观地域性的具体体现，成为景观规划设计的制约因素或有利因素。生活习惯的改变不是一朝一夕之事，有一个渐进与过渡的过程。和建筑设计一样，景观规划设计作为一种文化载体，其创作过程必然与所处地域的各种文化现象有着千丝万缕的联系。如果将景观的鉴别放到文化背景上，并理解其形成过程，就可以更好地决定景观的设计定位,更好地与当地社会和地域文化所赋予的价值联系起来。因此,在进行景观规划设计甚至景观欣赏时,必须分析景观所在地的地域特征、自然条件,入乡随俗,见人见物,充分尊重当地的民族传统,尊重当地的礼仪和生活习惯,从中抓主要特点,经过提炼,融入景观作品中,这样,才能创作出优秀的作品。任何脱离民族的思想意识和生活习惯的景观规划设计,将很难得到社会的认同。我国幅员辽阔、民族众多,他们有不同的民族风情,这在景观规划设计上都要有所反映。了解了地域文化的差异性,对于深刻理解景观,创作出具有地域文化内涵的作品,既是一个先决条件,又是一个有效的切入点。例如,21世纪初开始建设的中国西安大雁塔北广场,通过对地域文化因子的发掘,将一些传统的空间原型、城市肌理和古建筑语汇进行了整理、拓变,同时采用现代的技术手段来延续古代历史文脉,使景观作品既具有现代色彩,又很好地展现了盛唐文化、佛教文化和丝路文化,让千年古都的沉淀在今天的城市景观中焕发出更加夺目的光彩(图1-11)。

图 1-9

图 1-10

图 1-11

当然,生活习惯随着历史的发展也在变化,有一个改造、充实、演变的过程。消极地保留甚至固化地域文化也是没有前途的,应该积极吸收一些优秀的外来文化,使地域文化得到充实和丰富,把握好地域文化中"变"与"不变"的拓扑特征。外来文化并不一定都起阻碍作用,只要这种文化能与本土地域文化协同,它的存在反而能形成新的地域美景。

四、艺术性原则

景观规划设计是建立在科学的基础上,遵循艺术构图的原则,将景观的形式美以及人们在欣赏时所产生的意境美展现出来,使生活或活动在其中的人获得艺术享受,提高人们的审美情趣。因此,景观规划设计要遵循艺术性原则,这主要体现在景观构图上。此处主要分析景观构图的要素和组织。

(一)构图要素

景观构图效果通过视觉被感知,景观规划设计的视觉要素主要有几何要素和非几何要素。

1. 几何要素

(1)点

点在几何概念上没有大小、没有维度,仅表明一个空间的坐标位置。但在景观规划设计中,点具有实际空间意义,小的或远的物体都可以看作是点:空旷广场上的一座雕像、大片草地中的一棵树、地平线上的一座建筑等,自然变幻的景象中也会出现点作为自然景观的要素。孤立的点在景观中往往十分突出,有重要的标识作用。

(2)线

点的延伸或运动构成线。景观中线十分重要,边界、平面的边缘、一些点的暗示想象都能形成线。河流与植被的边缘、树线、天际线、地平线、各种轮廓线、道路、溪沟等线是显现的;地形的等高线、建筑退后的红线等则是隐含的。山体的轮廓、湖水的边界等是自然的线；道路、屋脊等则是人造的线。由于线有多种特殊的性质，如清晰的、模糊的、几何形的、不规则的、流畅的、不连贯的等，景观中的线也会呈现出这些特性。例如，视觉上的天、海交界线水平而连贯，而一列树所形成的线则可能曲折多变。

（3）面

线的延伸形成二维的面。景观中的地面、建筑的墙面、屋顶平面、一片水面、一块草地等都是面状要素。自然界中很少有绝对的平面，平静的水面也只是暂时接近而已。面的形状、纹理、质感和色彩等都是景观规划设计的内容；不同位置的面可以围合成为不同的空间，形成不同的空间感受，这也是面在景观规划设计中的重要作用。例如，巴黎埃菲尔铁塔尺度超大、直插云霄，巨大的、冷冰冰的钢铁构件使人难以亲近，但是，景观建筑师在其地平面配之以亲近人的一片小绿地和一汪清水，使之与埃菲尔铁塔构筑物本身形成强烈对比，有效地削弱了铁塔"巨兽"的压抑之感。

（4）体

三维视觉要素就是体。景观中的体有实体和虚体两种类型，建筑、地形、山丘等都是实体，由线、平面或其他实体围合的空间是虚体；体也可以划分为规整的几何形体和不规则的体，前者如建筑、一些雕塑、人工修剪的树木所呈现的立方体、四面体、锥体和球体等，后者如在景观中更为常见的自然地形地貌、凸起的自然景物等。

（5）形状

景观要素的线、面、体都有形状，并且相互组合还可以形成更加丰富多彩的形状。形状的范围很广，从简单的几何形状到复杂的有机形状。形状是景观中表现十分有力的要素，不同的形状能够给人不同的视觉和心理感受，如自然形成的、轮廓分明并且刚劲有力的贡嘎山长期以来成为当地藏民族的圣山。

（6）位置

景观要素的位置关系可以引起不同的视觉注意力，是景观格局形成和变化的重要因素。要素在地形中的位置，以及不同要素的排布关系，合适的位置关系往往会产生特殊和强烈的视觉感受，突出某一要素在景观中的作用。

2. 非几何要素

（1）数量

景观要素可以单独存在，也可以通过重复、叠加等方式增加其数量，多个要素的共存形成某种视觉关系并互相作用，产生不同的景观格局。

（2）尺度

尺度涉及长度、宽度、高度、面积和体积之间的相互比较。它是一个相对的概念，景观规划设计中常常将景物尺寸同人体尺寸进行比较。大的、高的或深的看上去壮丽雄伟，小的则令人感觉亲切宜人。

（3）色彩

色彩是景观要素视觉效果的最重要变量之一。景观要素具有丰富的颜色，或是自然的，如岩石、土壤、植被等的颜色；或是人造的，如建筑物、雕塑或建筑小品等的颜色。颜色的变化给人在视觉和情绪上以不同的感受。通过颜色的调配，景观的某些元素得到强化，其他元素相应地被弱化，这在城市夜景景观规划设计中尤为突出。

（4）质感

质感即景观要素的质地感觉。视觉和触觉效果，取决于要素自身的质感，也取决于观察者离开物体的距离。景观的平面会显示出不同的纹理，其反差会造成强烈对比的视觉效果，如光滑和粗糙、柔软和坚硬、细腻和粗放等的对比。值得注意的是，在历史遗产遗迹保护方面，往往利用古迹沧桑的质感来体现文物的原真性。

（5）光影

光线的量、质和方向对感知景观的尺度、形状、色彩和纹理具有重要作用，光影的变化是景观规划设计中十分生动的要素，光影甚至会赋予景观特殊的艺术效果。

（二）构图组织

景观规划设计和其他形式艺术设计一样，其作品必须给人们视觉和心理上以美的感受。要创造出理想的景观，需要将不同的视觉几何要素和非几何要素按照构图的基本要求和构图的组织方式加以规划与设计。

1. 基本要求

（1）统一

统一的艺术要求关注部分和整体之间的关系，反映在景观的丰富多变与和谐一致之间寻求一种平衡，即将景观中的各个设计要素联系在一起，使之成为一个互相关联的整体而不是一大堆杂乱无序的景物堆砌，使景观富于节奏和生动有序，也使人们易于从整体上理解和把握景观。图1-12所示是荷兰一水乡小镇，主体的住宅建筑尺度小巧，红色基调，开窗形式以小方窗为主，辅之以乔木、灌木和草坪，形成恬静、和谐统一的小镇景观环境。自然景观尽管看起来很随机，而实际上在自然的演变过程中形成了有序而多样的格局，一般都有很好的统一性。艺术家往往去大自然中采风，从自然的景观中发现美，并从中吸收艺术营养、寻找设计灵感。

图1-12

（2）协调

协调是景观要素之间以及景观要素与其周围环境要素之间相一致或相呼应的一种状态，与统一性不同的是，协调性是针对各种元素之间的关系而不是就整个"画面"而言的。协调的布局从视觉上给人以舒适感，一些混合、交织或彼此镶嵌的要素也是可以协调的，而那些干扰彼此完整性和方向性的元素则是不协调的。景观规划设计往往涉及不同形体的拼接，合适的拼接会给人协调的感觉，这需要对造型关系有敏锐的理解和感受力。

（3）均衡

均衡一般用于描述视觉要素之间的一种平衡状态，景观规划设计中的均衡可以是几何对称的，也可以由非对称的自然、动态的景象所形成，这取决于不同视觉要素之间的位置、尺度、色彩等产生的作用力。有多种因素会影响均衡，如运动方向、要素的外观视觉强度、在景观中出现的频率、颜色等。只要各个景观要素在构图上处于"势均力敌"的关系，视觉焦点在视觉画面中是平衡的，就会给人以放松和愉悦的感觉。

（4）多样

多样性是指景观中视觉要素的变化和差异。景观的多样性可以刺激并丰富我们的视觉感受，使人对景观保持长久的兴趣而不会感到乏味，这一点早已被设计师和心理学家所认同。景观中，多样性的程度取决于多种因素：地形、地貌、土壤、岩石、水系、气候等自然的条件，以及设计中引入或重新构建的其他内容。在景观规划设计中需要注意的是，视觉的多样性必须与统一的需要相一致，否则可能会使多样与变化失去控制从而使景观变得杂乱无章。

（5）连续

景观应该在空间和时间中显示其连续性。自然景观格局往往是在漫长的时间里有机发展和演变而来的，因此具有很强的连续性。我们所观察到的自然景观，在空间范围内显示出连续不断或者缓慢过渡的景象，这正是自然景观给人带来震撼和美感的原因之一。景观规划设计应该把握这一特征，相邻要素应该具有相关性以显示空间格局上的连续以及与周围环境的协调，如巴黎拉维莱特公园。

（6）秩序

景观应该有一种内在的秩序，这种秩序和人穿越景观时所感受到的有序性相关。这可以表现在视觉的连续性上，使景观具有强烈的有机性和结构感；也可以表现在由景观轴线所组织形成的有序性上，由轴线所串联的一系列空间往往显得更有组织和视觉感染力。一个精心设计的、有秩序的景观应该有一个起始点，接下来是各种空间和景点，它们在经过起伏转折后到达景观的高潮或顶点，然后是一个意味深长的结束和收尾。

2. 组织方式

景观规划设计的主要工作之一是按照艺术构图的基本要求，对景观视觉要素进行有机组织，景观作品即是这一有机组织后通过建造所形成的结果。在具体操作层面，景观要素的组织具有无穷的方式，归纳方法亦非统一。为了使理解方便，下面将景观构图组织概括为轴线、几何和自然三种方式。

（1）轴线

轴线是景观要素围绕其安排的线，或显现或隐含。景观轴线本身是直的，这和人的视线特征有关，但轴线也可以通过一些节点进行转折，在这种情况下，可以将其看作是不同轴线的连接。

景观要素围绕轴线布置时,轴线用来建立空间秩序和规则,是非常形式化的手段,对本来分散的要素进行强有力的控制,对景观的其他部分产生支配力,易于将各种纷杂的景观要素沿轴线串接和统一起来,取得协调一致的效果并产生明确的主题,而且以轴线来引导景观中人的游览和观察线路,便于组织从起始、发展、高潮到收尾这一完整的景观序列。对称的景观轴线往往用于营造非常正式的场所,给人以严肃、庄重、气派的感觉。

轴线对称并不一定是严格意义的几何对称,也可以通过轴线两侧景物的体量、形状、色彩、位置等所产生的对比、呼应来达到视觉上的均衡。在通过轴线产生秩序的同时,也使轴线两侧富于变化,增加了景观的多样化、生动性和趣味性,使设计景观与自然景观的形式相一致。

轴线对称的特殊形式是中心对称,以一点为中心产生的放射状环绕的对称,它的轴线在多个方向上都存在。中心对称的形式具有很强的向心性;所形成的空间有突出的简洁性和力量感,其中心点往往成为视觉的焦点和景观规划设计的重点。

(2)几何

几何构图是将各种景观要素按照比较几何关系加以组织,通常是在景观规划设计中通过各种方式构建多个较规则的几何形体,并将其进行重复或对比,以产生具有一定韵律和几何感的景观构型。这种景观规划设计组织方式常常用在较小的场地环境,容易产生和谐感和秩序感。由于几何构型与自然形式形成对比,从而赋予场地一种人工设计的美感,也可以通过一定的几何关系暗示,使所设计的环境或场地成为周围的建、构筑物的延伸,从而具有形式上的整体感,如屈米设计的巴黎拉维莱特公园。

(3)自然

自然构图是在组织景观元素时,通过借用自然的构图或者直接模仿自然的形式,创造出一种具有强烈自然感的景观效果。源于自然的景观形式让人感觉更加贴近自然,带给人一种自由、放松的心理感受。

自然构图方式包括两种。一种是对自然的抽象和概括,也就是在自然的要素中提取符号和形式,再重新诠释以应用于特定的场地。这种方式所形成的景观效果与自然的实景不完全一致,只是在其中发现某种隐喻或象征。另外一种是对自然的模仿和再造,即在景观规划设计中模仿自然的形式,并按照一定的美学原则进行进一步的改造、加工、调整,表现出一种精练、概括的自然,并且具有自然的生态过程和生态功能,通过模仿自然生态系统,达到人造景观与自然景观的和谐,对公众具有生态展示和教育意义。这一手法常用于一些生态公园、湿地公园、滨水环境等景观规划设计。

由此,景观与其他艺术形式一样都要遵循艺术性原则,特别是要符合美学原理,各种艺术形式之间程度不同地存在相互借鉴、相互包含、相互融合、相互影响以及相互促进的关系,景观规划设计也是在这些原则指导下达到主题鲜明、特色突出,并且使创作与欣赏的思想互动。

第三节 景观规划设计的风格

一、中式古典风格

中式古典风格源于中国古典园林。中国古典园林艺术博大精深,其在世界园林体系中占有重要的地位。在其数千年漫长的历史发展过程中逐渐形成的中式古典风格,是最具有中国特点,符合人们审美习惯的景观营造风格。中式古典风格的风格技术特点主要为:通过山、水、植被营造自然生态景观,注重情趣和意境的表达。

(一)营造山水

山、水、植物是中国古典园林的主要要素。中式古典风格非常重视山水的营造(图1-13),常常通过"叠石"技术将特选的天然石块堆砌成假山,模仿自然界山石的各种造型:峰、峦、峭壁、崖、岭、谷等。

图 1-13

水是自然景观中的重要因素。从北方皇家园林到南方私家园林,无论大小,都想方设法地引水或者人工开凿水体。水体形态有动态和静态之分,形式布局上有集中和分散之分,其循环流动的特征符合道家主张的清静无为、阴阳和谐的意境。园林中的水体尽量模仿自然界中的溪流、瀑布、泉、河等各种形态,往往与筑山相互组合,形成山水景观。

(二)天然野趣

中式古典风格的植物栽培方式以自然式为主,讲究天然野趣性。乔木与灌木有机结合,形成高低错落有致的搭配格局。植物搭配比较注重色彩的变化,常绿植物和落叶植物搭配在一起,通过不同季节所呈现出来的不同色彩组合提高视觉的愉悦感(图1-14)。

二、日式风格

日式风格是从日本园林造景中脱胎形成的风格,其特点是精致、自然,重视选材,具有鲜明的表现、象征意味。其中,净土园林具有明显的宗教意味,以表现佛教净土景观为中心,如平等院凤凰堂池庭和毛越寺庭园。

日式风格中,最具有特点的是枯山水风格。枯山水最初是禅宗寺院的庭园风格样式,以石、砂、植被模拟宇宙、大海景观，具有强烈的宗教象征意味，其构图受到中国宋朝山水绘画美学思想的影响。现在的很多日式住宅里，尤其是中庭中都会大量建造枯山水（图1-15）。

图 1-14

图 1-15

三、规则式风格

法国园林是规则式园林的代表，其特点是强调人工几何形态。轴线是园林的骨架，布局、植被都被控制在条理清晰、秩序严谨、等级分明的几何形网格中，体现人工化、理性化、秩序化的思想。现代景观规划设计也往往运用这种规则式的设计方法，体现秩序性和结构美感。例如纪念性广场，为了体现庄严性、秩序性，经常采用对称布局、规则化处理的方法（图1-16）。

图 1-16

四、英式自然风格

英国自由式风景园从 18 世纪开始盛行于欧洲。与规则、理性的法国园林相反,其特点是尊重自然,摒弃生硬的直线要素,大量地使用曲线,尽可能地模仿纯自然风景,体现了人们向往田园风光,歌颂自然美的精神追求。

英国自由式风景园所形成的英式自然风格,具有清新、自然、朴实的风格特点,能够给生活在城镇空间里的人们带来田园牧歌式的体验,在 19、20 世纪城市化进程中,成为比规则式园林更受欢迎的景观风格。英式自然风格逐渐走向世界,很多近代城市公园多采用此设计方式(图 1-17)。

图 1-17

此外,不同的地域有自己的适栽植物,有自己的喜好颜色,有自己的空间形式特点,反映在景观规划设计上,就会形成不同的地域风格,如南美热带景观、东南亚风格、荒漠景观、中东风格、寒地景观、草原景观,以及各个国家地区自身的地域风格。地域风格是当地历史文化的载体,具有鲜明地方特点。

第二章　景观规划设计方法、程序及步骤

景观规划设计是多项工程配合、相互协调的综合设计，就其复杂性来讲，需要考虑交通、水电、园林、市政、建筑等各个技术领域。只有灵活掌握了各种法则法规，才能在具体的设计中运用好各种景观设计要素，安排好项目中每一地块的用途，设计出符合土地使用性质的、满足客户需要的、比较科学适用的景观设计方案。景观规划设计中通常以建筑为硬件，绿化为软件，以水景为网，以小品为节点，采用各种专业技术手段辅助实施设计方案。为了更好地进行景观设计的规划，本章将对景观规划设计的方法、程序及步骤进行分析。

第一节　景观规划设计的方法

景观规划设计涉及面广，综合性强，在具体设计时，应该掌握以下几个方法。

一、构思立意

构思立意就是"设计者根据功能需要、艺术要求、环境条件等因素，经过综合考虑所产生出来的总的设计意图，确定作品所具有的意境"[1]。构思是景观设计最重要的部分，也是设计的最初阶段，它不仅关系到设计的目的，而且是在设计过程中采用各种构图手法的根据。构思立意着重意境的创造，寓情于景、触景生情、情景交融是我国传统造园的特色。一项设计中，方案构思的优劣对整个设计的成败起着决定性的影响，好的设计在构思立意方面基本上都有着独到和巧妙的地方。立意的方法在客观上表现为如何充分利用环境条件，在主观上表现为设计者通过设计来表达某种设计思想。例如，上海世博后滩湿地公园的设计（图 2-1），就是充分利用世博会会址内后滩处因黄浦江潮汐影响形成的一片天然湿地，以探索上海市中心城市发展与自然和谐共存的重要课题，规划设计围绕"城市让生活更美好"的世博主题展开，贯彻生态和谐、节能环保、资源整合的原则，积极处理好保护和利用的关系，为此，自然湿地与人工湿地的衔接和融合，就成为此项目规划设计的依据。

二、方案构思

方案构思是设计过程中的一个重要环节，它是在立意的指导下，将第一阶段研究的成果具体落实到图纸上。构思首先是考虑满足使用功能，充分利用基地现状条件，从功能、空间、形式、环境上入手，运用多种手法形成一个方案的雏形，不仅不能对当地的生态环境产生破坏，而且要尽

---

[1]　赵肖丹、陈冠宏：《景观规划设计》，北京：中国水利水电出版社，2012年，第44页。

量减少对项目周围生态环境的干扰和不良影响,力争创造出让使用者满意的空间场所。方案构思的切入点包括以下几个方面。

图 2-1

（一）从环境特点入手进行方案构思

某些环境因素如地形地貌、景观影响及道路等,都可以作为方案构思的启发点和切入点。例如,上海世博会后滩公园以"双滩谐生"为结构媒介,通过保护与恢复湿地、土壤和动植物群落等,对有浓郁地域特色的城市湿地公园景观进行了重现。这块位于欧洲展馆和黄浦江之间的长条状的地块,曾是上海工业时代遗留下来的棕地,污染纵横、毫无生机。而如今这里成了都市田园、野生生物的天堂、天然的洪水控制系统,如图 2-2 所示。

图 2-2

"双滩"指内水滩地和外水滩地。内水滩地主要指场地中部的人工湿地,将起到水生系统净化、自然栖息地、湿地生态的审美启智、科普教育等功能。外水滩地主要是指原生湿地和与黄浦江直接相邻场地的恢复湿地,通过改造将形成抵御风暴潮的天然屏障,可以极大地降低洪水风险,而且还能够强化湿地的生物净化功能,有效缓解黄浦江的水质污染。

（二）从形式入手进行方案构思

在满足一定的功能后，可以在形式上有所创新，用艺术形式表现出一些自然现象及变化过程。例如，首尔延引新内湖公园，该规划区域位于两条道路的交汇处，交通流量大，环境污染十分严重，设计者要为来往于此的行人营造一个休息与游戏的良好空间。其设计创意是：首先，使用反映东方和韩国固有的审美思想的太极和回字形纹饰，对该规划区所具有的河川特色进行重塑；其次，营造既有韩国特点，又有安逸氛围的水景设施；最后，使用玻璃材料营造了日出水墙，不仅具有门的意义，也表达了日出的景象，同时还突出了时代感，成为该规划区的标志性景观，如图2-3、图2-4所示。

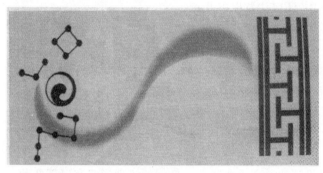

图 2-3

图 2-4

三、多方案的比较

对于景观设计而言，由于影响设计的因素众多，认识和解决问题的形式多样，因此，应根据基地条件和设置的内容，多做些方案，然后对这些方案进行比较研究。方案比较能够让设计者深入探讨某些设计问题，这对方案构思的把握、设计方案能力的提高、方案设计的进一步推敲都能起到重要的促进作用。方案比较的最终目的是为了获得一个相对优秀的实施方案。

四、方案的调整与深入

方案调整的主要任务是对在多方案比较过程中发现的矛盾和问题予以解决,对方案的调整应控制在适度范围,尽量不影响或改变原来方案的设计构思和整体布局,并进一步提高已有的优势水平。

方案的深入是在方案调整的基础上进行的,深化阶段要落实到具体的设计要素的位置、尺度及相互关系,准确无误地反映到平、立、剖及总图中来,并且要对方案设计的技术经济指标进行核对。

在方案设计过程中,还应注意以下几点。

(1)各部分设计要注意对均衡、韵律、尺度、比例、光影、协调、虚实、色彩等规律的把握与应用。

(2)方案深入设计的过程中,各部分之间必然相互作用、相互影响,如立面、剖面的深入可能影响到平面,平面的深入也会影响到立面与剖面。

五、方案设计的表现

方案表现是方案设计的一个重要环节。常用的表现形式有以下几种。

(一)草模表现

这种表现形式是用模型来表现设计,更加真实、直观。

(二)草图表现

这是一种传统与常用的表现方法,操作简便,特别擅长对局部空间造型的推敲处理。

(三)计算机模型表现

近些年,运用计算机建模已经成为一种新的表现手段,其直观具体又不失真,而且具有强烈的表现力,可以选择任意角度任意比例对空间造型进行观察。

第二节 景观规划设计的程序

景观设计的程序是指"在从事一个景观设计项目时,设计者从策划、选址、实地考察、和甲方进行交流、设计、施工到投入运行这一系列工作的程序"[1]。景观建筑师在这中间起到了负责整体协调的作用。

当前,景观设计呈现出多元化的趋势,很多景观项目都具有自己的独特性和特殊性。因此,对项目进行明智可行的规划具有至关重要的意义。首先我们应该理解项目的特点,其次要编制

---

① 王萍,杨珺.景观规划设计方法与程序.北京:中国水利水电出版社,2012年,第155页。

一个全面的计划,然后通过研究和调查,咨询相关人员,拟定出准确详细的设计要求清单和设计内容,最好从历史上寻找一些相似的适用案例,取长补短、权衡利弊,并结合现代的新技术、新材料和新的规划理念,创造出新的符合时代特征的景观。

为了避免项目的运行结果与规划的用途、理念相违背,应该在项目策划初期就进行周密严格的构思与设想,再以科学的设计程序作为指导。

一、设计委托

委托是客户方和设计方的初次会晤,主要是说明客户的需求,确定服务的内容以及双方的协议。通常口头协议就可以,但对于大型、复杂或长期的项目而言,则需要拟定详细、合法的协议文件。

二、综合考察

(一)资料数据的分析

资料数据有图纸、文本、表格等各种各样的形式,数量庞大,必须进行一定的取舍和分析。为了提高效率,可以根据规划设计的目标和内容,在收集数据之前先制作一个资料收集表格,有针对性地进行收集。另外,可以根据规划设计要求,概要性分析外部条件以后,再着手收集基地内部资料。对资料数据进行收集和取舍后,就进入了分析阶段。分析的目的是为了发现自然、社会、人文、历史方面的规律,为制定规划设计方针和要点做准备,并且对原来的规划目标和内容进行进一步的修正、完善。主要的分析方法有定性分析、定量分析、叠加分析。

在充分分析资料数据的基础上,明确设计的任务,要求掌握一切所要解决的问题和目标。例如,设计创造出的景观建筑的使用性质、功能特点、设计规模、总造价、等级标准、设计期限以及所创造出的景观空间环境的文化氛围和艺术风格等。进一步明确规划设计的基本目标,并确定方针和要点。

基本目标是景观规划设计的核心,是方案思想的集中体现,是设计实施后希望达到的最佳效果。目标的制定应与现实状况相符合,突出重点。规划设计方针是实现目标的根本策略和原则,是规范景观建设的指南。它的制定应该简明扼要,服务于规划设计的基本目标。规划设计的要点是具有决定意义的设计思路,直接关系到方案是否获得成功,其设计要点必须与目标相符。

(二)调查研究、现场体验

首先,需要对即将规划设计的场地进行初步测量、收集数据,或者直接从政府部门得到数据、地图等,测量图纸及汇集其他相关数据。其次,做一些访问调查,会见一些潜在用户,综合考虑人与场地景观之间的关系和需求,这些信息将成为设计时的重要依据。最后,是现场体验。最好是多次反复地进行现场的调查。为了掌握场地的状况,可以带着图纸,现场勾画,补充图纸上难以表达出来的信息和因素。必要时还可以拍摄照片,并与位置图相对应,这样有助于设计时回忆场地的特征。如果要更加透彻地解释场地,应该关心场地的扩展部分,即场地边界周围环境以及远处的天际线等。西蒙兹教授认为"沿着道路一线所看到的都是场地的扩展部分,从场地中所能看到的(或将可能会看到的)是场地的构成部分,所有我们在场地上能听到的、嗅到的以及感觉到的都是场地的一部分"。如植被、地形地貌、水体以及任何需要保留或保护的特征、自然的或人工的可以利用的地方等。当然,一些不雅的景致,如一些破旧没有规划好的构筑物或是与该场地尺度极不协调的建筑物等,在影响到景观时,应该摈弃或者遮盖这些不雅的因素。这时,可以在图纸上注明这些不良因素,为设计提供全面的信息。总之,想做好设计,就必须去实地调查研究,用眼睛去观察、用耳朵去聆听、用心去体验这块场地的特征和品质。

日本的景观设计师野俊明也对现场体验给予了重视,他认为,精神与人性化的设计,必须把现场及使用的素材作为能够对话的对象。他创造的作品具有强烈的感染力,因为他的"对话"对象涉及各个领域,甚至包括一草一木。

三、设计分析

设计分析工作包括分析场地、分析政府条例,记载下一些限制因素,如土地利用密度限制、危险区、生态敏感区、不良地形等情况,分析规划的可能性以及如何进行策划。其工作的步骤如下。

(一)场地分析

1. 区域影响分析

场地分析的程序一般着手于对项目场地在地区图上定位、在周边地区图上定位以及对周边地区、邻近地区规划因素的粗略调查。从资料中寻找一些有用的东西,如土地利用情况、周围地形特征、道路和交通网络、休闲资源以及商贸和文化中心等,构成与项目相关的外围背景,从而对项目功能的侧重点进行确定。

2. 自然环境分析

自然环境的差异在很大程度上影响着景观的格局、构建方式,因此,应该对地形、气候、植被等自然环境要素进行分析。

3. 社会历史分析

人类有着悠久的社会历史,虽然不同的历史时期有不同的人、不同的事物、不同的文化背景,但社会历史是连续的、相融的。现代景观建筑设计也应与社会历史相一致、相融合,绝不能与历史背道而驰。

4. 人文精神分析

景观的人文精神分析主要包括人们对物质功能、精神内涵的需求以及各种社会文化背景等的分析。不同的景观都能在精神层面上给人一定的感受或启迪,借助景观建筑的造型、材料、机理、空间及色彩以表达某种精神内涵,渲染一定的气氛,如民俗文化的表现、历史文化感、积极向上的精神、宗教气氛的渲染等。因此,要设计某个区域的景观,就要了解该景观所针对的人群的精神需求,了解他们的喜好、追求与信仰等,然后有针对性地加以设计。

5. 群体的社会文化背景分析

社会是指处于特定区域和时期、享有共同文化并以物质生产活动为基础的人类生活的共同体,其在本质上是社会关系的总和。社会所涉及的文化内涵极其广泛,包括知识、信仰、宗教、艺术、民俗、生活习惯、地域、道德、法律等。不同文化背景的群体,对景观的审美偏好也不同。作为一个客观实体,现代景观建筑是一定社会文化的体现,具有该社会的文化属性。文化具有民族性、区域性和时代性。因此,在设计一定社会文化下的景观构造物时,一定要对该区域的社会文化特色、人口构成特征进行深入分析,使景观建筑与该区域的社会文化很好地融合在一起。

(二)地形测量

地形测量是收集资料和调查研究阶段的一项重要内容,基础的地形测量常规上应该由注册测量师提供,并提供测量说明书。

(三)场地分析图

深刻评价和分析场地,客观收集和记录基地的实际资料。比如,场地及周围建筑物的尺度、栽植、土壤排水情况、视野以及其他相关因素。一般情况下,图面只表达景观面貌概况,无需太精确。

除了这些现场的信息,在测量文件中也包含着调研中收集到的其他一些数据,如进入场地的道路现状,车行道、步行道的格局,邻近道路的交通量,邻接地块的所有权等。

(四)确定设计方案的总体基调

在综合考察与分析景观设计所属地域之后,就要确定设计什么样的景观,分析其可行性及建造此景观的有利和不利因素,以明确设计方案的总体基调,如休闲娱乐、教育、环保景观建筑等。

第三节　景观规划设计的步骤

各种项目设计都要经过由浅入深、从粗到细、不断完善的过程,景观设计也不例外。设计者应先进行基地调查,熟悉物质环境、社会文化环境和视觉环境,然后概括和分析所有与设计有关的内容,最后拿出科学合理的方案,完成设计。这种先调查再分析,最后综合的设计过程可划分为任务书阶段、基地调查和分析、设计阶段三个阶段,每个阶段都有不同的内容,要解决不同的问题,并且对图面也有不同的要求。

一、任务书阶段

景观规划设计的项目包括公共空间项目和非公共空间项目。通常情况下,如果工程的投资规模大,对社会公众能够产生较大的影响,则需要举行招投标。在招投标中胜出,方能取得规划设计委托的机会。招投标主要是根据各个方案的性价比进行筛选,也就是说方案要构思巧妙、功能安排科学合理、利于实施,同时要把造价尽可能控制到最低。因此,招投标的实质就是择优。

但是,由于规划设计的特殊性,招投标的法律规定并不是非常适合于选择最佳方案和进一步优化,有的城市以竞赛的方式征集方案。除了竞赛、招投标以外,大部分的项目是以直接委托的形式进行。无论采取哪一种投标方式,都要首先对项目的基本内容进行明确,根据自己的情况决定是否接受规划设计的任务。

在任务书阶段,设计人员应对设计委托方的具体要求与愿望进行充分了解,对设计所要求的造价和时间期限等内容进行科学估算。这些内容通常是整个设计的根本依据,从中可以确定值得深入细致地调查和分析的部分以及只需要做一般了解的部分。在这一阶段,很少用到图面,往往用以文字说明为主的文件。

二、基地调查和分析阶段

(一)基地分析

调查是手段,分析才是目的。基地分析是在客观调查和主观评价的基础上,综合性的分析与评价基地及其环境的各种因素,从而充分发挥基地的潜力。

基地分析在整个设计过程中占据举足轻重的地位,深入细致地进行基地分析,对用地的规划和各项内容的详细设计有重要促进作用,并且在分析过程中产生的一些设想也具有重大的利用价值。基地分析包括在地形资料的基础上进行坡级分析、排水类型分析,在土壤资料的基础上进行土壤承载分析,在气象资料的基础上进行日照分析、小气候分析等。由于各分项的调查或分析是分别进行的,因此可以做得较细致、深入,但在综合分析图上应对各项的主要和关键内容予以重点表示。基地综合分析图的图纸宜用描图纸,同时用不同的颜色区分各分项内容。基地分析主要由以下几个方面构成。

1. 地形

基地地形图是最基本的地形资料,在此基础上结合实地调查,能够进一步掌握现有地形的起伏与分布、地形的自然排水类型。其中,地形的陡缓程度和分布应当用坡度分析图来表示。地形陡缓程度的分析可以帮助我们确定建筑物、道路、停车场地以及不同坡度要求的活动内容是否适合建于某一地形上,如用四种坡级($<1\%$,$1\%\sim4\%$,$4\%\sim10\%$,$>10\%$)表示地形按坡度的大小,并在坡度分析图上用由淡到深的单色表示坡度由小变大。因此,坡度分析具有十分重要的价值,对如何经济合理地安排用地以及分析植被、排水类型和土壤等内容都有着不可忽视的作用。

2. 土壤

土壤调查的内容有:土壤的 pH 值,透水性,有机物的含量的含水量,土壤的类型、结构,土壤受侵蚀状况,土壤的承载力、抗剪切强度、安息角,土壤冻土层深度期的长短。通常情况下,较大的工程项目需要由专业人员提供有关土壤情况的综合报告,较小规模的工程则只需了解主要的土壤特征,如土壤承载极限、pH 值、土壤类型等。在土壤调查中有时还可以通过观察当地植物群落中某些能指示土壤类型、肥沃程度及含水量等的指示性植物和土壤的颜色来协助调查。

每种土壤都有一定的承载力,潮湿、富含有机物的土壤通常具有较低的承载力。如果荷载超过该土壤的承载力极限,就需要采取一些工程措施,如铺垫水平混凝土条或打桩、增加接触面积等,进行加固。

3. 植被

基地现状植被调查的内容有:现状植被的种类、数量、分布以及可利用程度。在基地范围较小、种类不复杂的情况下,可以直接进行实地调查和测量定位。对规模较大、组成复杂的林地,应当利用林业部门的调查结果,或将林地划分成格网状,抽样调查一些单位格网林地中占主导的丰富的、常见的、偶尔可见的和稀少的植物种类,最后做出标有林地范围、植物组成、水平与垂直分布、郁闭度、林龄、林内环境等内容的调查图。

在风景区景观规划设计中,进行种植设计的一大依据是与基地有关的自然植物群落。若这种植物景观截止目前已经消失,则可以通过历史记载或对与该地有相似自然气候条件的自然植被进行了解和分析获得。分析现有植物生长的情况,能够为种植种类的选择提供一定的参考价值;统计与分析现状乔灌木、常绿落叶树、针叶树、阔叶树所占的比例,对树种的选择和调配、季相植物景观的创造具有非常重要的作用。并且,现有的一些具有较高观赏价值的乔灌木或树群等还能充分得到利用,因此应重视这些分析。

4. 水体

水体现状调查和分析的内容主要包括以下几方面。

(1)现有水面的位置、范围、平均水深,最低和最高水位、常水位、洪涝水面的范围和水位。

(2)现有水面与基地外水系的关系,包括流向与落差、各种水工设施(如水闸、水坝等)的使用情况。

(3)地下水位波动范围,地下常水位。

(4)水面岸带情况,包括岸带边的植物、岸带的形式受破坏的程度、现有驳岸的稳定性。

(5)地下水及现有水面的水质、污染源的位置、污染物成分。

(6)结合地形划分出汇水区,标明汇水点或排水体、主要汇水线。地形中的脊线通常称为分水线,是划分汇水区的界线;山谷线常称为汇水线,是地表水汇集线。

(二)气象资料

气象资料包括基地所在地区或城市常年积累的气象资料和基地范围内的小气候资料。

1. 日照条件

不同纬度的地区的太阳高度角也呈现出差异。在同一地区,一年中夏至的太阳高度角和日照时数最大,冬至的最小。根据太阳高度角和方位角可以分析日照状况,确定阴坡和永久日照区。一般情况下,将儿童游戏场、花园等尽量设在永久日照区内。同时,分析日照条件也可以为种植设计提供有价值的设计依据。

2. 温度、风、湿度和降雨

关于温度、风和降雨往往需要了解以下几方面内容。

(1)年平均温度,一年中的最低和最高温度。

(2)月最低、最高温度和平均温度。

（3）持续低温或高温阶段的历年天数。

（4）年平均湿度，一年中的最低和最高湿度。

（5）各月的风向和强度、夏季及冬季主导风风向。

（6）最大暴雨的强度、历时、重现期。

（7）年平均降雨量、降雨天数、阴晴天数。

3. 小气候

要通过多年的观测积累才能获得较准确的基地小气候数据。通常在了解了当地气候条件之后，随同有关专家进行实地观察，对基地地形起伏、坡向、植被、地表状况、人工设施等对基地日照、温度、风和湿度条件的影响，进行科学、合理的评价和分析。小气候资料对大规模园林用地规划和小规模的景观设计都具有重大的参考与利用价值。

三、设计阶段

综合考虑任务书所要求的内容和基地及环境条件，提出一些方案构思和设想，权衡利弊，确定一个较好的方案或几个方案构思所拼合成的综合方案，最后加以完善，完成初步设计。这一阶段的工作主要包括进行功能分区，结合基地条件、空间及视觉构图，确定各种使用区的平面位置（包括交通的布置和分级、广场和停车场地的安排等内容）。常用的图面有功能关系图、功能分析图、方案构思图和各类规划及总平面图。

方案设计完成后应与委托方共同商议，然后根据商讨结果修改和调整方案，本阶段为初步设计阶段。一旦初步方案定下来后，就要全面、详细地设计整个方案，包括确定准确的形状、尺寸、色彩和材料，完成各局部详细的平立剖面图、详图、园景的透视图、表现整体设计的鸟瞰图。

（一）方案构思

在设计中，方案构思通常占据重要地位，方案构思的优劣对整个设计的成败起着决定性影响。好的设计在构思立意方面大都有着独到巧妙的地方。

提高方案构思能力、创造新的景观境界的方法之一是直接从大自然中汲取养分、获得设计素材和灵感。除此之外，还应善于对有关的体裁或素材进行发掘与设计，并用联想、类比、隐喻等手法加以艺术地表现。总之，提高设计构思的能力需要设计者在自身修养上多下工夫，除了本专业领域的知识外，还应注意诸如文学、美术、音乐等方面知识的积累，它们会潜移默化地影响到设计者的艺术观和审美观的形成。另外，平时要善于观察和思考，学会对好的设计进行评价和分析，从中汲取有益的东西。

1. 图解法

当设计内容较多、功能关系复杂的情况下，应当借助图解法进行分析。图解法主要有框图、区块图、矩阵和网络四种方法，其中最常用的方式是框图法。

框图法可以帮助人们快速记录构思，解决平面内容的位置、大小、属性、关系和序列等问题，不失为园林规划设计中一种颇为有用的方法。在框图法中常用区块表示各使用区，用线表示其间的关系，用点来修饰区块之间的关系。用图解法作构思图时，图形可以随意一点，即使性质和大小不同的使用区也宜用没有显著差别的图形表示,如使用圆形矩形等。同时,不应该一开始就考虑使用区的平面形状和大小,可以采用图解法来构思,在图解法中若再借助不同强度的联系符号或线条的数目,清晰明了地表示出使用区之间关系的强弱。另外,当内容较多时也可以用图的方式表示,即先将各项内容排列在圆周上,然后用线的粗细表示其关系的强弱,从图中可以发现关系强的内容自然地形成了相应的分组。

明确了各项内容之间的关系及其强弱程度之后,就可以进行用地规划、布置平面。在规划用地时,应当抓住主要内容,根据它们的重要程度依次解决,其顺序可用图示的方法确定,图中的点代表需解决的问题,箭头表示其属性。在布置平面时,可从使用区着手,找出其间的逻辑关系,综合考虑后定出分区;也可以先从理想的分区出发,然后结合具体的条件定出分区。

2. 概念设计草图法

设计概念草图对于设计师自身起着分析、思考问题的作用,对于观者则是设计意图的表达方式,目的在于交流。设计概念草图是"将专业知识与视觉图形作交织性的表达,为深刻了解项目中的实质问题提供分析、思考、讨论、沟通的图面,并具有极为简明的视觉图形和文字说明。它的作用在于项目设计最初阶段的预设计和估量设计,同时又是创造性思维的发散方式和对问题产生系统的构想并使之形象化,是快捷表达设计意图的交流媒介"[1]。设计概念的构想是用视觉图形进行思考的过程。思维需要意象,意象中又包含着思维,把看不见的变成看得见的,经过不断地摸索,产生创造的火花,有可能将进行很多的轮回。这个过程中充满着艰辛、兴奋、模糊、奥妙。很多人试图探求一条有规律的艺术创作之路,结果发现这是一条异常艰难的路程,甚至远远难于艺术创作本身。项目设计中好的概念形成是设计进程中最重要的一步,必须先行。通常情况下,前面有两条摸索的路,其一是靠灵性的感悟获得好的构想;其二是用理性方法的逻辑思维排列出与项目有关的因素,运用图形演变系统分类、分析推理来获得理想的"好概念"。总之,只有靠思考与动手,并进行反复交流表达才会产生结果。

在内容上,设计概念草图所表达的是按项目本身问题的特征划分的。针对项目中反映的各种不同问题相应产生不同内容草图,旨在明确设计的方向。具体内容如下。

(1)反映形式方面的设计概念草图

场地的风格样式是视觉艺术的语言,这包含着设计师与业主审美观交流的中心议题,因此要求设计概念草图表达具有准确的写实性和强有力的说服力,必要时辅以成形的实物场景照片、背景文字说明,最主要还是依赖设计师自身具备的想象力与描绘能力,特别要注意对设计深度的良好把握。

(2)反映空间方面的设计概念草图

景观的空间设计属于限定设计。应结合原有场地的现状思考空间界面,要求设计师理解场地的空间构成现状,结合使用要求,因地制宜,具体问题具体分析,并尽可能地克服原场地缺陷,用不利的场地形式创改出独特巧妙的艺术效果。空间创意是景观设计最主要的组成部分,它不仅涵盖功能因素,而且具有强烈的艺术表现力。设计概念草图易于表现空间创意并可以形成引人瞩目的画面,其表达方法十分丰富。表现原则要求平剖面分析与文字说明相结合、直观可读、明确概括、有尺度感。

① 王萍,杨珺:《景观规划设计方法与程序》,北京:中国水利水电出版社,2012 年,第 163 页。

（3）反映技术方面的设计概念草图

目前，艺术与科学同步进入了人类生活的各个方面，景观设计日益趋向科学的智能化、工业化、绿色生态化。这意味着设计师要不断地学习，了解相关门类的科学概念，努力将其转化到本专业中来。要提高行业的先进程度，必须要提高设计的技术含量。景观设计的目的是提高人们的生活质量，景观环境是人的文明生活程度的反映，因此把技术因素升华为美学元素和文化因素，设计师要具有把握双重概念结合的能力。技术方面的设计概念草图表达不仅包含正确的技术依据，而且具有艺术形式的美感。

（4）反映功能方面的设计概念草图

景观设计是对场地的深化设计，很多项目是针对因原有场地使用性质的改变所产生的功能方面的问题，因此项目设计就是通过适宜的形式和技术手段来解决这些问题。应用设计概念草图的手段将围绕着使用功能的中心问题展开思考，研究有关场地内的功能分区、人数容量、布局特点、交通流线、空间使用方式等诸方面的问题。这一类概念草图的表达多采用较为抽象的设计符号集合在图面上，并配合文字数据、口述等综合形式。

概念设计的阶段是探讨初期的设计构想和功能关系的阶段，这一阶段的图面有时称为计划概念图、纲要计划图、功能示意图，大多是速写或类似速写的图面。对较大或较复杂的个案而言，图面可能提供与其他设计者或业主交流沟通的依据，作初期回馈之用；对小的个案而言，它们通常只是利用设计者自我交谈，是一个形成进一步设计构想基础的记录。这些图往往可以引发出更多的图。

（二）方案设计

方案设计是在概念设计确定的基础上进行深化设计的重要阶段。它采用系统的方法，将设计的思想表达得更为具体、翔实。在这里将对方案设计的阶段性深度问题进行重点阐述。

项目设计方案阶段，一般是向业主汇报设计成果，并由业主报有关政府规划部门审批。为此，就要解决以下两个问题。

第一，用图文并茂的形式展现出业主与设计师交流的成果，这就需要用各类分析图纸、场地模型、漫游动画等进行多角度的说明，帮助业主来理解，使得业主的要求与专业设计师的专业创意相一致。在解决这个问题的过程中，可能会遇到与业主意见不合的时候，往往是艺术追求与投资经费之间的矛盾。作为设计师而言，要在遵循节约原则的前提下，用自己的专业知识说服业主接受设计方案。

第二，将方案成果报规划部门审批通过，才能进行下一阶段工作。其中最应注意的就是要遵循相应的国家及地方规范，设计师要合理利用规范，依照设计依据，用最为经济的方法表达出艺术价值，同时还要关注相应法规的变化趋势。虽然规范在大体上不会变动，但每年政府部门都会发布局部变化的相关内容。尤其是近几年对节能、环保提出了更加详尽的规范要求，这在方案设计阶段都必须考虑到。

方案设计文件的表述重点是设计的基本构思及其独创性，因此设计文件应以建筑和总平面设计图纸为主，辅以各专业的简要设计说明和投资估算。与初步设计和施工图设计文件相比，其图形文件的内容和表现手法要灵活多样，可以有分析图、总平面图、单体建筑图、透视图，还可以增加模型、电脑动画、幻灯片等。目的只有一个，即充分展示设计意图、特征和创新之处。

1. 方案设计文件的内容与编排

方案设计文件的内容通常由设计说明书、设计图纸、投资估算、透视图四部分组成。前三者的编排顺序如下。

(1)封面。封面上面包括方案名称、编制单位、编制年月。

(2)扉页。可为数页,上面要写明方案编制单位的行政和技术负责人、设计总负责人、方案设计人,必要时附透视图和模型照片。

(3)方案设计文件目录。

(4)设计说明书。这个说明书由总说明和各专业设计说明组成。

(5)投资估算。包括编制说明、投资估算、三材估用量。简单的项目可将投资估算纳入设计说明书内,独立成节即可。

(6)设计图纸。该图纸主要由总平面图和建筑专业图纸组成,必要时可以增加各类分析图。

大型或重要的建设项目,可以根据需要增加模型、电脑动画等。参加设计招标的工程,其方案设计文件的编制应严格按照招标的规定和要求执行。

2. 方案文本的编制深度控制

(1)设计说明

①列出与工程设计有关的依据性文件的名称和文号,包括选址及环境评估报告、地形图、项目的可行性研究报告、设计任务书或协议书等。

②设计基础资料,如区域位置、地形地貌、水文地质、气象等。

③设计所采用的主要法规和标准。

④简述建设方和政府有关主管部门对项目设计的要求,如总平面布置等。当城市规划对建筑高度有限制时,应说明建筑、构筑物的控制高度。

⑤委托设计的内容和范围,包括功能项目和设备设施的配套情况。

⑥工程规模(如总建筑面积、容纳人数等)和设计标准(包括工程等级、结构的设计使用年限、装修标准等)。

⑦列出主要技术经济指标,如总用地面积、总建筑面积、各分项建筑面积及地上部分、地下部分建筑面积、建筑基底总面积、建筑密度、绿地总面积、绿地率、容积率、停车泊位数(分室内外和地上地下),以及主要建筑或核心建筑的层数、层高等项指标。当工程项目(如城市居住区规划)另有相应的设计规范或标准时,技术经济指标还应按其规定执行。

⑧总平面设计说明。

⑨概述场地现状特点和周边环境情况,并对总体方案的构思意图和布局特点,以及在竖向设计、交通组织、景观绿化、环境保护等方面所采取的具体措施,进行详尽阐述。

⑩关于一次规划、分期建设以及原有建筑和古树名木保留、利用、改造(改建)方面的总体设想。

(2)设计图纸

①场地的区域位置。

②场地的范围(用地和建筑物各角点的坐标、道路红线)。

③场地内及四邻环境的反映(场地内需保留的建筑物、古树名木,四邻原有及规划的城市道

路和建筑物,现有地形与标高、水体情况等)。

④场地内拟建道路、停车场、广场、绿地、建筑物的布置,并表示出主要建筑物与用地界线及相邻建筑物之间的距离。

⑤拟建主要建筑物的名称、出入口位置、层数与设计标高,还有地形复杂时主要道路、广场的控制标高。

⑥指北针或风玫瑰图、比例。

⑦根据需要绘制下列反映方案特性的分析图:功能分区、空间组合、景观分析、交通分析、地形分析、日照分析、绿地布置、分期建设等。

(3)投资估算

①投资估算编制的说明资料。

②编制依据、编制方法。

③编制范围(包括和不包括的工程项目与费用)。

④主要技术经济指标。

⑤其他有必要说明的问题。

(4)投资估算表

投资估算表应以一个单项工程为编制单元,由两大部分内容组成,一是土建、给排水、电气等单位工程的投资估算,二是土石方、道路、广场、绿化等室外工程的投资估算。

在建设单位有可能提供工程建设其他费用时,可以将工程建设其他费用和按适当费率取定的预备费纳入投资估算表,汇总成建设项目的总投资。

(三)施工图设计

施工图阶段是将设计与施工连接起来的环节。根据所设计的方案,结合各工种的要求分别绘制出能指导施工的各种图面,这些图面应能清楚、具体、准确地表示出各项设计内容的尺寸、构造、结构、位置、形状、材料、种类、数量、色彩,完成地形设计图、施工平面图、景观建筑施工图、种植平面图等。

图是设计的最终"技术产品",也是进行建筑施工的依据,对建设项目建成后的质量及效果,负有相应的技术与法律责任。因此,"必须按图施工",未经原设计单位的同意,个人和部门不得擅自修改施工图纸,经协商或要求后,同意修改的也应由原设计补充设计文件,与原施工图一起形成完整的设计文件,并应归档备查。

施工图设计是项目设计的最后阶段,是从事相对微观、定量和实施性的设计。如果初步设计的重心在于确定想做什么,那么施工图设计的重心则在于如何做。

1. 施工图文本的构成

施工图设计文件包括以下几方面。

(1)合同要求所涉及的所有专业的设计图纸以及图纸总封面。

(2)合同要求的工程预算书。对于方案设计后直接进入施工图设计的项目,如果合同未要求编制工程预算书,那么施工图设计文件应包括工程概算书。

(3)封面应标明项目名称、编制单位名称、项目设计编号、设计阶段、编制年月以及编制单位法定代表人、技术总负责人和项目总负责人的姓名及其签字或授权盖章。

(4)在施工图设计阶段,总平面专业设计文件应包括设计说明、图纸目录、设计图纸、计算书。

(5)图纸目录。应先列新绘制的图纸,后列选用的标准图和重复利用图。

2. 施工图图纸的深度控制

(1)设计说明。一般工程分别编制在有关的图纸上,如重复利用某工程的施工图图纸及其说明时,应详细注明其编制单位、编制日期、工程名称、设计编号,并列出主要技术经济指标表。

(2)设计图纸。应包括以下几方面内容。

①总平面图。

②总体测量坐标网、坐标值。

③保留的地形和地物。

④指北针或风玫瑰图。

⑤建筑物、构筑物(以虚线表示人防工程、地下车库、油库、储水池等隐蔽工程)的名称或编号、层数、定位(坐标或相互关系尺寸)。

⑥建筑物、构筑物名称使用编号时,应列出"建筑物和构筑物名称编号表"。

⑦广场、停车场、运动场地、道路、无障碍设施、排水沟、挡土墙、护坡的定位(坐标或相互关系)尺寸。

⑧场地四邻原有及规划的道路的位置(主要坐标值)以及主要建筑物和构筑物的位置、名称、层数。

⑨场地四界的测量坐标,道路红线和建筑红线或用地界线的位置。

⑩注明施工图设计的依据、尺寸单位、补充图例、比例、坐标、高程系统(如为场地建筑坐标网时,应注明与测量坐标网的相互关系)等。

(3)竖向布置图。应包括以下几方面内容。

①场地测量坐标网、坐标值。

②场地四邻的道路、水面、地面的关键性标高。

③指北针或风玫瑰图。

④广场、停车场、运动场地的设计标高。

⑤建筑物、构筑物名称或编号,室内外地面设计标高。

⑥挡土墙、护坡或土坎顶部和底部的主要设计标高及护坡坡度。

⑦注明尺寸单位、比例。

⑧用坡向箭头表明地面坡向,当对场地平整要求严格或地形起伏较大时,可用设计等高线表示。

⑨道路和排水沟的起点、变坡点、转折点和终点的设计标高(路面中心和排水沟顶及沟底)、纵坡度、纵坡距、关键性坐标,道路标明双面坡或单面坡,必要时标明道路平曲线及竖曲线要素。

(4)管道综合图。应包括以下几方面内容。

①总平面布置。

②指北针。

③场地四界的施工坐标(或注尺寸)、道路红线及建筑红线或用地界线的位置。

④场外管线接入点的位置。

⑤各管线的平面布置,注明各管线与建筑物、构筑物的距离和管线间距。

⑥管线密集的地段宜适当增加断面图,表明管线与建筑物、绿化之间及管线之间的距离;并注明主要交叉点上下管线的标高或间距。

(5)绿化及建筑小品布置图。应包括以下几方面内容。

①总平面绿化布置图。

②详图包括道路横断面、路面结构、挡土墙、护坡、排水沟、池壁、广场、运动场地、活动场地、停车场地面详图等。

③指北针。

④绿地(含水面)、人行步道及硬质铺地的定位。

⑤注明尺寸、单位、比例、图例、施工要求等。

⑥建筑小品的位置(坐标或定位尺寸)、设计标高。

(6)设计图纸的增减。应包括以下几方面内容。

①当工程设计内容简单时,竖向布置图与总平面图合并。

②土方图和管线综合图可以根据设计需要确定是否出图。

③当路网复杂时,可以增绘道路平面图。

④当绿化或景观环境另行委托设计时,可以根据需要绘制绿化及建筑小品的示意性和控制性布置图。

(7)计算书(供内部使用)。设计依据、简图、计算公式、计算过程及成果资料均作为技术文件归档。

第三章 景观规划设计基本理论

景观规划设计的主要目的是规划设计出适宜的人居环境,既要考虑到人的行为、心理、精神感受,又要考虑到人的视觉审美感受,还要考虑人的生理感受,也就是要注重生态环境的构建和保护。因此,景观规划设计离不开对人居环境、人类行为、心理,以及生态学、美学等方面的研究。

第一节 景观环境、行为与心理基本知识

一、人居环境与景观规划设计

(一)人居环境

1. 人居环境的概念

人居环境,即人类聚居生活的地方,是与人类生存活动密切相关的地表空间,是人类在大自然中赖以生存的基地,是人类利用自然、改造自然的主要场所。按照对人类生存活动的功能作用和影响程度的高低,在空间上,人居环境可分为生态绿地系统与人工建筑系统两大部分。

人居环境的对应学科是人居环境科学。该学科围绕地区的开发、城乡的发展及其相关的问题进行研究,它是连贯一切与人类居住环境的形成与发展有关的,包括自然科学、技术科学与人文科学的新的学科体系,其涉及领域广泛。

2. 人居环境的基本前提

大自然是人居环境的基础,亦即基本前提,人的生产、生活以及具体的人居环境建设活动都离不开广阔的自然背景。

人居环境的核心是人,人居环境研究以满足人类居住需要为目的。

人居环境是人类与自然之间发生联系和作用的中介,人居环境建设本身就是人与自然相联系和作用的一种形式。理想的人居环境是人与自然的和谐统一。人在人居环境中结成社会,进行各种各样的社会活动,努力创造宜人的居住地(建筑),并进一步形成更大规模、更为复杂的支撑网络。人创造人居环境,人居环境又对人的行为产生影响。

3. 人居环境的构成

从内容上看,人居环境主要包括五大系统,即自然系统、人类系统、社会系统、居住系统、支撑系统。

（1）自然系统

自然系统含气候、水、土地、植物、动物、地理、地形、环境分析、资源、土地利用等。整体自然环境和生态环境是人聚居产生并发挥其功能的基础。

自然系统侧重于与人居环境有关的自然系统的机制、运行原理与理论以及实践分析。例如，区域环境与城市生态系统，土地资源保护与利用，土地利用变迁与人居环境的关系，生物多样性保护与开发，自然环境保护与人居环境建设，水资源利用与城市可持续发展等。

（2）人类系统

人是自然界的改造者，又是人类社会的创造者。人类系统主要指作为个体的聚居者，侧重于对物质的需求与人的生理、心理、行为等有关的机制及原理、理论的分析。

（3）社会系统

人居环境的社会系统主要是指公共管理、法律、社会关系、人口趋势、文化特征、社会分化、经济发展、健康和福利等。涉及由人群组成的社会团体相互交往的体系，包括由不同的地方性、阶层、社会关系等的人群组成的系统及有关的机制、原理、理论和分析。

（4）居住系统

居住系统主要指住宅、社区设施、城市中心，以及人类系统、社会系统等需要利用的居住物质环境及艺术特征。

由于城市是公民共同生活和活动的场所，所以人居环境研究的一个战略性问题就是如何安排共同空地（即公共空间）和所有其他非建筑物及类似用途的空间。

（5）支撑系统

支撑系统是指为人类活动提供支持、服务于聚落，并将聚落连为整体的所有人工和自然的联系系统、技术支持保障系统，以及经济、法律、教育和行政体系等。它对其他系统和层次的影响巨大，包括建筑业的发展与形式的改变等（图3-1）。

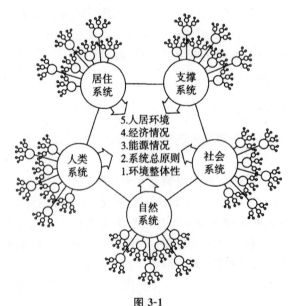

图 3-1

需要指出的是，自然系统、人类系统、社会系统、居住系统、支撑系统的划分只是为了便于研究与讨论问题，应当看到它们相互联系的方面。一个良好的人居环境的取得，不能只着眼于它各个部分的存在和建设,还要达到整体的完满;既要达到作为"生物的人"在这个生物圈内存在的多种条件的满足,即生态环境的满足,又要达到作为"社会的人"在社会文化环境中需要的多种条件的满足,即人文环境的满足。

(二)人居环境与景观规划设计的关系

建筑、地景、城市规划三位一体,作为人居环境科学的核心,三者有着共同的研究内容,即共同研究如何科学地进行土地利用,充分利用自然资源,进行场地规划;共同从事环境艺术的创造以及历史与自然地区的保护与重建等。但是,在不同情况下,三者也各有侧重点和扩展方向。

人居环境科学是发展的,永远处于一个动态的过程之中,其融合与发展离不开运用多种相关学科的成果,特别要借助相邻学科的渗透和拓展来创造性地解决繁杂的实践中的问题。因此,它与经济、社会、地理、环境等外围学科共同构成开放的人居环境科学学科体系。

人居环境科学学科体系中,不同学科之间要相互交叉,各相关学科本身仍然保持其相对独立的学科体系和各自的学科核心。它们与人居环境科学的关系,以及在人居环境学科群中的重要性或作用大小的问题,随研究的对象和问题而定,仅仅在于相关学科及其相关部分领域间的相互辐射、相互交叉和相互渗透(图 3-2)。

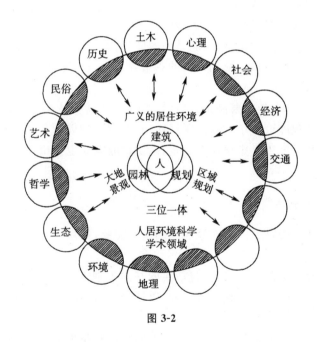

图 3-2

二、人类行为、心理与景观规划设计

人类的行为、心理规律及其需求是景观规划设计的根本依据。一个景观规划设计的成败,归根结底就看它在多大程度上满足了人类环境活动的需要。研究景观规划设计中的人类行为,就不能不考虑人类行为的最基本的规律,其中马斯洛的需求理论影响最大。

（一）人的基本需要

1. 马斯洛的需求理论

为理解人在景观规划设计中的行为,有必要对人的基本需要与内驱力作初步了解。美国著名心理学家亚伯拉罕·马斯洛把人的基本需要分为若干层级,从低级的需要开始到高级的需要,排成梯级。他认为,人的基本动机就是以其最有效和最完整的方式表现他的潜力,即自我实现的需要。根据马斯洛的观点,人的需要基本上可分为下列五个层级(图 3-3)。

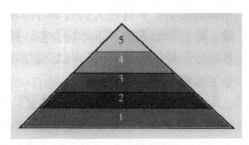

图 3-3

（1）生理的需要,如饥、渴、寒、暖等。

（2）安全的需要,如安全感、领域感、私密性等。

（3）相属关系和爱的需要,如情感、归属某小团体、家庭、友谊等。

（4）尊重的需要,如威信、自尊,受到人们的尊重等。

（5）自我实现的需要。

在人的发展中,只有基本的需要满足之后,较高层次的需要才会突显出来。更进一步说,任何一种特定需求的强烈程度取决于它在需求层次中的地位,以及它和所有其他更低层次需求的满足程度。每一低级的需要不一定要完全满足,高层次的需要也会出现,它的性质更像是波浪式的演进。

2. 人类对聚居地的基本需要

希腊学者道萨迪亚斯曾研究人类对聚居地的基本需要,并做了以下几方面的总结。

（1）安全

安全是人类能生存下去的基本条件(包括人的基本生理需要被基本满足的前提),人类生存要有土地、空气、水源、适当的气候、地形等条件,以抵御来自自然与其他物种的侵袭。

（2）选择与多样性

在满足了基本生存条件的前提下,就要满足人们得以根据其自身的需要与意愿进行选择的可能。"钟爱多样性"是人包括生物界的本性。

（3）需要满足的因素

需要满足的因素包括接触的自由度、节省程度、公共性与私密性、联系的方便,以及综合、平衡程度。这些因素的需要应予以最大、最低或最佳限度的满足,具体如表 3-1 所示。

表 3-1 需要满足的因素

项 目	相关表述
接触的自由度	最大限度的接触。与自然、与社会、与人为设施、与信息等最大限度地接触,即与外部世界有最大限度的接触,最后归结为其活动上的自由度。这种自由度随着科学技术的发展而扩大
节省程度	以最省力(包括能源)、最省时间、最省花费的方式,满足自己的需要
公共性与私密性	任何时刻,任何地点,都要有一个能受到保护的空间。公共性与私密性是人的基本需要,所有的聚居地与建筑都是这两者间矛盾平衡的体现
联系的方便	人与其生活体系各种要素之间有最佳的联系,包括大自然与道路,基础设施以及通信网络
综合、平衡程度	根据具体的时间、地点,以及物质的、社会的、文化的、经济的、政治的种种条件,取得以上四个方面的最佳综合、最佳平衡。在小尺度范围内,人为环境要适应人的需要;在大尺度范围内,人造物要适应自然条件

3. 人类在景观中的三种基本活动

人类在景观中的三种基本活动包括必要性活动、自发性活动和社会性活动。每一种活动类型对物质环境的要求都大不相同。

(1)必要性活动

必要性活动就是人类因为生产需要而必需的活动,如上班、上学、购物、等人、候车、出差等。一般来说,日常工作和生活事务都属于这一类型。因为这些活动是必要的,它们的发生很少受到物质构成的影响。

(2)自发性活动

自发性活动只有在人们有参与的意愿,并且在时间、地点可能的情况下才会发生,所以又叫选择性活动。此类型的活动包括散步、呼吸新鲜空气、驻足观望有趣的事情以及坐下来晒太阳等。主体随当时空间条件变化和心情变化而随机选择空间场所。对于物质规划而言,自发性活动是非常重要的,因为大部分适合户外的娱乐消遣活动恰恰属于这一范畴,这些活动特别依赖于外部物质条件。

(3)社会性活动

社会性活动也称参与性活动,是指在公共空间中依赖于他人参与的各种活动,不能单凭主体个人意志支配,如儿童游戏、互相打招呼、交谈、各类公共活动以及最广泛的社会活动——被动式接触,即仅以视听来感受他人。在市区街道和市中心,社会性活动一般来说是浅层次的,大多是被动式接触,即作为旁观者来领略素不相识的芸芸众生。但这种浅层次的交往会进一步促成其他的更加综合性的社会性活动出现。

人们在同一空间中徜徉、流连,就会自然引发各种社会性活动。发生于公共开放空间中的社会活动,在绝大多数情况下都是由必要性活动、自发性活动发展而来的。当户外空间的质量不理想时,就只能发生必要性活动。当户外空间具有高质量时,尽管必要性活动的发生频率基本不变,但由于物质条件更好,它们显然有延长时间的趋向。一旦场所和环境布局宜于人们驻足、小憩、饮食、玩耍等,大量的各种自发性活动就会随之发生。

(二)个人空间、人际距离

1. 个人空间

人与人之间总是互相保持一定的距离空间,依据个人所意识到的不同情境而涨缩,他人对这一空间的侵犯与干扰会引起个人的焦虑和不安(图3-4)。例如,在公共场所中,一般人不愿夹坐在两个陌生人中间,因而出现公园座椅"两头忙"的现象。这就是心理学中的"个人空间"。个人空间起着自我保护的作用,是一个针对来自情绪和身体两方面潜在危险的缓冲圈,以避免过多的刺激,导致应激的过度唤醒,私密性不足或身体受到他人攻击。影响个人空间的因素很多,如情绪、人格、年龄、性别、文化等。

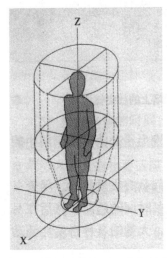

图3-4

个人空间与私密性、领域性、场所感这几个概念紧密联系。

(1)私密性

私密性是对接近自己或自己所在群体的选择性控制。私密性并非仅仅指离群索居,而是指对生活方式和交往方式的选择与控制。可以概括为行为倾向和心理状态两个方面。私密性可表现为独处、亲密、匿名和保留。

与私密性相对的另一面是公共性,它们之间存在着许多不同程度的渐变。其中包括私密、半私密、半公共和公共,同时它们的划分又不是绝对的,具有不确定性。

私密性不仅针对个人,还针对这样一个群体,他们在一起时,也不希望被外界打搅。设计师在设计中要尽量考虑到不同需求,从空间大小、边界的封闭与开放等方面,为人们的离合聚散提供不同的层次和多种灵活机动的特性(图3-5)。

(2)领域性

领域性是个人或群体为满足某种需要,拥有或者占用一个场所或区域,并对其加以人格化和防卫的行为模式,该场所或区域就是拥有或占用它的个人或群体的领域。

领域可以分为主要领域、次要领域和公共领域三类(表3-2)。

图 3-5

表 3-2 领域类型

项　　目	相关表述
主要领域	是使用者使用时间最多、控制感最强的场所,包括家、办公室等
次要领域	不归使用者专门占有,使用者对其控制也没有那么强烈,属半公共性质,是主要领域和公共领域之间的桥梁。次要领域包括邻里酒吧、私宅前的街道、自助餐厅或休息室的就座区等
公共领域	是可供任何人暂时和短期使用的场所,但在使用中不能违反规章。公共领域一般包括电话亭、网球场、海滨、公园、图书馆及步行商业街座位等。这些领域对使用者来说不是很重要,也不像主要领域和次要领域那样令使用者产生占有感和控制感。但如果公共领域频繁地被同一个人或同一个群体使用,最终它很可能变为次要领域。例如,学生常常在教室选择同一个座位,晨练的人群常常在公园中选择固定的场所。如果这一位置或场所被他人或其他群体占用,则会引起不愉快的反应

领域具有组织功能,有助于形成私密性和控制感。在景观环境中通过适当范围的空间围合,或用草坪、树篱、台地、栅栏等形成具有不同私密性层次的领域也有利于个人或群体的同一性。清晰明确的领域易于形成自然监视和创造"可防卫空间",增强安全性(图 3-6)。

(3)场所感

环境所具备的物质特征支持着某些固定的行为模式,尽管其中的使用者不断更换,但固定的行为模式在一段时间内却不断重复。这里的行为属于非个体行为,这样的环境被称为场所。场所是由特定的人或事所占有的环境的特定部分。

场所具有以下几方面的环境特征。

第一,占有性。人对场所的占有和使用。

第二,非空间性。场所研究的是事件和环境的关系,不涉及空间的几何形态。

第三,随机性。不同的人或事对场所的占有使同一场所在不同条件下具有不同的意义。

图 3-7 是一些公共场所中避免出现的情况。图 3-7a 表示在人口通道的两侧布置休息设施

时,使用者会对这种"夹道欢迎"望而生畏。图 3-7b 表示在众目睽睽之下,使用者会感到"无地自容"。图 3-7c 表示当坐凳置于空旷地时,使用者会觉得没有安全感。

图 3-6

(a)在人行夹道中穿越　　　　　(b)被人观看　　　　　(c)空旷地的座位

图 3-7

2. 人际距离

人与人之间的距离决定了在相互交往时何种渠道成为最主要的交往方式。人类学家爱德华·霍尔在以美国西北部中产阶级为对象进行研究的基础上,将人际距离概括为四种:密切距离、个人距离、社交距离和公共距离(图 3-8)。

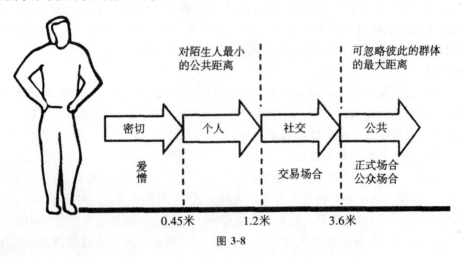

图 3-8

（1）密切距离

密切距离范围为0～0.45米，小于个人空间。触觉成为主要交往方式，适合抚爱和安慰，或者摔跤格斗。距离稍远则表现为亲切的耳语。在公共场所与陌生人处于这一距离时会感到严重不安，人们用避免谈话、避免微笑和注视来取得平衡。

（2）个人距离

个人距离范围为0.45～1.20米，与个人空间基本一致。处于该距离范围内，能提供详细的信息反馈，谈话声音适中，言语交往多于触觉，适用于亲属、师生、密友握手言欢，促膝谈心，或日常熟人之间的交谈。

（3）社交距离

社交距离范围为1.20～3.60米。这一距离常用于非个人的事务性接触，如同事之间商量工作。远距离还起着互不干扰的作用。观察发现，即使熟人在这一距离出现，坐着工作的人不打招呼继续工作也不为失礼；反之，若小于这一距离，即使陌生人出现，坐着工作的人也不得不招呼问询。

（4）公共距离

公共距离范围为3.6～7.6米或更远的距离。这是演员或政治家与公众正规接触所用的距离。此时无细微的感觉信息输入，无视觉细部可见，为表达意义差别，需要提高声音，语法正规，语调郑重，遣词造句多加斟酌，甚至采用夸大的非言语行为（如动作）辅助言语表达。

（三）外部空间的行为习性

有些行为习性的动作倾向明显，几乎是动作者不假思索做出的反应，因此可以在现场对这类现象简单地进行观察、统计和了解，以在景观规划设计中采取正确的对策。外部空间的行为习性如抄近路、靠右（左）侧通行、逆时针转向、依靠性、"窥视"等。

1. 抄近路

在目标明确或有目的地移动时，只要不存在障碍，人总是倾向于选择最短路径行进，即大致成直线向目标前进。只有在伴有其他目的，如散步、闲逛、观景时，才会信步任其所至。抄近路习性可说是一种泛文化的行为现象。

对于草地上的穿行捷径，可以设置障碍（围栏、矮墙、绿篱、假山和标志等），使抄近路者迂回绕行，从而阻碍或减少这种不希望发生的行为；也可以在设计和营建中尽量满足人的这一习性，并借以创造更为丰富和复杂的建成环境。如果设计师能够按人的行为轨迹设计出曲折有趣而又顺路的方案，便能得到令人满意的效果（图3-9）。

2. 靠右（左）侧通行

道路上既然有车辆和人流，就存在靠哪一侧通行的问题。对此，不同国家、不同地区有不同的规定。在中国，靠右侧通行沿用已久；而在日本和中国香港，却靠左侧通行。明确这一习性并尽量减少车流和人流的交叉，对于外部空间的安全疏散设计具有重要意义。靠边通行其实还具有另一层含义：当人们对某一区域不太熟悉时，会先沿边界，依靠符号或其他标志前进。

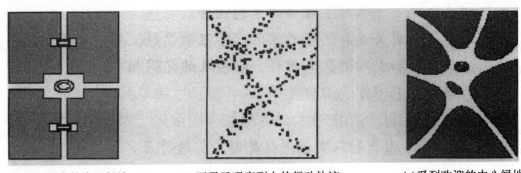

(a)几何形态的中心绿地　　　(b)下雪天观察到人的行动轨迹　　　(c)受到欢迎的中心绿地

图 3-9

3. 逆时针转向

追踪人在公园、游园场所和博览会中的流线轨迹,会发现大多数人的转弯方向具有一定的倾向性。生理学家指出,因为人的心脏位于胸腔左部,跑步时逆时针转弯,身体会左倾,有利于心脏和血液压力的调节,也更利于掌握平衡。很大程度上,正因为人们通常习惯了跑步的方向,在行走时也会不自觉地选择逆时针转向。

4. 依靠性

观察表明,人们总是偏爱逗留在柱子、树木、旗杆、墙壁、门廊和建筑小品的周围,可以说这些依靠物对人具有某种吸引性。从空间角度考察,依靠性表明,人偏爱有所凭靠地从一个小空间去观察更大的空间。这样的小空间既具有一定的私密性,又可观察到外部空间中更富有公共性的活动,人在其中感到舒适和隐蔽,但决不幽闭、恐怖。如果人在占有空间位置时找不到这一类边界较为明确的小空间,那么一般就会寻找柱子、树木等依靠物,使之与个人空间相结合,形成一个自身占有和控制的领域,从而能有所凭靠地从这一较小空间去观察周围更大的环境。因此,在景观规划设计中,设计师要考虑到人们倾向于在实体边界附近集聚活动的心理来布置不同的景观与休息场所,满足各种不同社交活动的需要(图 3-10)。

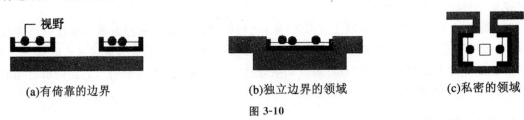

(a)有倚靠的边界　　　　　(b)独立边界的领域　　　　　(c)私密的领域

图 3-10

5. "窥视"

理论和实验观测都表明,人在公共场所中普遍存在"窥视"的偏好,这在一定程度上反映了人对于信息交流、社会交往和社会认同的需要,其主要目的在于"希望共享相互接触带来的有价值的益处",而"观察行为的本身就是对行为的鼓励"。通过看人,了解到流行款式、社会时尚和大众潮流,满足人对于信息交流和了解他人的需求;通过为人所看,则希望自身被他人和社会所认同;也正是通过视线的相互接触,加深了相互间的表面了解,为寻求进一步交往提供了机会,从而加强了共享的体验。

　　看和被看是景观空间中最生动的游戏，林荫中和隐蔽处，广场和草地边缘，都是最佳的"看与被看"的场所，因而宜设置座椅和供休憩的场所。而在景观中心或核心区域宜设计活跃的景观元素，如喷泉和水体，吸引人的参与，使其无意间成为被看的对象和"演员"（图 3-11）。

图 3-11

（四）人对景观空间的认知

　　人之所以能识别和理解环境，关键在于能在记忆中重现空间环境的形象。经感知过的事物在记忆中重现的形象称为意象或表象，具体空间环境的意象被称为认知地图。认知地图可以通俗地称为心理上的地图、头脑中的环境。它包括事件的简单顺序，也包括方向、距离，甚至时间关系的信息。一般而言，人们对环境越熟悉，认知地图就越详尽。

　　美国城市规划专家凯文·林奇提出，城市认知地图由路径、边界、区域、节点、地标这五个基本要素组成（图 3-12）。

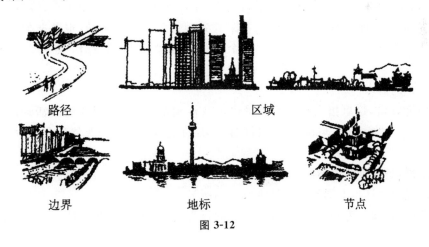

路径　　　　　　　　　　　　　　区域

边界　　　　　　　　　地标　　　　　　　　节点

图 3-12

1. 路径

　　路径是观察者经常地、偶然地或可能地沿着走动的通道。它可以是大街、步行道、公路、铁路或运河等连续而有方向性的要素。其他环境要素一般沿着路径布置，以便人们一边沿着路径运动，一边观察环境。

2. 边界

边界是两个面或两个区域的交界线,如河岸、路堑、围墙等不可穿透的边界,以及示意性的象征性的可穿透的边界。

3. 区域

区域是只具有某些共同特征的城市中较大的空间范围。有的区域具有明确的可见的边界,有的区域无明确的可见的边界,或是逐渐减弱的方式。

4. 节点

节点指城市中某些战略要地,如交叉口,道路的起点和终点,广场、车站、码头以及方向转换处和换乘中心等。节点的重要特征就是集中,特别是用途的集中。节点很可能是区域的中心或象征。

5. 地标

地标是一些特征明显而且在地景中很突出的元素。地标是城市内部或区域内作为方向的参照物。它可以是塔、穹顶、摩天大楼、山脉,也可以是纪念碑、牌楼等。

认知地图可以帮助人们理解自己和环境的关系,确定目标的空间方位、距离,寻找到达目标的路径,并建立起个人对环境的安全感和控制感。认知地图还是人们接受新环境信息的基础。

(五)景观行为的空间格局

景观行为是指景观中人的行为。景观行为构成的基本元素包括需求、容量、组群、性质、规模、感受及空间布局模式——格局(表3-3)。景观行为的空间格局,也并非规划设计的空间格局,而是人的行为的空间格局。针对某个具体的景观环境的设计,要考虑以下几方面的问题。

第一,用户的需求。

第二,环境容量,这里指人数。而容量也涉及活动的性质,不同性质的活动所需的空间大小是不一样的。例如,跳舞与读书所用同样大小的空间环境,前者能容纳的人数显然比后者少。

第三,组群,是指景观中不同年龄、不同文化背景、不同性格的人组成的群体。应该针对不同类型的组群,规划设计出不同类型的景观空间场所。

第四,性质,是指行为的性质,即这个空间的行为是静态的还是动态的,是内向聚集的还是外向离散的。

第五,规模,即这种行为占据的空间场地大小及花费时间的多少,包括时间与空间这两个方面的内容。

第六,感受,即空间给人的感受是好的还是令人厌恶的。

所有这些貌似简单的单个元素,经过各种排列组合,就可以构成千变万化的景观行为空间格局。

表 3-3　景观行为构成的基本元素

景观行为	基本元素	景观行为	基本元素
意向	需求	环境	规模(占据空间与花费时间)
强度	容量(人数)	欣赏	感受(好、中性、差)
文化	组群(根据年龄、文化背景、性格等确定)	分布	空间格局
动静	性质(内向聚集、外向离散、静态、动态)		

第二节　景观规划设计的生态学基础

一、生态学

(一)生态学的概念

1866 年,德国科学家海克尔首次将生态学定义为:研究有机体与其周围环境(包括非生物环境和生物环境)相互关系的科学。而作为环境与生态理论发展史上重要的代表人物,英国著名园林设计师麦克哈格把土壤学、气象学、地质学和资源学等学科综合起来,并应用到景观规划中,提出了"设计遵从自然"的生态规划模式。这一模式突出各项土地利用的生态适宜性和自然资源的固有属性,重视人类对自然的影响,强调人类、生物和环境之间的伙伴关系。这个生态模式对后来的生态规划影响很大,成为 20 世纪 70 年代以来生态规划的一个基本思路。

(二)生态系统及其构成

1. 生态系统的概念

生态系统这一概念是英国生态学家 A. G. 坦斯利于 1935 年首次提出的,他主要强调生物和环境是不可分割的整体,生态系统内生物成分(包括植物、动物、微生物)和非生物成分(生存环境)在功能上是一个统一的自然实体——生态系统,即生态系统是生态学上的基本功能单位,而不是生物学中分类学的单位,如海洋生态系统、陆地生态系统、农业生态系统等。生态系统与所有其他系统一样,是人们主观识别和想象的产物。生态系统作为一个特殊的整体,它的基本功能主要包括物质循环、能量流动和信息交换三个方面。

2. 生态系统的组成成分

作为生态学的一个功能整体,生态系统都是由生物群落和非生物环境两部分组成,也可将其区分为四个基本组成部分:生产者、消费者、分解者和非生物环境,其中生产者、消费者、分解者是生物群落的三大功能类群。

(1)生产者

生产者是指能利用无机物制造有机物的自养生物,它们是生态系统中最基础的组成部分,主要是绿色植物,也包括一些能进行光能自养和化能自养的藻类和细菌。它们都能利用能量把简单的无机物合成有机物,放出氧气,并且将环境中的能量以化学能的形式固定到有机体内,决定生态系统初级生产力的高低。

（2）消费者

消费者主要指生态系统中的各种动物和寄生性生物,它们不能利用无机物生产有机物,只能直接或间接利用绿色植物、有机物作为食物来源,属于异养生物。

（3）分解者

分解者主要为细菌、真菌、放线菌等微生物,以及土壤中某些营腐生生活的原生生物。它们在生态系统中以动物、植物残体和排泄物中复杂的有机物质作为维持生命活动的食物来源,并且把复杂的有机物逐步分解为较简单的化合物和元素归还到环境,供生产者再度吸收利用。

（4）非生物环境

非生物环境是指生态系统中的非生物成分,是生态系统中生物赖以生存的物质和能量的来源和活动的场所,其中包括光、热、气、水、土壤、岩石和营养成分等。

二、景观生态学

（一）景观的生态学含义

生态学是通过两种途径使用景观这个概念的。第一种是直觉地将景观看作基于人类范畴基础之上的特定区域,景观的尺度是数千米到数百千米,由诸如林地、草地、农田、树篱和人类居住地等可识别的成分组成的生态系统。第二种是将景观看作代表任一尺度空间异质性的抽象概念。总的来说,对景观的理解,地理学和景观生态学将其进一步拓展,以"地域综合体"作为它们共同的概念基础。景观通常又是由景观元素组成,景观元素则是地理上相同质的生态要素单元,包括自然与人文因素,即为生态系统。

（二）景观生态学的内涵

景观生态学是研究和改善空间格局与生态和社会经济过程相互关系的整合性交叉学科。它是在 1939 年由德国地理学家 C. 特洛尔提出的,当时科学家借助航片在景观尺度上进行生物群落与自然地理背景相互关系的分析。特洛尔认为,景观生态学并不是一门新的学科,也不是学科的新分支,而是综合研究的特殊视点。随后,科学家们又对景观生态学的概念进行了进一步的探索,认为:景观生态学是地理学、生态学、森林学、环境科学、资源科学、群落生态学、野生生物管理、城市规划等多种学科交叉的综合学科,其主体是生物地理学（景观）与生态学之间的交叉所形成的学科。

景观生态学认为景观是由相互作用的拼块或生态系统组成的,以相似的形式重复出现的,具有高度空间异质性的区域,是地表各自然要素之间以及与人类之间作用、制约所构成的统一整体。因此,景观生态学不仅坚持自然环境的整体概念,还强调人地关系在其中的地位,将人类作为景观的一个要素。

景观生态学是新一代的生态学,从组织水平上讲,处于个体生态学——种群生态学——群落生态学——生态系统生态学——景观生态学——区域生态学——全球生态学系列中的较高层次,具有很强的实用性。景观综合、空间结构、宏观动态、区域建设、应用实践是景观生态学的几个主要特点。

　　景观生态学也是研究景观空间结构与形态特征对生物活动与人类活动影响的科学;研究怎样运用景观的知识来预测景观价值(自然、文化和经济方面)的变化。景观生态学以人类对景观的感知作为景观评价的出发点进行多层面、多角度的研究,通过自然科学与人文科学的交叉,构筑和谐社会,实现建立宜人景观与保护自然景观系统化的目标。

　　景观生态学的研究对象和内容可概括为景观结构、景观功能、景观动态这三个基本方面。

1. 景观结构

　　景观结构即景观组成单元的类型、多样性及其空间关系。例如,景观中不同生态系统的面积、形状和丰富度,它们的空间格局以及能量、物质和生物体的空间分布等。

2. 景观功能

　　景观功能即景观结构与生态学过程的相互作用,或景观结构单元之间的相互作用。这些作用主要体现于能量、物质、生物有机体在景观镶嵌体中的运动过程里。

3. 景观动态

　　景观动态即景观在结构和功能方面随时间的变化,包括景观结构单元的组成成分、多样性、形状和格局的空间变化,以及由此导致的能量、物质和生物在分布和运动方面的差异。

　　景观结构、景观功能和景观动态是相互依赖、相互作用的有机联系,结构与功能相辅相成,结构在一定程度上决定功能,而结构的形成和发展又受到功能的制约。景观结构和景观功能都必然地要随时间发生变化,而景观动态反映了多种自然的和人为的、生物的和非生物的因素及其作用的综合影响(图 3-13)。

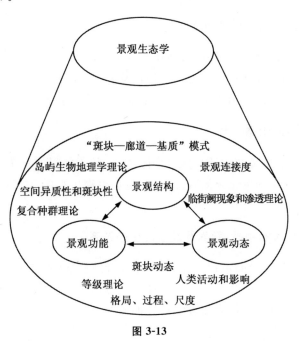

图 3-13

景观生态学不仅要研究景观生态系统自身发生、发展和演化的规律特征,而且要探求合理利用、保护和管理景观的途径与措施,为合理开发利用自然资源,不断提高生产力水平,保护与建设生态环境提供理论方法和科学依据;探求解决发展与保护、经济与生态之间的矛盾,促进生态经济持续发展的途径和措施。

(三)景观系统中的生态关系

一般来说,在一个具体的景观系统中,存在着以下五个层次的生态关系:景观与外部系统的生态关系,景观内部各个元素之间的生态关系,景观元素内部的结构与功能的生态关系,生命和环境之间的生态关系,人类与其环境之间的物质、营养及能量的生态关系。

1. 景观与外部系统的生态关系

例如,景观规划设计中的滨水地带设计的一个最重要特征在于,它是复杂的综合问题,涉及多个领域。作为人类活动与自然共同作用最为强烈的地带之一,河流和滨水区在自然系统和社会系统中具有多方面的功能,如水利、交通运输、游憩、城市形象及生态功能等。因此,滨水工程涉及航运、河道治理、水源储备与供应、调洪排涝、植被及动物栖息地保护、水质、能源等多方面的内容。

2. 景观内部各个元素之间的生态关系

例如,来自大气的雨、雾,经过村上丛林的截流、涵养,成为终年不断的细流,最先被引入村中人饮水的蓄水池,再流经家家户户门前的洗涤池,后汇入寨中和周边的池塘,以供耕牛沐浴和养鱼,最后富含养分的水流被引入下方的层层梯田,用以灌溉主要的农作物——水稻。这种水平生态过程,包括水流、物种流、营养流与景观空间格局的关系,也正是景观生态学的主要研究对象。

3. 景观元素内部的结构与功能的生态关系

例如,丛林作为一个森林生态系统,水塘作为一个水域生态系统,梯田作为一个农田系统,它们的内部结构与物质和能量流的关系,就是一种在系统边界明确情况下的垂直生态关系,其结构是食物链和营养级,功能是物质和能量流动,这都是生态系统生态学研究的对象。

4. 生命和环境之间的生态关系

生命和环境之间的生态关系包括个体与个体之间、群体之间的竞争、共生关系,是生物对环境的适应,以及个体与群体的进化和演替过程,这便是植物生态学、动物生态学、个体生态学、种群生态学所研究的对象。

5. 人类与其环境之间的物质、营养及能量的生态关系

这是人类生态学所要讨论的主题。当然,人类本身的复杂性,包括社会、文化、政治性及心理因素都使得人与人、人与自然的关系变得十分复杂,已远非人类生态本身所能解决,因此又必须借助社会学、文化生态、心理学、行为学等学科对景观进行研究。

（四）景观生态学中的几个重要概念

景观生态学中的几个重要概念如斑块、廊道、基质、边界、异质性、尺度。

1. 斑块

斑块泛指与周围环境在外貌或性质上不同，但又具有一定内部均质性的空间部分。景观斑块是受地理、气候、生物和人文因子影响所组成的空间集合体，是景观中的点状因素，如公园绿地广场、建筑群及城市开敞空间体系，都可以作为斑块来看待。斑块具有特定的结构形态，表现为物质、能量或信息的输入或输出。斑块的面积、形状与分布对生物的多样性和各种生态学过程影响甚大。大型斑块可以比小型斑块承载更多的物种，特别是一些特有物种可能只在大型斑块的核心区存在。相对而言，小型斑块则不利于物种多样性的保护，不能维持大型动物的延续。但小型斑块可能成为某些物种逃避天敌的避难所，同时小型斑块占地小，可以出现在农田或城市景观中，具有跳板的作用。人类活动使自然景观被分割得四分五裂，景观的功能流受阻。所以，加强孤立斑块之间及斑块与种源之间的联系，是现代景观规划的主要任务之一。

2. 廊道

廊道是景观的线形因素，属于一种特殊带状因素类型。廊道最显著的作用是作为转输载体，还可以起到生态保护的作用。廊道有利于物种的空间运动和本来是孤立的斑块内物种的生存和延续。从这个意义上讲，廊道必须是连续的。根据廊道的起源、对人类的作用，廊道景观类型可分为三类：河道水系或蓝色网络状廊道（图 3-14）；森林、林荫道或绿色带状廊道；街道或灰色线状廊道。它们分别可简称为蓝道、绿道和灰道（表 3-4）。

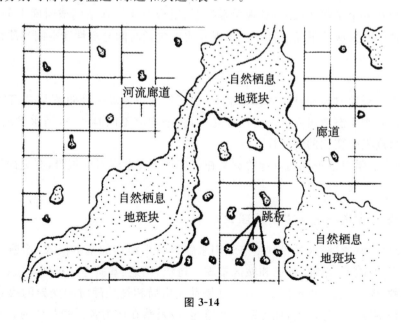

图 3-14

表 3-4　廊道景观类型

项　目	相关表述
蓝道	不仅指河流的水面部分,也包括沿河流分布的不同于周围基质的植被带,是景观中最重要的廊道类型,特别是在某些生物种类迁移方面具有其他廊道类型所无法替代的作用,物流和矿物养分的输送,实现了多种地生态危机,同时河流及其支流又是污染的传播载体,所以对污染源必须治理与清源
绿道	主要指以植物绿化与造景为主的线形要素,如林荫路、防护林带等。绿道对保护生物多样性和设置悠闲专用自行车道都是重要的
灰道	是人工味十足的街道和道路,应尽力淡化灰道,减少"灰道"对生态环境的干扰,防止恶化

3. 基质

基质是景观中的面状因素。它是作为景观区域镶嵌在生态系统背景中或按城市功能及生活所形成的不同类型的历史风貌特色景观、标志性景观区,也是构成城市景观特征中最广泛且又敏感的部分。

4. 边界

边界即景观生态体系各要素构成相邻系统的交界面和接触界定的区域。边界具有模糊过渡和缓冲功能,特别是生态过程在此处产生的边缘效应。在边界区域中,生物群落结构复杂,物种生命力强,而且特别活跃,从而出现不同生境物种共生的现象。

5. 异质性

异质性是指在一个景观区域中,景观元素类型、组合及属性在空间或时间上的变异程度,是景观区别于其他生命层次的最显著特征。景观异质性包括时间异质性和空间异质性。

6. 尺度

尺度是指研究对象时间和空间的细化水平,任何景观现象和生态过程均具有明显的时间和空间尺度特征。景观生态学研究的重要任务之一,就是理解不同时间、空间水平的尺度信息,弄清研究内容随尺度发生变化的规律性。

总之,景观生态学对景观规划设计的意义在于拓展了专业学科的视野,在更深层次上确保实现景观和环境的可持续发展。

(五)"斑块—廊道—基质"模式理论

"斑块—廊道—基质"模式是景观生态学用来解释景观结构的基本模式,普遍适用于各类景观,包括荒漠、森林、农业、草原、郊区和城区景观。斑块、廊道、基质等的排列与组合构成景观,并成为景观中各种"流"的主要决定因素,同时也是景观格局和过程随时间变异的决定因素。景观中任意一点或是落在某一斑块内,或是落在廊道内,或是落在作为背景的基质内。这一模式为比较和判别景观结构,分析结构与功能的关系以及改变景观提供了一种通俗、简明和可操作的语言,构成了现代宏观尺度的景观规划的理论基础(图3-15)。

基质是景观中分布最广、连续性最大的背景基础,斑块与廊道均散布在基质之中。斑块、廊道、基质三大结构单元中,基质是主要成分,它是景观生态系统的框架和基础,基质的分异运动导致斑块与廊道的产生,基质、斑块、廊道是不断相互转化的。

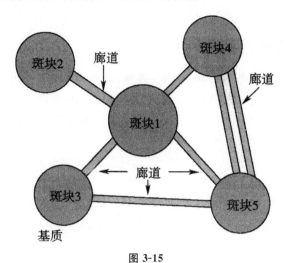

图 3-15

三、景观的生态设计原理

任何与生态过程相协调,尽量使其对环境的破坏影响达到最小的设计形式都称为生态设计。这种协调意味着设计尊重物种多样性,减少对资源的剥夺,保持营养和水循环,维持植物生境和动物栖息地的质量,以有助于改善人居环境及生态系统的健康。具体来说,景观的生态设计包括地方性、保护与节约资源、让自然做功、显露自然这四个基本原理。

(一)地方性

地方性即设计应根植于所在的地方,这一原理可从以下三个方面来理解。

1. 尊重传统文化和乡土知识

传统文化和乡土知识是当地人的经验,当地人依赖于其生活的环境并从中获得日常生活的一切需要,包括水、食物、庇护、能源、药物及精神寄托,其生活空间中的一草一木、一山一水都是有含意的。当地人关于环境的知识和理解是场所经验的有机衍生和积淀。所以,一个适宜于场所的生态设计,必须首先考虑当地人的物质需要和精神需要,尊重传统文化。

2. 适应场所的自然过程

现代人的需要可能与历史上该场所的人的需要不尽相同。因此,为场所而设计决不意味着模仿和拘泥于传统的形式,新的设计形式仍然应以场所的自然过程为依据,即依据场所中的阳光、地形、水、风、土壤、植被及能量等。设计的过程就是将这些带有场所特征的自然因素结合在设计之中,从而维护场所的健康。

3. 合理利用、保护当地材料和物种

植物和建材的使用是设计生态化的一个重要方面。乡土物种不但最适宜在当地生长，管理和维护成本最低，而且其消失已成为当代最主要的环境问题，所以保护和利用地方性物种也是时代对景观设计师的伦理要求。

（二）保护与节约自然资源

地球上的自然资源分为可再生资源（如水、森林、动物等）和不可再生资源（如石油、煤等）。要实现人类生存环境的可持续，必须对不可再生资源加以保护和节约使用。即使是可再生资源，其再生能力也是有限的，因此对它们的使用也需要采用保本取息的方式。对于自然资源的利用，生态设计强调"保护、减量、再利用、再生"这四方面。

1. 保护

保护即保护不可再生资源。不可再生资源作为自然遗产，不在万不得已的情况下不予以使用。在东西方文化中，都有保护资源的优秀传统值得借鉴，它们往往以宗教戒律和图腾的形式来实现特殊资源的保护。

2. 减量

减量是指尽可能减少包括能源、土地、水、生物资源的使用，提高其使用效率。设计中如果合理地利用自然，如光、风、水等，则可以大大减少能源的使用。新技术的采用往往可以成倍地减少能源和资源的消耗。

3. 再利用

利用废弃的土地、原有材料，包括植被、土壤、砖石等服务于新的功能，可以大大减少资源和能源的耗费。

4. 再生

现代社会生态系统中，人们在消费和生产的同时产生了垃圾和废物，造成了对水、大气和土壤的污染。因此，生态设计要将人们生态系统中产生的废物变成资源，取代对原始自然材料的需求，并且尽力避免将废物转化为污染物。例如，土地资源是不可再生的，但土地的利用方式和属性是可以循环再生的。

（三）让自然做功

让自然做功这一设计原理强调人与自然过程的共生和合作关系，通过与生命所遵循的过程和格局的合作，可以显著减少设计的生态影响。这一原理着重体现在以下几个方面。

1. 自然界没有废物

每一个健康生态系统，都有一个完善的食物链和营养级，秋天的枯枝落叶是春天新生命生长的营养，公园中清除枯枝落叶实际上是切断了自然界的一个闭合循环系统。在绿地的维护管理

中,变废物为营养,如返还枝叶、返还地表水补充地下水等就是最直接的生态设计应用。

2. 自然的自组织和能动性

自然是具有自组织或自我设计能力的,如一个花园,当无人照料时,便会有当地的杂草侵入,最终将人工栽培的园艺花卉淘汰;一个水塘,如果不是人工将其用水泥护衬或以化学物质维护,其水中或水边便会生长出各种水藻、杂草和昆虫,并最终演化为一个物种丰富的水生生物群落。其实,整个地球都是在一种自然的、自我的设计中生存和延续的,自然系统的丰富性和复杂性远远超出人为的设计能力。因此,在景观规划设计过程中应主动开启自然的自组织或自我设计过程。自然的自设计能力,致使一个新的领域的出现,即生态工程。传统工程使用新的结构和过程来取代自然,而生态工程则使用自然的结构和过程来设计。

自然是具有能动性的,几千年的治水经验证明,对待洪水这样的自然力应因势利导而不是绝对控制。大自然的自我愈合能力和自净能力,维持了大地上的山清水秀,生态设计应充分利用自然系统的能动作用。

3. 边缘效应

在两个或多个不同的生态系统或景观元素的边缘带,有更活跃的能量流和物流,具有丰富的物种和更强的生命力。例如,森林边缘、农田边缘、水体边缘及村庄、建筑物的边缘,在自然状态下往往是生物群落最丰富、生态效益最高的地段。边缘带能为人类提供最多的生态服务,如城郊地的林缘景观既有农业上功能,又具有自然保护和休闲功能,这种效应是设计和管理的基础。

4. 生物多样性

生物多样性至少包括了三个层次的含意,即生物遗传基因的多样性、生物物种的多样性和生态系统的多样性。多样性维持了生态系统的健康和高效,因此是生态系统服务功能的基础,与自然相合作的设计就应尊重和维护其多样性。保护生物多样性的根本是保持和维护乡土生物与生境的多样性。对这一问题,生态设计应在以下三个层面上进行。

第一,保持有效数量的乡土动植物种群。

第二,保护各种类型及多种演替阶段的生态系统。

第三,尊重各种生态过程及自然的干扰,包括自然火灾过程、旱季与雨季的交替规律及洪水的季节性泛滥。

通过生态设计,一个可持续的、具有丰富物种和生境的景观绿地系统,才是未来景观规划设计的最终目标。

(四)显露自然

景观规划设计要人人参与设计,关怀环境,必须重新显露自然过程,让居民重新感到雨后溪流的暴涨、地表径流汇于池塘;通过枝叶的摇动,感到自然风的存在;从花开花落,看到四季的变化;从自然的叶枯叶荣,看到生物的腐烂和降解过程。显露自然作为生态设计的一个重要原理和生态美学原理,在现代景观的设计中越来越受到重视。

除了上述基本原理外,生态设计还强调人人都是设计师,人人参与设计过程。生态设计是人与自然合作的过程,也是人与人合作的过程。

四、因子分层叠加的生态规划方法

1912年,借助于方便描图的透射板的发明,沃伦·H·曼宁将一些地图叠加在一起,以获得新的综合信息,最后为马萨诸塞州比勒里卡做了一个开发与保护规划。可以说,这是景观史上最大胆、最具独创性的规划,因为它包括了未来的城镇体系、国家公园系统、休憩娱乐区系统、主要高速公路系统和长途旅行步道系统。

英国著名园林设计师伊安·麦克哈格在《设计结合自然》一书中,结合曼宁的地图叠加发展了设计"千层饼"景观规划模式。在这本书中,他提出了土地适宜性的观点,并认为它由场地的历史、物理和生物过程这三个方面来确定。基于适应性原理,在每一自然地理区域内,由于气候、地质、水文及土壤条件的差异,通过漫长的演变过程,形成各自最适合的生物群落。这些自然过程和相互作用基本上反映了地段上属性之间的垂直关系,即千层饼式的关系。在这一"千层饼"的最顶层便是人类及其居所、历史和文化。在"千层饼"景观规划途径中,评价模型的基本指标是适宜性和适应——选择合适的环境以及适应这个环境,以求更加合适。

"千层饼"景观规划模式的核心是对自然内在价值的认识和尊重,强调土地的固有属性对人类使用的限制性和适宜性。因此,该途径的过程模型是建立在土地属性的自然过程分析基础之上的。这一方法分为以下三个步骤。

(一)资源信息调查——确定生态因子

麦克哈格将场地的信息分为原始信息和派生信息两类。原始信息直接在场地内获得,是生态决定因子。其基本项目有地理、地质、气候、水文、土壤、植被、野生生物、土地利用、人口、交通、文化、居民等(根据规划的目标,还可以再增加其他有关项目)。派生信息通过一定模型与原始信息联结在一起,是向决策者提供信息的主要形式。由于它们的派生性,其保留与否完全取决于计算及保存它们是否方便。

(二)调查图的建立与重叠——生态因子的分析与综合

生态因子收集后,根据具体情况把各因子分级别,再以同一比例尺度,用不同色块表示在图上。然后根据具体项目的要求,将相关的单因子分析图用叠加的技术进行分析和综合,得到景观分析综合图。麦克哈格采用的方法是将单因子分析图拍成负片,用负片进行重叠组合,然后翻拍,最后得到景观分析综合图。不过,今天人们已经能够利用GIS技术,精确地完成地理数据的显示、制图、分析等一系列复杂的过程。

(三)土地适宜性——生态规划的结果

单因子分析图叠加所产生的景观综合图,逐步揭示了具有不同生态含义的区域,每个区域都暗示了最佳的土地利用方式。同时,麦克哈格还提出了土地利用群的概念,也就是可以共存的土地利用方式。这一概念在一个矩阵表中完成,矩阵的行与列是各种土地的利用方式。分析时,检验矩阵表中行与列土地利用方式的兼容度,从该表中就可确定优势的、共优的和亚优的土地利用方式,最后绘制在现存和未来的土地利用图上。图3-16为"千层饼"模式在景观设计中的应用示意图。

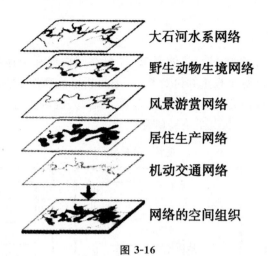

大石河水系网络

野生动物生境网络

风景游赏网络

居住生产网络

机动交通网络

网络的空间组织

图 3-16

"千层饼"景观规划模式是一个基于垂直过程的规划模式,它忽视了水平生态过程,即强调发生在某一景观单元内的地质—土壤—水文—植被—动物与人类活动及土地利用之间的垂直过程和联系,而无法体现普遍存在的水平生态流和生态关系,如自然的风与水的流动,火灾的空间蔓延,候鸟的空间迁徙等。

五、景观安全格局理论

与"千层饼"景观规划模式相比,景观生态安全格局理论不仅同时考虑到水平生态过程和垂直生态过程,而且满足了规划的可辩护要求。

景观安全格局以景观生态学的理论和方法为基础,通过景观过程(包括城市的扩张、物种的空间运动、水与风的流动、灾害过程的扩散等)的分析和模拟,来判别对这些过程的安全与健康具有关键意义的景观元素、空间位置及空间联系,这种关键性元素、战略位置和联系所形成的格局就是景观安全格局。景观安全格局包括维护生态过程安全与健康的生态安全格局,维护乡土遗产真实性与完整性的文化遗产安全格局,维护生态游憩过程安全与健康的游憩安全格局等。针对每个过程的景观安全格局,其具体技术路线为:确定源→判别空间联系→提出优化策略。

(一)确定源

确定源即过程的源,如生物的核心栖息地作为物种扩散和动物活动过程的源,文化遗产点作为乡土文化景观保护和体验的源,公园和风景名胜区作为游憩活动的源。确定源主要通过资源的空间分布数据和适宜性分析来确定。

(二)判别空间联系

通过景观过程(包括自然过程,如水的流动;生物过程,如物种的空间运动;人文过程,如人的游憩体验等)的分析和模拟,来判别对这些过程的健康与安全具有关键意义的景观格局,包括缓冲区、源间连接、辐射道和战略点等,并根据各格局的拐点和作用,划分出低、中、高三种不同安全水平。

（三）提出优化策略

针对某一生态过程和安全格局的具体要求，提出空间格局和土地利用的调整策略与建议。将单个过程的景观安全格局赋予权重并进行叠加，通过析取运算取最大值，最终建立综合的生态安全格局。它们形成了连续而完整的区域生态基础设施，为区域生态系统服务的安全和健康提供了保障。图 3-17 为北京市景观安全格局研究框架。

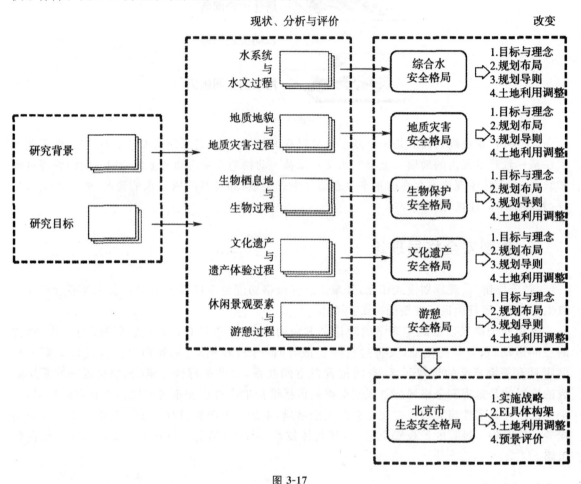

图 3-17

景观安全格局所考虑的生态过程、要素可根据一定的标准划分为底线安全格局、满意安全格局、理想安全格局这几个不同的安全水平。

（1）底线安全格局是低水平生态安全格局，是生态安全的最基本保障，需要重点保护和严格限制。

（2）满意安全格局是中水平安全格局，需要限制开发，实行保护措施，保护与恢复生态系统。

（3）理想安全格局是高水平安全格局，是维护区域生态服务的理想的景观格局，在这个范围内可以根据当地具体情况进行有条件的开发建设活动。

景观安全格局的理论与方法为解决如何在有限的国土面积上，以最经济和最高效的景观格局维护生态过程的健康和安全，控制灾害性过程，实现人居环境的可持续性等提供了一个新的思维模式。对在土地有限的条件下实现良好的土地利用格局,安全和健康的人居环境,或有效地阻止生态环境的恶化有潜在的理论和实践意义。

第三节 景观规划设计的美学理论

一、美的本质

自古以来,许多美学家对"美"的问题进行了长期探讨。从西方的柏拉图、亚里士多德到中国的蔡仪、朱光潜、李泽厚等人,都对这个问题进行过阐释,但至今仍然争论不休。美学是哲学的分支学科,生命美学的基础就是生命哲学。从"生命"这个角度看,美即生命。它的完整的定义是:任何事物,凡是呈现生命的形式,那就是美的;任何事物,凡是体现生命的精神,那就是美的;任何事物,凡是显示生命的价值,那就是美的。

(一)凡是呈现生命的形式即为美

生命的形式就是运动的形式。运动的明显特点是具有节奏性,人的心脏跳动是有节奏的,人的行走是有节奏的,人的生活起居是有节奏的,自然界的运行也是有节奏的,花开花落、四时代谢就是生命的节奏的表现。艺术美的真谛,也在于有节奏地运动。动静结合,就产生美。绘画中具有律动感的线条,音乐艺术中跳动的音符,景观造景中的虚实应用,就是艺术的节奏。因此,任何事物,如果丧失了以变化和节奏为特征的生命的形式,也就不美了。所以说,美是一种形式,是呈现生命活力的运动形式。

(二)凡是体现生命的精神即为美

生命的精神,就是生生不息的奋求、奋进、奋斗的精神。自然物的生长过程,就是不断与恶劣的自然环境"抗争"的过程,因此才迎来了自然界的生机勃勃、欣欣向荣。艺术创作也是如此,艺术家要不断地追求、奋斗,就是文学艺术家的生命写照。因此,任何事物一成不变,就是墨守成规,就是美的丧失,只有创造,自由地创造,才能焕发出生命的光辉。生命的精神也就是自由创造的精神。所以说,美是生命的精神,是体现生命活力的自由创造精神。

(三)凡是显示生命的价值即为美

生命的价值就是生存的意义。任何事物的审美属性,都是价值属性。虽然自然物没有意识,但自然是为人而美的,当自然界把它的资源奉献给人类的创造活动时,也就是自然资源被人类合理地利用的时候,就体现出自然物的存在价值——有益于人的生存,因而它就是美的了。艺术也是这样。艺术来源于现实生活,又高于现实生活,艺术作品总是在弘扬某种社会理想和艺术家的个人审美理想,这个"理想"就是生命的价值,这也是艺术存在的意义。

二、景观美的特性

景观美具有时空性、多样性、愉悦性、社会性。

（一）时空性

任何景观美都是时间和空间的统一体，具有时空性。

首先，一些景观只能在一定的时间内出现。例如，樱花开在春天，哈尔滨的冰雕只出现于冬天，候鸟也只在一定的时间来栖等，这些都有一定的时间性。

其次，同一种景观，在不同的时间里，也会呈现不同的美。宋代郭熙说："山，春夏看如此，秋冬看又如此，所谓四时之景不同也。山，朝看如此，暮看又如此，阴晴看又如此，所谓朝暮之变态不同也"。这些讲的就是景观美的时间性。

另外，任何景观的存在，都依赖于三维空间的关系，都有一定的空间性，人们一旦置身于景观之中，就被景观包围，使人产生一种特殊的空间感。景观美的创造，就是通过不同的材料、不同的组合形式，创造出不同的空间感。例如，园林景观造景，主要是创造暗示性空间，特别是小园林，地理空间有限，然而又要使游客感到园子很大，这就要在空间布局上下功夫，设置障景和隔景是达到此目的的两种常用方法。

（二）多样性

景观美的多样性是由世界的多样性决定的，因为景观是无处不在的，而且是丰富多彩的，这就决定了景观美的多样性。云蒸霞蔚、星光灿灿、绿草如茵、花团锦簇、林立的高楼、直插云天的宝塔、飞檐翘角的宫殿等，这些异彩纷呈的景观美，让人们流连忘返。

（三）愉悦性

客观存在的景物，只有具有了欣赏价值，才能引起人们愉悦的情感，才能构成景观。任何景观都有它吸引人的地方，或者因体量巨大而显得崇高，或者因小巧玲珑而显得优美，或者因妙趣横生而显得滑稽。崇高、优美、滑稽，都是美的不同范畴，都能使人产生愉悦感。景观的规划和设计就是为了创造具有愉悦感的景观。

（四）社会性

一切景观，总是为社会而存在的，社会的主体是人，因此，景观美的存在，总是这样或那样地与社会人的生活发生某种联系，这种联系，主要表现在它与人类社会具有一种功利关系。例如，牡丹象征富贵，莲花象征高洁，梅花象征不怕困难、艰苦奋斗的精神；一些人工景观，都有一些主题和象征意义，而这些主题实际就是人类的某种功利思想。任何景观，都是属于社会的，并且为社会全体成员共享。因此，任何风景区、任何景观，都是对外开放的，这种对外开放性是景观美的社会性的集中体现。

三、景观美的构成

景观美的构成离不开材料的因素、量的因素、自然性因素、社会性因素、艺术的因素。

（一）材料的因素

由于景观美总是具体的、能够愉悦人的情感的对象，因此，任何景观都必须具备令人喜爱的形式,而形式的产生,是离不开物质材料的,材料是形式构成的基础。景观美是由物质材料构成的,材料本身就有一定的审美特性。例如,云南昆明市东北鸣凤山上的金殿,又名铜瓦寺,主殿由青铜制造,呈方形,殿内神像、匾联、梁柱、墙屏、装饰等均采用铜材,惟其如此,该殿才熠熠生辉,耀眼夺目。在这里,材料的因素起着决定性的作用。因此,要构成景观美,必须注重材料的质地、色彩等因素,要把那些最能表现美的材料选来建设景观。

(二)量的因素

数量与景观美的构成有极大的关系。数量达到一定程度,就构成繁多的感觉,繁多是一种美。大海,其水量之多,构成了波涛汹涌的崇高之美。原始森林及星空之美,也都是由于数量的巨大。数量的繁多,当然能够构成一种美,但是纯粹的繁多也有一个明显的局限,那就是显得单调。毫无止境的千篇一律,能使人产生疲倦感。因此,在景观规划设计过程中,设计师要注意一致之中的变化。

体量也是构成景观美的一个重要因素。埃及的吉萨金字塔群中有三座著名的金字塔,其中最高的一座叫胡夫(又称库孚)金字塔,高146.6米,每条底边长230.35米,它的面积为52 900平方米,用石材250多万块。整个建筑物形体单纯,造型简洁,给人以高大、稳定的感觉。

(三)自然性因素

自然条件是构成景观的重要因素之一。即使是人文景观,也与自然因素有关。因为一切景观都存在于一定的自然环境之中。景观与自然环境协调,就能增加景观的美。地中海装饰风格的形成与地中海周围的环境紧密相关,它的美包括海天一色的蓝色、希腊沿岸建筑仿佛被水冲刷过的白墙、意大利南部成片向日葵的金黄色、法国南部薰衣草的蓝紫色,以及北非特有的沙漠、岩石、泥沙、植物等天然景观中的土黄加红褐色,这些色彩的组合,形成了地中海不同的风格表达。

(四)社会性因素

一切景观美的构成,都与作为社会实践主体的人的活动有关,因为人的一切实践活动,都会在实践对象上打下烙印。例如,在西安东十公里的灞水上有一座灞桥,它是该市东出的要道。据历史记载,王翦伐荆,秦始皇亲自送至灞上。唐人送客,多到灞桥,折柳赠别,黯然神伤,所以又名销魂桥。灞桥作为关中八景之一,和"送别"这个社会性因素有很大关系。

(五)艺术的因素

除了天然生成的景观之外,凡与人的创造活动有关的景观,都不能忽视艺术的因素。艺术的灵魂就是情感,情感的渗透使艺术具有强大的感染力。艺术首先打动人的是形式,形式是表现情感的。艺术就是情感的形式,即为表现情感而寻找形式,这个过程有一个不可缺少的重要环节,那就是技巧。艺术,必须依赖技巧,没有技巧的艺术是不存在的。艺术技巧的运用,使艺术成为具有特殊表现力和吸引力的东西。例如,房屋原本是为了人居住而建造的,但除了实用的目的外,人们还要满足欣赏的要求,于是就出现了各种不同造型的房屋,或者是木制的,或者是砖制的,或者是石头制的,或者是稻草制的;有的房屋还贴上各种瓷砖,做不同的屋顶处理等。这样就显示出建房子的艺术技巧,使房子具有很强的吸引力。

四、景观美中的视觉分析

(一)景观视觉分析的基本概念

景观视觉分析的基本概念包括视点、视线、视角、视距、视廊、视域、视频。

1. 视点

视点指游人所在的位置,也可称为观赏点。由于人的动态观赏,同一景观会由于不同的观赏角度和视点高度而不同。因此,在景观设计中需要选取有代表性的关键视点作为观景点,视点的选取对观赏风景具有重要作用。

观景点的选择需要具备一定条件,如下几方面。

第一,典型视点,如主要入口、主轴节点等。

第二,高频视点,即在人流密集、观赏频率高的位置,一种人们最有可能驻足静观的点,如广场、路口等。

第三,制高俯瞰点,如具有高度优势和开阔视野的高层、超高层建筑物、构筑物和附近的山峰等。

2. 视线

视线指人眼(视点)与被观赏对象(景观点)之间的一条假想的直线。在观赏过程中,由于视点高度的变化会形成不同的观景角度和不同范围的视野领域,人的视线形式根据地形起伏以及地势位置可以形成不同维度的视线形式。主要有以下几种情况。

第一,当视点低于景观点时,产生仰视景观,一般为地面视点。由于视点较低,常因周围景物的遮挡而难以展开视野。应利用道路的开敞或开阔的路边绿地降低视角,拓宽视野。

第二,当观景点与景观点处同一高度时,产生平视景观,视觉比较舒适。在观赏近人尺度的标志小品,在远距离观赏道路尽端对景或开发区整体轮廓(视角可能趋平),以及在制高点观赏其他高度相近的制高标志时,都会形成近似平视的效果。

第三,当视点高于景观点时,产生俯视景观。制高俯瞰,整体风貌尽收眼底,一览无余,最适合展现景观构架秩序和建筑的群体美。

3. 视角

视角是指眼睛观察物象时视锥的夹角,通常以视角的大小来表示人眼的视力,可分为垂直视角和水平视角。

在正常情况下,不转动头部而能获得较清晰的景观形象和相对完整的构图效果的视域,水平视角为 $45°\sim60°$,垂直视角为 $26°\sim30°$,超过此范围头部就要上下移动,对景物的整体构图印象就不够完整,而且容易使人感到疲劳。人们把这个视角范围称为最佳观赏视角。

在保持放松、平视的情况下,视角在 $60°$ 水平视锥范围内可以获得最佳水平视力,此时垂直视角向上为 27°,向下为 35°。人眼向下的视野较向上的视野要大,在行走中向下的视野更大,故而对人来讲,地面上的物体(如铺地、环境设施小品、建筑的下部、绿化等)为最多出现的物体。因此,对这些部分设计时应特别注重。

4. 视距

视距指视点与被观察物象的距离。人们对不同距离的景物注意程度和注意内容是不一样的,体现着从局部到整体,从细节到概貌的渐次变化。

根据人眼的最佳视域范围(垂直方向为 30°,水平方向为 45°)计算出来的视距,称为合适视距。此时视点与景物的距离:水平视角下的最佳视距为景物宽度的 1.2～1.5 倍,垂直视角下的最佳视距为景物高度的 3～3.5 倍;小型景物则为高度的 3 倍。图 3-18 为最佳静态视距视角示意图。

在平视情况下,人眼的明视距离不同,其看到的物体清晰度也就不同,具体如表 3-5 所示。

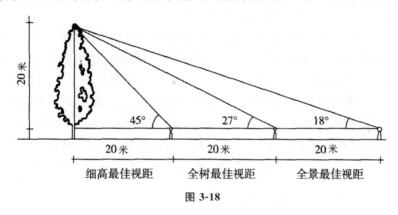

图 3-18

表 3-5　人眼不同明视距离下对物体的辨别

明视距离	物体的辨别
25 米	可以看清物体的细部,也是一般识别人脸的距离。在该距离范围内,他人的活动易引起关注,为不同人群之间交往行为的发生提供了可能性
70～100 米	可以比较有把握地确认出一个物体的结构和它的形象。该距离被称为社会性视距。此距离人刚可辨清他人的身体状态,是"人看人"心理需求的上限。空间开阔地区宜以此作为最大分隔尺度来组织活动和景观
250～270 米	可以看清物体的轮廓
500～1 000 米	人们根据光照、色彩、运动、背景等因素,可以看见和分辨出物体的大概轮廓
超过 1 200 米	不能分辨出人体,对物体仅保留一定的轮廓线
4 000 米	看不清物体

视觉在水平距离上的感知范围的意义还在于视觉感知的距离与情感交流的关系,也就是接触的距离和交流强度之间的联系。在 1～3 米的距离内,能进行亲切的交谈,可以体验到有意义

的人际交流所必需的细节。在以这种尺度划分的小空间中,人们的秘密性要求得到保证,对领域的控制感得到满足。例如,亭下、座椅、树下等驻足停留的空间,是创造舒适宜人的外部空间的重要因素。

5. 视廊

视廊也称视觉走廊,指视点到被观赏景物之间的视线通道,强调远距离的视线交流。

在实际设计中,为保障人与自然和人工各景观要素之间在视觉上的延伸关系,以求得较好的观赏形象,要求保证视点之间的视线通畅;为建立完整的景观系统,形成综合的景观效应,要求保持重要景点之间的视线联系。这些都可以通过建立视觉走廊的办法来解决。视觉走廊的建立,主要依靠景观区域内建筑物的布局、建筑物的高度控制和植物的配置等实现。

6. 视域

视域是指在某一视点各个方向上视线所及的范围。

人类的活动方式和人眼的生理结构决定了人主要的视域范围在身体前方。头部固定时(眼球可以转动),视域范围是不规则的圆锥体。单眼的水平视域范围大约是166°,在两眼中间有124°的中心区域,双眼的视景在此范围内重叠,形成有深度感觉的视景。除了中心区域,两侧单眼的视域范围是42°,称为周边视觉区域。整体双眼的视觉范围是208°。人眼的垂直视域范围约是120°,以视平线为准,向上为50°,向下为70°。一般视线位于向下10°的位置,在视平线至向下30°的范围内为常规比较舒适的视域。所以,在人们的视觉画面中,地平线一般都位于画面偏上2/3处。图3-19为人眼的垂直视域示意图,图3-20为人眼的水平视野示意图。

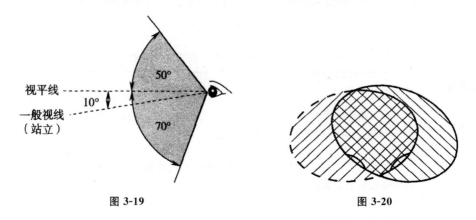

视平线
一般视线
(站立)

50°
10°
70°

图 3-19   图 3-20

在景观设计中,也可以用视域表示某一景观标志能够被看到的范围,称为景观视域。景观视域的面积和视域内视点的分布是确定景观标志点位置和高程的重要依据。

7. 视频

视频是指在一定的景观区域内,沿游览路线某一景观标志被观赏到的频率。

通过视频指标可以比较沿游览路线各景观标志的重要程度。单位时间或路段长度内景观被观赏的人次越多,即视频越高,则视觉敏感度就越高。通过减缓游览速度或增长游览路线长度,可以提高观赏价值高的景观视频,反之亦然。

（二）景观视觉分析的应用

1. 视觉心理

视觉心理是人类对外界信息进行的选择加工。它并不是被动式地进行，与人类的其他行为一样，表现出一定的能动性和思维过程。1912 年前后，在德国兴起的格式塔学派，对视觉系统共同的相互作用类型进行分类，并把它们称为知觉定律。此组合定律包括接近性、相似性、连续性和封闭性等。

（1）接近性指距离上相近的物体容易被知觉组织在一起，即人们倾向于将相互靠得很近且离其他相似物体较远的东西组合在一起（图 3-21）。

（2）相似性指人眼容易将那些明显具有共同特性（如色彩、运动和方向等）的事物组合在一起（见图 3-22）。

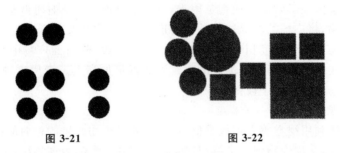

图 3-21　　　　　　　　　图 3-22

（3）连续性指凡具有连续性或共同运动方向的刺激易被看成一个整体（图 3-23）。

（4）封闭性指人们倾向于将缺损的轮廓加以补充，使知觉成为一个完整的封闭图形（图 3-24）。

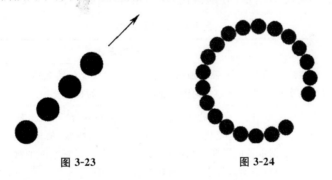

图 3-23　　　　　　　　　图 3-24

另外，那些具有简明性、对称性的客体，即良好图形也更容易被知觉，视觉系统对输入的视觉信息作出最简单、最规则和具有对称性的解释。

视觉还通过"图—底"关系，判定哪些形从背景中突出出来构成图，哪些形仍留在景中作为底。"图—底"关系的识别一方面取决于景物的视觉特征，另一方面取决于观者的知觉判断能力。

格式塔学派认为对物体的知觉是整体的，不是各部分的复杂总合。以此理论为依据可以说明人们能理解和欣赏城市街道景观，通过学习可以发现并且拓展这种能力。

2. 透视规律的运用

人们观察物体时，由于观察位置不同，所得到的视觉效果也不同，位于视平线以上或以下，物体的形体和尺寸要发生变化，这是透视规律。在大多数情况下，人们对远处物体的实际尺寸和形式的判断是按其透视缩小的程度做出的。因此,运用透视规律进行视觉设计和变形校正是非常有意义的。透视规律的运用具体操作如以下几点。

（1）利用近大远小规律增加高度

柱子越靠上部柱径越小,除了结构上的稳定需要外,这样的处理还会使人仰望柱子时更感其高大。例如,河南登封嵩岳寺塔从下到上每层塔高在逐渐缩小,以增加高度感。上海的金茂大厦也仿效古塔,厦身越靠上间隔分割越短,处理越精细,有力地增加了其高耸入云的气势。

（2）利用近大远小规律增加深度

为了增加深远感,将台阶的两纵边向内倾斜形成梯形,人在看台阶时不会注意两个纵边相互接近,反而会因为透视而觉得台阶更长。例如,梵蒂冈教皇接待厅前的大阶梯,台阶和侧墙均向内斜,这是运用透视原理来增加空间深度的典型作品;中国南京中山陵的梯形台阶也是运用该原理的另一范例。

（3）利用梯形广场突出中心建筑

处理建筑有时会因地形限制造成视觉困难,视点不够理想。此时可调整视觉焦点加以矫正。为了突出中心建筑物,将广场的两纵边向外倾斜形成梯形,这是文艺复兴时期开始运用的手法。一般沿梯形广场的两边修建高度相等的建筑,入口放在窄边,其对面广场的端头布置主要建筑。这样使广场显得比实际更宽,而广场端头的建筑则显得更加高大。运用这种手法典型的例子有威尼斯的圣马可广场和罗马的圣彼得广场。

（4）矫正、运用视错觉

视错觉是指个体利用视觉感受器接受信息时,对外界事物产生的歪曲的视知觉,是一种不可避免的特殊视觉感受,又称为错视。了解视错觉的类型和视觉的表现规律,可以帮助设计师在设计中矫正和避免视觉错误。

视错觉类型包括几何图形错视、分割错视、光渗错视、图底错视等（表3-6）。

表3-6　视错觉类型

项　目	相关表述
几何图形错视	指在单纯的平面图形中,图形或线条在周围不同状况的线条或图形影响下,会使原来的图形或线条发生一些变形。几何图形错视是最常见的视错觉
分割错视	指同一几何形状、同一尺寸的物体,由于采取不同的分割方法,就会使人感到它们的形状和尺寸都发生了不同的变化。一般来说,间隔分割增多,物体会显得比原来宽些或高些。因此,可以根据审美的需要,用装饰造型的手法调节景观空间的视觉感受。多用竖向的垂直有序的装饰线条给人视觉空间的高耸感;多用有序的水平线条给人视觉空间的宽阔感;在空旷的空间用小块的铺装,可以使人感觉缩小了空间的尺度
光渗错视	指当物体尺寸相同时,在深色背景下的浅色物体比在浅色背景下的深色物体的轮廓感觉要大一些。例如,天安门广场的人民英雄纪念碑的碑身向外微凸,就是考虑到了光渗错觉;若碑身为一直线,在天空明亮背景的映衬下就会有向内收缩之感,令人感觉不太稳定,而调整后的纪念碑则显得庄严、稳重。另外,纪念碑浮雕上的小平台,也不是水平的,而是中部处理得略高些,以达到视觉上的水平感。如果做成水平的,在纪念碑的重量影响下,会在视觉上产生内陷的感觉
图底错视	指图形本身具有两重性,图形与背景在视觉上可以互换。在现代装饰中,不同形式、材料、色彩的地面铺装,把空间划分为不同的功能区域,使需要被突出的空间地面与周围次要空间地面形成了图形与背景的关系

视错觉作为一种特殊的视觉感受,常常会愚弄人的眼睛,使观者产生疑惑,而正是这种疑惑会引起人们浓厚的兴趣,因而使视错觉现象具有强烈的趣味性。因此,在景观设计中合理地应用视错觉,可以给设计创作带来与众不同的艺术效果。除了以上几种视错觉的类型可以在景观设计中应用之外,还可以把平面绘画和空间构筑物相结合,利用墙面上的浮雕或壁画,模拟真实视觉感受,使视觉上有延续感,形成亦真亦幻、虚虚实实的景观效果。目前颇为流行的3D街头地画,就是利用平面透视的原理,直接以地面为载体进行绘画创作,制造出视觉上的虚拟立体效果,令观者有一种身临其境的感觉。不同于以画面本身的透视为依据的绘画形式,3D街头地画是参照了观者的站位视点,整个画面的构成以人的视点为视觉原点,使得3D街头地画不仅仅是一幅画,还成为一个真实的视觉空间,观者可以融入画面当中,从而引起观者的视觉共鸣(图3-25)。

图 3-25

五、景观审美

景观作为客观存在的美的对象,时时处处都呈现于人们的审美视野中,人们通过对景观美的欣赏获得精神享受,然而,并非所有的人都能欣赏景观美。景观审美除了需要审美主体(欣赏者)具备一定的艺术修养和生活经验外,还需要审美主体具备适宜的审美心境、丰富的审美想象、合适的审美距离,懂得审美移情,只有这样,审美主体才能获得强烈的愉悦感。

(一)审美心境

心境是指人的一切体验和活动都染上情绪色彩的、持续时间较长的一般情绪状态。一个人如果要进行审美活动,必须要有一个适宜的审美心境。一个人在不同的情绪状态下,即使面对同一个审美对象,他也会作出相互抵触的审美判断。心境好时,对象显得美;心境不好时,对象显得丑。

(二)审美想象

想象是建立在记忆基础上的表象运动,是把有关表象加以连接的意识活动。在审美活动中,想象占有重要的位置。因为,任何欣赏活动都不是被动的行为,而是一种主动的参与。这种主动的参与活动,要求参与者有开阔的视野、活跃的思维、积极的态度,只有想象才能满足这个要求。

审美想象有多种形式。初级形式是简单联想,可分为接近联想、类似联想和对比联想等;高级形式是再造性想象和创造性想象。对于景观美的欣赏,人们常常采用接近联想和类似联想。由于时间和空间的接近,事物在经验中容易形成联系,当看到此事物而回想起彼事物时,就是接近联想;由于性质上和形状上的类似,当感知此物而联想起彼物时,就是类似联想。

(三)审美距离

审美要有距离,距离产生美。审美距离包括空间距离、时间距离、心理距离等。有些景观必须要在一定的空间距离之外欣赏。太近了,看得过于真切,不但觉察不到景观之美,有时还会产生危险。例如,火山的喷发就只能站在一定距离之外欣赏。若是与景观对象拉开一点空间距离,就有可能出现最佳欣赏点或最佳欣赏角度。此外还有一种可能,由于拉开距离,对象的清晰度降低,这样就会产生朦胧美。

景观美的欣赏,还存在一个时间距离问题。不停地欣赏同一个景点有可能会造成美感的疲劳。因此,景观欣赏也要有一个适度的时间距离。

审美的心理距离是主体把审美对象孤立成一个美的形象去欣赏,而淡化了审美对象背后的实用感和功利感。例如,高速公路堵车,有人不气不恼,似乎淡忘了行程,而兴趣盎然地欣赏起周边的农田景观和山岳景观来。当然,心理距离的产生需要审美主体具备超凡的审美心境和淡化一切功利感的审美态度。

(四)审美移情

情感作为一种心理因素,是主体与客体的关系的反映。在人们的体验中,主体与客体之间产生满足或阻碍满足的关系时,就出现了情感这一因素。在景观美的欣赏中,情感的"移植"(即"移情")是一种经常出现的现象。审美移情是把主观的知觉和情感外射到客观对象上去,仿佛眼前的客观对象也有了感情。

第四章　景观规划设计的发展历程

在人类社会发展的历史长河中,集艺术、技术、文化于一身的景观规划设计集中体现了社会生产力发展的程度,反映了人类对理想生活状态的追求和人类文明的发展程度。因此,无论哪个国家,哪个时代的造园,其景观形象内涵都寄托了当时人们的情感与理想。通过对古今中外各国的苑囿和庭园景观进行研究,可以看到,那时的园苑大都集中了当时最好的建设材料,最优美的造景元素,并应用当时最先进的技术将当时最流行的审美思想和设计理念体现出来。本章就中外景观规划设计的发展历程、现代景观的产生和发展、景观规划的未来趋势进行介绍和探讨。

第一节　西方景观规划设计的历史发展

一、欧洲景观规划设计的历史发展

欧洲景观规划设计经历了萌芽期、诞生期、发展期以及特征形成期这几个阶段。

(一)萌芽期

18 世纪末开始,英国工业革命导致了环境恶化,为改善城市卫生状况和提高城市生活质量,政府划出大量土地用于建设公园和注重环境的新居住区。随着工业城市的出现和现代民主社会的形成,普通大众对景观的要求逐渐增加,英国政府将传统园林面向大众,传统园林的使用对象和使用方式发生了根本的变化,开始向现代景观空间转化。例如,1811 年伦敦摄政公园在原来皇家狩猎园址上通过自然式布局来表达城市中再现乡村景色的追求;1847 年利物浦市建成的伯肯海德公园,成为当时最有影响的城市公园项目。此后,欧洲其他各大城市也开始陆续建造为公众服务的公园,同时大量建造城市公园,公园真正进入普通人的生活。很多欧洲大陆国家也开始注重公共绿地的建设,着力改善城市环境,划出大片用地作为公园等城市公共绿地。

英国设计师雷普顿(Humphrey Repton,1752—1818)被认为是欧洲传统园林设计与现代景观规划设计承上启下的人物,他最早从理论角度思考规划设计工作,将 18 世纪英国自然风景园林对自然与非对称趣味的追求和浪漫精神纳入符合现代人使用的理性功能秩序,他的设计注重空间关系和外部联系,对后来欧洲城市公园的发展有深远影响。

19 世纪下半叶,英国的一些艺术家为了反对工业革命带来的机械化生产,发起了"工艺美术运动",许多景观设计师抛弃华而不实的维多利亚风格转而追求更简洁、浪漫、高雅的自然风格。随后在比利时、法国兴起的"新艺术运动"进一步脱离古典主义风格,使欧洲景观规划设计进入萌芽期并具备雏形。

(二)诞生期

欧洲的工艺美术运动和新艺术运动对欧洲的艺术思潮产生了很大影响,古典主义风格被逐渐抛弃,而简洁、高雅的现代艺术风格逐渐被很多建筑师和艺术家采用,并且出现在一些景观规划设计作品当中。1925年法国巴黎的现代工艺美术展览会是现代景观规划设计发展史上的里程碑。早期的一批现代园林设计大师,从20世纪20年代开始,将现代艺术引入景观规划设计之中,如盖夫雷金在展览会上设计的"光与水的庭园",打破了以往的规则式传统,运用立体派绘画艺术手法,完全采用三角形母题来进行构图。设计师 P. E. Legrain 设计的 Tachard 住宅庭园体现了现代景观规划设计的新理念和新的技术手段,引导了景观规划设计发展的新方向。英国现代景观设计奠基人唐纳德则在理论上指出现代景观规划设计的三个方面:功能、移情、美学。

第二次世界大战中,许多著名规划师、建筑师、景观设计师在战争阴云笼罩下离开故土而移居美洲,但是,在欧洲特别是在一些没有受到战争破坏的斯堪的纳维亚半岛国家,现代景观规划设计的实践仍在继续。景观设计师根据北欧地区特有的自然、地理环境特征,采取自然或有机形式,以简单、柔和的风格创造本土化的富有诗意的景观。例如,从20世纪30年代起,瑞典在许多城市设立公园局,专门负责城市公园绿地的规划设计与建设,公园局负责人 O. Almquist 和 H. Blom 以及优秀设计师 E. Glemme 等人在推广新公园思想与实践中,主张以强化的形式在城市公园中塑造地区性景观特征,既为城市提供了良好环境,为市民提供了休闲娱乐场所,也为地区保存了自然景观,并促使了"斯德哥尔摩学派"的形成;丹麦景观有设计师 G. N. Brandt 和 C. T. Sorensen 等人提倡单纯的几何风格,并主张用生态原则进行设计,通过运用野生植物和花卉软化几何式的建筑和场地,获得柔和的景观形式。

(三)发展期

20世纪40年代战争的阴影退去之后,欧洲景观设计师们的目光已经不只是停留在艺术与形式的层面,面对战争留下的废墟,他们转而寻求通过景观规划设计促进城市的发展与更新。例如,德国法兰克福市在第二次世界大战中几乎被夷为平地,所幸部分历史文化古迹得以保留,战后德国不仅精心修复法兰克福大教堂建筑物本身,而且对城市进行有机更新。他们在大教堂旁保留一片战争遗址进行景观塑造,由此形成的开放空间不仅为城市居民和游客提供了游憩休闲的场所,而且此景观使第二次世界大战的历史得到永恒纪念。

英国伦敦早在1938年就正式颁布了《绿带法》,1944年由帕特里克·阿伯克隆比主持的大伦敦规划,将大伦敦地区由内至外分为四个地域圈:城市内圈要降低人口密度,外迁40万居民;近郊圈必须加以改善和重组后才能继续发展;绿带圈通过整个地区提供休闲活动场所;外围乡村圈预备建设卫星城和扩建一些原有社区。这次规划形成了由绿带限制城市发展、界定中心城市与周围卫星城的大伦敦城市发展布局。经过长时间的城市环境发展和公园绿带政策的实施,在整个大伦敦区域形成了较为完善的景观环境系统,其成功的绿地建设模式和经验推动了英国全国范围内的绿带建设及其规划法规的完善;其环城绿带和开放空间网络被世界所推崇,是公认的"绿色城市"和"最适宜居住的城市"。

华沙、莫斯科等的重建计划都把限制城市工业、扩大绿地面积作为城市发展的重要内容。从1951年起,德国通过举办两年一届的园林景观展,改善城市环境,调整城市结构布局,促进城市重建与更新,许多城市将公园连成网络系统,为市民提供散步、运动、休息、游戏空间和聚会、游行、跳舞甚至宗教活动的场所。这个时期的欧洲景观设计师仍然没有系统地自称为景观建筑师，但其队伍更加壮大和成熟，现代景观规划设计基本形成并得到发展。

（四）特征形成期

20 世纪 50 年代末 60 年代初，欧洲社会进入全盛发展期，许多国家的福利制度日趋完善，但经济高速发展所带来的各种环境问题也日趋严重，人们对自身生存环境和文化价值危机感加重，景观建筑学专业开始系统地在欧洲设置，景观建筑师的称谓也逐渐出现在欧洲。他们开始反思以往沉迷于空间与平面形式的设计风格，转而将环境与生态问题纳入景观规划设计的范畴，生态规划思想得到全面发展；他们开始关注社会问题，主张把对社会发展的关注纳入到设计主题之中，在城市环境设计中强调对人的尊重，借助环境学、行为学的研究成果，创造真正符合人的多种需求的人性空间；在区域环境中提倡生态规划，通过对自然环境的生态分析，提出解决环境问题的方法。此外，艺术领域中各种流派如波普艺术、极简艺术、装置艺术、大地艺术等的兴起也为景观设计师提供了更宽泛的设计语言素材，一些艺术家甚至直接参与环境创造和景观规划设计，将对自然的感觉、体验融入艺术作品中，表现自然力的伟大和自然本身的脆弱性，自然过程的复杂、丰富等。

20 世纪 70 年代以后，由于欧洲许多城市和区域环境问题仍然严重，生态规划设计的思想与实践在继续发展。这一时期，建筑学领域的后现代主义和解构主义思潮再次影响景观规划设计，景观设计师重新探索形式的意义，他们开始有意摆脱现代主义的简洁、纯粹，或从传统园林中寻回设计语言，或采取多义、复杂、隐喻的方式来发掘景观更深邃的内涵。

20 世纪 90 年代以来，一些年轻的欧洲建筑师认为美国用奢华材料做出来的"优雅""简洁"的所谓工业或后工业时代景观只为富人或大公司服务，很少关注普通大众的需要，是冰冷僵硬、没有生气的。他们转向自己园林文化传统中寻找现代景观规划设计的依据和固有特征。欧洲景观设计师经常在传统的环境中工作，面对的是几个甚至十几个世纪遗留下来的街道、广场、城墙、护堤、教堂、庄园，他们善于寻找到问题的关键，把传统的精髓提炼出来，并转化为崭新的设计语言，最后创造出别具一格、充满韵味的作品。

值得注意的是，全球化的快速进程使全世界及时共享经济技术进步的成果，欧洲一体化又在使欧洲的文化传统进行新的大融合。欧洲景观设计师得以相互学习、交流频繁，而且大量设计师正在跨地域工作，彼此把自己的文化背景、个人风格融入当地，甚至在欧洲也出现了为数不少的即时性、波普性的景观作品。

二、北美景观规划设计的历史发展

景观规划设计实践诞生于美国，景观学科教育来源于美国，景观理论研究成熟于美国。美国的景观领域人才辈出，在世界范围内产生了巨大的影响。北美景观规划设计以美国为主体，因此，这里主要结合重要的景观设计师，简要介绍美国景观规划设计的萌芽、诞生、发展以及特征形成期这几个阶段。

（一）萌芽期

美国现代景观行业的诞生与西方古典园林的发展是密不可分的，西方景观发展历史，从远古的美索不达米亚庭园,历经古希腊、古罗马的柱廊式庭园,到西班牙的伊斯兰庭园,再到意大利的台地园,法国的勒诺特式宫苑及英国的自然风景园,一直延续到美国城市公园运动的开始。这一漫长的历史时期可称为西方古典园林时期。19世纪中叶,以唐宁为代表的一批美国园林工作者在系统总结美国风景园林发展历史的同时,积极向欧洲学习,引进当时先进的园林设计方法和理论,并形成了有美国特色的景观园林理论。在《园林的理论与实践概要》第三版(1849年)中,唐宁摒弃了对外来树种的使用,认为在美国这个拥有丰富本土资源的国家完全没有必要引入外来树种,对自然的人工修饰无须太重就能达到宜人的景观效果。对当时美国经济状况的考虑也是唐宁设计理论发生转变的原因之一,从而形成其理论特色。虽然这一时期美国景观园林没有法国和意大利古典主义园林的理性逻辑和宏大气势,没有英国自然派风景园林的诗意的浪漫和如画的景致,也没有中国园林丰富的理念和文人情感,但是却更接近于美国国情,突出为大多数人服务的目的,已经是现代景观规划设计的价值体现,从单纯模仿到与实际结合的思想更是现代景观规划设计的基本原则的思想来源。

(二)诞生期

唐宁等人为美国现代景观的诞生不但提供了理论和实践准备,而且培养了一批继承者和开拓者,如为美国现代景观诞生做出重要贡献的代表性人物奥姆斯特德便是唐宁的学生,其主持设计的纽约中央公园是第一次真正意义的现代景观规划设计实践。

1858年开始,以奥姆斯特德为代表的一批景观建筑师发起了美国城市公园运动,设计了纽约中央公园、旧金山金门公园和波士顿公园体系等大量城市公园和公园体系。19世纪中后期的这场城市公园运动拉开了美国现代景观发展的序幕,标志着美国现代景观的诞生。

这一时期面向公众的城市公园成为真正意义上的大众景观,通常具有用地规模大、环境条件复杂的特点,需要更为综合的行为心理、功能形式,及工艺技术方面的理论和方法。在公园运动时期,各国普遍认同城市公园具有五个方面的价值,即:保障公众健康、滋养道德精神、体现浪漫主义(社会思潮)、提高劳动者工作效率、促使城市地价增值。在注重城市公园建设的同时,利用绿化将数个公园连接到一起,公园选址注重与水系的结合,并充分尊重自然地形和地貌,形成比较完整的城市公园系统,这种方法沿用至今:用绿色廊道将绿色斑块联系起来。从今天的景观生态学角度讲,这样的公园布局更能有效地发挥其生态、游憩等功能。

奥姆斯特德等人坚持将自己的职业称为景观建筑师,1899年美国景观建筑师协会成立。1900年,奥姆斯特德之子小弗雷德里克·劳·奥姆斯特德与舒克利夫在哈佛大学开设景观课程,并在全美首创四年制的LA理学学士学位,随后马萨诸塞大学、康奈尔大学、伊利诺伊大学、加利福尼亚大学伯克利分校等院校也相继开设了类似的专业,标志着景观建筑学成为一门现代独立学科,现代景观教育由此诞生。一个新型的行业——继承传统而自身又有长足发展的景观建筑行业便伴随着城市公园运动在美国诞生。

(三)发展期

19世纪中后期美国景观实践在形式上仍然主要继承了英国自然风景园和法国古典主义园林,"巴黎美术学院派"的正统课程和奥姆斯特德的自然主义理想占据了美国景观规划设计行业的主体。社会经济的变化和发展对景观规划设计提出新的要求,孕育着美国景观变革和快速发展期的到来。

与其他行业一样,景观行业也受到20世纪初期世界范围内的经济大萧条,及其后的第一次世界大战带来的负面影响,美国现代景观进入一个徘徊不前的时期。20世纪30年代后期,第二次世界大战的阴云再次笼罩了世界,这次大战重新划分了世界的格局,同时对景观行业也有着划时代的影响。由于这次大战,欧洲不少有影响的艺术家和建筑师纷纷来到了美国,他们带来了欧洲现代主义设计思想,世界的艺术和建筑中心开始从欧洲转移到了美国。1938—1941年间,哈佛大学学者们提出郊区和城市景观的新思想,引起了强烈反响,导致了哈佛景观学院"巴黎美术学院派"教条的解体,并推动美国乃至世界景观行业朝着符合时代精神的现代主义方向发展,这就是著名的"哈佛革命",其宣告了现代主义景观规划设计的诞生。

"哈佛革命"推动了美国景观理论的发展,与此同时,美国另一位伟大的景观设计师托马斯·丘奇也在实践中尝试新的风格,他将"立体主义"和"超现实主义"的形式语言应用在景观规划设计中,培养了埃克博、劳耶斯通、贝里斯、奥斯芒和哈普林等著名的设计师。在他们的努力下形成了西海岸的"加利福尼亚学派",与东海岸的"欧洲移植现代主义"并驾齐驱。

总的来说,这一时期美国景观理论和实践的变革与尝试,促进了其景观规划设计元素和手法的拓展,打破了自然主义与古典主义的桎梏,呈现出"百花齐放"的发展格局,为日后美国景观规划设计特征的形成打下了坚实的基础。

(四)特征形成期

第二次世界大战结束后,美国政治、经济和文化各方面发生了巨大变化,经济发展和政府支持的大量建设项目,为景观建筑师提供了前所未有的机遇和挑战,美国的景观也开始进入其发展的黄金期,经历了现代主义流行期、生态主义倾向期、艺术与科学结合的特征形成期这三个主要特征变化阶段。

1. 现代主义流行期

空间的概念作为现代景观规划设计中的核心,直接来源于现代建筑的流动空间理论。早在1938年,罗斯就在《花园的自由》中宣称空间不是风格,而是景观规划设计中真正的领域。"哈佛革命"也表现出对现代主义的极大兴趣。但现代主义的应用是在第二次世界大战后的20年间,在这个时期里美国经济快速发展,大量大型建设项目开始实施,很大一部分是在现代主义思想指引下规划设计的,并形成一种潮流,具有代表性的人物是劳伦斯·哈普林、佐佐木·英夫和丹·凯利等人。

现代主义景观规划设计分析和关注人们在环境中的运动和空间感受,认为设计不仅是视觉的享受,更是人们在运动中其他感官的感受,如嗅觉、触觉和听觉等,强调人的生理和心理参与。其实现代主义景观从不拘泥于哪一种固定的设计范式,它是一种基于空间划分的场地塑造手法。现代主义对景观建筑学最积极的贡献并不在于新材料的运用,而是认为功能应当是设计的起点这一理念,从而摆脱了某种美丽的图案或风景画式的先验主义,赋予了景观建筑适用的理性和更大的创作自由。具有代表性的设计作品是劳伦斯·哈普林的海滨农庄住宅区、佐佐木·英夫的威廉姆斯广场和丹·克雷的米勒花园等。

2. 生态主义倾向期

20世纪40—60年代,经济发展和技术的进步给美国带来了急剧增加的污染,一系列环境保护运动开相继展中,相关法律法规也不断出台,一些有远见的景观建筑师也开始在生态学的基础上对行业进行反思和研究。麦克哈格经过长时间的探索,于1969年出版了在学术界引起轰动的《设计结合自然》一书,该书将生态学原理与景观规划设计相结合,提出了一整套规划方法,其创建的千层饼模式沿用至今。

生态主义思想已成为当今景观规划设计的一项重要思想基础,但也有人批评生态主义设计由于强调对生态系统的保护而忽视了艺术的创造,从而显得过于平淡,缺乏艺术价值。这些批评和思考也影响了美国景观20世纪70年代的发展方向。

3. 艺术与科学结合的特征形成期

经过现代主义和生态主义"各领风骚"的时期后,20世纪70年代开始,各种社会的、文化的、艺术的和科学的思想逐渐融合到景观领域,美国景观规划设计开始呈现出多元化的发展趋势。

20世纪80年代以来景观生态学的发展为建立更易操作的规划设计方法提供了途径,受到全球科学家和景观建筑师的极大关注,第一个将景观生态学思想应用于景观规划设计的方案是哈贝等人提出的土地利用分类系统,1986年他们总结出一套完整的景观生态规划方法,包括五个步骤:土地利用现状类型调查→景观空间格局的描述分析→基于景观单位的景观敏感性评价→景观单元的空间关联度分析→景观敏感度格局研究。

艺术领域的各种流派,如波普主义、极简主义、大地艺术等思想和表现手法给景观建筑师很大的启发,艺术家纷纷投入景观规划设计中,成为景观从业人员的一部分。建筑界的后现代主义和结构主义等思潮也影响到景观规划设计,并反映在很多作品中。

艺术与科学的完美结合,已成为当今美国景观建筑师追求的目标,它实际上体现着景观规划设计目标的丰富,既要满足功能要求,改善生态环境,同时要符合人们的审美需求,创造艺术化的空间环境。

三、西方景观规划设计的经典案例

(一)阿尔罕布拉宫苑

阿尔罕布拉宫苑(图4-1)位于西班牙格拉纳达的一座海拔七百多米高的山丘上。阿尔罕布拉宫苑的阿拉伯文原意为红宫,因宫墙为红土夯成以及周围山丘也是红土的缘故。它原是摩尔人作为要塞的城堡,建成之后,其神秘而壮丽的气质无与伦比,成为伊斯兰建筑艺术在西班牙最典型的代表作,也是格拉纳达城的象征。

阿尔罕布拉宫苑以曲折有致的庭园空间见长。狭小的过道串联着一个个或宽敞华丽,或幽静质朴的庭园。穿堂而过时,无法预见到下一个空间,给人以悬念与惊喜。在庭园造景中,水的作用尤为突出。从内华达山古老的输水管引来的雪水,遍布阿尔罕布拉宫苑,有着丰富的动静变化。而精细的墙面装饰,又为庭园空间带来华丽的气质。阿尔罕布拉宫苑著名的庭园有桃金娘宫庭园、狮子宫庭园、柏木庭园等。这些庭园建设精致,景观优美,具有无可比拟的艺术造诣。

图 4-1

（二）埃斯特庄园

埃斯特庄园（图 4-2）位于罗马以东的梯沃里小镇上，全园面积约 4.5 公顷，园地近似方形。其规划中吸收了布拉曼特和拉斐尔等人的设计思想，并运用几何学与透视学的原理，将住宅与花园融合成一个建筑式的整体。花园被处理成明显的三个部分，平坦的底层和由系列台层组成的两个台地。花园以及大量的局部构图，均以方形为基本形状，反映出文艺复兴盛期的构图特点。埃斯特庄园以其突出的中轴线，加强了全园的统一感，并且在视线的焦点上都作了重点处理。埃斯特庄园因其丰富多彩的水景和水声而著称于世。

图 4-2

埃斯特庄园著名的"水风琴"，是以水流挤压管中的空气，发出类似管风琴的声音，同时还有活动的小雕像的机械装置，表现出设计者的精巧手法。被称为龙喷泉的椭圆形泉池，是全园的中心。著名的百泉台,点缀着数个造型各异的小喷泉。还有依山就势筑造的水量充沛的"水剧场",中央是以山林水泽仙女像为中心的半圆形水池及间有壁龛的柱廊,瀑布水流从柱廊正中的顶端倾泻而下。

埃斯特庄园内没有鲜艳的色彩,全园笼罩在一片深浅不同的绿色植物中。

(三)凡尔赛宫苑

凡尔赛宫苑(图 4-3)规划面积达 1 600 公顷,其中仅花园部分面积就达 100 公顷,围墙长 4 千米,设有 22 个入口。宫苑主要的东西向主轴长约 3 千米,若包括伸向外围及城市的部分,则可达 14 千米。

图 4-3

凡尔赛宫苑的总体布局最主要的是由一条明显的中轴——以宫殿的中轴为基础。主体建筑——宫殿坐东朝西,建造在人工堆起的台地上,宫殿的中轴向东西两边延伸,形成贯穿并统领全局的轴线。宫邸的另一面由贵族们的内庭到大臣们的前庭,再前面就是军队广场,和广场相通的也是中轴大道。两边还有对称的放射形大道,和这三条大道相联系的就是由向外延伸的纵横支道构成的许多方块丛林区。

(四)斯陀园

斯陀园(图 4-4)是考伯海姆勋爵在斯陀建造的一座反映其政治与哲学思想的庄园。花园规划最初采用了 17 世纪勒诺特式的规则形式,1715 年后,花园的规模急剧扩大,园中点缀着一些建筑物和豪华的庙宇。到 1740 年,斯陀园内容与风格几乎可与凡尔赛宫苑相媲美。

最初负责工程的造园师布里奇曼在斯陀巨大的园地周围布置了一道隐垣,使人的视线得以延伸到园外的风景之中。后来,威廉·肯特代替了布里奇曼,他逐渐改造了规则式的园路和甬道,并在主轴线的东面,以洛兰和普桑的绘画为蓝本建了一处充满田园情趣的香榭丽舍花园;在河边建造了几座庙宇,其中有仿古罗马西比勒庙宇的古代道德之庙;肯特还在园中布置了古希腊名人的雕像;园的东部处理成更加荒野和自然的风景,微微起伏的地形,避免一览无余,使风景中的建筑具有各自的独立性。向南有建筑师吉伯斯建造的友谊殿,这座纪念性建筑完全借鉴风景画中的造型。斯陀园的桥梁跨越一处水池东边的支流。水池原为八角形,后被肯特改成曲线形。

图 4-4

(五)纽约中央公园

纽约中央公园(图 4-5)从 1858 年奥姆斯特德与合伙人沃克开始设计,一直到 1876 年才全部建成。公园面积达 340 万平方米。园内有动物园、运动场、美术馆、剧院等各种设施。

图 4-5

纽约中央公园的设计风格受到当时英国田园风光的影响,以起伏的地势,大片的草地、树丛与孤立木为主景,在此基础上,加上池塘、小溪和一些人工创造的水景,如瀑布、喷泉、小桥等,形成一种以开朗为基调的多变景观。设计师们在处理水面时,特别注意让水能够反映四季和环境的大自然动态;在处理地形时,巧妙地保留了相当一部分裸露岩石,使它们有机地成为自然园景的一个重要组成部分。设计师们还特别注意植物配景,尽可能广泛地选用当地树种和地被植物,强调一年四季丰富的色彩变化。他们的设计充分体现了对公园内外交通问题的关注,根据地形高差,采用立交方式构筑了四条不属于公园内部的东西向穿园公路,既隐蔽又方便,还不妨碍园内游人的活动。这一设计至今仍被认为在组织和协调城市交通方面是一个成功的先例。

第二节　中国景观规划设计的历史发展

一、中国古典景观规划设计的产生与发展

鉴于中国古典园林在中国古典景观中的重要地位,这里以其为例探析中国古典景观规划设计的产生与发展。

中国古典园林的漫长演进过程,与以汉民族为主体的封建帝国从开始形成而转化为全盛、成熟直至消亡的时间是相同的。根据中国发展的历史情况,可将中国古典景观规划设计的产生与发展分为以下五个时期。

(一)园林产生和成长的幼年期——历史上的殷、周、秦、汉宫苑建筑大发展的时期

这一时期发展的园林主要是皇家苑囿,规模虽不大,但基本属于圈地的性质。周代的灵囿、灵沼(养殖、灌溉)、灵台(观天象、祭祀)标志中国园林史的真正开始。由于秦始皇完成了全国统一,大肆营建宫苑,以显帝王至高无上的权力。其中最有名的是上林苑中的阿房宫,规模宏大,气势雄伟。苑内还有天然的湖泊、人工湖泊十多处,其中太液池为一池三岛,模拟东海三座仙山,是中国"一池三山"造园手法的始祖。还有一座昆明池,是供练习水战、游览和模拟天象的地方。园林早先的狩猎功能依旧,但已转化为以游憩玩赏为主。当时的造园概念比较模糊,总体规划较粗放,设计较原始。此外,皇亲国戚、将相豪门、富商巨贾也开始兴建园林,标志着私家园林的兴起。

(二)园林景观营造的转折期——自然山水园兴起的魏晋南北朝时期

这一时期小农经济受到豪族庄园经济的冲击,豪门士族在一定程度上削弱了以皇权为首的官僚机构的统治,民间的私家园林异军突起。受山水诗、山水画的影响,以可观、可居、可游为主体的田园风光私家园林涌现,也是自然山水园林兴起的时期。这一时期也可以看作是造园艺术的形成期,初步确立了再现自然山水的园林美学思想。这个时期的皇家园林的狩猎、通神、求仙的功能基本消失或仅保留其象征意义,游赏追求视觉美的享受已成为主导。佛教和道教的流行,使寺庙园林也开始兴盛,对风景名胜区的开发起着主导性的作用,从而奠定了中国风景式园林大发展的基础。

(三)园林产生和成长的全盛期——写意山水园兴起与发展的隋唐时期

这一时期的豪族势力和庄园经济受到沉重打击,中央集权的官僚机构更健全、完善。隋唐时皇家园林的"皇家气派"已基本完成,规模的宏大反映在总体布局和局部设计上,出现了一些像西苑、华清宫等具有代表性的作品。从造园艺术上来讲,这一时期建造的园林,也达到了一个新水平。由于文人直接参与造园活动,从而把造园艺术与诗画相联系,有助于在园林中创造出诗情画

意的境界(图4-6)。写实与写意相结合的创作方法又进一步深化,意境的创造便处于朦胧状态,为宋代文人园林的兴盛打下了基础。寺庙园林促成了风景名胜区普遍开发的局面。

| 金屑泉 | 栾家濑 | 柳浪 | 临湖亭 | 北垞 | 鹿柴 | 宫槐陌 | 茱萸沜 | 木兰柴 | 厅竹岭 | 文杏馆 |

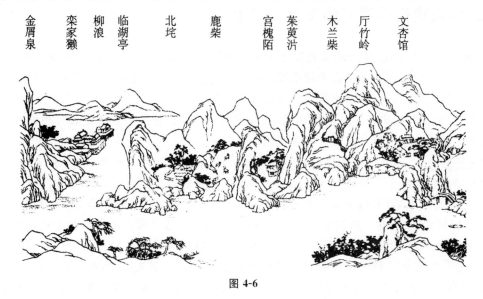

图4-6

(四)园林景观营造的成熟前期——诗画山水园发展的两宋至清初时期

这个时期,园林的发展由盛年期而升华为富于创造、进取精神的完全成熟的境地,写意山水园、寺观园林和私家园林处均于兴盛时期。这个时期园林景观规划设计成熟的标志是园林的规模渐小,工艺却日趋精致。从造园的风格上看,已形成了以苏杭地区为代表的江南派(代表作有拙政园、网师园、留园等);以广东地区为代表的岭南派(代表作有佛山的梁园、顺德的清晖园、东莞的可园等);以皇家园林为代表的北方派(代表作有北京的颐和园、圆明园,承德的避暑山庄等)三大园林派系。园林风格的差异主要表现在各自选园要素及造园形象和技法上的不同。

随着城市的商业空前繁荣,市民文化的勃兴,使得造园活动空前高涨,而且伴随着文学诗词特别是绘画艺术的发展,对自然美的认识不断深化,这个时期出现了许多山水画的理论著作,对造园艺术产生了深刻的影响。例如,明计成的《园冶》一书,从理论上总结了江南私家造园的技法。此时的中国传统园林已经发展成为一个完善的体系,达到了巅峰状态,指导着以后的传统园林建设。《园冶》就是对中国传统造园进行全面系统的理论总结的专业著作。

(五)园林景观营造的成熟后期——建筑山水园盛行的清中至清末时期

中国古典园林景观营造的成熟后期,它承传了两宋第一阶段的余绪,又在某些地方有所发展。这个阶段的造园活动,大体上是第一阶段的延伸、继续,当然也有变异和发展。士流园林的全面"文人化",民间的造园活动广泛普及,涌现出一大批优秀的造园家。皇家园林的规模趋于宏大,兴起又一轮皇家园林的建设高潮。造园的理论方面,虽未能形成系统化,但已包含现代园林学的萌芽。由于西方的侵入,清代园林景观营造一方面继承了前一时期的成熟传统而趋于精致,另一方面则暴露出某些衰退倾向,缺少积极创新的精神。由于这一时期各种建筑理论与技术日趋成熟,建筑山水园林有了较好的发展。

1911年,辛亥革命推翻了清王朝的统治,封建社会解体,西方文化大量涌入,中国园林开始进入现代园林的发展阶段。

二、中国现代景观规划设计的发展

20 世纪五六十年代,我国的景观发展主要是学习苏联城市建设模式,以建设城市绿地系统为主,大力发展绿化,以点、线、面为城市绿地格局,掀起了一场轰轰烈烈的覆绿造林运动,以"荒山变果山、见缝插绿"的城市绿化为主的景观规划设计阶段。

改革开放以后,受国外先进的景观规划设计理念影响,大量的景观规划设计思潮涌入,有关部门提出了把大地的自然景观与人文景观当作资源来看待,从生态、社会经济价值和审美价值三个方面来进行评价,最大限度地保存自然景观,最合理地使用土地。最具影响力的景观规划设计是以俞孔坚为代表的土人景观,其追寻"天—地—人—神的和谐",设计有中山岐江公园、宁波永宁公园、沈阳建筑大学、上海世博后滩公园等,将人与人、人与自然完美结合,独树一帜。

21 世纪伊始,为应对学科发展的需要,国内的诸多高校结合原有的学科基础建立景观专业,形成了建筑学、农林、生态学、地理学、艺术等不同办学特色的景观教育体系。目前,我国内地按照 LA 的专业构成体系和培养目标,分别以"景观建筑设计""景观学""景观规划设计""风景园林""园林"等为名称开设相应专业的高等院校已经超过百所,景观教育呈现火热的发展趋势。总的来说,我国的景观规划设计教育逐渐从各类公园、专业绿地和绿地系统的规划设计转向以聚居领域公共开放空间开发、生态恢复整治为核心的景观规划设计。在当前阶段,我国尚处于景观专业形成初期,经历了激烈的结构分化与重组,在学科建设、专业设置、知识体系、实践取向等各方面经过了结构性的转变,教学模式和培养思路正在逐渐发展完善。

经过近 20 年的发展,我国的景观专业实践在景观规划设计实践方面也有了诸多成果:在国际性景观规划设计方面,有 1999 世界园艺博览会规划设计、2007 年厦门花博会园博园景观规划、2008 北京奥林匹克公园景观规划、2010 上海世博会景观规划等。这些设计作品能够挖掘中国传统文化精髓,将其融合在全新的设计理念中,形成与自然和谐相处的新景观。

三、中国景观规划设计的经典案例

(一)网师园

网师园(图 4-7)又称渔隐园,始建于南宋,在苏州城东南阔家头巷,占地 0.4 公顷,是一座紧邻于邸宅西侧的中型宅园。

园林的平面略成丁字形,它的主体部分居中,以一个水池为中心,建筑物和游览路线沿着水池四周安排,西北临水的"濯缨水阁"是主景区的水池南岸风景画面上的构图中心。水池北岸是主景区内建筑物集中的地方。"竹外一枝轩"的东南为小水榭"射鸭廊",它既是水池东岸的点景建筑,又是凭栏欣赏园景的场所,同时还是通往内宅的园门,三者合而为一,故甫入园即可一览全园三胜,设计手法全然不同于外宅的园门。水池面积仅 400 平方米左右,其四周之景无异于四幅完整的画面,内容各不相同却都有主题和陪衬。整个园林空间安排采取主、辅对比的手法,主景区也就是全园的主体空间,在它的周围安排若干较小的辅助的空间,形成众星拱月的格局。

图 4-7

（二）拙政园

拙政园（图 4-8）始建于明初，全园 4.1 公顷，是一座大型宅园。全园包括西部的补园、中部的复园和东部的新园。中部是全园的主体和精华所在，主景区以大水池为中心，水面有聚有散，聚处以辽阔见长，散处则以曲折取胜。池东西两端留有水口，伸出水尾，体现疏水若为无尽之意。池中垒土石构筑成东西两岛，把水池划分为两个空间，岛山一带极富苏州郊外的江南水乡气氛。原来的园门是邸宅备弄（水巷）的巷门，经长长的夹道而进入腰门，迎面一座小型黄石假山犹如屏障，免使园景一览无余。山后小池一泓，渡桥过池或循廊绕池便转入豁然开朗的主景区，这是造园的大小空间转换，开合对比手法运用的一个范例。远香堂为园中部的主体建筑，也是香洲的承转。拙政园是典型的多景区、多空间复合的大型宅园，园林空间丰富多变，穿插层次丰富，同时利用对比的手法，主景区建筑疏朗，南岸建筑较密，不失江南风光的大自然情调，同时也缓解了因建筑过多而带来的矛盾。

图 4-8

（三）静宜园

静宜园（图 4-9）位于北京西郊的香山东坡，是天然山地园，整个园子分成内垣、外垣和别垣三部分，共有大小景点 50 余处。内垣在园的东南部，是静宜园内主要景点和建筑荟萃之地，包括宫廷区、著名的香山寺、宏光寺和宫廷区坐西朝东紧接于大宫门即园的正门之后，它们构成一条东西中轴线。

外垣是香山静园的高山区，虽然面积比内垣大得多，但只疏朗地散布着大约 15 处景点，以山林景观为主调；这里地势开阔而高峻，可对园内外的景色一览无遗。外垣的"西山晴雪"为著名的燕京八景之一。

别垣内有见心斋和昭庙两处较大的建筑群。园中之园见心斋始建于明代嘉靖年间（1522—1566年），庭院内以曲廊环抱半圆形水池，池西有三开间的轩榭，即见心斋。斋后山石嶙峋，厅堂依山而建，松柏交翠，环境幽雅。昭庙是一所大型佛寺，全名"宗镜大昭之庙"，乾隆四十五年（1780年）为纪念班禅六世来京朝觐而修建的，兼有汉族和藏族的建筑风格。庙后矗立着一座造型秀美、色彩华丽的七层琉璃砖塔。

图 4-9

（四）静明园

静明园（图 4-10）位于北京颐和园西侧，所在地玉泉山呈南北走向，是天然山水园。以山景为主，水景为辅，山突出天然风致，水景着重园林经营，含漪湖、玉泉湖、裂帛湖、镜影湖、宝珠湖之间以水道连缀，萦绕于玉泉山东、西、南三面，五个小湖分别借助山体的坡势而成为不同形状的水体，结合建筑布局和花木配置，构成五个不同性格的水景园。静明园在总体上不仅山嵌水抱，而且创造了五个小型水景园环绕、烘托一处的天然山景的规划格局。

静明园的南山景区最主要的景点是雄踞玉泉山主峰云顶的香岩寺，普门观组佛寺建筑群，依山势层叠而建；东山景区包括玉泉山的东坡及山麓，重点在狭长形的镜影湖，建筑沿湖环列而成一座水景园；西山景区在山西麓的开阔平坦地段上建置了园内最大的一组建筑群，包括道观、佛寺和小园林。

图 4-10

（五）圆明园

人们习惯上所称的圆明圆，实际上是由圆明园、长春园和绮春园组合而成，又称圆明三园。其中，圆明园（图 4-11）原为明代私家园林，清代扩建成为离宫别苑，主题突出九洲方位。长春园，以水为中心，疏朗中有通透，造园艺术效果比圆明园要好，有开朗、亲切、深邃的空间意境，图 4-12 为长春园的复原图。绮春园（图 4-13），是完整而典型的集锦式花园，布局不拘一格，因地制宜，灵活自由，体现出江南水乡村野闲居的情调。

图 4-11

图 4-12

图 4-13

圆明三园都是水景园,园林造景大部分以水为主题,因水成趣,回环萦绕的河道连接成一个整体,构成全园的脉络和纽带,人工堆积的地形、地貌占全园的三分之一,与水系相结合,把全园分成山复水转、层层叠叠的近百个自然空间。每个自然空间都经过精心的人为加工,既有人为的写意又保持着野趣,形成烟水迷离的江南水乡景色,是对江南园林景观精练而全面的再现,因此成为平地造园中的杰作。

圆明园的建筑绝大多数是游赏、饮宴的园林建筑,形态上大多小巧玲珑、千姿百态,突破了官式规范的束缚。多数建筑外装饰朴素雅致,极少或不施彩绘,而内装饰却极尽豪华。在空间组合上以院落为基调,与自然空间地形、地貌相结合。建筑空间和自然空间通过虚实转换的方式,运用透景、漏景、框景等造景方法,使山、水、道路与植物的画面成为有机组合。

（六）避暑山庄

避暑山庄（图 4-14）位于河北省承德市,由宫殿区、苑林区组成。宫殿区包括三组平行的院落建筑群,前后共九进。建筑物外形朴素,尺度亲切,环境幽静,极富园林情调。苑林区包括湖泊景区、平原景区、山岳景区三大景区。湖泊景区具有浓郁的江南情调,整个湖泊可以视为由洲岛、桥、堤划分成若干水域的一个大水面,是清代皇家园林中常见的理水方式。湖泊景区面积不到全园的六分之一,却集中了全园一半以上的建筑物,是山庄精华所在。

平原景区,南临湖,东界园墙,西北依山,是狭长的三角形地带,面积与湖泊景区相近,二者按南北纵深一气连贯。起伏延绵的山岭自西至北屏列,山的雄伟,湖的婉约,平原的开旷,三者在景观上形成强烈的对比。平原区建筑物很少,以便显示平原的开旷,表现塞外草原的粗犷风光。平原景区与南面湖泊景区的江南水乡婉约情调并陈于一园之内。

山岳景区占全园三分之二的面积,山形饱满,峰峦叠嶂,形成连绵起伏的轮廓线。山虽不高却颇有雄伟的气势,山岭多沟壑但无悬崖绝壁,四条山峪为干道,到处可登临、游览、居止。建筑布置也相应地不求其显但求其隐,不求其密集但求其疏朗,以此来突出山庄天然野趣的主调。

图 4-14

（七）岭南园林

岭南是指我国南方五岭以南的地区,汉代时岭南已出现民间私家园林。清初,岭南的珠江三角洲地区经济比较发达,文化也相应繁荣,私家造园活动开始兴盛,到清中期以后日趋兴旺。岭南园林的布局、空间组织、水石运用和花木配置方面逐渐形成自己的特点,并异军突起而成为与江南园林、北方园林鼎峙的三大地方园林风格之一。顺德的清晖园、东莞的可园、番禺的余荫山房和佛山的梁园并称为粤中四大名园。岭南地区海外华侨众多,接触西方文明可谓得风气之先,园林风格受西方文化的影响也就更多一些。从个别园林的规划布局上甚至能看到欧洲规则园林的模仿迹象。这里简要介绍广州番禺的余荫山房。

余荫山房位于广东省广州市番禺区南村镇东南角北大街,距离广州约17千米。余荫山房为清代举人邬彬的私家花园,始建于清代同治三年(1864)。园占地总面积约1 598平方米,以小巧玲珑、布局精细的艺术特色著称。余荫山房分东、西、南三部分。西半部以一个方形水池为中心,正厅是深柳堂(图4-15),与池南临池别馆相对应,构成西半部庭院的南北中轴线。东半部面积较大,中央开凿八边形水池,水池的规整几何形状明显是受西方园林的影响。有水渠穿过亭桥,与西半部的方形水池沟通,正中建八角形的玲珑水榭,八面开敞,可以环眺八方之景。南部是相对独立的一区"愉园",供主人起居读书,为一系列小庭园的复合体,以一座船厅为中心,登上二楼可俯瞰余荫山房全貌及园外的借景,抵消了因建筑密度过大的闭塞之感。园内植物繁茂,经年常绿,花开似锦,建筑内外开敞通透,雕饰丰富。

图4-15

第三节　现代景观的产生和发展

一、西方现代景观的产生

19世纪,欧美各国在皇家园林对公众开放的同时陆续兴建了大量为公众服务的城市公园,其风格延续了英国自然风景园的特点。规则式园林也重新受到重视,与以往不同的是特别注重植物材料的引种、驯化和应用,丰富的植物材料也使小庭院设计开始流行。19世纪下半叶至20世纪初,艺术运动、现代艺术、现代建筑风格对现代景观产生了很大的影响。

（一）艺术运动和现代艺术对现代景观产生的影响

1. 工艺美术运动对现代景观的影响

19世纪工业革命的批量生产和维多利亚时期烦琐的装饰导致设计水平的下降，于是，一批不满现状、富有进取精神的艺术家们受艺术评论家约翰·拉斯金、建筑师 A. W. Pugin 等人的影响，参考了中世纪的行会制度，在英国发起了一场设计改良运动——工艺美术运动。工艺美术运动强调手工艺生产，反对机械化生产；在装饰上反对矫揉造作的维多利亚风格和其他各种古典、传统的复兴风格；提倡哥特风格和其他中世纪风格，讲究简单、朴实、风格良好；主张设计诚实，反对风格上华而不实；提倡自然主义风格和东方风格。这对当时的景观规划设计产生了积极的影响。

工艺美术运动的提倡人威廉·莫里斯认为，庭园必须脱离外界，决不可一成不变地照搬自然的变化无常和粗糙不精。1892年，建筑师布鲁姆菲尔德出版了《英国的规则式庭园》一书，提倡规则式设计。与布鲁姆菲尔德截然相反，以鲁滨逊为代表的则强调接近自然形式的植物的更简单的设计。最终，人们在热衷于建筑式庭园设计的同时，没有放弃植物学的爱好，甚至将二者合二为一，这一原则直到今天仍影响着人们的设计。英国建筑师路特恩斯于1911—1931年间在印度新德里设计的穆哈尔皇家花园即是这一设计风格的典型例子(图4-16)。

图 4-16

2. 新艺术运动对现代景观的影响

新艺术运动是19世纪末20世纪初在欧洲发生的一次大众化的"装饰艺术"运动，是一次内容广泛的、设计上的形式主义运动，涉及10多个国家，从建筑、家具、产品、首饰、服装、平面设计、书籍插画一直到雕塑和绘画艺术都受到影响，延续长达10余年，是设计史上一次非常重要的形式主义运动。新艺术运动强调波浪形和流动的线条，实质上是英国"工艺美术运动"在欧洲大陆的延续与传播，在思想理论上并没有超越"工艺美术运动"。

新艺术运动园林以家庭花园为主，而面积较大的园林，特别是公园不多。积极推动新艺术思想的展览会园林在展览结束后又多被拆除，所以完整地保留至今的新艺术运动园林很少。少部分被保留下来的具有新艺术风格特征的园子大多出自"维也纳分离派"建筑师之手，铺装中出现了黑白相间的棋盘格图案。植物通常在规则的设计中被组织进去，并被修剪成球状或柱状，或按网格种植。

3. 现代艺术的发展对现代景观的影响

现代艺术是从西方开始的，最先是绘画和版画，然后在 19 世纪中期扩展到其他的视觉艺术上，如雕塑和建筑。到了 19 世纪末期，一些对现代艺术有重要影响的运动开始出现：以巴黎为中心的印象派，以及最初从德国开始的表现主义。

在现代艺术的发展过程中，一些流派和设计师对景观规划设计产生了较大的影响。例如，新印象派（点彩派）的颜色理论对当时庭园花卉的种植产生了重要影响。以毕加索和布拉克为领导的立体派，在二维中表达了三维甚至四维的效果（图 4-17）。立体派的形式在现代景观规划设计运动中产生了很大反应。

图 4-17

作为抽象艺术开拓者的瓦西里·康定斯基，其绘画虽没有直接涉及园林题材，但成为许多景观规划设计的形式语言。风格派关于抽象的概念以及用色彩和几何形组织构图与空间的思想影响到了包含景观规划设计在内的很多设计领域（图 4-18、图 4-19）。极简主义的景观很大程度上受到了俄国至上主义的影响。所谓至上主义就是用一种象征性的符号，而不是用具体物象来表现感觉，它是摒弃描绘客观物象和反映视觉经验的艺术思潮。结构主义对非传统材料的应用对后来的景观设计师在非传统性材料的使用上产生了很大影响。

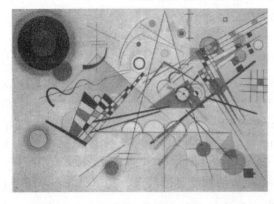

图 4-18

图 4-19

(二)现代建筑风格对现代景观产生的影响

现代建筑风格如表现主义、风格派、包豪斯对现代景观产生了不小的影响。

1. 表现主义对现代景观产生的影响

表现主义者认为艺术任务在于表现个人的主观感受和体验。第一次世界大战后出现了一些表现主义的建筑,这一派的建筑师常用奇特、夸张的建筑形体来表现某些思想情绪,象征某种时代精神。表现主义的代表——德国建筑师埃里克·门德尔松喜欢在起伏的场地上建造建筑,他对荷兰、英国、美国的建筑及景观规划设计产生了很大影响,其代表作品如德国勃兰登堡州首府波茨坦的爱因斯坦天文台(图 4-20)。

图 4-20

2. 风格派对现代景观产生的影响

风格派是 20 世纪初期在法国产生的立体派艺术的分支和变种。它把传统的建筑、家具和产品设计、绘画、雕塑的特征完全剥除,变成最基本的集合结构单体,再将这些单体进行组合,形成简单的结构组合,但在新的结构组合当中,单体依然保持相对独立性和鲜明的可视性。风格派画家、建筑师特奥·凡·杜斯堡曾设计了一些花园,他将花园视为建筑室内的延伸。杜斯堡的代表作品是《玩牌者》,如图 4-21 所示。《玩牌者》名称来源于塞尚的同名作品,杜斯堡将塞尚画中的那种几何构成的处理,进一步引向抽象。可以看到,玩牌者的形象已被抽象成为无法辨认的直线和矩形。那些不同的矩形,形成了一个疏密聚散变化有致的网格结构。在这一网格结构中,所有造型要素均被水平线和垂直线控制着,形成某种节奏和韵律。

3. 包豪斯对现代景观产生的影响

包豪斯是德国魏玛市的"公立包豪斯学校"(Staatliches Bauhaus)的简称,后改称设计学院,习惯上仍沿称包豪斯。包豪斯的创始人瓦尔特·格罗皮乌斯以极其认真的态度致力于美术和工业化社会之间的调和,力图探索艺术与技术的新统一,并要求设计师"向死的机械产品注入灵魂"。他认为,只有最卓越的想法才能证明工业的倍增是正当的。格罗皮乌斯关注的并不只局限于建筑,他的视野面向所有美术的各个领域。文艺复兴时期的艺术家,无论达芬奇或米开朗基罗,他们都是全能的造型艺术家,集画家、雕刻家甚至是设计师于一身,而不同于现代社会中分工具体化了的美术家,包豪斯对建筑师们的要求,也就是希望他们是这样"全能造型艺术家"。包豪斯的理想,就是要把美术家从游离于社会的状态中拯救出来。因此在包豪斯的教学中谋求所有造型艺术间的交流,建筑、设计、手工艺、绘画、雕刻等一切都被纳入了包豪斯的教育之中。

图 4-21

格罗皮乌斯的作品涉及景观或花园设计领域。他认为,房子在建造之前,场地就应经过设计,要提前做花园、墙和栅栏,使建筑与环境成为一体。包豪斯的后任校长路德维希·密斯·凡·德·罗设计的巴塞罗那世界博览会德国馆建筑充分体现了建筑与景观的结合,室内外空间都互相穿插融合。

包豪斯校舍(图 4-22)是罗皮乌斯设计的代表作品。他在该作品的设计中更充分地运用玻璃幕墙,成为后来多层和高层建筑采用全玻璃幕墙的先声。把大量光线引进室内是当时现代主义建筑学派主张的现代功能观点的一个主要方面。欧洲传统建筑大多室内幽暗,阳光很少,而格罗皮乌斯设计的房屋有较大的窗户,有阳台。在总体布局上,为了保证阳光照明和通风,摒弃了传统的周边式布局,提倡行列式布局,并提出在一定的建筑密度要求下,按房屋高度来决定它们之间的合理间距,以保证有充分的日照和房屋之间的绿化空间。这些观点在格罗皮乌斯 1929—1930 年和 H. 沙龙等人共同设计的德国西门子城住宅区,20 世纪 40 年代初和 M. L. 布劳耶合作设计的美国匹兹堡的铝城住宅区中都得到充分体现。

总而言之,现代景观规划设计在上述的艺术运动、现代艺术、现代建筑风格流派的影响下产生,并得以继续向前发展。

图 4-22

二、现代景观的多元化发展

到了 20 世纪,在不同思想、不同流派的影响下,园林景观的发展呈现多样化的特点,并逐步形成一些与传统园林景观明显不同的特征,现代园林景观语言广为接受。由于设计思想和设计手法日趋成熟,现代景观形成以现代主义为主流同时又有多种流派的多元化格局。其中,英国、美国的现代景观,与现代雕塑、大地艺术结合的现代景观,以及 20 世纪 70 年代以来受一些新思潮影响的现代景观颇为瞩目。

(一)英国的现代景观

在英国的现代景观中,以唐纳德、杰里科为代表的现代景观作品影响最大。

1. 唐纳德的现代景观作品

20 世纪二三十年代,欧洲景观设计师虽然设计并建造了一些现代园林,但是几乎没有人从理论上探讨在现代环境下设计园林的方法。英国的唐纳德于 1938 年完成的《现代景观中的园林》一书,填补了这一空白。书中提出了现代园林设计的三个方面,即功能的、移情的和美学的。虽然唐纳德的观点几乎是从艺术和建筑的同时代思想中吸收过来的,但他列举的一些新园林的实例,仍对当时英国传统的园林设计风格产生了很大冲击。1935 年,唐纳德为建筑师 S. Chermayeff 设计了名为"本特利树林"的住宅花园(图 4-23),显示了其对功能、移情、艺术的完美结合。

2. 杰里科的现代景观作品

杰里科在"建筑协会学校"念大学,为了毕业论文,与同学舍菲德来到意大利,对一些著名的意大利园林进行了测绘和研究。当时,几乎没有这方面的研究和可信的资料。所以,杰里科和同学根据自己的测绘和研究,于 1925 年发表了他们的成果《意大利文艺复兴园林》,即成为这一领域的权威著作,并影响至今。从那时起,直到 20 世纪 90 年代,杰里科设计了上百个园林。借鉴保罗·克利的绘画,杰里科将规则的花坛转化为不规则的曲线花坛(图 4-24)。1982年他为莎顿庄园做的设计,被认为是其作品的顶峰。他设计了围绕在房子周围的一系列小空间,包括苔园、秘园、伊甸园、厨房花园和围墙角的一个瞭望塔。杰里科的作品带有浓厚的古典色彩,运用大量的古典园林要素,如绿篱、花坛、草地、瀑布、水池、视景线、远景等。图 4-25 为莎顿庄园平面图。

图 4-23

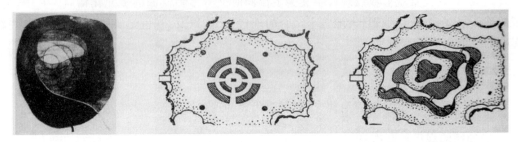

图 4-24

(二)美国的现代景观

在美国的现代景观中,以托马斯·丘奇、丹·克雷为代表的现代景观作品影响最大。

1. 托马斯·丘奇的现代景观作品

托马斯·丘奇是 20 世纪美国现代景观设计的奠基人之一。他最著名的作品是 1948 年的唐纳花园。庭园轮廓以锯齿线和曲线相连,肾形泳池流畅的线条以及池中雕塑的曲线,与远处海湾"S"形的线条相呼应(图 4-26)。丘奇反对形式绝对主义,认为"规则式或不规则式,曲线或直线,对称或自由的形式,重要的是你以一个功能的方案和一个美学的构图完成"。1955 年,他的著作《园林是为人的》出版,总结了他的思想和设计。他的事务所培养了一系列年轻的风景园林师,他们反过来又对促进"加利福尼亚学派"的发展做出了贡献。园林历史学家们普遍认为,加利福尼亚是第二次世界大战后美国风景园林设计的一个学派的中心。丘奇被认为是"加利福尼亚学派"的非正式的领导人,加州现代园林被认为是美国"自19世纪后半叶奥姆斯特德的环境规划的传统以来,对风景园林设计最杰出的贡献之一。"

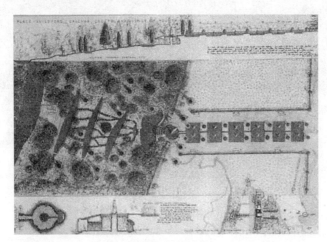

图 4-25

图 4-26

2. 丹·克雷的现代景观作品

"哈佛革命"的发起者之一丹·克雷是美国现代园林设计的奠基人之一,也是第二次世界大战后美国最重要的一些公共建筑环境的缔造者。1955年,克雷与小沙里宁合作设计了米勒花园(图4-27)。这个作品被认为是克雷设计生涯的一个转折点。在米勒花园中,克雷用10英尺×10英尺(3.048米×3.048米)的方格规则地布置绿篱,通过结构(树干)和围合(绿篱)的对比,接近了建筑的自由平面思想,塑造了一系列室外的功能空间。克雷的作品表现出强烈的组织性,常常用网格来确定园林中要素的位置。他创造了建立在几何秩序之上的与众不同的空间和完整的环境。他的设计紧密地与周围建筑相联系,并不刻意地突出自己。

图 4-27

(三)与现代雕塑结合的现代景观

在西方古典园林时期,雕塑就已作为园林构景要素之一而出现,如意大利的台地园和法国的勒诺特式园林都是以雕塑作为园林的装饰物的。现代主义初期,追求创新的景观设计师已从现代绘画中获得了无穷的灵感,然而现代雕塑在很长一段时期内都没有对景观的发展起到实质性的作用。艺术家野口勇是较早尝试将雕塑与环境设计相结合的艺术家。他曾跟随博格勒姆和布朗库西学习雕塑。1933 年,他发现塑造室外的土地也是雕塑的一种可能途径。作为艺术家,野口勇的环境作品更多地强调形式,而不是适用和宜人。但是,他探索了景观与雕塑结合的可能性,发展了环境设计的形式语汇,在塑造战后风景园林中做出了自己的贡献。野口勇的作品是流露着浓厚的日本精神的现代设计,如查斯·曼哈顿银行的下沉庭园,不仅为西方借鉴日本传统提供了范例,而且也为日本园林适应时代的发展做出了贡献。

如今全世界许多地方都有野口勇的大型雕塑作品,最广为人知的是旋涡型滑梯作品。野口勇在去世前的最后一件作品是一个 1.6 平方千米的大型公园,位于日本札幌。1988 年在他死前仅有初步的设计,后来命名为 Moerenuma 公园(图 4-28),于 2004 年开放。

(四)与大地艺术结合的现代景观

20 世纪 60 年代末出现于欧美的美术思潮,由最少派艺术的简单、无细节形式发展而来。早期大地艺术多在沙漠、峡谷中现场施工、现场完成,其作品无意给观者欣赏。大地艺术的初衷是要清晰地表达,甚至重建现代人类和自然的相互依存关系。当这一艺术形式获得成功与认可后,逐渐出现在景观规划设计领域,许多景观设计师开始运用大地艺术的设计手法,使二者能够相互促进,共同发展。

1955 年,郝伯特·拜耶为亚斯本草原旅馆设计的环境作品"土丘"(图 4-29)是比较典型的雕塑与环境设计结合的艺术作品。在直径 12 米的圆形土坝内是下沉的草地,布置了一个圆形的小土丘和圆形的土坑以及一块粗糙的岩石。这个作品对年轻一代的大地艺术家产生了很大影响。大地艺术的一些特性及对自然神秘感的表现对当代景观规划设计发展起到了非常重要的作用,使景观规划设计的内容更加丰富,表现形式更为多样,也促进了二者之间的融合与发展。

图 4-28

图 4-29

(五)20 世纪 70 年代以来的现代景观

20 世纪 70 年代后,文化领域出现了一些新的思潮,如后现代主义、解构主义、极简主义,它们也对现代景观规划设计产生了不小的影响,丰富了设计元素,都有对应的现代景观作品。

1. 后现代主义景观作品

从 20 世纪 60 年代起,资本主义经济进入全盛时期,在文化领域出现了动荡和转机。现代主义建筑形式逐渐丧失吸引力,传统文化的价值重新得到强调。于是到了 20 世纪 70 年代,后现代主义在建筑界占据了显要位置,一批贴着后现代主义标签的建筑设计、室内设计和室外空间设计作品出现。值得一提的是,后现代的设计是多样化的设计,是许多复杂因素的集合,因此很难将某一景观规划设计作品看成纯粹的后现代作品。

　　1992 年建成的位于巴黎的雪铁龙公园（图 4-30）带有明显的后现代主义的一些特征。公园是利用雪铁龙汽车制造厂旧址建造的大型城市公园。公园中主要游览路是对角线方向的轴线，它把公园分为两个部分，又把园中各主要景点，如黑色园、中心草坪、喷泉广场，以及系列园中的蓝色园和运动园等联系起来。雪铁龙公园表现出来的是严谨与变化、几何与自然的结合，并且具有强烈的怀旧与伤感的色彩。

图 4-30

2. 解构主义景观作品

　　在欧陆哲学与文学批评中，解构主义是一个由法国后结构主义哲学家雅克·德里达创立的批评学派。解构主义及解构主义者就是打破现有的单元化的秩序，然后再创造更为合理的秩序。建筑理论家伯纳德·屈米将德里达的解构主义理论引入建筑理论，认为应该把许多存在的现代和传统的建筑因素重新构建，利用更加宽容的、自由的、多元的方式来建构新的建筑理论构架。图 4-31 所示的建筑为拉·维莱特公园为屈米所设计的解构主义景观的典型实例。

图 4-31

拉·维莱特公园被屈米用点、线、面三种要素叠加,相互之间毫无联系,各自可以单独成一系统。点就是 26 个红色的点景物,出现在 120 米×120 米的方格网的交点上,有些仅作为点的要素存在,有些作为信息中心、小卖部、咖啡吧、手工艺室、医务室之用。线的要素有长廊、林荫道和一条贯穿全园的弯弯曲曲的小径,这条小径联系了公园的 10 个主题园,也是一条公园的最佳游览路线。面的要素就是 10 个主题园。屈米通过点、线、面三层要素把公园分解,然后又以新的方式重新组合起来。

3. 极简主义景观作品

极简主义也可译为简约主义或微模主义,是第二次世界大战之后在 20 世纪 60 年代兴起的一个艺术派系,又称为"Minimal Art"。极简主义是反对抽象表现主义的另一个极致,它以最原初的物自身或形式展示于观者面前为表现方式,意图消弥作者借着作品对观者意识的压迫性。最初,它主要通过一些绘画和雕塑作品得以表现。不久后,彼得·沃克、玛萨·舒瓦茨等先锋园林设计师就把极简主义艺术运用到他们的设计作品中去,并在当时社会引起了很大的反响和争议。

彼得·沃克的 20 世纪 80 年代中后期的一些作品标志着他极简主义艺术的成熟,如 1984 年哈佛大学校园内的唐纳喷泉、IBM 素拉那园区规划、广场大厦,以及 1991 年的市中心花园等。其中,唐纳喷泉(图 4-32)尤为典型。它位于一个交叉路口,是一个由 159 块巨石组成的圆形石阵,所有石块都镶嵌于草地之中,呈不规则排列状。石阵的中央是一座雾喷泉,喷出的水雾弥漫在石头上,喷泉会随着季节和时间的不同而变化,到了冬天则由集中供热系统提供蒸汽,人们在经过或者穿越石阵时,会有强烈的神秘感。

图 4-32

总的来说,现代景观规划设计开拓了新的构图原则,构图形式逐渐多样化,理性探求由工业社会、场地、内容所创造的整体环境;更多的是关注功能的合理,人们在空间中的感受,以及景观同建筑的关系,而不是对图案和式样的追求。现代景观规划设计手法结合现代社会、环境的需要以新的面貌呈现出来,现代艺术与现代建筑也为现代景观规划设计提供了可借鉴的语言形式及设计手法。

第四节　景观规划的未来趋势

一、多学科的融合与互补

　　景观设计涉及建筑学、城市规划学、城市设计学、地理学、历史学、美学、心理学、宗教学等交叉学科。景观规划设计也从最初为少数人服务的单一形式的园林发展到为大众提供休闲、娱乐的户外活动空间,起到改善城市环境,促进经济发展,维护生态平衡等多方面的作用。例如,湿地景观设计作为三大生态系统之一,被称为人类"肾脏",它就包含有植物、动物、地理、环境、遗传等众多学科知识。

二、新技术新材料的运用

　　通过将自然元素及自然过程真实地展露,引导人们在观赏的同时体验自然,这已成为现代景观生态设计中的一种独特表现形式。其中,景观规划设计在生态、科学与艺术之间架起桥梁,形成了富于生态艺术的设计思想。景观效果的实现离不开创新技术的应用,引导社会对未来和谐人居环境的关注和追求。这就要求设计师在进行景观规划设计时既能给人的审美带来新的形式与观感(创新),又能为人们的观赏游览活动带来安全与舒适。创新景观规划设计,除了在形式、功能等方面以外,在新材料新技术的运用方面应具有时代特性,来体现新的景观。如新型的太阳能节能灯、能增加湿度并具有观赏性能的喷雾系统等,新的石材、金属材料、仿生学的运用,涌现出一大批时代的新景。

　　创新技术使景观展示地更为形象,以审美的方式显露自然,丰富了景观的美学价值。它不仅可以使观者看到人类在自然中所留下的痕迹,而且可以使复杂的生态过程显而易见,容易被理解,使生态科学更加平易近人。在这一过程中,设计师不仅要从艺术的角度设计景观的形式,更重要的是引导观者的视野和运动,设计人们的体验过程。例如,1998年9月,一个以展露自然为主题的设计展在美国伊利诺斯州立大学开放,引起了广泛关注。景观设计师们以艺术的形式表现自然:"雨水不再被当作洪水和传播疾病的罪魁,也不再是城乡河流、湖泊的累赘和急于被排泄的废物。雨水的导流、收集和再利用的过程,通过城市雨水生态设计可以成为城市中的一种独特景观。在这里,设计挖地三尺,把脚下土层和基岩变化作为景观规划设计的对象,以唤起大城市居民对摩天楼与水泥铺装下的自然的意识。在自然景观中的水和火不再被当作灾害,而是一种维持景观和生物多样性所必需的生态过程。"

　　对景观创新技术的理解与研究应该被更早地应用到景观规划设计的初期阶段。从解决现实问题的角度来考虑技术的创新,使景观作品更具有社会责任感。景观创新技术中同样应该考虑可持续发展,如对废弃物的回收再利用或重新组合。常规材料的非常规的技术创新会收到意想不到的效果。总之,社会的进步与发展要求景观规划设计中所选用的材料种类和施工技术也要与之相适应。在未来的景观规划设计过程中,既要考虑传统的因地制宜、就地取材、因材构景,又要勇于推陈出新,探索和尝试新材料和新技术的使用。

三、低碳概念的体现

所谓"低碳"是指生活中所耗用的能量要尽量减少,从而降低二氧化碳的排放量。景观本身具有改善环境的作用,因此在景观规划设计时更应注重"低碳"景观、绿色景观。如大型景观绿地中提倡交通换乘点,景区中以无二氧化碳尾气排放的环保车和自行车为交通工具;以屋顶覆土种植植物,夏季降低或减少太阳直射室内所产生的温度,从而减少空调的使用;设计沟渠将雨水收集、过滤,用于花草的浇灌,以节约水资源等;通过低碳景观模式的建立,促进可持续园林景观的发展。

四、生态设计观的体现

所谓的生态设计,即是一种与自然相作用、相协调的方式。任何无机物都要与生态的延续过程相协调,使其对环境的破坏影响达到最小的设计形式。景观生态设计在19世纪诞生以来,以研究人类与自然间的相互作用以及动态平衡为出发点,生态设计已伴随环境危机开启了园林景观规划设计的新里程。随着人们生活水平的日益提高,保护生态环境、实现可持续发展的愿望越来越强烈。因此,在景观规划设计中应考虑遵循自然优先原则、保护与节约自然资源原则、让自然做功原则和显露自然原则,以保证自然中一切生命迹象的可持续发展。在美国景观设计师约翰·西蒙兹看来,景观规划设计要贯穿于开发建设始终。场地选址、场地规划、场地设计、建筑设计等都要有景观规划设计思想的体现,要保护和利用好自然资源,才能发挥景观规划设计的最大作用,取得最佳效益。

现代生态设计观的主要设计思想,一是强调设计对自然的尊重,这是为了对应传统的规则式园林,通过模仿自然中的植物群落、水体和地形,从形式上表现自然,将自然风景引入人工环境;二是强调保护性设计对区域的生态因子和物种生态关系进行科学的研究分析,通过合理的景观规划设计,最大限度地减少对原有自然环境的破坏,以保护良好的生态系统;三是补偿性设计,即是在设计中运用科学的手段,有意识地对已遭破坏的生态环境进行恢复,是一种以景观形式对自然进行补偿的设计过程。

随着生态时代的到来,在现代景观规划设计过程中,更加深入而广泛地关注生态问题。不仅要从生态科学的角度进行设计,还需融合景观生态学、美学等思想,创造出既具观赏性又富实用性的生态展示性景观。通过设计向人们展示周围环境中的种种生态现象、生态作用,以及生态关系,唤起人与自然的情感联系。

五、人性设计观的体现

未来的现代景观规划设计将会充分考虑景观环境的属性,体现为人所用的根本目的,即人性化设计。人性化设计是以人为本,注意提升人的价值,尊重人的自然需要和社会需要的动态设计哲学。人性化设计应该是站在人性的高度上把握设计方向,有层次地进行人性化思考,以综合协调景观规划设计所涉及的深层次问题。因此,未来的现代景观规划设计将在满足人的基本需要的基础上满足精神需要。

人性化设计的景观不仅要给人们生活带来方便,而且设计时要考虑不同文化层次和不同年龄人群活动的特点,要求功能分区明确,空间结构合理,使用者与景观之间的关系融洽,以满足不同人群的需要。人性化设计更大程度地体现在设计细节上,如各种配套服务设施是否完善、尺度问题、材质的选择等。以人为本,设计中处处体现对人的关注与尊重,使期望的环境行为模式获得使用者认同。近年来,随着社会的不断进步,以"公平、参与、共享"为宗旨,为方便残疾人等弱势群体共享社会成果和参与社会活动,很多城市广场、街心花园都进行了无障碍设计。

此外,顺应现代人性意义,对人类生活空间与大自然的融合表示更多支持,通过这一过程才能做出由视觉观察得到的对景观的评价。因此,心理感知是人性化景观感知过程中的重要部分。在景观规划设计中,一方面要让人触景生情,另一方面还要使意境成为感情的升华,以满足人们得到高层次的文化精神享受的需要。

六、地域和文脉不可分割

景观规划设计旨在某一区域内创造一个具有形态、形式因素构成的较为独立的,具有一定社会文化内涵及审美价值的景物。它必须作为一个有光、形、色、体的可感因素,有一定的空间形态,可以较为独立地并易于从区域形态背景中分离出来的客体;它必须以用地及其周围自然环境、人文环境为基础,通过运用富于地域特征的植被及景观材料,创造出适宜当地的自然条件并反映当地地域特色的景观形式,不仅具有一定的社会文化内涵,而且具有观赏功能、改善环境功能及使用功能,可以通过其内涵,引发人的情感、意趣、联想、移情等心理反应,即所谓的景观效应。因此,在全球化与一体化总体趋势之下,地域性观念的倡导是为防止景观文脉内涵缺失,防止城市千城一面,具有生命的景观特征与地域和文脉是不可分割的。建设具有地方特色的城市景观,必须能积极地融入地方的环境肌理,适应当地的气候条件,并能有效地节能、节地、节源,真正创造出适合本土条件的,突出本土文化特点的,并深受人们喜爱的景观环境。可以预见,在未来的景观规划设计中,将要坚持求真原则,即保持历史与空间的连续性;坚持表层形式美原则,即保证景观的多样性、复杂性和多元性;坚持中层与深层审美特征原则,即强调传统心理的延续性。

(一)保持历史与空间的连续性——求真原则

景观始终与一定时间维度相联系,景观空间与时间的关系是密不可分的。景观空间在历史的长河中处于动态的演变之中,景观也随着时间不断演化,某个历史地段的景观是遗存下来的记载着当地演化过程的片段。当然,一个国家、一个民族的文化可能会受到外来文化的影响、冲击。历史遗产珍贵之处不仅是它的外在物质形式,也包括它所携带的历史信息,外在形式可以模仿,但是历史信息是无法模仿和复制的。总之,在景观规划设计中,对象风格的确定总是会有意无意地与时代风格、民族风格保持千丝万缕的联系,而且在与过去民族风格保持一定程度的相似性的同时,始终保持着其创造性。其中,通过类聚的手法与过去的风格保持连续性、相似性;通过对比的手法保持新旧信息的可识别性。

(二)保证景观的多样性、复杂性和多元性——表层形式美原则

现代景观具有复杂、多样和多元的形态,并与地段的功能相对应。这种复杂性、多样性和多元性是人们多样性生活内容的物质反映和历史积淀。某个地方的景观空间特征并不是完全取决

于当地的标志物,更多的是由大量普通建筑所具有的复杂性、多样性和多元性的形状决定的。某个历史地段景观的复杂性、多样性和多元性的含义主要表现为以下几方面。

(1)地段景观"功能美"和"形式美"的统一。

(2)如果存在多个历史地段,景观规划设计要尽量保持各个地段各自的复杂性、多样性和多元性,不能为了取得整个地段景观表面形式的统一,而采用同样的设计方法和思路,而应具有各自的主题,表层形式应该是多样的,但是要达到深层的统一。

(3)对于单个历史地段而言,不能采用单一的设计方法,不能仅仅追求平面形式以及某一个画面的视觉效果,而要根据具体情况,仔细地推敲每一个建筑物的功能和形式,保证普通建筑物、构筑物的复杂性、多样性和多元性。

当然,如果只是单纯地强调表层的形式美也是不行的,因为景观作品的艺术表达应该是更深层次的,但是由于现代人在生活中对于美的要求越来越高,因此必须加强景观外在的表现力,利用各种手段、方式等,以满足人们的好奇心。想要传达历史文化的氛围,就更应创新景观的创造。

(三)强调传统心理的延续性——中层与深层审美特征原则

景观创作中最为重要的就是特征原则的体现。特征原则贯穿整个景观规划设计的始终,尤其是在中层以及深层审美层次上更为突出。特征原则在地域文化的体现则是传统的一种体现。地域传统源于一定地域生活的经验,形成地方特色的风俗礼仪、道德及习惯等,构成一个亚文化区域。人们对自身传统的亲切感和认同感的延续存在于一定的人群中,他们的行为习惯、情感意识、审美体验等在某种程度上具有类似性,这种集体的无意识行为正是地域传统文化的生动体现。在未来的景观规划设计中,设计师应该充分挖掘在人们传统经验中与记忆相对应的设计元素,唤起当地人们对过去的怀念和情感的认同。一般来说,个性强的、形象鲜明生动的、意义重大的、能激起情绪活动的,与观察者关系合宜的多次重复出现的事物,其意象性更强。通过一些文化传统的共鸣,人们更能达到一些深层的感动。

七、艺术设计观的体现

景观规划设计是一门艺术的设计,把景观客体设计成为审美的对象,使视觉体验和心理感受在对景观之美的审视中产生情感的愉悦,继而延伸、上升为人们优良的生活品质。也就是说,景观规划设计是为人的设计,是为改善人类生存空间的设计,是为提高生存质量的设计,是为人类设计一个自然生态与文化生态平衡的空间。

景观是一门虚实相生的造型艺术,景观造型的一半是指物体,一半是指空间,物体与空间是一个整体的构成,它作为审美客体,一方面给人以真实的、立体的造型,另一方面则呈现出物体与物体之间派生出的流动的虚体。景观它不仅是一门造型艺术,还是一门空间的艺术、时间的艺术、流动的视觉艺术。景物与空间是视觉可见的材料,主体(人)在空间的转换与时间的流动中实现对景观的审美体验。由于主体在运动中使客体发生变化,主体从变化中获得审美享受,所以,景观既存在于空间之中,同时又存在于时间之中,在主体的游动中实现美。景观中的审美要素包括点、线、面,节奏韵律,对比协调,尺寸比例,体量关系,材料质感以及明暗、动静、色彩等。审美要素以它们独有的特征形成对人的视觉感官产生刺激,有质量的景观总是以它自身的某种审美特征呈现于人的眼前,使人置身于某种"境界"之中。处理好了实与虚的关系,也就等于处理好了物与人的关系。

人类总是根据自身的生存需求来看待周围的事物,同样,人在生存空间中也把景物作为猎取美感的对象,以获取人类自身认为的"美景"。人们把普遍持有的审美观作为衡量景观质量与价值的标准,因此,从艺术的角度讲,景观,主要是视觉审美意义上的景观,它更加强调主体对客体的作用,客体从审美意义上满足主体,换句话说就是,只有被赋予了视觉审美意义的"景"才能称之为景观。

景物的存在与否不为人的意识所左右,而景物一旦被人们认知,它就成为人的意识中的景观,进一步对景观进行设计则是人类对景物强加意志的行为。人们除了认知事物,同时还是为了把握事物、利用事物,人类作为高智能的动物生存于自然之中,既是生存于景观中的一分子,同时又是景观的设计者和监护者。人们不会只满足于眼前已有的景观,还要利用景观去把握和探索未来的生存空间。在人类主观能动的作用下,通过对景观的设计和利用,把自然景观与人为景观科学而有机地融合起来,实现景观利用的最优化。例如,中国园林景观虽然是一种规范化的人为景观,它的造型体现出规则、精致、次序化的审美取向,它选取人为材料、天然材料及天然景物,经过人为的"匠心"运作,体现出一种设计的美。但是,它仍然参照了自然景观体现出的自由自在、天成无琢的审美取向,寻求一种轻松、和谐、回归自然景观的审美享受。应该说,园林景观是先从自然中"借"来景观,然后又把自然景观升华为一种艺术的景观。

景观的设计是对土地的设计,是对自然的设计,更是对艺术的设计,如果无视自然,或无度地夸大人的分量,都会在日后的发展中受到自然的警告和惩罚。因此,必须把艺术作为观念加以强调,强调人与自然和谐共存的艺术观念。

八、多元设计观的体现

在强调文化多元与整合的全球化环境中,景观规划设计也必然朝着多样化、特色化方向发展,既表达世界性的共同主题,又展示地域文化特征;既承袭历史传统,又具有时代性。具体而言,未来的景观规划设计对多元设计观的体现主要有以下几方面。

第一,未来的景观规划设计包含更多的全球文化特征,能为更多人所理解和欣赏。专注于那些能引起所有人共鸣的文化开拓,表现人类生存的普遍意义和与时代同步的生活真谛。

第二,未来的景观规划设计更多地体现科技文化、生态文化,揭示高科技与人类感情的关系,传统文化的可持续发展以及人对自然的再认识等。

第三,未来的景观规划设计以一种与新时代结合的方式体现传统复兴,体现地域文化的当代延续,与地域文化传统的特殊性相结合,展示独特的面貌,用以确立地区、民族赖以存在的文化认同性。

景观是一个综合的整体,景观规划设计涉及科学、艺术、社会及经济等诸多方面的问题,它们密不可分,相辅相成。它既要满足社会功能,又要符合自然规律,遵循生态原则,同时还属于艺术范畴,缺少了其中任何一方,设计就存在缺陷。现代景观规划设计也绝不只是建筑物的配景或背景,要相地合宜,与自然、环境形成统一的整体。景观规划设计就是要解决人与人、结构与功能、格局与过程之间的相互关系,使自然环境与周围环堵充分融合,创造出和谐丰富的外部空间环境。

第五章　景观建筑设计

　　景观建筑设计是一种新的建筑创作理念，它强调将景观分析融入建筑的设计之中，通过景观评价来确定建筑在景观体系和自然环境中的角色定位。良好的景观设计既可以将建筑的个性和特色充分突显出来，又可以使空间环境的整体形象得到合理的提升。因此，景观建筑设计值得作为一个热门话题进行较为深入的探讨。本章就主要从景观建设设计概述性内容出发，主要对景观建筑设计的空间构成、景观建筑结构、景观建筑设计方法和倾向性进行相关论述。

第一节　景观建筑设计概述

　　景观建筑通常是指在风景区、公园、广场等景观场所中出现的具有景观标识功能的建筑。与一般建筑相比，景观建筑与环境、文化有着更为密切的关系，其注重生态节能、造型优美，注重观景与景观的和谐等。景观建筑往往有广义和狭义之分。广义上的景观建筑还包括与建筑物密切相关的室外空间和周边环境、城市广场以及诸如雕塑、喷泉等建筑小品，门墙、栏杆、休憩亭、坐凳等公用设施。狭义上的景观建筑主要指"景观中的建筑"。本书主要讨论的是狭义上的景观建筑。

一、景观建筑及景观建筑学

　　现代英语中的景观（Landscape）最早出现在 1598 年，来自于荷兰语 Landschap，最初的意思是物质性的"区域，一片土地"。梅森在 1828 年首次使用"Landscape Architecture"（景观建筑）一词。他还通过学习维特鲁威的《建筑十书》来研究建筑和自然环境之间的潜在关系与美学原则，探寻如何将建筑物和场地景观进行组合来创造优美景观的方法。不过，从当时看来，"Landscape Architecture"一词中的"Architecture"可以确定是指建筑，而"Landscape"则用来表达建筑外的场地环境景观。

　　苏格兰著名的园艺学家劳顿后来将梅森所创造的"Landscape Architecture"一词的含义进行了拓展。他认为，"Landscape Architecture"一词在艺术理论之外还有更广泛的应用意义，该词适合描述在景观设计中采用的特殊类型的建筑以及人类创造的景观的组合。

　　受劳顿的直接影响，美国近现代景观园林风格的创始人安德鲁·杰克逊·唐宁在其第一本著作《园林的理论与实践概论》中，将"Landscape Architecture"作为书中一章的标题。劳顿和唐宁将"Landscape Architecture"一词的含义从艺术领域拓展到景观园林领域，并且给该词赋予了新的含义：描述人工创造的景观组合，"Architecture"除了有"建筑"的含义外还有"人工创造和建造"的含义。

美国景观设计事业的创始人之一奥姆斯特德1858年在与沃克斯成功获得纽约中央公园的设计任务后自称为"景观建筑师"(Landscape Architect),并将其解释为：以对植物、地形、水、铺装和其他构筑物的综合体进行设计为任务的职业。1863年5月,奥姆斯特德与沃克斯联名给纽约公园委员会写了一封信,信中描述他们的城市公园系统规划,并落款使用了"景观建筑师"作为专业名称,据称这是该职业名称首次正式出现在官方文档之中。奥姆斯特德在波士顿设计的"翡翠项链"公园体系项目以及其他景观设计师们在城市广场、公园、校园、居民生活区以及自然保护区等方面创造出的一系列成功的景观设计作品,使"景观建筑师"作为一种职业称呼在欧洲产生巨大影响,标志着现代景观设计的产生,也奠定了景观建筑学作为一门单独学科的基础。后来,随着哈佛大学开设了景观设计方面的课程,并首创了四年制的景观建筑学专业学士学位,景观建筑学逐渐成为一门新兴的独立学科。

景观建筑学关注的对象是整体人类生态系统,既强调人类的发展又关注自然资源及环境的可持续性。强调城市规划建筑学与生态学的结合,在具体设计中能更深层次地体现可持续发展的理念和以人为本的设计观。与其他学科一样,这一门学科也是在一定的经济、文化背景下的产物,它随着时代的前进而发展。

二、现代景观建筑设计的主要特征

在现代社会背景下,景观建筑设计主要呈现出了以下几个方面的特征。

(一)形式与要素多元化

现代社会给予当代设计师的材料与技术手段比以往任何时候都要多,现代设计师可以较自由地应用光影、色彩、声音、质感等形式要素与地形、水体、植物、原有建筑与构筑物等形体要素创造景观建筑与园林环境(图5-1)。这样设计出来的景观建筑常常包含了多元化的设计要素,现代感非常强烈。它也确实能够吸引人,还非常容易使人们理解。所以,形式与要素的多元化特点在现代景观设计中非常突出。

图 5-1

（二）科学技术与现代艺术相结合

意大利建筑师奈维认为："建筑是一个技术与艺术的综合体。"美国建筑师赖特也指出，建筑是用结构来表达思想的，其中包含着科学技术因素。对于现代景观建筑来说，要想使其成为技术支撑下的艺术品，就必须将科学技术与现代艺术充分结合起来。这也是为了使景观建筑体现一种永恒的美而应当遵循的设计要求。

（三）现代形式与传统形式相结合

传统建筑在其形成过程中已具备了社会所认可的形象和含义，如果设计者能够借助传统的形式与内容去寻找新的含义或形式，那么设计出来的景观建筑必然可以满足当代人的审美情趣。因为这种将现代形式与传统形式结合的手法使设计既具有现代感，又具有历史文化内涵，如图 5-2 所示。

图 5-2

（四）景观建筑与生态环境相结合

随着环境恶化与资源短缺问题的越来越严重，人们越来越认识到了走可持续发展之路的重要性。这种可持续理论也给景观建筑师们带来了新的设计思路。越来越多的设计师不断吸纳自然与生态理念，创造出尊重环境、保护生态的设计作品（图 5-3）。

值得注意的是，绿色、生态、环保的景观建筑，不只是强调景观绿化，其还应当以改善及提高人的生态环境、生活质量为出发点和目标。因而设计师必须综合运用当代艺术学、建筑学、生态学及其他科学技术的成果，将景观建筑看成一个生态系统的一分子，通过设计景观内外空间的多种物态因素，使物质、能源在生态系统内部有次序地循环转换，并与自然生态相平衡，从而为人们设计出真正的绿色、生态、环保的景观建筑。

（五）景观效应与标示性相结合

景观建筑的景观效应是指景观建筑能够影响并组织周边环境，形成具有特色的城市氛围。一个城市的形象通常由优美的自然环境、大量的背景建筑和突出的景观建筑所组成。其中，景观建筑往往限定着人的视觉感受,起着统领景观的作用。例如,美国建筑师弗兰克·盖里在1997年为西班牙毕尔巴鄂市设计的古根海姆博物馆(图5-4)。它落成后第一年就吸引了136万人来到这座人口仅35万的小城浏览、参观,其中84%的游客是冲着这座博物馆而来的。据不完全统计,由参观该博物馆所带来的相关收入占市财政收入的20%以上。古根海姆博物馆不仅倾倒了全球游客,更推动了毕尔巴鄂市的发展,成就了著名的"古根海姆效应"。

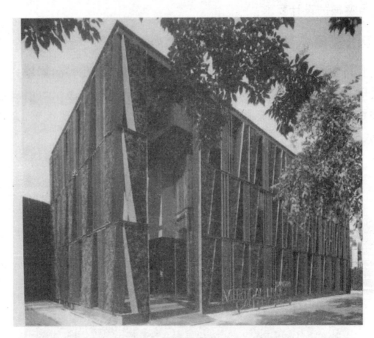

图 5-3

图 5-4

　　景观建筑不仅能够满足人们对环境美的需求,还具有明显的可识别性。它往往就是一个地段、一个区域乃至整个城市的标志。而一组景观建筑更能形成一种有序列的标志系列,有助于人们对城市形象的记忆和识别,突出城市的特色。例如,凯文·林奇在他的《城市意象》一书中所述:"一个不论远近距离、速度高低、白天夜晚都清晰可见的标志,就是人们感受复杂多变的城市时所依靠的稳定的支柱。"

现代景观建筑的设计就常常会将以上所说的景观效应与标示性结合起来,使景观建筑的功能与魅力实现最大化。

三、景观建筑设计的发展趋势

当前阶段下,以能源消耗为基础的增长模式以及信息化、全球化的发展趋势对人类所生存的环境产生了极大的挑战,生态环境的恶化、城市面貌的趋同、传统文化的消失等在不断上演。这就使得设计师们在设计景观建筑时,不能单纯地以承载休闲活动、观赏美景、提供景观为设计目标,还要在可持续发展、传承文化及倡导创新方面有更高层次的追求。所以,景观建筑设计越来越呈现出了以下几个方面的发展趋势。

(一)艺术化倾向

现代景观建筑的魅力不仅表现在实用性上,还表现在遵循造型艺术的基本规律上。也就是说,现代的景观建筑更追求艺术特征。所以,设计师们在设计某景观建筑作品时经常以某种艺术形式或艺术思想为设计主题,强调表现作品的艺术特征。他们将精力主要放在如何构图,如何确定建筑色彩,如何表现质感与光感,如何夸张、概括与取舍等。因为这是增强建筑的艺术感染力的关键。

(二)人性化倾向

随着思想越来越开放,如今的人们越来越关注和重视物体的人性化。因此,人性化的设计思潮在现代景观建筑设计中越来越有所体现。这种人性化要求设计师必须对人类已萌发的需求进行分析、研究,设计活动必须自始至终都从主体的人出发,把人的物质与精神需求放在第一要素来考虑,从而设计出满足特定社会群体需求的作品。

(三)生态技术化倾向

生态技术化也是景观建筑设计的一个显著的发展趋势。这种趋势不仅仅是单纯地提倡使用高新技术,而是要把生态性作为一种设计理念贯穿在设计始终,用生态学的观点从宏观上研究自然环境与人的关系,使现代景观建筑尽量结合自然、遵循自然规律。因此,设计师在景观建筑的设计中要尊重当地的生态环境,保护原生态系统;利用太阳能、地热、风能、生物能等的被动式设计策略;使用节能建筑材料,争取利用可再生建材;在建筑寿命周期内实现资源的集约并减少对环境的污染,取得建筑、生态、经济三者之间的平衡。

(四)可持续发展倾向

可持续发展的设计理念是当代景观建筑发展的一个重要指导原则。这一理念包含的领域极广,是一种多角度、多空间的发展理念。在这一理念之下,景观建筑的设计师在设计的过程中就必须以提高人类生存状态为基础,探索如何更好地利用各种资源进行前瞻性设计。

第二节　景观建筑空间构成

一、建筑的空间尺度

建筑一般有四种尺度：一是人的尺度，一切建筑的尺度问题，最基本的，作为出发点的是人的尺度；二是建筑体量的尺度，是指人对建筑物体量的判断和要求；三是建筑内部空间的尺度；四是建筑"空间场"的尺度，即建筑物、空间和人之间的统一。建筑的空间尺度就是"空间场"的尺度，主要指人对构成场的建筑以及场本身的形态的感受性。"空间场"的基本原理可从以下几个方面来探讨。

第一，不同的形状和大小的场空间，对人的作用是不同的。图 5-5 中有三个不同形状的空间，它们的水平等值线有所不同，就是人对物建立起一种视觉场，把感觉刺激量相同的点连起来，即为等值线。房间内的角落、门、窗、墙上饰物等，对人的刺激性要比墙面大些。图 5-6 就是一个房间的等值线实例。根据这个原理，可以合理确定空间大小和形状的尺度。

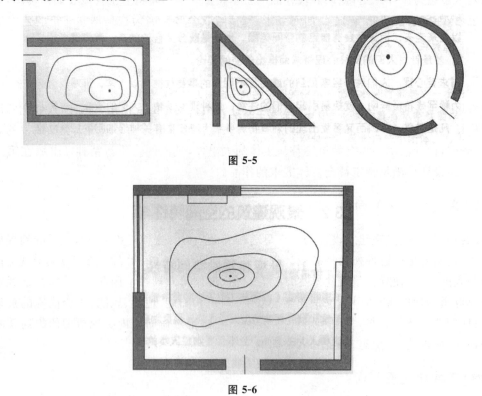

图 5-5

图 5-6

第二，人对空间大小的要求是根据人的形态和行为来确定的。图 5-7 和图 5-8 分别说明了房子大小和高度之间的基本关系。这是不从具体功能出发，只以人体和行为的一般要求来说明。

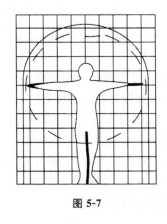

图 5-7

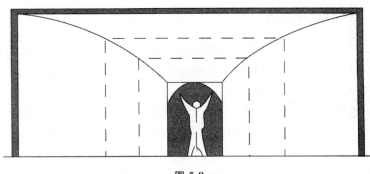

图 5-8

第三,人与人之间的空间关系,可以用图 5-9 的关系来说明。这是从一般关系出发来说明的,如果从人与空间的关系来说明,就需要看人的活动内容、人的数量等关系。例如,日本的"席"为空间单位,一席约 2 平方米,两个人的情态性空间,一般以四席半(约 9 平方米)的房间最理想。

第四,人对物的感受视距,在特定的条件下,有特定的"场"(大小)。图 5-10 是一个纪念碑,它所占有的周围广场的大小可以用等值线来确定,图中每一等值线区域都有自己的感受值。根据这个关系来设计广场或广场中的纪念碑、建筑物、雕塑小品等,通常也能得到较为理想的尺度。

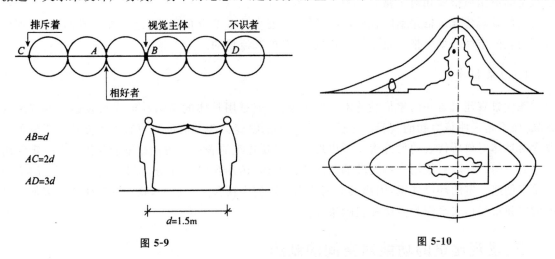

图 5-9

图 5-10

综上所述,不同使用性质的建筑之所以具有不同的建筑空间尺度形式,主要是因为在这些建筑中,人的行为模式不同,因而需要不同的空间尺度和形式来与之适应。住宅空间要满足人的饮食起居需求,体育馆要满足人们进行体育运动或观看比赛的需求,因而这两种的建筑空间就会相应地呈现出差别。对设计师来说,进行景观建筑设计就一定要了解人的各种行为模式及空间尺度,从而设计出真正符合人类需要的景观建筑。

二、景观建筑的空间特性

人类具有理性思维和精神活动的能力。景观建筑是人为的产物,因而它不仅要满足人类的使用要求,还要满足人类的精神要求。这就需要设计师把握景观建筑的空间特性。景观建筑的空间特性主要由以下三个方面构成。

(一)环境气氛

当人们处在一个建筑空间环境中时,往往会受到环境气氛的感染而产生种种审美反应。具有不同环境气氛的空间往往会使人产生不同的感受,如有的空间让人感到温暖,有的空间让人感到寒冷,有的空间让人感到亲切,有的空间让人感到拘束等。空间之所以给人以这些不同的感觉,是因为人以特有的联想感觉,即所谓的联觉,产生了审美反应,赋予了空间各种性格。

一般情况下,平面规则的空间比较单纯、朴实、简洁;曲面的空间感觉比较丰富、柔和、抒情;垂直的空间给人以崇高、庄严、肃穆、向上的感觉;水平空间给人以亲切、开阔、舒展、平易的感觉;倾斜的空间则给人以不安、动荡的感觉……总之,不同的空间形式会有不同的环境气氛。

(二)造型风格

在建筑领域中,风格通常是不同时代思潮和地域特征通过创造性的构思和表现而逐步发展成的一种有代表性的典型形式。每一种风格的形成,都与当时当地的自然和人文条件息息相关。中国传统的建筑风格追求庄严典雅的气度,因此大多采用对称均衡的布局形式,从简朴的庙宇到奢华的殿堂,乃至民间建筑,在型制上都具有相同的特色,而西方人具有的是自然的世界观,因而建筑空间造型风格要相对丰富。

现代景观建筑风格是新时代的产物,随着交通发达和文化的融合,地域性差异的减少,现代景观建筑的空间造型风格也是不拘一格的、随意的和流畅的。

(三)象征含义

现代景观建筑是一门象征性艺术。所谓象征,就是用具体的事物和形象来表达一种特殊的含义,而不是说明该事物的自身。象征属于符号系统,是人类独有的。只有人类能够运用抽象的概念对具体对象所代表的另外含义做出理解。景观建筑的表现手段往往不能脱离具有一定使用要求的空间、形体,只能用一些比较抽象的几何形体,运用各组成部分之间的比例、均衡、韵律等关系来创造一定的环境气氛,因而其会表达出一定的内在含义。例如,我国古代建筑很多都用对称的空间布局形式来作为传统礼教的象征。

三、景观建筑的功能对空间的制约

在现代景观建筑中,功能是占据着主要位置的。纵使建筑的形式和类型如何变化,功能始终都是被强调的。功能与空间一直是紧密联系在一起的,在景观建筑中,功能表现为内容,空间表现为形式,二者之间有着必然的联系,所谓"形式追随功能"正是体现了这一点。功能对空间形式具有决定性的作用。功能发生变化必然会使旧有空间形式随之发生变化。

在景观建筑中,功能对空间的制约主要表现在以下两个方面。

(一)功能对单一空间的制约

1. 量的制约

景观建筑的功能会制约空间的大小、容积。在实际的设计工作中,一般以平面面积作为空间大小的设计依据,根据功能需要,满足起码的人体尺度和达到一种理想的舒适程度将会产生一个面积大小的上限和下限,在设计中一般不要超越这个限度。例如,一间卧室,在 10~20 平方米之间即可满足基本要求;一间 40~50 人的教室则需要 50 平方米左右;而影剧院的观众厅如果按照 1 000 个座位计算,则面积应为 750 平方米左右。

同一幢建筑中不同用途的空间,大小也是不同的。以一个住宅单元为例,起居室是家庭成员最为集中的地方,而且活动内容可能比较多,因此面积应该最大;餐厅虽然人员也相对集中,但其中只发生进餐的行为,所以面积要比起居室小;厨房、卫生间一般只有少数人员在同一时间使用,因而只要足够容纳必要的设备和少量活动空间即可满足要求(图 5-11)。

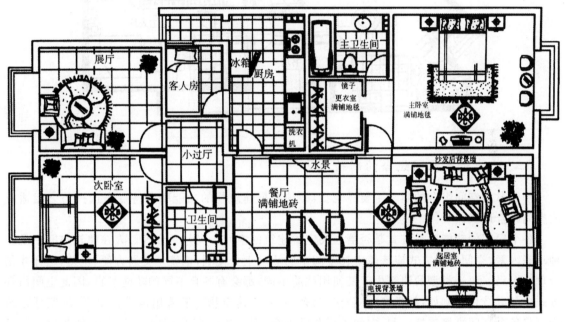

图 5-11

2. 形的制约

功能对空间的形状也有一定的制约。虽然在面积满足功能使用要求的前提下,某些空间对形状的要求没那么严格,但为了更好地发挥使用功能,空间形状的适宜性也是比较重要的。以住宅为例,通常矩形的房间利于摆放家具,因此较受欢迎,异形的房间虽然趣味性较强,但不好布置家具,因此较少采用,除非在面积十分充裕的情况下(图 5-12)。

3. 质的制约

空间的"质"主要是指采光、通风、日照等相关条件,与房间的开窗和朝向等有着密切的关系,少数特殊的房间还有温度、湿度以及其他一些技术要求,这些条件的好坏都直接影响空间的品质。房间的使用功能对空间的质具有很大的制约性,不同功能的空间需要不同的采光、通风和日照等条件,因而开窗和朝向等方面的处理方法也就不同。例如,居室的窗地比(窗户面积与房间面积之比)为 1/10~1/8 就可以满足要求,而阅览室对采光的要求比较高,因而窗地比应达到 1/6~1/4。

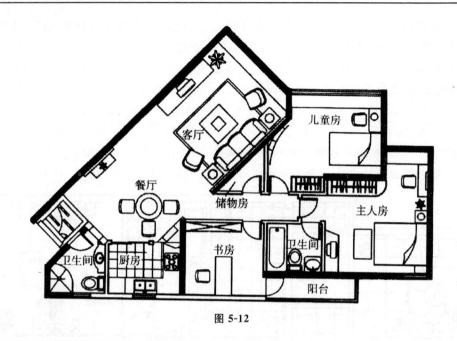

客厅

儿童房

餐厅

储物房

主人房

书房

卫生间

卫生间

厨房

阳台

图 5-12

(二)功能对多空间组合的制约

功能对多空间组合的制约主要体现在：必须根据建筑物的功能联系特点来选择与之相适应的空间组合形式。

各个房间的功能联系方式是否恰当决定了建筑的空间布局是否合理。人在建筑空间中是一种动态因素，空间组合方式应该使人在空间中的活动十分便利，也就是交通方便、快捷，这样才是合理的布局。每一类型的建筑由于其使用性质不同，都会有各自不同的功能逻辑，因此空间组合方式也各有特色。例如，教学楼、办公楼、宿舍、医院等建筑物一般采用走道式组合；展览性建筑物可将各个空间直接连接一起，空间关系非常流畅；而一些体育馆、火车站等大型公共建筑适合以小空间围绕主体空间的形式布局。

需要注意的是，虽然景观建筑的功能对空间有这样那样的制约，但在具体设计实践中也不能被完全限制住，否则就会显得过于呆板、千篇一律。

四、景观建筑空间的构成

一般事物都由表面形态、内部结构和内在含义等几个方面构成，景观建筑也不例外，主要由外在形态、内部结构和内在含义构成。

(一)外在形态

人对外界事物的认识往往是由感觉开始，感受事物的形式层面进而才进入意象层面和意义层面的。因此，景观建筑空间环境的基础就是外在形态，其决定着空间的整体效果，对空间环境气氛的塑造起关键性作用。对景观建筑空间做各种各样的处理，以达到不同的目的、要求，最后仍然归结到各种形式的空间形态中，因此，设计师必须将景观建筑的空间形态构成作为一个创作的焦点。

景观建筑空间的外在形态主要由诸多可感知的现象构成,如空间的方位、大小、形状、轮廓、虚实、凹凸、色彩、质感、肌理以及组织关系等。这些会受时代、地域、民族、使用对象以及建筑师个人等多方面的因素的影响。此外,景观建筑空间的外在形态根据其表面特征和呈现出来的态势,还有动态与静态、开放与封闭、确定与模糊等几种表现形式。

(二)内部结构

空间的内部结构,是指各功能系统间的一种组合关系,是隐含于空间形态中的组织网络,是支撑空间体系的几何构架。它是由若干个分系统组成的,各分系统之间相互联系、相互依存,既有分工,又有合作,统筹运转,有机结合,形成一种组织健全、相互协调运作的关系。由于景观建筑空间结构是人为构成的,不是自然形成的。因此,它需要设计师根据空间的逻辑关系和功能要求,并结合社会、文化和艺术等诸多因素,经过综合、提炼和抽象出一定的空间框架。这种框架要能够诱导人在空间中的行为秩序。

景观建筑空间的内部结构往往只有经过分析才能辨认,同时也没有统一的格局和模式可以到处翻版套用。所以,景观建筑空间结构只能因对象的不同和规模的大小利用相似性思维来组织空间结构。

(三)内在含义

景观建筑空间的内在含义属于文化范畴,主要反映景观建筑空间的精神向度,是景观建筑空间的社会属性。景观建筑不单纯以其实体的造型、建筑风格和细部装饰等向人们传达某种文化信息,其空间还会反映深厚的文化内涵。

作为时代的产物,景观建筑是历史的见证,它强烈外化着人和社会的历史和现实,因此景观建筑空间的内在含义也是不断发展变化的。如此说来,景观建筑空间的内在含义是一个动态因素,它既取决于环境的创造者、设计者、建设者以及使用者所赋予建成环境的意义之多少,又取决于在使用和体验中所发生的一系列行为。景观建筑空间被赋予的含义将作为诱导因素,对身处其中的人的行为产生影响,而建成环境中发生的行为也是动态因素,两种因素相互影响、相互作用,彼此关联、不可分割,共同构成景观建筑空间的意义。

五、景观建筑空间的限定

景观建筑空间一般是由地板、天花板及四壁六个界面所构成。但这六个界面不一定都用实物体(如墙、屋顶、门窗、地板等)构成,而可以是多种多样的形态。空间几乎是和实体同时存在的,离开了实体的限定,室内空间常常就不存在了。因此,在景观建筑设计中,如何限定空间和组织空间是一个非常重要的问题。景观建筑的空间限定方法有很多,主要有以下几个。

(一)空间的限定方法

1. 围合

这是最典型的一种空间限定方法。如果将门、窗、墙一类的实物体理解为限定元素的话,那么通过这些元素可以产生各种不同的围的方式。图 5-13 就是用"围"方式构成的景观建筑,缺的那一部分,人们可以用意象性思维"补足",又可以将这个缺口点相连,形成一个界面,图中缺的部分空间就是不确定空间,这种空间也可叫"暧昧空间",能给人以情趣感。由于这些限定方法在质感、透明度、高低、疏密等方面的不同,其所形成的限定度也各有差异,相应的空间感觉也会有一定差异。

图 5-13

2. 设立

所谓设立,就是指把限定元素设置于原空间(被限定前的空间)中,而在该元素周围限定出一个新的空间的方式。在该限定元素的周围常常可以形成一种环形空间,限定元素本身也经常可以成为吸引人们视线的焦点。这种空间的形成,是意象性的,而且空间的"边界"是不确定的。"设立"和"围合"正好是相反的情形。图 5-14 就是以"设立"来构成"纪念性空间"的。它的纪念性强度,一是由纪念碑本身的体量和形象特征所确定;二是与离纪念碑的距离有关,离纪念碑越远,强度越弱。

图 5-14

3. 覆盖

利用覆盖的方式限定空间,在景观建筑中也比较多见。这种空间的特点是行为的自由,并有某种"关怀""保护"等作用,因为人对来自上空的袭击是很担心的。这些覆盖物的存在,会使建筑空间具有遮强光和避风雨等特征。覆盖强度,一是由覆盖物的大小来确定;二是由覆盖物的高度来确定。当然,作为抽象的概念,用于覆盖的限定元素应该是飘浮在空中的,但事实上很难做到这一点,因此,一般都采取在上面悬吊或在下面支撑限定元素的办法来限定空间。一般来说,这种覆盖的空间限定方法适合用在比较高大的室外环境中。所形成的限定效果会因限定元素的透明度、质感以及离地距离等的不同而不同(图 5-15)。

图 5-15

4. 凸起

凸起所形成的空间高出周围的地面。这种空间的限定强度,会随着凸起物的增高而增强。我国古代的"台"往往就是"凸起"的典型方式。例如,北京天坛的圜丘(图 5-16),用了三层"凸起",空间限定的强度是比较大的。由于这种空间比周围的空间要高,所以其性质是"显露"的。在景观建筑设计中,这种空间形式有强调、突出功能,当然有时亦具有限制人们活动的意味。

图 5-16

5. 下沉

下沉与凸起相反,这种空间是"隐蔽"的,空间领域一般低于周围的空间。它既能为周围空间提供一处居高临下的视觉条件,而且易于营造一种静谧的气氛,同时亦有一定的限制人们活动的功能。现代社会中,有些人的客厅,就有局部下沉所限定的空间,这平添了很多情趣(图5-17)。

6. 悬架

所谓悬架,就是指在原空间中,局部增设一层或多层空间的限定手法。上层空间的底面一般由吊杆悬吊、构件悬挑或由梁柱架起,这种方法有助于丰富空间效果,增强景观建筑的情趣感。在景观建筑设计中,局部挑起及挑檐处理就比较常见,如图5-18所示。

图 5-17   图 5-18

在景观建筑设计中,除了上述几种方法来限定空间外,还可以通过界面质感、色彩、形状及照明等的变化来限定空间。这些限定元素主要通过人的意识而发挥作用。一般来说,这种限定方式的限定度较低,属于一种抽象限定,有较强的虚拟性。但是,如果将这种限定方式与某些规则或习俗等结合时,其限定度就会变高。

(二)空间的限定度

限定元素本身的不同特点和不同的组合方式会使形成的空间限定的感觉不同。这时,我们可以用"限定度"来判别和比较限定程度的强弱。有些空间具有较强的限定度,有些则限定度比较弱。

1. 限定元素的特性与限定度

限定空间的限定元素在大小、形式、质地、色彩等方面不同,其所形成的空间限定度也会有所不同。一般情况下,限定元素的特性与限定度的关系,设计者在设计时可以根据表5-1中不同的要求来参考选择。

2. 限定元素的组合方式与限定度

限定元素之间的组合方式也与限定度存在着较大的关系。建筑一般都由六个界面构成,我们可以假设各界面均为面状实体,以此来突出限定元素的组合方式与限定度的关系。

表 5-1　限定元素的特性与限定度的强弱

限定度强	限定度弱
限定元素高度较高	限定元素高度较低
限定元素宽度较宽	限定元素宽度较窄
限定元素为向心形状	限定元素为离心形状
限定元素本身封闭	限定元素本身开放
限定元素凹凸较少	限定元素凹凸较多
限定元素质地较硬、较粗	限定元素质地较软、较细
限定元素明度较低	限定元素明度较高
限定元素色彩鲜艳	限定元素色彩淡雅
限定元素移动困难	限定元素易于移动
限定元素与人距离较近	限定元素与人距离较远
视线无法通过限定元素	视线可以通过限定元素
限定元素的视线通过度低	限定元素的视线通过度高

（1）垂直面与底面的相互组合（图 5-19）。

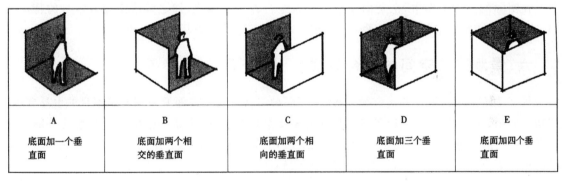

A	B	C	D	E
底面加一个垂直面	底面加两个相交的垂直面	底面加两个相向的垂直面	底面加三个垂直面	底面加四个垂直面

图 5-19

A. 底面加一个垂直面。人在面向垂直限定元素时，对人的行动和视线有较强的限定作用。当人们背向垂直限定元素时，有一定的依靠感觉。

B. 底面加两个相交的垂直面。这种组合让人有一定的限定度与围合感。

C. 底面加两个相向的垂直面。在面朝垂直限定元素时，有一定的限定感；如果垂直限定元素具有较长的连续性时，限定度会加强。

D. 底面加三个垂直面。这种情况常常形成一种袋形空间，限定度比较强。当人们面向无限定元素的方向，则会产生"居中感"和"安心感"。

E. 底面加四个垂直面。这种组合产生的限定度很大，能给人以强烈的封闭感，人的行动和视线均受到限定。

（2）顶面、垂直面与底面的组合（图 5-20）。

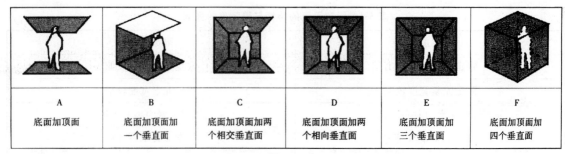

图 5-20

A. 底面加顶面。这种组合限定度弱,但有一定的隐蔽感与覆盖感。

B. 底面加顶面加一个垂直面。这种组合形成的空间比前一个组合形成的空间封闭,但限定度仍然较弱。

C. 底面加顶面加两个相交垂直面。如果人们面向垂直限定元素,则有限定度与封闭感;如果人们背向角落,则有一定的居中感。

D. 底面加顶面加两个相向垂直面。这种组合产生一种管状空间,空间有流动感。如果垂直限定元素长而连续时,则封闭性较强,隧道就是一个典型的例子。

E. 底面加顶面加三个垂直面。当人们面向没有垂直限定元素时,则有很强的安定感;反之,则有很强的限定度与封闭感。

F. 底面加顶面加四个垂直面。这种构造的空间封闭度高,限定度很强。

在实际的设计工作中,正是由于限定元素组合方式的变化,加之各限定元素本身的特征不同,才使其所限定的空间的限定度也各不相同,由此产生了千变万化的空间效果。

六、景观建筑空间的组合方式

景观建筑空间的组合方式有很多种,采用哪种组合方式一方面要根据建筑本身的设计要求,如功能分区、交通组织、采光通风以及景观的需要等来考虑;一方面要根据建筑基地的外部条件来考虑。一般来说,在景观建筑中,并列式、线形式、集中式、辐射式、组团式、网格式、庭院式、轴线对位式等集中空间组合方式比较多见(图 5-21)。

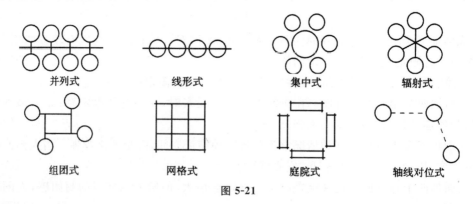

图 5-21

(一)并列式组合

这种组合方式是指将具有相同功能性质和结构特征的单元以重复的方式并列在一起。这类空间的形态基本上是近似的,互相之间不寻求次序关系,根据使用的需要可相互连通,也可不连通。例如,住宅的单元之间就不需要连通,而教室、宿舍、医院、旅馆等则需要连通,一些单元式的疗养院、幼儿园等也可以不连通。这种方式是一种古老、简便的空间组合方式,适用于功能不复杂的建筑(图 5-22)。

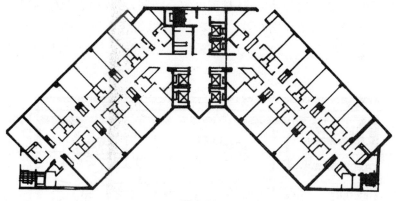

图 5-22

(二)线形式组合

这种组合也成为序列组合,是指将先后次序关系明确的各组合单元相互连接成线形空间,形成一个空间序列。这些空间可以逐个直接连接,也可以由一条联系纽带将各个分支统统连接起来,即所谓的"脊椎式"。前者适用于那些人们必须依次通过各部分空间的建筑,其组合形式也必然形成序列,如展览馆、纪念馆、陈列馆等;后者适用于分支较多、分支内部又较复杂的建筑空间,如综合医院、大型火车站、航站楼等。线形组合方式具有很强的适应性,易配合各种场地情况,线形可直可曲,还可以转折(图 5-23)。

图 5-23

（三）集中式组合

由一定数量的次要空间围绕一个大的占主导地位的中心空间构成的空间就是通过集中式组合方式所构成的空间。通常,处于中心的统一空间为相对规则的形状,在尺寸上要大到足以将次要空间集结在其周围;次要空间的功能、体量可以完全相同,形成中心对称的形式,也可以不同,以适应功能、相对重要性或场地环境的不同需要。集中式组合本身一般没有方向性,因而入口与引导部分多设于某个次要空间。这种组合方式适用于体育馆、大剧院、大型仓库等以大空间为主的建筑(图5-24)。

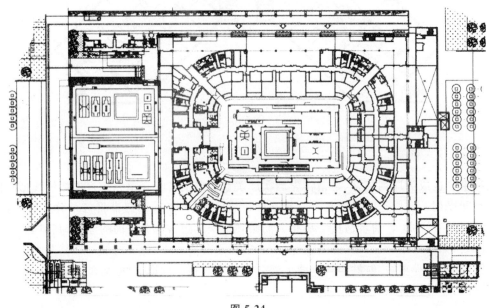

图 5-24

（四）辐射式组合

这种空间组合方式既融合了线形式组合方式,也融合了辐射式组合方式。空间主要是由一个中央空间和若干向外辐射扩展的线形空间组合而成。辐射式组合空间通过线形的"臂膀"向外伸展,与环境之间发生犬牙交错的关系。这些线形空间的形态、结构、功能有相同的,也有不同的,其长度也可长可短,以适应不同地形的变化。这种空间组合方式常用于大型监狱、大型办公群体、山地旅馆等建筑(图5-25)。

（五）组团式组合

这种组合方式是指将空间划分成几个组团,用交通空间将各个组团联系在一起形成空间。组团内部功能相近或联系紧密,组团与组团之间关系松散;又或者各个组团是完全类似的,为了避免聚集在一起体量过大而将之划分为几个组团,这些组团具有共同的形态特征。组团之间的组合方式可以采用某种几何概念,如对称或呈三角形等。这种组合方式常用在一些疗养院、幼儿园、医院、文化馆、图书馆等建筑(图5-26)。

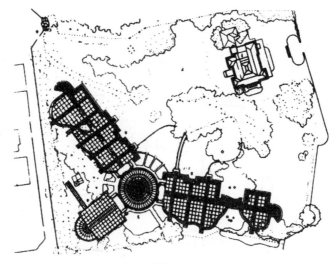

图 5-25

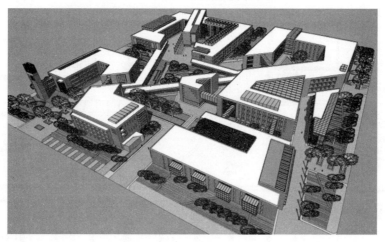

图 5-26

（六）网格式组合

这种组合方式是指将一个三向度的网格作为空间的模数单元来进行空间组合。在景观建筑中，网格大都是通过骨架结构体系的梁柱来建立的。由于网格由重复的空间模数单元构成，因而可以进行增加、削减或层叠。而网格的同一性保持不变，可以用来较好地适应地形、限定入口等。按照这种方式组合的空间具有规则性和连续性的特点，而且结构标准化、构件种类少、受力均衡，建筑空间的轮廓规整而又富于变化，组合容易、适应性强，被广泛应用于各类建筑（图 5-27）。

（七）庭院式组合

这种组合方式常用在某些场地比较开阔、风景比较优美的基地环境中。这种组合是指由各种房间或通廊围合成一个个庭院，每组自成体系，之间松散联系，各庭院有分有合。这种空间组合方式非常舒展、平缓，与环境密切结合，适用于风景区的度假村、乡村学校、乡村别墅等（图 5-28）。

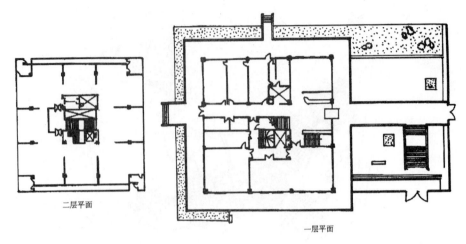

二层平面

一层平面

图 5-27

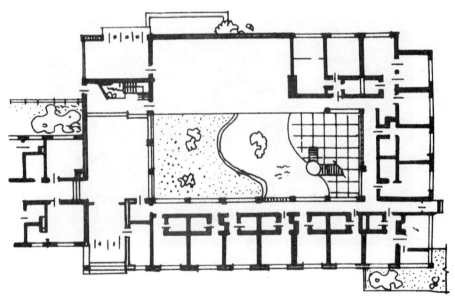

图 5-28

（八）轴线对位式组合

这种组合方式是指由轴线来对空间进行定位，并通过轴线关系将各个空间有效地组织起来。这种空间组合方式虽然没有明确的几何形状，但一切都由轴线控制，空间关系却非常清晰、有序。一个建筑中轴线可以有一条或多条，多条轴线有主有次，层次分明。轴线可以起到引导行为的作用，使空间序列更趋向有秩序性，在空间视觉效果上也呈现出一个连续的景观线。这种空间组合方式在中西方传统建筑空间中都曾大量运用，因而轴线往往具有了某种文化内涵。现代建筑中也有用到这种空间组合方式，并出现了不少成功的作品（图 5-29）。

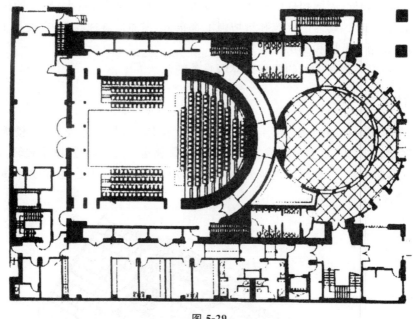

图 5-29

第三节 景观建筑结构

景观建筑结构是指景观建筑物中由承重构件组成的起承重作用的平面或空间体系。结构要用来承受作用在建筑物、构筑物上的各种荷载,因而其必须具有足够的强度、刚度、稳定性。不同类型的结构体系,由于其所用材料、构件构成关系以及力学特征等方面的差异,其所适用的建筑类型是不尽相同的。在设计时,设计师除了考虑合理性以及经济方面的因素外,还应通过比较和优化,尽量使结构方案能够与建筑设计相互协调、相互融合,从而尽可能地满足建筑物在空间功能以及美学、风格等各方面的要求。

根据景观建筑物承重结构体系,景观建筑结构可分为三大类:墙体承重结构、骨架承重结构和空间承重结构。

一、墙体承重结构

所谓墙体承重结构,就是指以部分或全部建筑外墙以及若干固定不变的建筑内墙作为垂直支承的一种体系。根据景观建筑物的建造材料及高度、荷载等要求,有砌体墙承重的混合结构和钢筋混凝土墙体承重结构之分。

(一)砌体墙承重结构

砌体墙承重结构也被称为混合结构,竖向承重构件采用砖墙或砖柱,水平承重构件采用钢筋混凝土楼板、屋面板,也包括少量的屋顶采用木屋架。这种结构的优点是:容易就地取材,砖、石或砌体砌块具有良好的耐火性和较好的耐久性,砌体砌筑时不需要模板和特殊的施工设备。然而,由于砌体的强度较低,因而构件的截面尺寸较大,材料用量多,自重大,砌体的砌筑基本上是手工方式,施工劳动量大,砌体的抗拉和抗剪强度都很低,因而抗震性较差,在使用上受到一定限制。这种结构主要用于低层和多层的建筑。

砖木结构和砖混结构是常见的两种砌体墙承重结构。

1. 砖木结构

这种结构的承重墙体为砖墙,楼层及屋顶由木材承重。楼层由木龙骨、木楼板及木顶棚组成,屋顶由木屋架、木檩条、木望板组成。这种结构的景观建筑使用舒适,屋顶较轻,取材方便,造价较低,但防火和防震较差,楼层刚度较差,多用于 3 层以下民居和办公室,在木材紧缺的地区不宜使用(图 5-30)。

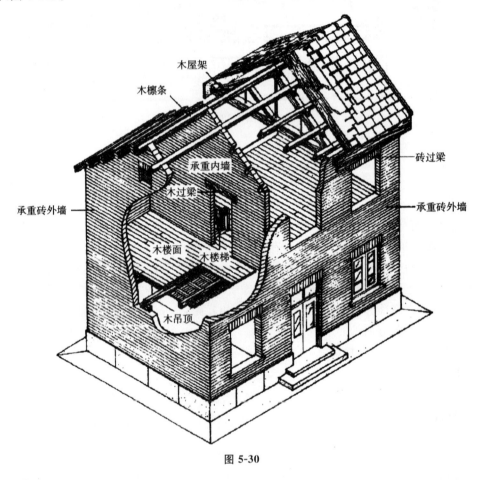

图 5-30

2. 砖混结构

这种结构的承重墙体为砖墙,楼层和屋顶为钢筋混凝土梁板。墙体中可设置钢筋混凝土圈梁和构造柱。楼层和屋顶结构可用现浇或预制梁板,屋顶可做成坡顶或平顶(图 5-31)。这种结构整体性、耐久性和耐火性较好,取材方便,施工不需大型起重设备,造价一般,广泛用于产砖地区及地震烈度小于 7 度的地区。不过,这种结构的建筑自重较大,耗砖较多,因而仅适合于 7 层以下、层高较小、空间小、投资较少的住宅和办公建筑等。

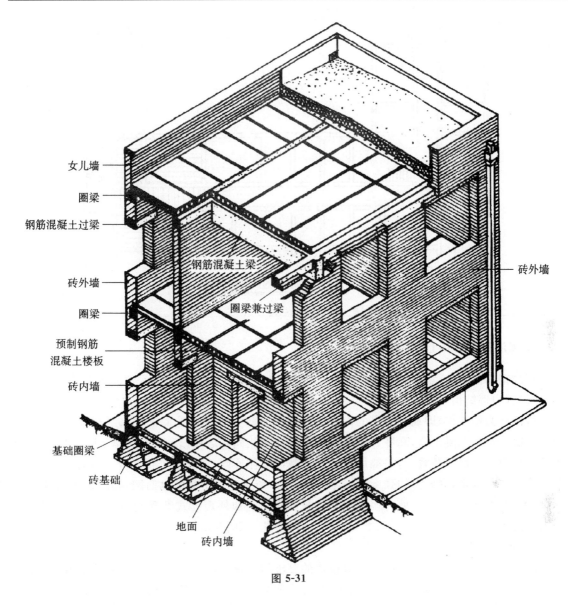

女儿墙

圈梁

钢筋混凝土过梁

钢筋混凝土梁

砖外墙

圈梁

圈梁兼过梁

预制钢筋
混凝土楼板

砖内墙

砖外墙

基础圈梁

砖基础

地面

砖内墙

图 5-31

(二)钢筋混凝土墙体承重结构

钢筋混凝土墙体承重结构适用于各种高度的建筑。钢筋混凝土墙体承重的承重墙可以分为预制装配和现浇两种主要形式。

1. 预制装配式钢筋混凝土墙体承重结构

在预制装配式钢筋混凝土墙体承重结构的建筑中,钢筋混凝土墙板和钢筋混凝土楼板在工厂预制加工后运到现场安装。由于建造的工业化程度较高,构件需要标准化生产,而且对装配节点有严格的结构和构造方面的要求,因此建筑平面相对较为规整,大多为横墙承重,使用不够灵活(图 5-32)。

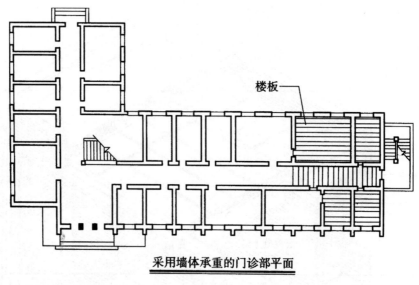

采用墙体承重的门诊部平面

图 5-32

2. 现浇钢筋混凝土墙体承重结构

现浇钢筋混凝土墙体承重结构有剪力墙结构、短肢剪力墙结构和清水混凝土墙结构三种。

（1）剪力墙结构

所谓剪力墙结构，即利用建筑的内墙或外墙做成剪力墙以承受垂直和水平荷载的结构。剪力墙一般为钢筋混凝土墙，高度和宽度可与整栋建筑相同。之所以称为剪力墙，主要是因为其承受的主要荷载是水平荷载，与一般承受垂直荷载的墙体不同，取其名进行区分。剪力墙的厚度一般不小于 200 毫米，混凝土的强度等级不低于 C30，配置双排密集的钢筋网，必须整体浇筑，且对开设洞口有严格限制，故而剪力墙结构的建筑使用功能和外观形式都受到一定影响。剪力墙结构的侧向刚度很大，变形小，既承重又围护，适用于住宅（图 5-33）。

（2）短肢剪力墙结构

随着人们生活水平的提高，人们对住宅的要求越来越高，尤其是特别注重小高层及多层住宅平面布局。原来普通框架结构的露柱露梁、普通剪力墙结构对建筑空间的严格限定与分隔已不能满足人们对住宅空间的要求。于是经过不断的实践和改进，以剪力墙为基础，并吸取框架的优点，逐步发展而形成一种能较好适应小高层住宅建筑的结构体系，即所谓"短肢剪力墙"结构体系（图 5-34）。所谓短肢剪力墙，就是指墙肢截面高度与厚度之比为 5∶8 的剪力墙，而且通常采用 T 形、L 形、十字形等。当这些墙肢截面高度与墙厚之比小于等于 3 时，它已接近于柱的形式，但并非是方柱，因此称为"异形柱"。

（3）清水混凝土墙结构

在清水混凝土墙结构的建筑中，混凝土不仅作为承重结构，而且直接利用它作为室内外饰面材料的建筑（图 5-35）。利用清水混凝土墙可以创造感人空间，因而现在有很多建筑师都偏爱这种结构。

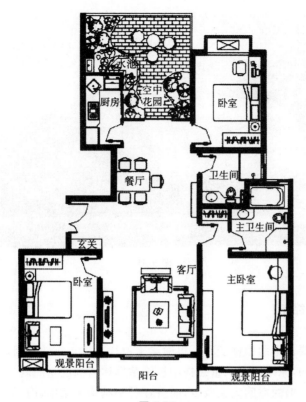

图 5-33

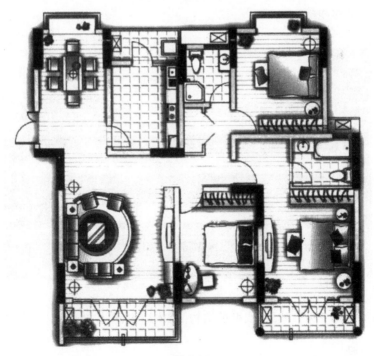

图 5-34

图 5-35

二、骨架承重结构

骨架承重结构主要是用两根柱子和一根横梁来取代一片承重墙。因而它与墙体承重结构是不同的。使用这种结构,原来在墙承重结构中被承重墙体占据的空间就尽可能地给释放了出来,使得建筑结构构件所占据的空间大大减少,而且在骨架结构承重中,内、外墙均不承重,可以灵活布置和移动,因此较适用于那些需要灵活分隔空间的建筑物,或是内部空旷的建筑物,而且建筑立面处理也较为灵活多变(图 5-36)。

图 5-36

骨架承重结构又可分为框架结构、框剪结构、筒体结构、板柱结构、木结构和钢结构几种。

(一)框架结构

框架结构,是指由梁和柱组成承重体系的结构。主梁、柱和基础构成平面框架,各平面框架再由连系梁连接起来而形成框架体系。这种结构的最大特点是承重构件与围护构件有明确分工,建筑的内外墙处理十分灵活,可以形成较大的空间;缺点则是抵抗水平荷载的能力较差(图 5-37)。

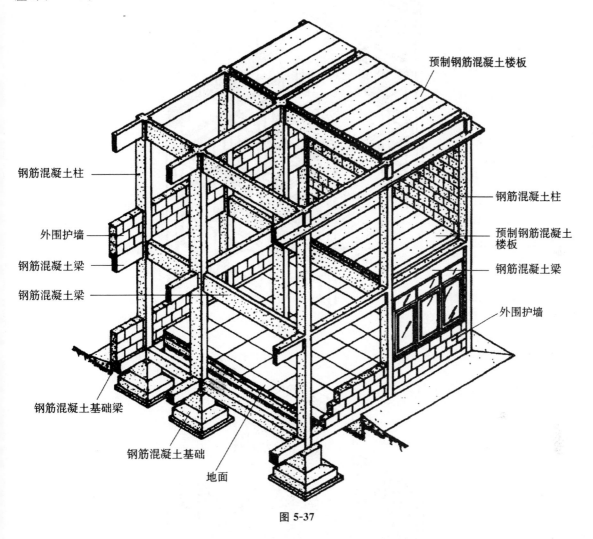

钢筋混凝土柱

外围护墙

钢筋混凝土梁

钢筋混凝土梁

钢筋混凝土基础梁

钢筋混凝土基础

地面

预制钢筋混凝土楼板

钢筋混凝土柱

预制钢筋混凝土楼板

钢筋混凝土梁

外围护墙

图 5-37

(二)框剪结构

框剪结构就是框架剪力墙结构的简称,它是指由若干个框架和剪力墙共同作为竖向承重结构的建筑结构体系。在这种结构中,框架和剪力墙是协同工作的,框架主要承受垂直荷载,剪力墙主要承受水平荷载(图 5-38)。这种结构多应用于柱距较大和层高较高的高层公共建筑中。

(三)筒体结构

筒体结构,是指由一个或数个筒体作为主要抗侧力构件而形成的结构。筒体是由密柱框架或空间剪力墙所组成,主要承受水平荷载。筒体内多作为电梯、楼梯和垂直管线的通道。这种结构的空间结构有很大的抗侧力刚度和抗扭能力,同时剪力墙集中布置使建筑平面设计具有很大的灵活性(图 5-39)。筒体结构主要应用于各种高层和超高层塔式公共建筑中。

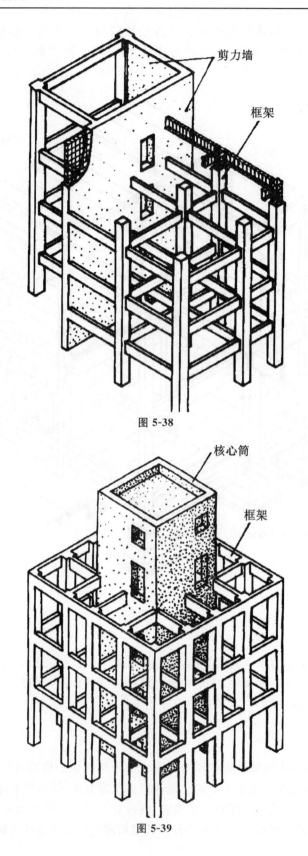

剪力墙

框架

图 5-38

核心筒

框架

图 5-39

（四）板柱结构

板柱结构,是指由楼板和柱组成承重体系的房屋结构。这种结构的特点是室内楼板下没有梁,空间通畅简洁,平面布置灵活,能降低建筑物层高（图5-40）。板柱结构一般适用于多层厂房、仓库,公共建筑的大厅,也可用于办公楼和住宅等。

图 5-40

（五）木结构

木结构,是指竖向承重结构和横向承重结构均为木材的结构。它由木柱、木屋架、木檩条组成骨架,一般用榫卯、齿、螺栓、钉、销、胶等连接,内外墙可用砖、石、坯、木板、席箔等材料做成,均为不承重的围护性构造。木结构建筑施工简单,取材方便,抗震性较好,造价较低,但耗木料较多,耐火性差,空间受限,耐久性差,多见于传统民居和寺庙（图5-41）。

图 5-41

（六）钢结构

钢结构，是指用钢材组成骨架，用轻质块材、板材作围护外墙和分隔内墙的结构。这种结构的整体性、刚度和柔性均好，自重较轻，工业化施工程度高，施工受季节影响少，但耗钢量大，施工难度高，耐火性较差，受气温变化引起的变形较大，多用于建造大跨度公共建筑，超高层建筑。2008年北京奥运会主场馆鸟巢就属于钢结构，由赫尔佐格和德梅隆设计（图5-42）。

图 5-42

三、空间承重结构

所谓空间承重结构，就是指承重构件或杆件布置呈空间状，并在荷载作用下具有三维受力的结构。空间结构各向受力，可以较为充分地发挥材料的性能，因而结构自重小，是覆盖大型空间的理想结构形式。薄壳结构、网格结构、悬索结构、膜结构是常用的空间结构。

（一）薄壳结构

薄壳结构根据曲面形成可分为旋转壳结构与移动壳结构；根据建造材料分为钢筋混凝土薄壳结构、砖薄壳结构、钢薄壳结构和复合材料薄壳结构等。一般来说，建筑工程中的壳体结构大多都属于薄壳结构。这种结构具有良好的承载性能，能以很小的厚度承受相当大的荷载。壳体结构的强度和刚度主要是利用了其几何形状的合理性，以材料直接受压来代替弯曲内力，从而充分发挥材料的潜力。它是一种强度高、刚度大、材料省的既经济又合理的结构形式。这种结构多用于会堂、市场、食堂、剧场、体育馆等建筑。例如，美国建筑大师贝聿铭设计的东海大学路斯义教堂就是这种结构的建筑（图5-43）。

（二）网格结构

网格结构，是指由多根杆件按照某种规律的几何图形通过节点连接起来的空间结构。它又有网架结构和网壳结构之分。

图 5-43

1. 网架结构

网架结构主要是双层或多层平板形网格结构。它通常是采用钢管或型钢材料制作而成。网架结构的主要特点是传力途径简捷；重量轻、刚度大、抗震性能好；施工安装简便；网架杆件和节点便于定型化、商品化、可批量生产，有利于提高生产效率；网架的平面布置灵活，屋盖平整，有利于吊顶、安装管道和设备；网架的建筑造型轻巧、美观、大方，便于灵活处理和装饰（图 5-44）。

图 5-44

2. 网壳结构

网壳结构主要是曲面形网格结构。它有单层网壳和双层网壳之分。网壳的用材主要有钢网壳、木网壳、钢筋混凝土网壳等。从形式上来分，网壳结构又可分为球面网壳结构、双曲面网壳结构、圆柱面网壳结构、双曲抛物面网壳结构等。

网壳结构兼有杆系结构和薄壳结构的主要特性，杆件比较单一，受力比较合理；结构的刚度大、跨越能力大；可以用小型构件组装成大型空间，小型构件和连接节点可以在工厂预制；安装简便,不需大型机具设备,综合经济指标较好;造型丰富多彩,不论是建筑平面还是空间曲面外形,都可根据创作要求任意选取(图 5-45)。

图 5-45

（三）悬索结构

悬索结构,是指以能受拉的索作为基本承重构件,并将索按照一定规律布置所构成的一类结构体系。悬索屋盖结构通常由三部分构成,即悬索系统、屋面系统和支撑系统。用于悬索结构的钢索大多采用由高强钢丝组成的平行钢丝束,钢绞线或钢缆绳等,也可采用圆钢、型钢、带钢或钢板等材料。

悬索结构的受力特点是仅通过索的轴向拉伸来抵抗外荷载的作用,结构中不出现弯矩和剪力效应,可充分利用钢材的强度;悬索结构形式多样,布置灵活,并能适应多种建筑平面。由于钢索的自重很小,屋盖结构较轻,安装不需要大型起重设备,但悬索结构的分析设计理论与常规结构相比,要复杂得多,这限制了它的广泛应用。对于建筑而言,由于悬索显示出柔韧的状态,使得结构形式轻巧且具有动感(图 5-46)。

图 5-46

（四）膜结构

膜结构也称为织物结构，是指以性能优良的柔软织物为材料，由膜内空气压力支承膜面，或利用柔性钢索或刚性支承结构使膜产生一定的预张力，从而形成具有一定刚度、能够覆盖大空间的结构体系。这是 20 世纪中叶发展起来的一种新型大跨度空间结构形式。它的主要形式有空气支承膜结构、张拉式膜结构、骨架支承膜结构等。

膜结构主要特点是自重轻、跨度大；建筑造型自由丰富；施工方便；具有良好的经济性和较高的安全性；透光性和自结性好；耐久性较差。膜结构材质轻薄透光、表面光洁亮丽、形状飘逸多变，其造型自由、轻巧、柔美，充满力量感，备受人们欢迎。"水立方"就是我国首次采用 ETFE 膜结构的建筑物，也是国际上面积最大、功能要求最复杂的膜结构系统（图 5-47）。

图 5-47

第四节　现代景观建筑设计方法和倾向性

一、现代景观建筑设计的方法

（一）搜集相关资料

搜集资料是进行景观建筑设计的第一步。尤其是在这个信息飞速发展的社会，要想设计出真正符合现代生活需求和审美观点的作品，就需要及时搜集最新资料，紧跟时代的脉搏。搜集资料最常用的方法就是去图书馆、实地调查和上网查询。其中，上网查询是如今最为流行的。设计者可以去一些专业的学习网站查找和下载资料。搜索时，一定要抓住关键词，以最快的速度将有用的信息筛选出来，不可盲目搜索，浪费大量时间。搜集相关资料一般应注意以下几个方面。

第一，明确主题，围绕着设计任务，通过多种渠道来获得信息，然后再综合信息进行分门别类的整理。对于景观建筑来说，包含的类型主要是一些公共建筑和一些别墅类居住建筑，那么就要注意搜集不同形式、不同风格、不同年代、不同环境的景观建筑,尤其是一些经典的大师作品,要透彻分析,理解其设计思路,并且可以借鉴其优秀的设计方法为我所用。

第二,使用正确的文献资料的检索方法。文献资料的检索方法通常有三种。一是追溯法。这是以已掌握的文献资料后面所附的文献目录为线索,追溯查找其他文献的检索方法。在缺少检索工具或检索工具不够齐全的情况下,可以充分利用这种检索方法。但每种文献所附的参考文献毕竟是有限的,因此仅用这种方法查找资料,漏检的可能性较大。二是常用法。这是一种利用工具书查找文献资料的检索方法。如果在搜集资料时能够找到需要的工具书,那么就用常用法,以便迅速、准确地找到比较齐全的文献资料。三是循环法。这是一种把追溯法和常用法结合起来使用,循环查找文献资料的检索方法。使用这种方法的步骤是,先利用检索工具找到一些文献资料,再利用这些文献资料所附的参考文献目录追溯查找资料。如果手中已有基本的检索工具,又占有了一定数量的资料,就应采用循环法查找资料。

第三,在整理资料和信息时,考虑有用无用的问题。一般来说,很少有毫无用处的材料,问题是对谁来说,在什么时候说。所以,要设计景观建筑作品之前,先要在脑中呈现与所要设计的景观建筑作品相关的问题,根据问题搜寻资料。也就是说要有目的地寻找资料。此外,在搜集资料的过程中也要学会不断解决问题,不断地吸取新的知识,扩展自己的设计思路,收获意外的灵感。

(二)勘察基地

如果深入现场踏勘地形,分析客观环境与主观意图的矛盾,分析所设计对象在地段环境中的地位,往往能够更好地将景观建筑与周围的景观协调起来。因此,勘察基地也是景观建筑设计的一个重要方法。

1. 基地勘察的内容

勘察建筑基地,主要指勘察地形、地势、地貌、地质、地层结构;水分、水位、水质、水流、水速、河流、水沟、自来水;空间、空气、风向、风速、风声;阳光、紫外线、温度、湿度;各种建筑物,各种树木及植物种群等。此外,基地周围环境要素(所属空间组合能量、建筑物组合能量、地层组合能量等形成的中和能量)的变化、运动、发展也是勘察内容,因为环境要素所蕴含的有利与不利能量一旦变化,人本身所蕴含的生命轨迹能量也随即发生变化。

2. 地形勘察存在的问题

良好的地形条件,不但是景观建筑设计的成功保证,而且也可以大大节省费用和人力。在建筑设计之前,相关人员应当对地形进行较为准确的勘察。然而,勘察中常常会有以下问题影响建筑设计。

(1)没有足够的地形勘测时间,对地形条件不清楚,直接导致投资控制不住,施工后修改设计等情况,更可怕的是可能会留下工程隐患,造成重大的工程事故。

(2)建筑设计勘测周期不合理。从建筑工程地质勘察到地质报告的提交需要一定的工作周期,这是再简单不过的道理,然而有些工程却没有进行基础性的前期投入。比如一旦需要申报项目,立即就要求提交建筑设计方案。

(3)对建筑地形分析不够深入,有时甚至会出现建筑工程地形评价结论性错误这样严重的问题,从而影响到后期工作的开展。可以说,建筑设计地形勘察工作的质量,对建筑方案的决策和建筑施工的顺利进行至关重要。

3. 在地形勘察设计中注重对现代技术的应用

现代技术手段在建筑地形勘察中的应用,能够提高我们对地形认知的精确度。因此,在地形勘察设计中,设计者要注重应用现代技术。以下一些现代技术的应用是非常重要的。

(1)RTK 技术的应用。在地形勘测定界测量中,RTK 技术可实时地测定建筑适合位置,确定土地使用界限范围、计算用地面积。利用 RTK 技术进行勘测定界放样是坐标的直接放样,这样就避免了常规的解析法放样的复杂性,简化了建筑用地设计定界的工作程序。在土地利用动态检测中,也可利用 RTK 技术。传统的建筑地形设计检测采用简易补测或平板仪补测法,如利用钢尺用距离交会、直角坐标法等进行实测丈量,对于变通范围较大的地区采用平板仪补测,这种方法速度慢、效率低。而应用 RTK 新技术进行地形动态监测,则可提高检测的速度和精度,省时省工,真正实现建筑地形设计的合理监测,保证了土地利用状况调查的现实性。

(2)GIS 的应用。互操作地理信息系统是 GIS 系统集成的平台,它实现了异构环境下多个地理信息系统及其应用系统之间的通讯协作。

(3)3S 一体化的应用。3S 指的是全球定位系统(GPS)、卫星遥感系统(RS)和地理信息系统(GIS)。GPS 可在瞬间产生目标定位坐标却不能给出想要应用的建筑设计地形的属性,RS 可快速获取区域面状信息但受光谱波段限制,GIS 具有查询、检索、空间分析计算和综合处理能力。建筑地形设计需要综合运用这三大技术的特长,方可形成和提供所需的对地观测、信息处理和分析模拟能力。

(三)五 W 法

所谓五 W,即什么(What)和为什么(Why)、何时(When)、怎样(How)、何地(Where)和谁(Who)。在景观建筑设计过程中,五 W 法是一种非常有效而快捷的方法。它对我们的景观建筑设计能起到很好的导向作用。围绕着五 W 法的设计,不仅能够让我们更加明确设计目的、设计方法,还能够让我们明确需要解决的主要问题,从而更好地达到我们建筑设计所要解决的不同群体对建筑空间和景观的需求。

1. What——满足什么功能的建筑设计

这是要让设计师明确设计的目的。世界著名建筑师黑川纪章所认为的建筑设计的一大目标就是最大限度地实现使用者或者业主所希望的功能要求。因为建筑形式受到建筑功能的制约。建筑设计的对象是人,首先要满足不同人群的使用需求,以尽可能方便、安全、适宜的原则组织室内外的空间秩序。不同的建筑,有着不同的功能特点。对景观建筑来说,不仅要营造舒适宜人的室内外空间环境,还要根据人群活动的特点,组织内外空间的布局以及合理便捷的活动流线。

2. When——建筑设计的时间性、时代性

这是要让设计师明确时间。完成一个建筑所耗费的资本巨大,只顾眼前一时的利益而做廉价的建筑,这个建筑在很短时间内(20 年或 25 年)就得推倒重建。这与环境是不和谐相生的。与环境共生的建筑应该是耐久的,能够成为城市文化遗产的建筑。这样的建筑初期投资可能较高,但通过提高建筑的质量,把其寿命延长到 60 年、80 年甚至更长。所以,设计师要以长远的目光来看所设计的景观建筑,避免短期的重建浪费。此外,设计师还应当考虑建筑的时代性,不同时代的建筑有着当时历史的烙印,建筑作为文化的载体,深刻反映了不同历史年代的文化艺术走向、科技发展水平以及人们的思想理念,也由此产生了许多有世界影响力的重要建筑,也深刻影响了不同地域环境下不同建筑风格的产生。建筑可以说是人类精神文化艺术和科学技术的集大成者,因此,任何一所建筑的产生,都是时代的产物,建筑的生命力与价值体现在其耐久的程度和高度浓缩的造型艺术上。

3. Where——基地的地形地貌、场地环境

这是要设计师明确设计地点。景观建筑的场地环境从广义上来说,它首先受地理的气候、区域的影响,如南方炎热地区跟北方寒冷地区建筑显然是不同的。即使是同一个地区,山区的建筑和沿海的建筑也有很大差异。例如,广东属于亚热带海洋气候,日照时间长,高温多雨潮湿,四季常青,因而建筑处理着重通风、遮阳、隔热和防潮,逐渐形成了轻巧通透、淡雅明快、朴实自然的岭南建筑风格。从狭义的角度来讲,景观建筑的场地环境主要是指建筑地段的具体的地形、地貌条件和城市周围的建筑的环境。这是具体影响和制约建筑空间和平剖面设计,乃至建筑形式的重要因素。设计师要以生态观的角度顺应自然的地形地貌的要求,与地段环境融为一体,要用城市的观点看景观建筑,尊重城市和地段已形成的整体的布局和肌理,以及建筑与自然的关系,在体形、体量、空间布局,建筑形式乃至材料色彩等方面下工夫,采用与地区相适应的技术条件手段,再结合功能,整合优选,融会贯通,就有可能创造出有个性的精品。

4. Who——建筑设计为谁而作

这是指设计师的设计要面向对象,考虑人的需求。例如,面对乡村小学和金融中心这两个设计项目时,设计者就要考虑自己的出发点是什么,是"理想"还是"业务"。相对于金融中心,乡村小学往往是为弱势群体做的项目,除了设计上的难度,总会有预算拮据、人力不够、材料紧张等客观问题。再如,高级别墅和剧院这两个设计项目,一个是面向个人家庭的建筑设计活动,而另一个是面向广大群众的公共观演场所,两类建筑的服务群体有着巨大的差异,从几个人到成百上千人,显然两者的建筑设计方法、造型特色以及突出的功能空间布局是完全不同的。很显然,建筑设计活动一定要明确所要服务的群体,并将此作为建筑构思创作的前提。

5. Why——建筑设计为什么而做

建筑设计是一项复杂的创作活动,需要考虑的因素很多,除了满足基本的功能要求外,还要考虑气候地域环境、文化历史传统以及人们的心理行为习惯等(图5-48)。建设设计主要是针对不同功能空间的布局,它同时反映了人们的生活方式、活动特点等,所营造出来的内外空间本身要带给人一种感动与想象。

(四)研究人的行为习性

1. 环境行为的特征

(1)客观环境。客观环境作用导致人类各种行为的产生,这种行为就是适应、改造和创造新环境的活动。

（2）自我需求。人类的自我需求是推进环境的改变和社会发展的动力。

（3）环境制约。人类的行为往往会受到一定程度的环境制约。

（4）综合作用。环境、行为和需求施加给人的往往是一种综合作用。人的行为受人的需求和环境的影响，即人的行为是需求和环境的函数。这就是著名心理学家库尔特·列文提出的人类行为公式：$B=f(P \cdot E)$，其中，B 为行为，f 为函数，P 为人，E 为环境。

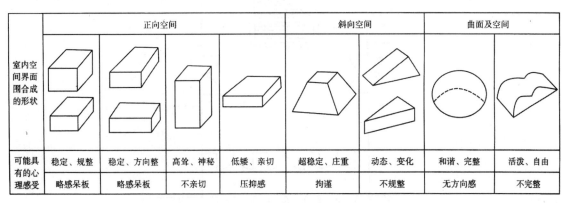

室内空间界面围合成的形状	正向空间				斜向空间		曲面及空间	
可能具有的心理感受	稳定、规整	稳定、方向整	高耸、神秘	低矮、亲切	超稳定、庄重	动态、变化	和谐、完整	活泼、自由
	略感呆板	略感呆板	不亲切	压抑感	拘谨	不规整	无方向感	不完整

图 5-48

2. 人类适应环境的本能行为

人类有许多适应环境的本能行为，它们是在长期的人类活动中，由于环境与人类的交互作用而形成的，这种本能被称为人的行为习性。

（1）抄近路习性。为了达到预定的目的地，人们总是趋向于选择最短路径，这是因为人类具有抄近路的行为习性。因此，在景观建筑空内外环境设计时，设计师要充分考虑这一习性（图 5-49）。

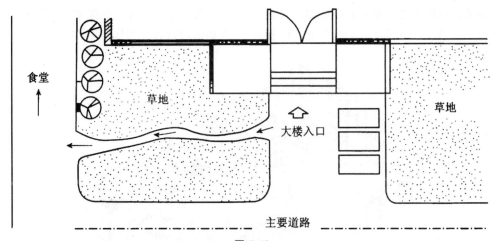

图 5-49

（2）识途性。人们在进入某一场所后，一旦遇到危险（如火灾等），会寻找原路返回，这种习性被称为识途性。因此，设计师在设计室内安全出口时，要尽量设在入口附近，并且要有明显的位置和方向指示标记（图 5-50）。

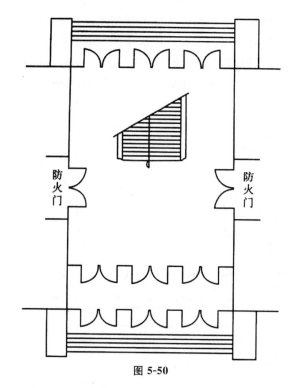

图 5-50

（3）左侧通行习性。在人群密度较大（0.3 人/平方米以上）的室内和广场上行走的人，一般会无意识地趋向于选择左侧通行。这被称为左侧通行习性。这种习性对于设计师设计展览厅的展览陈列顺序有重要的指导意义。

（4）左转弯习性。人类有趋向于左转弯的行为习性，随便看公园散步、游览的人群的行走轨迹就可以发现这一习性。很多运动场（如跑道、棒球、滑冰等）都是左向回转（逆时针方向）的，有学者认为左侧通行可使人体主要器官心脏靠向建筑物，有力的右手向外，这是在生理上、心理上比较稳妥的解释。这种左转弯习性对于建筑和室内通道、避难通道设计具有指导作用（图 5-51）。

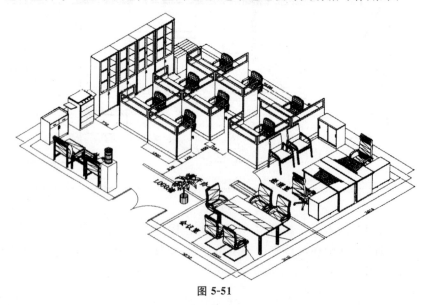

图 5-51

(5)从众习性。当室内出现紧急危险情况时,一部分人会首先采取避难行动,这时周围的人往往会跟着这些人朝一个方向行动,这被称为从众习性。因此,设计师要注重室内避难疏散口的设计(图5-52)。

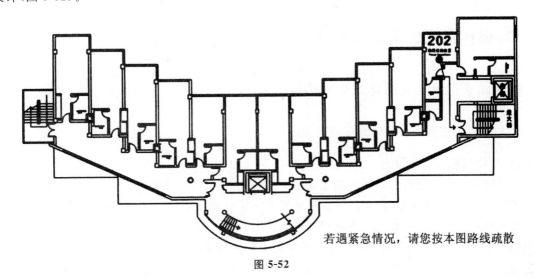

若遇紧急情况,请您按本图路线疏散

图 5-52

(6)聚集效应。通过对人群密度和步行速度的关系的研究,研究者发现当人群密度超过1.2人/平方米时,步行速度会出现明显下降趋势。当空间人群密度分布不均时,则出现人群滞留现象,如果滞留时间过长,就会逐渐结集人群。这种现象被称为聚集效应。因此,设计师在设计室内通道时,一定要预测人群密度。设计合理的通道空间,尽量防止滞留现象发生。

(7)人的距离保持。人类对自身所需要的空间通常有种"领域感",在这个肉眼看不见的界限内,以身体为中心有一个圆圈,我们会对圆圈以外的侵入行为进行有意或无意的躲避和抗议。人类与"领土"有关的距离有以下四种:亲密距离、个人距离、社会距离、公众距离。其中,亲密距离是指与他人身体密切接近的距离,正常状态为15~45厘米,头脚部互不相碰,但手能相握或抚触对方。当然,在不同文化背景中,这一正常距离是不同的。个人距离是指个人与他人间的弹性距离。一种是接近态为45~75厘米,另一种为正常状态75~100厘米。社会距离是指参加社会活动时所表现的距离,接近态为130~210厘米,正常态为210~360厘米。公众距离是指演说、演出等公众场合的距离。接近态约360~750厘米,正常态750厘米以上。在设计景观建筑时,设计师要考虑人的距离保持,测算建筑空间所容纳的人。

(五)景观建筑方案的完善与优化

设计师的设计作品主要通过方案来展示,因此,设计师在构思好方案,并完成多个方案后,要对方案进行分析比较,从中选出理想的方案。分析比较方案需要重点注意以下几点。

第一,分析比较设计要求的满足程度。这是指看方案是否满足基本的设计要求(包括功能、环境、流线等诸因素)。无论方案构思如何独到,如果不能满足基本的设计要求,设计方案就不足可取。

第二,分析比较个性特点是否突出。鲜明的个性特点是景观建筑的重要品质之一,富有个性特点的景观建筑必然更具吸引力,更容易脱颖而出,更容易为人们所认可、接受和喜爱。因而个性特点是方案选择的重要指标性条件。

　　第三,分析比较修改调整的可行性。任何方案都难以做到十全十美,或多或少都会有一些这样或那样的缺陷,但有的缺陷尽管不是致命的,却是难以修改,因为如果进行彻底的修正不是带来新的更大的问题,就是完全失去了原有方案的个性和优势。这类方案要慎重选择,尽量不留隐患。

二、现代景观建筑的倾向性

(一)以景观为主导的建筑环境营造

1. 以景观为主导的公共建筑环境营造

(1)整体景观环境的营造

　　公共建筑是人们进行社会活动的主要场所。因此,设计公共建筑时,除了满足人流集散等功能要求之外,还必须考虑舒适、美观的景观环境。一幢好的公共建筑设计,其室内外的空间环境应是相互联系、相互延伸、相互渗透和相互补充的关系,使之构成一个变化流畅而又和谐完整的空间体系。因此,设计师应当注重从室内外整体上营造景观环境。

　　为了满足整体景观效果,在创造室外空间环境时,必须考虑内在和外在两个方面的因素。公共建筑本身的功能、经济及美观的问题,基本上属于内在因素;而城市规划、周围环境、地段状况等方面的要求,则常是外在的因素。公共建筑室外空间的形成,一般要将建筑群体、广场道路、绿化设施、雕塑壁画、建筑小品、灯光造型的艺术效果等部分考虑进去,而这些都跟景观环境的塑造有着密不可分的关系。通过将这些因素组合所形成的室外环境空间,应体现出一定的设计意图和艺术构思。尤其是那些大型而又重点的公共建筑,在室外空间中需要考虑观赏的距离和范围,以及建筑群体艺术处理的比例尺度等问题。例如,意大利威尼斯的圣马可广场(图 5-53),拿破仑曾把它誉为"欧洲最美丽的客厅",其建筑与空间组合得异常得体,取得了非常完美的效果。这个广场空间环境在统一布局中也强调了各种对比的效果,如窄小的入口与开敞的广场之间,横向处理的建筑与竖向处理的塔楼之间,庄严的总督宫与神秘色彩的教堂之间,这一系列强烈对比的手法,使广场空间环境给人以既丰富多彩又完整统一的感受。

图 5-53

　　在现代景观建筑的实践中,很多城市的商业中心建筑体形的处理,常与人们的活动空间有机地配合,也构成统一和谐的室外空间整体(图 5-54)。实体的墙面和空透的门窗、宽敞的室外空间与轻松活泼的建筑外形,都很大程度上满足了人们行为及心理上的需求。

图 5-54

　　(2)室外景观环境的营造

　　很多公共建筑会在其室外环境空间的中心地带安排广场、绿地、喷水池、建筑小品等休息活动空间,以便满足人们活动的需要。在营造室外景观环境时,设计师应注意街景的轮廓线及欣赏点的造型处理,巧妙地安排绿化、雕塑、壁画、亭廊、路灯、招牌等设施,以体现室外空间环境组合的设计意图。例如,深圳何香凝美术馆的建筑环境的设计(图 5-55),其设计力求体现何香凝女士一生的品格和庄重、实效、适度的原则。宽广的广场与中国民俗文化村西门入口相连接,是人与人交流、活动的生活化空间,也成为该建筑的前奏曲。通过十几个宽大的花岗岩台阶和二十余米长的人行天桥,将参观者一步步引入了馆内。整个建筑采用灰、白两色调,典雅、庄重;外观凹进的墙面与凸出的玻璃盒子形成强烈的对比,长长的弧形墙面上开出长方形的洞口,墙后数十竿青翠竹随风摇曳。进入主展厅之前,设计了一个四合院式的中庭,中庭的南北中轴线与人行天桥和主展厅的中轴线相吻合,使该院成为重要的过度空间。中庭三面采用大面积的木棂窗门,摒弃了烦琐的装饰,在简洁、朴素、具有浓郁的传统文化氛围中散发出现代感。

　　2. 以景观为主导的别墅建筑环境营造

　　对于设计师来说,以景观为主导的别墅建筑环境营造,最为主要的是掌握好空间布局和立面特点。

　　(1)别墅建筑景观空间布局

　　以山地别墅建筑为例,景观的空间布局应重点注意以下几个方面。

　　第一,交通组织流线简洁。处于用地形态较复杂的山地自然地形中的别墅建筑,一般占地面积较大,自成体系,小区内的交通应以车行为主,步行为附,最大限度地提高小区内道路的使用效率是构成小区优雅环境的前提条件。道路交通布置要方便居民出入、迁居,满足消防、救护需要,同时要结合地形、地势和等高线的变化,因势利导,做到流线简洁,减少道路坡度变化和施工土方量,还要结合市政管道的敷设进行设计。

图 5-55

第二,满足基本功能需求,最大限度保留原生态。别墅与普通住宅一样,应当满足日照、通风、密度、朝向、间距等方面的要求,从而获得充足的日照,良好的通风或防风条件,并能有效地防止噪声污染。同时,整体环境规划要"因地制宜",最大限度地保留原生态系统,让建筑和自然和谐相生。

第三,竖向设计要充分利用地形,合理设计高差。山地别墅的竖向设计应充分利用自然地形,选择合理的设计标高,尽量减小土方工程量,利用建筑基础、地下车库、路槽及管沟挖方余土,移挖作填,使填挖方基本平衡,避免出现余土外运现象。

第四,别墅建筑所处的自然环境通常都比较优美,设计时要注重天人合一的理念,按照生态景观设计原则,做到景观先行、人工与自然和谐(图 5-56)。具体而言,以下几个方面需要特别注意。

图 5-56

其一结合建筑的布局方式,景观组织沿建筑而设置,并在建筑间较开阔的地方设置景观节点,形成空间趣味点。

其二发展立体绿化,营造空中景观。这样可以有效增大住区绿化面积,改善和美化住区环境。

其三设置视觉通廊,通过对建筑合理组织,形成无视线障碍的景观通廊,使整个建筑环境空间通达舒展。

其四设计水体时,考虑岸边湿地对水体净化价值的可利用性,对湿地进行保护,在湖岸设置木栈道和休闲平台,增加行走湖岸的乐趣。

其五宅旁景观设计要结合建筑布局和地形特点,注重创造居民可以聚集活动的场所,创造别具特色的"环境节点",使居民感受到交往带来的情谊以及温暖、祥和的大家庭气氛。

(2)别墅建筑的立面特点

第一,别墅大多采用坡屋顶。这样的屋顶形式一方面适应地域气候特点;另一方面也能够丰富建筑造型。例如,青岛海滨别墅屋顶形式有两坡屋顶、四坡屋顶或两坡四坡相结合的屋顶(图 5-57)。此外,青岛素来倡导红瓦绿树、碧海蓝天的独特自然风光,所以红瓦在青岛沿海别墅屋顶中应用非常广泛。

图 5-57

第二,尺度感亲切。别墅建筑体量一般较小,大多为 2~3 层,因而给人们一种亲切的感觉。

第三,立面细部多。别墅建筑有门套、窗套、耳窗、柱廊、外挂石、老虎窗、壁炉烟囱、各种装饰线脚等多个立面细部。

第四,立面十分考究。别墅多位于风景优美区域,为了充分利用得天独厚的自然条件,别墅建筑的四个立面均要求与近处的地形地貌结合得巧妙。

(3)别墅建筑的环境营造

任何建筑都必然要处在一定的环境之中,并和环境保持某种密切的联系。别墅与环境的关系则更为紧密,其非常强调与周围环境和谐与统一。这种和谐统一不仅体现在建筑物的形体组合和立面处理上,同时还体现在内部空间的组织和安排上。例如,赖特的"流水别墅"是建筑与环境互相协调的范例(图 5-58)。用赖特自己的话来讲:"就是体现出周围环境的统一感,把房子做成它所在地段的一部分。"

图 5-58

赖特一直崇尚材料的自然美,并坚持认为建筑应该是和它周边的环境相互和谐,就像是原来长在那儿的一样成为大地的一个基本的和谐的要素。他强调建筑应当像植物一样从属于自然,他认为每一座建筑都应当是特定的地点、特定的目的、特定的自然和物质条件以及特定文化的产物。

3. 以景观为主导的休闲建筑环境营造

在当今时代,经济水平的提高和信息化进程的加快使得人类有了更多的休闲时间,休闲时间的活动内容更加丰富多彩,休闲日益成为促进个性发展和社会进步的宝贵财富。这种情况促使现代休闲建筑的功能性更加复杂。休闲建筑不仅要为人们创造更丰富、更有特色的休闲活动空间,以便于人们休息、运动、会友、品茶、欣赏展览等,还要随着人们对城市景观空间审美能力的提高,创造审美性和舒适性更高的景观造型。

现代休闲建筑是一种与园林环境密切结合,与自然融为一体的建筑类型。它既要满足建筑的使用功能要求,又要满足园林景观的造景要求。其按照不同的标准,有不同的分类。按照其使用功能,通常可将现代休闲建筑分为以下四种类型:第一,游憩性建筑。有休息、游赏使用功能,具有优美的造型,如亭、廊、花架、榭、舫、桥等。第二,服务性建筑。为游人在旅途中提供生活上服务的设施,如茶室、小卖部、餐厅等。第三,文化娱乐类建筑。为开展文化娱乐活动用的建筑设施,如游船码头、露天剧场、展览馆、体育场所等。第四,园林建筑小品。以装饰园林环境为主,注重外观形象的艺术效果,兼有一定使用功能,如园灯、园椅、园门、景墙、栏杆等。

现代休闲建筑的环境营造要特别注重以下两个方面。

(1)休闲建筑景观环境选址

从景观上说,休闲建筑设计是创造某种和大自然相谐调并具有某种典型景观效果的空间塑造。在设计过程中,景观建筑的选址非常关键。一旦选址不当,会影响到整个景观的效果。一般来说,规则式休闲建筑多采用对称平面布局,一般建在平原和坡地上,其中的道路、广场、花坛、水池等按几何形态布置,树木也排列整齐,修剪成形,风格严谨,大方气派。现代城市广场、街心花园、小型公园等多采用这种方式。自然式休闲建筑多强调自然的野致和变化,布局中离不开山石、池沼、林木等自然景物,因此选址是山林、湖沼、平原二者具备。傍山的建筑借地势错落有致,并借山林为衬托,颇具天然风采。而在湖沼地造园,临水建筑有波光倒影,视野平远开阔,画面层次亦会使人感到丰富多彩且具动态。混合式休闲建筑是将自然、规则两者根据场景适当结合,扬长避短,突出一方,在现代园林中运用非常广泛。

（2）休闲建筑的尺度比例与环境的关系

功能、审美和环境特点是决定建筑尺度的依据,恰当的尺度应和功能、审美的要求相一致,并和环境相协调。休闲建筑是人们休憩、游乐、赏景的所在,空间环境的各项组景内容,一般应具有轻松活泼、富于情趣和使人有无尽回味的艺术气氛,所以尺度必须亲切宜人。

除了要推敲休闲建筑本身各组成部分的尺寸和相互关系外,还要考虑空间环境中其他要素如景石、池沼、树木等的影响。一般通过适当缩小构件的尺寸来取得理想的亲切尺度,室外空间大小也要处理得当,不宜过分空旷或闭塞。

此外,要使建筑物和自然景物尺度协调,还可以把建筑物的某些构件如柱子、屋面、踏步、汀步、堤岸等直接用自然的石材、树木来替代或以仿天然的喷石漆、仿树皮混凝土等来装饰,使建筑和自然景物互为衬托,从而获得室外空间亲切宜人的尺度。

（二）利 用 自 然 环 境

对于景观建筑来说,往往会受到周围环境各种因素的限制和影响。因此,充分利用自然环境已经是现代景观建筑设计的一个重要方面。

一般来说,对于自然环境好,或地势起伏的乡野景致,或傍山近水的水乡风光,都是绝好的景观资源。如何将被动式的设计转化为主观能动的创作,就要充分地利用自然进行设计。著名的澳大利亚首都堪培拉是建筑与景观完美结合的典型城市,所有的建筑活动几乎都是源于对优美的自然环境的很好的利用,堪培拉市政厅的设计便是很好地呼应了自然环境(图5-59)。

图 5-59

当然,自然环境的利用不仅限于视觉,同时还可扩大到听觉,如通过水流动的声音在更大的范围内建立起一种秩序,能与环境很好地融合在一起。

此外,景观建筑设计不能不考虑对山林、植被、江湖水系的利用与保护。孔子所谓的"仁者乐山，智者乐水"，就揭示了我国传统自然观中人与山水之间的亲和关系，也同时体现了自然山水资源是我们所向往的景观环境元素。首先，对于山地自然环境来说，要充分了解用地地质状况（包括基岩走向、岩层厚度、山洪、滑坡、地下水与溶洞分布等情况）；然后分析研究地貌特征，确定可利用的地形、地物和合理的建筑形式。在确定山地景观建筑合理的建筑形式时，应尽可能保留地表原有的地形和植被，还要合理利用地形高差和山位特点，灵活组织建筑空间以及人口交通，同时要注重建筑形体与整体地段环境以及山势景观环境的协调，形成富有地貌特色的景观建筑形式。

（三）重视形体与文化及空间的共生

1. 建筑空间与传统文化的共生

建筑，是人类文化的一种载体，是人类所创造的物质文明、制度文明和精神文明所展现于地平线上的一种巨大的空间形态。对于一个国家来说，传统是不能丢掉的。传统文化对建筑的影响是不言而喻的，它是现代建筑创作的灵感源泉。

（1）印度建筑师对传统文化与空间的整合运用

印度著名建筑师拉兹·列瓦尔非常注重景观空间与传统文化的共生，通过从古代建筑获得启示，再造了许多独具印度个性的、丰富的、连为一体的具有震撼力的室内外空间，他将传统建筑语言进行转译，很好地使传统文化和地域气候融入现代建筑中，通过将单纯的材料进行几何型的组合，呈现出独特的庄重与和谐感。他利用集约式的传统建筑语言设计了许多重视庭院与具有传统文化几何图案感的简约和谐的公共建筑和大规模的集合住宅。例如，位于印度新德里的1980年建成的亚洲度假村，在这座共容纳约700户的集合住宅建筑群的设计中，列瓦尔将现代建筑结构、技术与地区传统很巧妙地结合起来（图5-60）。由于印度的气候特征为炎热干燥，因而传统民居建筑形式多以封闭的墙面为主，建筑与庭院相间。

图 5-60

列瓦尔沿袭了传统村落中轴对称和密集的建筑形式，采用钢筋混凝土结构建造了建筑与私人庭院，公共巷道交错设置的建筑群形象。以便利用建筑为公共空间提供遮阴的同时，又使内部密集设置的各座建筑能够保持流畅的通风。带有停车场的车行道路都被设置在住宅区外围，以便进行人车分流。在列瓦尔看来,公共建筑的意义在于它是体现一种文化,而现代建筑的弊端则是用同一种手法试图去解决所有的问题,它们很少考虑人在其中的具体感受。因此,在现代景观建筑的设计中要重视传统文化与人们的空间感受。印度国家免疫研究所就是一个典范(图 5-61)。

图 5-61

(2)中国现代建筑中的传统文化符号

我国传统建筑是中国传统文化宝库中的瑰宝。在继承和发挥传统建筑文化过程中,要认识到传统建筑文化的现代型转换是社会历史发展的必然产物,要真正理解中国传统建筑文化的本质内涵,就要研究和认识其设计思想和艺术精神,并加以现代体现。这是当代建筑创新和发展的必然趋势。在现代建筑中融合传统文化并不矛盾,是可以实现的,并能够更好地促进景观建筑设计的发展。

在现代建筑中融合传统文化的主要方法就是以古建筑有代表性的"视觉模式"做符号,局部运用到现代建筑中。这些符号局部地运用到现代建筑设计中,主要体现在以下几个方面。

第一,屋顶符号的运用。在现代建筑设计中,传统的大屋顶以及屋顶装饰符号被点缀在建筑的屋顶和檐口,如起翘的屋檐,饰有琉璃瓦的小檐口等。

第二,门窗、隔扇的运用。一扇古门、古窗,一方隔扇点缀在现代建筑空间中,能使整个建筑空间产生意想不到的意境。

第三,梁柱的运用。现代仿古结构的大跨度、大空间的建筑结构依然离不开梁柱结构。

第四,天花藻井的运用。现代建筑天花装饰采用现代的装饰图案,结合传统的藻井形式,使现代建筑更具装饰效果。

第五,传统色彩的运用。色彩在古建筑装饰中十分重要,它既能营造宫殿鲜艳浓烈的环境,又能营造出江南园林淡雅朴素的意境,这种传统的色彩配置在现代创作中也大有用处。

第六,传统装饰陈设的运用。传统的建筑陈设装饰包括家具、古董、器皿等。这些元素在现代室内空间环境营造中起着不可替代的作用。例如,在会客厅内放置一台做工精致、图案精美的花台与茶几,会带来古色古香、意境深幽的美妙效果。上海陆家嘴的黔香阁就是成功运用中国元素的典型案例(图 5-62)。

第七,传统造园艺术的应用。中国园林提倡"虽由人作,宛自天开"的"天人合一"的自然与建筑完美结合的设计理念,而园林建筑更是以殿、堂、厅、馆、轩、榭、亭、台、楼、阁、廊、桥等丰富的形式与山水、树木等自然环境有机结合，协调一致。传统造园艺术的应用在许多当代有影响力的建筑中都有体现，如著名建筑师贝聿铭设计的北京香山饭店，其内外环境的塑造及立面造型的设计就借鉴了许多传统因素（图 5-63）。

图 5-62

图 5-63

中国传统建筑符号的运用可以从传统建筑原型中提取某种形态元素直接应用于现代建筑设计，也可以将其加以整理和抽象、简化和升华、概括和提炼之后应用到现代建筑设计，使具备浓郁中国传统文化元素的建筑符号有效的传承于现代建筑之中，这才是现代建筑设计运用传统建筑符号的核心和精髓。

2. 建筑形体与室内外空间的共生

建筑形体与室内外空间的共生主要体现在"灰空间"在景观建筑设计中的运用上。"灰空间"也称"泛空间"，最早是由日本建筑师黑川纪章提出，其本意是指建筑与其外部环境之间的过渡空间，以达到室内外融和的目的，如建筑入口的柱廊、檐下等。空间界定的形式是多样化的，我们并不总是需要以实体围合而成的封闭空间，也可以只用几根柱子，或一片墙，或一些构架来暗示一些开放性较强的空间，供人们停留与活动。这时的柱或墙是以一种被分离的姿态出现的，形成了造型效果上的"虚"或"灰空间"。这使得室内外空间达到了和谐共生，室外是室内的诞生，当人们置身其中，感受着模糊、暧昧的中性空间时，会享受到"灰空间"带来的美感（图 5-64）。

图 5-64

在当代社会中,越来越多的建筑空间设计运用了"灰空间"的手法,形式多以开放和半开放为主。使用恰当的灰空间能带给人们以愉悦的心理感受,使人们充分体验空间的转变,享受在"绝对空间"中感受不到的心灵与空间的对话。而实现这种对话,主要有以下几种处理方式。

第一,用"灰空间"来增加空间的层次,协调单体建筑的立面空间关系,使其完美统一。

第二,用"灰空间"界定、改变空间的比例。

第三,用"灰空间"弥补建筑户型设计的不足,丰富室内空间。

在住宅中,与居民关系最密切的"灰空间"是住宅的玄关。它与客厅等其他空间的界定有时很模糊,但就是这种空间上的模糊,既界定了空间,缓冲了视线,同时在室内装修上又成为各个户型设计上的亮点,为家居环境的布置,起到了画龙点睛的作用(图 5-65)。

图 5-65

第六章　景观建筑小品设计

景观建筑小品主要是指景观建筑中供休息、装饰、照明、展示和为景观建筑管理以及为游人提供方便的小型建筑设施。它们功能简明、造型小巧别致、带有意境、富于特色，并讲究适得其所。在景观建筑中，小品以其丰富多彩的内容和造型美化着环境，丰富着园趣，既为游人提供了休息和公共活动的方便，又能使游人从中获得美的感受和良好的教益，颇具观赏价值和艺术价值，对景观建筑整体环境的构成、氛围的营造及主题的升华起着重要的作用。

第一节　景观建筑小品概述

一、景观建筑小品的定义

"小品"一词最初来源于佛经的略本，它起始于晋代，"释氏《辨空经》有详者焉，有略者焉。详者为大品，略者为小品。"这里明确指出了小品是由各元素简练构成的事物，具有短小精悍的特征。后来，小品被引用到了文学上，指简短的杂文或其他短小的表现形式。

景观建筑小品作为一门公共空间的景观艺术，涉及建筑、园林、道路、广场等环境因素。虽然景观建筑小品的相关概念包括园林建筑小品、园林小品、景观设施、园林建筑装饰小品等[1]，但这些概念都各有侧重，如"园林建筑小品侧重于建筑配件（栏杆、窗、门等）的艺术性；园林小品无法表达现代景观建筑中出现的新的小品设施；而景观设施的表达又过于宽泛；园林建筑装饰小品过于强调小品的装饰性；这些都可以称为景观建筑小品"[2]。此处，我们将景观建筑小品定义为在景观环境中提供装饰欣赏或具有实用功能的设施。

二、景观建筑小品的历史

成熟的景观建筑小品设计融入周围自然环境与人文环境之中，能够彰显地域特色与地域文化，它既是一个国家文化的标志和象征，也是一个民族文化积累的产物。

从历史资料上看，欧美各国从历史上就对景观建筑小品设施十分重视。早在古希腊时期，神庙附近的圣林中有竞技场、演讲台、敞廊、广场、露天剧场等公共场所，已经出现了水渠、柱廊、雕塑、喷泉、花坛等，并发展成一套完整的体系。体育场公园的圣林分别是在体育设施和神庙周围规则排列的高大树木园，其间点缀亭、廊和雕塑小品，如神像、瓮罐或杰出的运动员半身像之类。

---

① 陈祺：《景观小品图解与施工》，北京：化学工业出版社，2008年，第5页。

② 邱健：《景观设计初步》，北京：中国建筑工业出版社，2010年，第183页。

　　古罗马时期的城堡、园林是以小品设施为主的景观环境,它的园内有藤萝架、凉亭,沿墙设座椅,水渠、草地、花池、雕塑为主体对称布置。从建造于 118—134 年之间的哈德里安庄园的遗址中,可清晰地看到园林因山而建,并将山地辟成不同高度的地台,用栏杆、挡土墙和台阶来维护和联系各地台。一系列带有柱廊的建筑围绕着相对独立的庭院,水是造园的要素,如养鱼池、喷泉,加之各种精美的石刻,如雕塑、花钵、栏杆等。

　　文艺复兴时期人权兴起的贸易活动促进了别墅园的发展,造园艺术以阶梯式露台、喷泉和庭园洞窟为主要特征,布局规则。别墅园多半建置在山坡地段上,在宅的前面沿山坡而引出的一条中轴线上开辟一层层的台地,分别配置花坛、雕像、堡坎、平台、喷泉、水池,各层台地之间通过蹬道相连,在中轴线两旁种植着高耸的丝杉、石松等树丛,以此作为园林本身与周围自然环境之间的过渡。别墅园内作为装饰点缀的景观建筑小品也极其多样,如以古典神话为题材的大理石雕像(图 6-1)、碑铭、石坛罐、栏杆等,它们本身的光亮晶莹衬托着暗绿色的丝衫树丛与碧水蓝天相掩映,产生一种生动而强烈的色彩和质感的对比。

图 6-1

　　18 世纪,巴黎几何造型的皇家园林,向外放射的街道系统,恢弘壮观的星形广场,庄重的古典主义建筑与凯旋门、灯柱、纪念碑、喷水池等建筑小品配合有致。

三、景观建筑小品的分类

　　景观建筑小品是景观建筑景观重要的组成部分,内容丰富、类型多样、形式多变,成为人们对自己周围环境进行精心设计、精致安排的集中体现。对于亭、廊、花架、铺地、休息椅等,电话亭、候车亭、照明灯、指路牌、垃圾筒、告示牌等这些非建筑的小型实体,只要进行认真的设计、精心的艺术加工,都会成为意蕴丰富的景观建筑小品。

　　景观建筑小品内容较为庞杂,想要对其有一个清晰的认识,就有必要对其进行系统的分类,以便更好地用它来服务于城市建设。根据不同的分类标准,景观建筑可分为不同的类型。按其功能大致可分为休闲观景类、服务及管理类、饰景类等。

(一)休闲观景类景观建筑小品

　　景观建筑小品主要为游客提供休息的空间,既要有简单的使用功能,又需要有优美的造型,给人一种赏心悦目的美感。它们一方面为游人提供赏景、休息的场所；另一方面也是园中一景，而且往往成为景观的构图中心，如亭、廊、水榭、园桥、花架、园椅、园凳等。

1. 亭

亭（图 6-2）在景观建筑中常常起到对景、借景、点缀风景的作用，同时也是人们休息、赏景的最佳选择。亭子在功用上，主要为人们提供休息、纳凉避雨、纵目眺望的空间。根据位置的不同，可以将其分为山亭、半山亭、沿水亭、靠山亭、与廊结合的廊亭、与桥结合的桥亭、专门为碑而设的碑亭等；根据亭的形状可分为圆形、长方形、三角形、四角形、八角形；根据屋顶的形式可分为单檐、重檐、三重檐、钻尖顶等。亭的造型及大小要依据景观建筑的性质和它所处的环境位置而定，但一般以小巧为宜，因为体型小，容易让人亲近。另外也可以通过它外形的小巧衬托环境的广阔，起到一种点睛的作用。

图 6-2

2. 廊

廊（图 6-3）在城市景观建筑建设中被广泛应用，它可以为游人遮阳防雨，提供休息的场所，除此之外，它还起着分隔空间和导游的作用。在景观作用上，通过长廊及其柱子，可作透景、隔景、框景之用，使空间景观富于变化，起到廊引人随、移步换景的作用。廊的设计与功能需要和环境地势有关。

3. 榭

在城市绿地建设中一般以水榭（图 6-4）居多，其基本形式是：水边有一个平台，平台一半伸入水中，一半架立于岸边。低平的栏杆围绕着平台四周，中部建有一个单体建筑物，建筑物的平面以长方形居多。临水的一面比较开阔，柱间常设有供人休息的靠椅，以供游人坐息、观赏，如上海虹口公园水榭、桂林溶湖中的圆形水榭等。

4. 园桥

园桥（图 6-5）在风景点游览过程中，在水陆间起着连接的作用，并点缀水景，增加水面层次。

因此,园桥兼有交通和艺术欣赏的双重作用。而园桥在造园艺术上的价值往往超过了其交通功能。

图 6-3

图 6-4

图 6-5

5. 花架

攀缘植物的花架（图 6-6），是游人休息、赏景的又一场所。花架的造型灵活、独特，本身也具有观赏价值，多有直线、曲线、折线、单臂、双臂等形式。它与亭廊组合能使空间具有变化性，进而丰富了环境，人们在其中活动时也极为自然。此外，花架还具有组织景观、建筑空间、划分景区、增加风景深度的作用。藤本植物缠绕于花架之上为景观建筑增添了一种生动活泼的生命气息。

图 6-6

6. 园椅、园凳

路边通常每隔一定的距离就设有固定的坐凳或座椅（图 6-7），这些凳椅虽然以功用为重，但它们的造型及布置也吸引了很多游人，深受游人的欢迎。公园、景观建筑主要是市民休闲娱乐的场所，所以这些凳椅不应摆放得过于密集。另外，就坐于凳椅上，可以使游人缓解疲惫，此外还可以安静地感受自然，欣赏周围的景色。例如杭州西湖在白堤、苏堤等处的椅子，设在湖边，离道路有一定距离，而且面对水面，观景极佳，幽静宜人。

图 6-7

(二)服务及管理类景观建筑小品

1. 园灯

园灯(图 6-8)主要包括路灯、庭院灯、灯笼、地灯等。它属于景观建筑中的照明设备,主要作用是供夜间照明,点缀黑夜的景色,同时,白天园灯又具有观赏的功能。因此,各类园灯不仅在照明质量与光源选择上有一定要求,而且也要考虑灯头、灯杆、灯座的造型设计。

图 6-8

2. 垃圾箱

垃圾箱(图 6-9)是必不可少的景观建筑小品,它对保持环境整洁起着重要作用。由于分布比较广泛,因此成了贯穿景观建筑风格的统一要素之一。从固定的方式上进行分类,垃圾箱一般可分为独立可移动式和固定式两类。其形式可根据城市绿地风格的不同采用自然式、现代式等设计方式。

图 6-9

3. 栏杆

栏杆(图 6-10)主要是起到一种防护的作用。在景观建筑中,栏杆除了起防护作用外,还对活动范围及空间有着一定的划分,对游人起到一定的引导作用。栏杆以其简洁、明快的造型,点缀装饰了景观建筑环境,丰富了景观建筑景致。

图 6-10

4. 种植容器

种植容器主要包括花盆和树池、树池箅。

花盆(图 6-11)是景观设计中传统种植器的一种形式,具有可移动性和可组合性,能巧妙地点缀环境,烘托气氛。

图 6-11

树池(图 6-12)是树木移植时根球(根钵)的所需空间。树池箅(图 6-13)则是树木根部的保护装置,不仅能够保护树木根部免受践踏,也有利于雨水的渗透和步行人的安全。

图 6-12

图 6-13

(三)饰景类景观建筑小品

1. 雕塑

雕塑(图 6-14)虽然体量不大,且在城市景观建筑中所占的比重很小,可是它蕴含着鲜明而生动的主题,给景观建筑添色。雕塑根据造型的不同大致可分为人物雕塑、动物雕塑、植物雕塑以及表现我国珍贵文物的雕塑等类型。雕塑应用于城市景观建筑中,需要统观整体,合理安排,避免题材重复和喧宾夺主。雕塑的造型与题材要服从整个景区的主题思想和意境要求。而景观建筑的整体设计又要服从于雕塑题材,这样才能相互衬托、相得益彰,从而使雕塑在景观建筑中焕发着艺术魅力。

图 6-14

2. 水景

水景(图 6-15)主要是以设计水的形态为目的的小品设施,其中水的形态主要包括流、涌、喷、落、静五种。水景常常作为城市建设中某一景区的主景,极易吸引游人的眼球。在规则式景观建筑中,常把水景设置在建筑物的前方或景区的中心,是中轴线或视线上的一种重要的点缀物。在自然式景观建筑绿地中,水景小品的设计与周围景色相融合,常选取其自然常态。

图 6-15

3. 景墙

景墙(图 6-16)是应用于景观建筑中的常见小品,可以独立成景,并与大门出入口、绿植、灯具、水体等自然环境融成一体。景墙常见的有影壁、书法墙等。

景墙具有三大功能：第一，景墙在景观建筑中具有一系列视觉作用，可以衬托景物，营造视觉趣味。材料或光线的明暗相互作用，也可以构成不同的图案；第二，景墙在景观建筑中可以削弱阳光和风所带来的影响，起到防风、遮阴的双重作用；第三，景墙既分隔空间，又围合空间，可分隔大空间，化大为小，又可以将小空间串通迂回，小中见大，层次深邃；它的通透、遮障形成变化丰富、层次分明的景观空间。

图 6-16

4. 景窗

景窗（图 6-17）的造景作用一方面通过其优美的造型来表现，另一方面是通过在景观建筑空间上的组合表现出来的。景窗可用以分隔景区，使空间有一种似隔非隔之感，景物若隐若现，富于层次感。

图 6-17

四、景观建筑小品的功能

景观建筑小品是景观建筑艺术环境中不可或缺的组成要素,它们以丰富的内容、灵巧的造型丰富了城市的景观、美化了人们的生活、为城市生活增添了无穷的趣味,特别是提高了城市的品位,使其拥有了精致的外形以及深刻的意蕴。了解和理解景观建筑小品的功能,能够给设计景观建筑小品提供一些理论依据。具体来说,景观建筑小品的功能价值主要表现在以下几个方面。

(一)景观构成功能

身为构成景观环境的主要内容之一,景观建筑小品既可作为景观主景,成为独立的观赏目标;又可作为配景,对主景起到烘托作用,或者与其他景观共同构成新的景观,同时均衡景观视觉。

(二)空间组织功能

景观建筑小品可以对景观总体空间进行划分,并对其进行流线组织,从而满足景观的整体功能要求。

(三)美化功能

造型生动、优美的景观建筑小品可以美化景观环境、丰富视觉层次、诠释设计意境,给观赏者以美的享受。我们的城市就是一所大房子,装修是对大环境的改善,而景观建筑小品就是房中的装饰物。景观建筑与山水、植物要素相结合构成景观建筑中的多彩画面,景观建筑小品通常作为这些风景画的主景出现。

在现代城市里,水泥和钢筋混凝土充塞了整个环境,我们的城市往往成为人工建筑物的堆砌体,冷漠而缺少生气。景观建筑绿地的存在是对城市环境的一种美化,增添了城市的活力,而景观建筑小品等主要是人们构筑精致生活,提高生活趣味的需要。造型、材质、色彩、组合的差异,冲击着人们的视觉。街道不再单调乏味,广场不再死板萧条,居住区不再嘈杂零乱……有了景观建筑小品的点缀,城市环境变得赏心悦目,使人感到清爽、真实、温馨、优雅。

(四)文化功能

景观建筑小品在自然物的基础上加入了人工的痕迹,因此必然会带有社会文化属性。景观建筑小品作为一种三维的立体艺术品,它的文化价值是非常明显的。一些带有主题性质的雕塑、文化墙等小品可以展示地域特色,可以弘扬历史文化。在有的景区、公园或者广场中,通常有以宣传牌、标志牌作为景观建筑小品的,这类景观建筑小品在给人以美好或独特的感观印象的同时也具有交流信息、普及知识和引导交通等功能。

(五)情感功能

景观建筑小品作为建立在物质基础上的精神产物,包含着设计者的情感因素以及审美追求,也包含着城市与环境所营造的情感特性。优秀的景观建筑小品设计不仅能让人赏心悦目,而且还能给人以无限想象的空间。设计师通过模拟、象征、隐喻等手法的综合运用,创造出蕴涵情感的作品。设计中如果没有感情,那么也将没有灵魂。现代社会,随着生活节奏的加快,生活压力的加大,人与人之间的交流越来越少,关系也越来越淡漠,而那些优秀的景观建筑小品激活了人们在心中深深埋藏的情感,让人们脱离现实的疲惫,徜徉其中,放松身心,使得城市不再冷漠、生硬。

随着景观建筑小品变得公众化、平民化,城市居民大众的情感逐步融入小品之中。不同的小品能够激发人不同的情感。例如街头的情景小品给人轻松、自然的感觉;景观建筑中的小品给人自由、愉悦的感觉;居民区里的小品给人亲切、随意的感觉;烈士陵园中的小品则显得庄严、肃穆、悲痛。城市正因为有了这些不同性质的小品,使其充满了人的情感,变得亲切、自然、舒适,成为适合人类生活的整体环境。

(六)实用功能

景观建筑小品的作用是其他建筑、设施所不能替代的,另外,某种景观建筑小品的作用也具有独特性,是其他景观建筑小品无法替代的。纯粹的绿化与绿化同景观建筑小品组合的效果是不同的,绿化无法代替景观建筑小品,植物作为一种元素并不能表达所有的思想和意境,但人工处理过的喷泉、顽石、雕塑就可以成为整条街的亮点。如果一个场地只有铺装与绿地,它的单调性可能不会让人们长久停留。然而,如果添加了坐凳、柱式、景亭等景观建筑小品后,也许会让人驻足欣赏,再放置一些垃圾箱、展示牌等小品,将使整体环境更加完善、清洁。

(七)经济功能

景观建筑小品的经济性主要表现为隐性经济价值。景观建筑小品构建的良好生活环境和城市景观,成为旅游业中的一个亮点,推动了旅游业的发展;城市景观和生活环境质量的提高,使城市中的人们心情舒畅,提高了生产效率和服务质量,这也是经济价值的体现;城市环境的改善,使得城市形象和知名度大大提升,为城市提供了良好的发展空间。

因此,景观建筑小品的经济价值十分可观。随着人们价值观念的改变,景观建筑小品的经济价值也会逐步被人们认可和接受,这种极具潜力的经济价值将得到更好的体现,发挥更大的作用。

(八)生态功能

随着现代化进程的不断加快,城市污染问题已十分严重,并威胁着人类的生活健康。人们开始向自然回归,改善城市生活环境质量的活动正在展开。在这样的社会环境中,景观建筑小品也成为重要的手段之一。景观建筑小品与其他元素共同构成的优美的环境景观,有利于改善城市的环境质量。

景观建筑小品在建设过程中运用到的植物、水体,可以起到调节气候、降低污染、消声、滞尘等方面的作用。随着人们对生活环境质量要求的提高,对大自然的向往,景观建筑水景小品和景观建筑植物小品在城市中将被更多地使用。其他景观建筑小品在构成景观时,也多与植物相配合,以尽可能多地利用植物,产生尽可能大的生态效益。

五、景观建筑小品的特点

景观建筑小品作为景观建筑景观的重要的组成部分,在美化环境的过程中逐步发展完善,并表现出自身的独特性。具体而言,景观建筑小品主要有以下几个特点。

(一)统一性

彼得·沃克曾说过:"我们寻求景观建筑中的整体艺术,而不是在基地上增添艺术。"任何一件景观建筑小品都不是单独存在的,而是与周围的环境融为一体。因此,在进行景观建筑小品的设计时,要综合考虑其所在的环境以及自身的形式,避免环境中各要素因形式、风格、色彩的不同而产生冲突和对立,尽量建构一种和谐统一的美。景观建筑中的每组建筑都应给人以美的感受,注意颜色与周围环境的搭配,充分体现出设计中艺术及美的理念。景观建筑小品作为特定的实体,它应该从环境和谐的整体利益出发,按照一定的次序,共同构筑整体和谐统一的环境景观,如图 6-18 所示。

图 6-18

(二)艺术性

景观建筑小品的设计应该把其审美功能放在首要位置,这就要求景观建筑小品的形式要具有艺术性。景观建筑小品主要是通过自身的造型、肌理、色彩等方面的特点向人们展示其形象特征,传达某种意蕴或体现某种审美追求。在建造过程中,必须注意形式美的规律,它在造型风格、色彩基调、比例尺度等方面都要遵循一定的审美原则,在其独特的形式中体现美感,并能融入其使用价值,如图 6-19 所示。

(三)深刻性

景观建筑小品内容的深刻性主要体现在其文化内涵方面以及体现在地方性和时代性当中。地方文化的独特内涵主要体现在自然环境、建筑风格、生活方式、文化心理、审美情趣以及宗教信仰等方面。景观建筑小品是这些内涵的综合体现,它的建立正是这些内涵的外化以及演绎。景观建筑小品的文化特征通过其外在的形式得以体现并受它周围的文化背景和地域特征影响,与当地的文化传统相统一,呈现出不同的风格。建筑以及环境小品只有注入了主题和文化意蕴,才能成为一个真正的有机空间,一个具有生命活力的存在,否则物质构成再丰富也是乏味的,不能引起人们心灵上的共鸣。只有将建筑及环境小品与当地的文化、风俗传统紧密结合,才能使得游人驻足观赏,如图 6-20 所示。

图 6-19

图 6-20

（四）科学性

景观建筑小品的设计与创立具有科学性的特点，同时还具有相对的固定性。因此，在建立实体之前，要以特定位置条件为依据，仔细考察周围环境的视线角度、视距、光线等综合因素。在城市广场的建设过程中，表现形式应随着其性质与内容的不同而不同。例如，如果是纪念性意义的广场，景观建筑小品要体现庄重、严肃的环境氛围；如果是休闲娱乐性质的广场，则要营造出一种轻松、恬静的环境氛围。景观建筑小品的设置应综合考虑包括环境、交通以及所在地区性质在内的实际特点。景观建筑小品的形式、内容等的选择以及建立的方式都要受其影响。在确定设计方案前，一定要经过全面科学的考虑。

（五）休闲性

随着生活节奏的加快，人们常常感到精神压力大，人与人之间的关系日趋淡漠。于是人们开始将视线投入到休闲性的景观建筑小品之中,因此景观建筑小品开始备受重视。休闲性的景观建筑小品是以人为本理念的充分体现,它是人们对空间环境设计的一种新的要求。服务于人是景观建筑小品的目的,因此,景观建筑小品的设计采取优美的造型、恰当的比例、宜人的尺度、协调的色彩,给人带来一种愉悦的审美感受。通过环境关怀人的内心,提供一个让人放松心灵,加强沟通的场所。

第二节　景观建筑小品设计的要点

一、景观建筑小品的设计原则

设计景观建筑小品时,要遵循以下几个原则。

(一)地域性原则

景观建筑小品的设计应当充分考虑到当地的气候条件与物质基础。在进行实地的调查分析的基础上进行小品的设计与制作,包括地理地貌、空间环境、制作材料和制作工艺等。在设计和应用小品时充分考虑到当地的各种环境与物质材料因素,能够极大地发挥出小品的含义与韵味,并能够降低生产和管理成本。

(二)文化性原则

景观建筑小品的设计与使用应当充分考虑所在地的风俗文化。小品作为人工化的产物,必然具有其社会文化属性,很多构思巧妙的小品雕塑往往成为城市或片区的标志物。景观建筑小品不仅延续着城市的历史,塑造着城市的景观,提升生活环境品质,而且还能展示城市景观特色及个性,体现城市文化氛围,反映城市居民的艺术品位和审美情趣。通过赋予小品丰富的文化内涵,能够提高人们识美、审美、赏美的能力,提升所在区域的文化素质。

(三)功能合理原则

设计景观建筑小品要以满足人们的行为需求、审美需求、文化需求以及心理需求为目的,合理把握布局和尺度的关系,符合美学原理,将艺术魅力通过外在表现形式和内涵倾泻而出,以引起观赏者的心灵共鸣。

(四)与环境相协调原则

精于体宜是景观建筑空间与景物之间最基本的体量构图原则。景观建筑小品是景观建筑的陪衬或局部的主体,与周边环境要协调。在不同大小的景观建筑空间之中,应符合体量要求与尺度要求,确定其相应的体量。

(五)艺术形象个性化原则

景观建筑小品的设计应该注重塑造其艺术品质,因为景观设计的艺术性有一部分是通过景观建筑小品来体现的,所以,设计景观建筑小品要以实现其艺术形象个性化为原则,保证其成为提升景观可识别性的重要途径,体现地域特色。

（六）经济适用原则

景观建筑小品大多具有实用意义,因此除艺术造型美观的要求外,还应符合实用功能及技术要求。例如景观建筑栏杆具有各种不同的使用目的,因此对各种景观建筑栏杆的高度,就有不同的要求;景观建筑坐凳,要符合游人就座休息的尺度要求。

景观建筑小品设计应综合考虑多方面的问题,因为其本身具有更大的灵活性,因此不能局限于几条原则,应举一反三,融会贯通。设计要考虑其艺术特性的同时还应考虑施工、制作的技术要求,确保景观建筑小品的建造过程得以顺利开展。

以上的原则都是相互补充、相互依赖的,在进行景观建筑小品的设计时,各种原则交互发生影响,在不同的地域环境里,其所蕴含的风情、民俗、文化等都有独特的面貌,相应的景观建筑小品设计应该结合实际的情况进行综合考量。

二、景观建筑小品的设计思路

要提升景观建筑小品的艺术品位,设计师应从以下两方面来考虑。

（一）实现艺术美,满足文化认同

景观建筑小品是一种艺术,通过其外部表现形式和内涵来体现其艺术的魅力。景观建筑小品的艺术美是人们的审美需求在城市公共空间中的体现。要实现建筑小品的艺术美,须通过对景观建筑小品整体和局部的形态进行合理组构,使其具有良好的比例和造型,并充分考虑到材料,色彩的美感,考虑建造技术中的各种技术问题,从而形成内容健康、形式完美的环境小品。

景观建筑小品不仅仅具有艺术性问题,而且还应有着文化内涵的考虑。通过景观建筑小品可以反映出它所处的时代精神面貌,反映和体现特定的城市、特定历史时期的文化传统积淀。景观建筑小品既表达自身的文化形态,又比较完整地反射出人类的社会文化。为了能适应广泛的社会文化需求,景观建筑小品必须反映时代的、地域的、民族的、大众的文化特征。所以,景观建筑小品的设计,要运用新的设计思想和理论,利用新材料、新技术、新工艺和新的艺术手法,反映时代水平,满足文化的认同,使景观建筑小品真正成为创造历史文化的媒体。

（二）力求与环境的有机结合

景观建筑小品是寓于城市环境中的艺术,景观建筑小品与外部环境之间有着极为密切的依存关系。单纯追求景观建筑小品单体的完美是不够的,还要充分考虑景观建筑小品与环境的融合关系。景观建筑小品的空间尺度和形象、材料、色彩等因素应与周围环境相协调,景观建筑小品的外部环境包括有形环境和无形环境。有形环境包括绿化、水体等自然环境和庭院、建筑等人工环境。无形环境主要指人文环境,包括历史和社会因素,如政治、文化、传统等。这些环境对景观建筑小品的影响非常大,是小品设计时要认真考虑的因素。

景观建筑小品的设计要把客观存在的"境"和主观构思的"意"相结合。一方面分析环境对景观建筑小品可能产生的影响,另一方面要分析和设想景观建筑小品在城市人工环境和自然环境中的特点和效果,确立整体的环境观,因地制宜地设计建筑小品,才能真正实现环境空间的再创造。

景观建筑小品给人以亲切感和认同感,使我们的城市充满情感和生机,同时,景观建筑小品是一种标志,一种展示城市品位和舒适环境的标志。通过对城市广场中景观建筑小品艺术品位的认知与研究,我们了解了它的特征,分析了它在空间中的意义以及价值体现。景观建筑小品设计品位的高低,将在较大程度上影响一个城市的文化品位,而它所体现的文化内涵,也将日益受到人们的共同关注。

三、景观建筑小品的设计方法

(一)立意构思

立意构思是针对景观建筑小品的功能、所处的空间环境及社会环境,综合产生出来的设计意图和想法。景观建筑小品对人们的感染力不仅在形式的美,更在于其深刻的含义,要传达的意境和情趣。作为局部的主体景物,景观建筑小品除了要有独特的造型外,还应具有相对独立的意境,更应具有一定的思想内涵,才能成为耐人寻味的作品。因此,在设计时应巧于构思。对景观建筑小品的功能和环境进行分析和提炼,这是立意构思的基本方法。

(二)选址布局

选址是景观建筑小品设计的基础,布局是景观设计要解决的中心问题,它们是设计景观建筑小品的重点。

景观建筑小品是景观的陪衬或局部的主体,与周边环境要协调。如果选址不当,会对景观整体产生破坏性作用。因此,设计者要对场地环境有着充分的了解,要注意场地的安全性,合理利用自然地形,从而实现选址安全与协调,提升景观的整体形象。与此同时,布局凌乱的景观建筑小品也会对景观整体产生破坏作用。因此,要从宏观上把握各个小品之间的内在联系和逻辑关系,通过规则式或自由式的方式来布局。同时,景观建筑小品同时具备一定的实用功能,因此在选址、布局方面,还应以方便游人活动为出发点,因地制宜地加以安排,使得游人的观赏活动中得以正常、舒适的开展。例如亭、廊、榭等园林建筑,宜布置在环境优美、有景可观的地点,以供游人休息、赏景之用;儿童游戏场应选择在公园的出入口附近,应有明显的标志,以便于儿童识别;餐厅、小卖部等建筑一般布置在交通方便,易于发现的地方,但不应占据主要景观位置等。

(三)单体设计

1. 协调和对比

之所以要采用协调与对比的方法,是因为景观建筑小品不仅要考虑到其与周围环境的协调统一性,又要表现出一定的艺术效果。而借景就是景观建筑小品与环境达到合理的协调与对比的重要方法。比较常见的借景有临借、远借、仰借、俯借等。另外,需要特别注意和重点关注的是色彩、尺度、质感等问题。在色彩的选择上,要注意不同色彩带给人们的不同心理感受,如黄色代表骄傲、红色代表热情、橙色代表幸福、蓝色代表冷静等。在尺度上,决定尺度的主要依据是人体尺度和观景效果(视角)。在质感上,钢铁是坚硬的质感,而原木则是自然的质感。例如图 6-21,

这是华裔美籍建筑师贝聿铭设计的国家美术馆新馆及其馆前雕塑,在色彩的选择上,新馆是浅色调,而馆前的雕塑则是深色调,形成鲜明对比;在尺度上,新馆与雕塑也形成鲜明对比;但在形态设计上,新馆的主体建筑形态与雕塑的形态是一致的,高度也协调,颇具艺术价值。

图 6-21

2. 简洁和丰富

在刻画景观建筑小品的细节时,要通过统一规划设计,对基本语汇进行提炼和净化,控制其数量和规模,以达到净化视觉的效果;而在需要表达丰富的细节时,也要通过一定的次序和条理来组织基本语汇,避免产生杂乱的感觉(图 6-22)。

图 6-22

3.抽象和具象

在进行景观建筑小品设计时,为了使景观建筑小品具有一定的审美价值,需要对其进行艺术手法的处理;与此同时,为了满足行为心理学原则和人体工程学原理,需要使用具象、写实的处理手法来指导小品本身的功用和环境空间尺度。

四、景观建筑小品的设计技巧

景观建筑小品与普通民用建筑中的其他建筑创作不同之处在于,其构思出发点较多。由于功能上限制较小,有的几乎没有功能要求,因而在造型立意、材质色彩运用上都更加灵活和自由。从众多设计实例方案中,分析归纳出以下两种设计技巧。

(一)原型思维

众所周知,创造性的构思,常常来自于瞬间的灵感,而灵感的产生又是因为某种现象或事物的刺激。这些激发构思灵感的事物或现象,在心理学上称之为“原型”。原型之所以具有启发作用,关键在于原型与所构思创作的问题之间有某些或显或隐的共同点或相似点:设计者在高速的创作思维运转中,看到或联想到某个原型,而得到一些对构思有用的特性,而出现了“启发”。古今中外,无论大小的成功建筑都受到了“原型”的影响和启发。例如,柯布西埃设计的朗香教堂,就受到了岸边海螺造型的启示;贝聿铭设计的香港中银大厦(图6-23),构思的关键就是来自于中国古老格言“芝麻开花节节高”的启发。

图 6-23

原型思维从思维方式来看,是属于形象思维和创造思维的结合。对于建筑小品而言,是具象思维(具体事物和实在形象)和抽象思维(话语或现象的感知)转化为创作的素材和灵感,再通过创造性思维,在发散性和收敛性思维的作用下,导致不同方案的产生。在这过程中,原型始终是占据创作思维的核心地位。

（二）环境启迪

在景观建筑小品创作中,许多方面的因素都会直接或间接地影响到建筑本身的体态和表情。从环境艺术设计及艺术原理来看,小品建筑所处的环境是千差万别的,作为环境艺术这个大系统下的"建筑",它的体态和表情自然要与特定的环境发生关系。我们的任务就是要在它们之间去发现具有审美意义的内在联系,并将这种内在联系转化为现代景观建筑的体系或表情的外显艺术特征。

因此,环境启迪就是将基地环境的特征加以归纳总结,加以形象思维处理,形成创作启发,从而通过创造性思维创造出与环境相协调共生的小品建筑。

第三节　常见景观建筑小品的设计

景观建筑小品根据其类型的不同,在设计过程中也各有不同。本节主要介绍一些常见景观建筑小品的设计。

一、亭的设计

亭是景观建筑中最常见的一种建筑形式,《园冶》中说:"亭者,停也。所以停憩游行也。"可见,亭是供人们休息、赏景而设的。亭在景观建筑布局中,其位置的选择极其灵活,不受格局所限,可独立设置,也可依附于其他建筑物而组成群体,更可结合山石、水体、大树等,融入自然之中,充分利用各种奇特的地形基址创造出优美的景观建筑意境。应注意其体量与周围环境的协调关系,不宜过大或过小,色彩及造型上应体现时代性或地方特色。

山上建亭,通常选用的位置有山巅、山腰台地、山坡侧旁、山谷溪涧等处。亭与山的结合可以建构出奇特的景观,成为一种山景的标志。亭子建立在山顶可以站在高处俯瞰,将山下景色尽收眼底,如图 6-24 所示。

临水建亭在中国传统景观建筑中也有许多优秀的例子。临水的岸边、水中小岛、桥梁之上等处都可设立。水边设亭,一方面是为了观赏水面的景色,另一方面也是为了丰富水景效果。水面设亭,一般应尽量贴近水面,宜低不宜高,突出水中为三面或四面水面所环绕,如图 6-25 所示。

水际安亭需要注意选择好观水的视角,还要注意亭在风景画面中的恰当位置。水面设亭在体量上的大小,主要依它所面对的水面的大小而定。位于开阔湖面的亭子尺度一般较大,有把几个亭子组织起来,成为一个亭子组群,形成层次丰富、体形变化的建筑形象,给人留下深刻的印象。

除此之外,亭与景观建筑植物的结合也可起到较好的效果。中国古典景观建筑中,有很多亭的命名直接引用植物名,如牡丹亭、桂花亭、仙梅亭、荷风四面亭等。亭名因植物而出,再加上诗词牌匾的渲染,使环境意蕴十足。亭旁边种植物应有疏有密,精心布局,要有一定的欣赏、活动空间。

　　亭的设计在形式上也是多样的,从平面上可分为三角亭、方形亭、五角亭、六角亭、圆亭、蘑菇亭、伞亭等;依其组合不同又可分为单体式、组合式、与廊墙相结合的形式三类;从层数上看,有单层和两层,中国古代的亭多为单层,两层以上称作楼阁。后来人们把一些二层或三层类似亭的楼阁也称之为亭。

图 6-24

图 6-25

二、廊的设计

　　廊在景观建筑设计中起到一种连接的作用,它将景观建筑中各景区、景点联成有序的整体,虽散置但不零乱。廊的位置选择多样,在景观建筑的平地、水边、山坡等各种不同的地段上都可以建廊,由于不同的地形与环境,其作用及要求也是各不相同。

平地建廊常建于草坪一角、休闲广场中、大门出入口附近,也可沿园路或用来覆盖园路,或与建筑相连等。平地上建廊可以根据导游路线来设计,经常连接于各风景点之间,廊可以根据其两侧的景观效果和地形环境发生曲折变化,随形而弯,依势而曲,蜿蜒逶迤,自由变化,形成一种独特、自然的整体。

水上建廊一般称之为水廊,主要是起着欣赏水景及联系水上建筑的作用,形成以水景为主的空间,如图 6-26 所示。水廊有位于岸边和完全凌驾水上两种形式。位于岸边的水廊,廊基一般紧接水面,廊的平面也大体贴紧岸边,尽量与水接近。在水岸曲折自然的情况下,廊大多沿着水边成自由式格局,顺自然之势与环境相融合。驾临水面之上的水廊,以露出水面的石台或石墩为基,廊基不应太高,最好使廊的底板贴近水面,并使两边水面能穿经廊下而互相贯通,人们漫步水廊之上,左右环顾,宛若置身水面之上,别有风趣。

图 6-26

山地建廊主要是供人游山观景和联系山坡上下不同标高的建筑物之用,同时也丰富了山地建筑的空间构图。爬山廊有的位于山边斜坡,有的依山势蜿蜒转折而上。

三、园桥的设计

自然界景物中的水面、山谷、溪涧、断崖、峭壁等虽是千姿百态、美不胜收,但引人关注却望而止步的是人间彩虹——园桥。

对景观建筑中园桥的设计,应从以下几方面入手。

(1)在设计园林小桥时,要注意将其与周围的环境主题相和谐统一,要注重以人为本,强调桥对人所起的作用。

(2)园林小桥的尺寸大小要根据园林水环境和其本身的功能来决定,在设计时要做到因地制宜。

(3)从原则上来讲,园林小桥的选址应选在水面较为狭窄的地方。

(4)园林小桥的造型应根据环境的特点来灵活选配,如在大水面造桥时可以选择廊桥、曲桥、栈桥等,在庭院水池或小面积的人工湖上造桥应选择小曲桥、汀步、拱桥等。

四、花架的设计

花架的位置选择比较灵活，公园隅角、水边、道路转弯处、建筑旁边等都可设立。在形式上可与亭廊、建筑组合，也可以单独设立在草坪之上。

花架在形式上可以采取附建式，也可以采取独立式。附建式即依附于建筑而存在。它应保持建筑自身统一的比例与尺度，在功能上除供植物攀缘或设桌凳供游人休息外，也可以只起装饰作用。独立式的花架可以建在花丛中，也可以在草坪边，使庭院空间有起有伏，增加环境空间的层次，有时亦可傍山临池随势弯曲。花架如同廊道也可起到组织浏览路线和组织观赏景点的作用，布置花架时一方面要格调清新，另一方面要注意与周围建筑和绿化栽培在风格上的统一。

在建造材料的选择上，可采用简单的棚架，主要有竹、木，使得整体自然而有野趣，与自然环境协调，但使用期限不长。坚固的棚架，可以选用砖石、钢管或钢筋混凝土等建造，美观并且坚固、耐用，维修费用少。

花架的植物材料选择要考虑花架的遮阴和景观作用两个方面，多选用藤本蔓生并且具有一定观赏价值的植物，如常春藤、紫藤、凌霄、五味子、木香等。也可考虑如葡萄、金银花等有一定经济价值的植物。

五、座椅的设计

座椅是景观中应用比较广泛的实用型设施，它的造型、色彩、质感、结构的设计能表现出环境内的特定气氛，是场所功能性以及环境质量的重要体现。

座椅的空间布置必须配合其功能和所处环境进行考虑，其设置方式应该满足人的活动规律和心理需求。宜在座椅的周围形成一个领域，让休息者在使用时有安全感和领域感。此外，座椅的设计应与花坛、植物、水池、雕塑等相结合，将其设计成一个组合体，并充分考虑与周围环境和其他设施的关系，形成一个整体，做到与周围环境气氛的和谐。

在设计景观建筑中的座椅时，一定要注意尺寸。单座型座椅尺寸可根据要求与人体数据略有不同，一般座面宽度为 40~50 厘米，深度为 30~45 厘米，座面高度为 38~40 厘米，附设靠背高度为 35~40 厘米，座面倾斜度在 5°以内，靠背倾斜度在 98°~105°为宜；连座型座椅常以 3 人为额定形态，长度约 2 米左右。若是游乐园、广场等处的休息椅，通常高度为 30~60 厘米，宽度为 20~30 厘米，深度为 15~25 厘米。座椅前沿的高度一般要小于或等于脚底到膝盖弯曲处的距离，一些特殊设计除外。

在材料的选择上，座椅的材料必须满足防腐蚀、耐候性能、不易损坏等基本条件，要坚固耐用，经得起风吹雨打和人们的频繁使用，还需具备良好的视觉效果。设计时要根据使用功能要求和具体空间环境选用匹配的材料与工艺。

六、园灯的设计

景观建筑内需设置园灯的地点很多，如景观建筑出入口、广场、道旁、桥梁、喷泉、水池等地。园灯处在不同的环境下有着不同的要求。在空间环境开阔的广场和水面，可选用发光效率高的直射光源,灯杆高度可依广场大小而变动,一般为 5~10 米。道路两旁的园灯,由于可能受到路边行道树的遮挡,一般不宜过高,以 4~6 米为好,间距应设在 30~40 米,不宜太远或太近,常采用散射光源,以免直射光给人带来不舒适的感觉。在广场和草坪中的雕塑、喷水池等处,可采用探照灯、聚光灯等,有些大型喷水池,可在水下装设彩色投光灯,在水面上形成闪闪的光点。景观建筑道路交叉口或空间转折处,宜设指示灯,方便游人辨别方向。

园灯的式样繁多,大体可分为对称式、不对称式、几何形、自然形等。但园灯的设计原则以简洁大方为主。因此,园灯的造型不宜复杂,不要施加烦琐的装饰,通常以简单的对称式为主。其具有实用性的照明功能,并以其本身的观赏性成为绿地饰景的一部分。此外,夜景灯光照明已成为绿地景观设计的一个重要手段。园灯的设计过程中既要注意环保和节能,又要注意防水、防锈蚀、防爆和便于维修等各种问题。

七、垃圾箱的设计

景观建筑中的垃圾箱人性化程度是城市的文明程度的反映。其设计应该首先满足使用功能的要求,要有一定数量和容量,方便投放和易于清除,因此在位置选择上,多置于用餐或较长时间休息的地方,如小卖部、座椅等处。同时,设置垃圾箱的地方要干燥、不易积水,箱下部应有排水管道,且通风良好,投放清除垃圾方便。垃圾箱的形象应艺术化,和周围环境保持相协调,应清洁大方,色彩明快。垃圾箱还要尺度适宜,便于投掷,高度一般在 80 厘米左右。

八、栏杆的设计

景观建筑中的栏杆主要起分隔空间、安全防护的作用,同时是对环境的一种装饰,丰富了空间景域。

栏杆的造型一般以简洁、通透、明快为特点,若造型优美、韵律感强,可大大丰富绿地景观。制造栏杆的材料很多,有木、石、砖、钢筋混凝土和钢材等。木栏杆一般用于室内,室外宜用砖、石建造的栏杆;钢制栏杆,轻巧玲珑,但易于生锈,防护较麻烦,每年要刷油漆,可用铸铁代替;钢筋混凝土栏杆,坚固耐用,且可预制装饰性花纹,装配方便,维护管理简单;石制栏杆,坚实、牢固,又可精雕细刻,增强艺术性,但造价较昂贵。此外,还可用钢、木、砖及混凝土等组合制作栏杆。

景观建筑栏杆的设置主要由其功能决定的。整体来看,主要作为维护的栏杆常设在地貌、地型陡峭之处,交通危险的地段,人流集散的分界,如岸边、桥梁、码头等的周边;而主要作为分隔空间的栏杆,常设在活动分区的周围、绿地周围等。在花坛、草地、树池的周围,常设装饰性很强的花边栏杆,以点缀环境。此外,还有坐凳式栏杆、靠背式栏杆,它们既可起围护作用,又可供游人休息就座,常与建筑物相结合,设于墙柱之间或桥边、池畔等处。栏杆的造型要力求与景观建筑环境统一、协调,以栏杆优美造型来衬托环境,渲染气氛,加强景致的表现力。而栏杆的高度要因地制宜,充分考虑功能的要求。作为围护栏杆一般高度为 0.9~1.2 米,其构造应粗壮、坚实;一般分隔空间用的低栏杆高度为 0.6~0.8 米,要求轻巧空透,装饰性强;景观建筑的草坪、花坛、树池周围设置的镶边栏杆,其高度为 0.2~0.4 米,要求造型纤细、简洁、大方。

九、雕塑的设计

好的景观雕塑又具有"凝固的音乐""立体的画""用青铜和石头写成的编年史"等美誉,它具有教育和陶冶性情的作用。而且,其独特的个性赋予空间以强烈的文化内涵,它通常反映着某个事件,蕴含着某种意义,体现着某种精神。雕塑广泛运用于景观建筑绿地的各个领域。景观建筑雕塑是一种艺术作品,不论从内容、形式,还是艺术效果上都十分考究。

环境雕塑在设计上应考虑整体性、时代感,与配景之间的有机结合以及工程技术等方面的因素。环境雕塑在设计时,一定要综合考虑周围的环境特征、文化传统、城市景观等方面的因素,然后确定雕塑的形式、主题材质、体量、色彩、比例位置等,使其和周围的环境协调统一。环境雕塑的主要目的是美化环境,此外雕塑还应体现时代精神和时代的审美情趣,因此在取材方面应注意其内容、形式要适应时代的需求,应具有前瞻性。同时,雕塑应注重与水景、照明和绿化等不同类别环境的配合,以构成完整的环境景观。

十、景墙与景门的设计

景观建筑内部的墙,称为景墙。景墙是景观建筑空间构图中的一个重要因素。其主要功能是分隔空间,还有衬托景观、装饰美化及遮挡视线的作用。景墙的形式有波形墙、漏明墙、白粉墙、花格墙等。在中国江南古典景观建筑中多采用白粉墙。一方面白粉墙面与屋顶、门窗的色彩形成明显的对比,另一方面能够衬托出山石、竹丛、花木的多姿多彩。景墙上常设的漏窗、空窗、门洞等形成虚实、明暗对比,使窗面的变化更加丰富。漏窗的形式有方形、长方形、圆形、六角形、八角形、扇形及其他不规则形状。

景门由于不用门扇,因此又称为六洞。景门除了供游人出入的基本功用外,同时也是一幅取景框,也就是所说的框景。景门的形状多样,而在分隔主要景区的景墙上,常用简洁而直径较大的圆景门和八角景门,便于流通。在廊和小庭院、小空间的墙上,多用尺寸较小的长方形、秋叶形、葫芦形等形状轻巧的景门。

十一、种植容器的设计

在设计种植容器时要注意以下几方面。

第一,花盆的尺寸一般按以下标准选择:中木类盆深 45 厘米以上,灌木类盆深 40 厘米以上,花草类盆深 20 厘米以上。

第二,花盆的材质应具备一定的吸水保温能力。

第三,花盆可独立摆放;也可采用模数化设计成套摆放,形成大花坛。

第四,花盆内的栽培土应具有保湿性、渗水性和蓄肥性,可在其上部铺撒覆盖树皮屑,起到保湿装饰作用。

第五,树池深度至少深于树根球以下 25 厘米。

第六,树池箅的选材应控制在能渗水的石材、砾石、卵石等天然材料和铸铁、塑料、混凝土等具有图案拼装的人工预制材料之内,同时,这些护树面层宜做成格栅装,并能承受一般的车辆荷载。

第七章 校园景观设计

校园犹如一个小社会,学校中的每栋建筑,一草一木对于学生健康品格的塑造都起着潜移默化的作用。可以说,校园景观设计的好坏,对学校的教育质量有着至关重要的影响。因此,对校园景观设计进行研究,是景观设计理论研究中不可或缺的一部分。

第一节 校园景观设计概述

一、校园景观设计的内涵

校园大体分为小学校园、中学校园和大学校园,三种校园形式中大学校园是各种设计元素较齐备的校园形式,因此,本章的讲述以大学校园景观设计为主。

校园发挥着供人学习、研究以及传播知识、社会文化的功能,需要有校园实体的存在。校园景观设计是介于城市设计与单位建筑设计之间的学科,相对城市设计、区域设计而言是最小的设计,但它具有设计的全部内涵,相对单体建筑设计而言,它是最广泛的单体建筑群的设计。

校园景观是一个复杂的体系,是由建筑、道路、广场、树木、草坪、花坛、水体、雕塑小品、铺地、休息设施、围墙、指示牌、宣传栏等基本物质构成要素所构成的一个有机的、统一的整体。其设计在校园区域内,依据其空间形态、植物配置、园林小品、环境品格、人文景观等内在特质与诉求,运用传统园林学、生态学、环境行为心理学、行为科学等综合知识,营造符合并引导师生行为与精神需求的环境艺术,其包括校园总体布局、道路交通、绿化系统、校园建筑和空间组织等内容。

二、校园景观设计的目的

近年来,受到生态和大地艺术理论的影响,校园景观不再以轴线作为空间组织的唯一方式,而是在原有功能分区的设计思路基础上越来越突出呈现出顺应地形、生态环境的校园景观空间结构。

校园环境是学校的形象和标志,直接关系到学生的身心健康和发展。所以校园景观设计以人为核心,进行校园环境建设,创造良好的育人环境,满足学生和老师对校园的利用和享受。具体来说,校园景观设计主要有以下几个目的。

第一,提供一个与所在地区(城市)具有一定开放面的校园边缘环境。

第二,提供完善、安全的课外生活环境。

第三,提供具有整体美又有地方特色和自身学科特色的校园环境形象。

三、校园景观设计的意义

校园景观可以陶冶情操、传承文化、美化校园、抒发情怀、创造进取，尤其是植物景观，有调节气候、吸附滞尘、净化空气、美化环境、隔离、保护、提高生态质量等生态效应与环境服务功能。设计校园景观既是校园园区环境意象的整合与提炼，亦是展现新型大学外观形象和特定内涵的标杆，可谓意义重大。

（一）为室外交流提供理想场所

从心理角度来讲，对于精力充沛的学生来说，教室只是学习的部分空间，如果条件允许，他们更喜欢室外的学习空间。师生可以在弯曲的园路上散步、学习、交流，在小广场上晨读、锻炼、娱乐、交谈等。这就需要进行校园景观设计，为师生、生生之间的室外交流提供理想的场所。

（二）体现了校园文化标识和审美情趣

自诞生之日起，学校就承担着传承知识、培养人才、启蒙大众、激发思想的使命。校园的人文内涵与环境品质铸就了一个学校自身特殊的氛围，构成了校园文化的方方面面。对校园进行景观设计，可以通过景观的具体形式、造型、色彩、线条、质感等艺术设计，把人们所希望的人生观、价值观、审美观、道德准则等融入其中，从而潜移默化地陶冶学生的情操，使学生学会创造美，提高自身审美与认知能力。因此可以说，校园景观设计体现了校园文化标识和审美情趣。

（三）再现了校园的场所精神

校园的场所精神是在校园生活和校园空间环境之间不断互动的过程中形成的，在注重构图、比例、均衡、韵律等形式法则的同时，将对真实生活的关注、体验和思考融入校园绿地景观设计中，营造一种具有某种精神的场所。对校园进行景观设计，使得校园景观与自然界的山水景观相交融，学生能在校园文化活动中，开启智慧，抒发情怀，创造进取。

四、校园景观设计的原则

校园景观设计虽然不如城市等区域的景观设计面积，但设计内容同样是全面的、多角度的。因此，在设计校园景观时，要遵循以下几方面原则。

（一）可持续发展原则

经济、科技以及设计理论的发展，加快了校园组织结构、学科设置、空间设施的更新速度，从而使大学总处于一种不确定的状态之中，并不存在最终的理想状态。因此以往提出一套若干年后实现的"终极状态"的蓝图的校园景观设计是不可取的，学科的交叉重组及学科发展的不确定性都对设计有一定的弹性要求。因此，在进行校园景观设计时，要考虑校园各区平衡发展，留有一定的预期用地；设计可以分期实施，定下远期发展脉络；建筑单体或建筑群设计上可以随未来的需要而灵活变动，采用使用空间典型化、空间组合标准化、结构及构造模数化的思路。

随着社会的发展、科学文化的不断进步,设计者可以与时俱进地添加新的内容,做适当的、合理的补充修改和完善,以使得校园景观设计的可持续发展性得到充分的体现。这个持续性不仅包括校园建筑的持续使用,也包括校园的改建扩建,还包括校园建设材料、能源使用的可持续性。总之,校园景观设计应充分考虑到未来的发展,使设计结构多样、协调、富有弹性,适应未来变化,满足可持续发展。

(二)生态原则

随着校园的大规模建设,在景观设计中应遵循生态原则,结合并充分利用自然条件,保护和构建校园的生态系统,创造生态化、同林化的校园环境,通过与自然的结合,在满足人类自身需要的基础上,同时也满足其他生物及其环境的需求,使得整个生态系统良性循环。

首先,校园景观的设计必须尊重基地环境,最大限度地减少对自然环境的破坏,不使用有毒有害的建筑材料,保护生态环境,减少人类生活对自然界产生的破坏,减少对自然界不可再生资源的使用,减少能源消耗。每一个设计项目均应该选择最为适当的技术路线,寻求具体的整合途径以达到保护生态环境、提高能源和资源的利用率、创造舒适的生存环境的目的。绿色大学校园应根据自身的建设条件,对多层次的技术加以综合利用、继承、改进和创新。

其次,在设计定位初期,就应把设计功能与建设标准的问题处理好,在满足实用性、文化性和功能完整性的前提下,应尽量避免育目求大、过分追求奢华现象的出现。要把坚持环保,节约能源这个观念贯穿整个设计工作中。

(三)文脉导向原则

校园文脉是指在学校发展、扩建、合并后,对办学思想和理念、组织结构、规章制度、学术风尚、人员层次和管理风格等作相应的调整,逐步形成一种新的校园文化范式。在设计校园景观时,要遵循文脉导向原则。一所成功的学校,一定有一种良好的校园文化,从而使校园的环境对人产生潜移默化的教育和熏陶作用。而校园中的建筑空间及形态往往成为这个校园文化的标志,成为校园主体之间相互认同的重要依据。凭借这一物质标志,校园主体之间维持着一定的联系。

校园历史建筑环境的保护与延续对校园建筑形态产生的影响主要体现在以下两个方面。

首先,历史建筑的保护与更新。校园历史建筑是校园历史的外在表现形式,对历史建筑的保护与更新是延续校园文脉与文化环境的有效措施,历史建筑的形象已然成为校园的标志,为人们所熟悉,成为人们心中情感的依托。

其次,新旧建筑的协调。在景观文脉的可持续过程中还需要注意一些问题,如防止景观文脉的"异化"。景观文脉的可持续并不是说要使传统的景观文化全盘的得以持续,并不是为了景观文脉自身得以可持续,而是要使之与社会生活相应,以人为中心,以人为"本体",突出人本的思想。如果我们仅仅是以景观文化为目的,脱离人的中心,就是一种"异化",是一种舍本逐末的做法。又如针对当前世界景观"趋同化"的现象而产生过激的拒绝吸收外来景观文化的问题。总之,景观文化是一个维系人、自然与社会的复杂系统,它的可持续发展需要考虑系统内外多方面的因素,会有许多问题需要我们去注意、探讨与研究。

在欧美的名校中,历史使建筑本身就散发出一种令人感动的人文气息。在我国,一些历史悠久的大学中也有自己特有的历史积淀,如北京大学的博雅塔(图 7-1)、清华大学的大礼堂

（图 7-2），这些校园的建筑物和空间形式虽然不断地变化发展，但总有若干基本的成分较为稳定，他们持久地一代代传承下去，校园中的这些基本成分体现了他特有的历史沉淀和价值取向，他是由校园的地理条件及校园文化所决定的，是校园的特色所在。校园中的建筑物既是人们适应校园的工具，又属于校园的文化范畴。校园中的建筑物及其空间包含着一定的意义或象征，对校园中主体的行为与个性产生着潜移默化的影响，建筑师在对建筑空间进行设计实际上就是为校园主体营造校园空间的建筑文化环境。但我国目前的大学新校区由于建造快速往往缺乏这一点。

图 7-1

图 7-2

总之，校园景观设计应与校园文化建设同步进行，在这个过程中要注重校园的历史文脉的发掘，校园的特色点的放大，使校园的个性化意象模型得以建立。

五、校园景观设计的布局特征

校园景观设计建设时要注意利用特定的地形地貌和周边自然景观条件，使之形成一个整体。目前许多校园景观设计打破了建筑按系科布局的老习惯，而采用公共系统布局。沈庄先生曾将校园景观的总体布局和空间布局归纳成以下五个方面的特点。

第一，形成以图书馆、讲堂群为中心，各学院建筑群环绕布置的格局。

第二，重视汽车交通环境的影响。

第三，重视环境景观艺术。

第四，充分考虑今后发展和各部分联系方便。

第五，向社会开放。

第二节　校园景观设计的理念与影响因素

一、校园景观设计的理念

设计者在进行校园景观设计时，要遵循以下设计理念。

（一）坚持继承性与创造性的统一

校园景观的设计要坚持继承性与创造性的统一，使校园景观的造型、色彩、体量、布局等都能够做到既有继承又有创新，全园一盘棋，突出校园的整体美。例如中国美术学院校园景观建筑（图 7-3），都沿用传统与现代相统一的风格，使校园建筑朴素中形成了统一风格，而各建筑在空间构成上又各具特色，融入了时代气息。

图 7-3

校园景观设计应该与校园的历史文脉相融合。例如清华大学的校园景观建筑（图 7-4）与其近临的西部"水木清华"（图 7-5）古典园林区形成了鲜明的对比。青砖、黛瓦、小桥流水、松柏滴翠、鸟语花香、荷风阵阵，优美的自然景观构成了一幅幅中国画卷，使人们在学习工作之余可以陶冶情操，谈经论道。对于传统与创新，中国与西方文化，冯友兰先生曾作过精辟的论述："普通所谓中西之分，实在是古今之异。古有古之物质文明，随其物质文明而有古之精神文明。今有今之物质文明依其'物质文明'而有今之精神文明。然而古亦非尽不能存，历史是有连续性的，一时代之物质文明及其精神文明皆自其前代脱颖而出。凡古代事物之有普遍的价值者，都一应能继续下去。不过凡能继续下去者，不都因为他古，是因为他虽古而新。"

总之，校园景观建设与发展是一个继承与创新的过程，校园景观环境的设计是一项复杂的系统工程，除考虑学生的行为、心理、审美因素外准确地把握了历史文脉和校园文化精神。当然，建筑、环境景观仅仅提供了一个舞台、一个背景，其中的人才是真正的"演员""主人"和最美丽的景观。

图 7-4

图 7-5

（二）坚持整体性与个性的统一

　　校园景观的设计要坚持整体性与个性的统一。从整体上确立景观的特色是设计的基础。这种特色来自对当地的气候、环境、自然条件、历史、文化等的尊重与发掘，是通过对学习生活功能、规律的综合分析，对自然条件的系统研究，对现代生产技术的科学把握，进而提炼、升华创造出来的一种与人们活动紧密交融的景观特征。作为校园景观设计，景观设计的主题和总体景观定位是一体化的，正是其确立的整体性原则决定了校园景观的特色，并有效地保证了景观的自然属性和真实性，从而满足了学生的心理寄托与感情归宿。

　　在把握整体性的基础上,校园的景观设计还要与周围的自然环境相互协调,充分利用设计手段,将建筑、道路、绿化、配套等在用地范围内进行科学合理的布置组合,创造和谐有序的"人—建筑—环境"体系。不仅从表面的视觉形式中,而且从"人—建筑—环境"体系中孕育出精神与情感,从而创造出精神与物质协调统一的和谐校园景观。具体来说,单体的建筑风格和校园景观要服从于总体设计布局,并同时设计,使其协调呼应,相映成趣,统一而不呆板,活泼而不杂乱。

　　(三)坚持封闭性与开放性的统一

　　校园景观的设计要坚持封闭性与开放性的统一。很多校园景观的一大特色是,气派而威严,高高的围墙将学校与外界隔离开来,如北京邮电大学(图 7-6)。学校的一切活动几乎都在封闭的围墙内进行,学生生活基本上是宿舍、食堂、教学楼"三点一线"的行为方式,这个俗称"象牙塔"的小世界与外界社会相对分离。

图 7-6

　　同时,西方学校一般没有围墙,是所谓无边际大学、无围墙大学,是开放性学校,如美国的匹兹堡大学(图 7-7),学校没有围墙,也没有严格意义上的校园。教学、科研、管理大楼与市区建筑杂陈相间,只有门上钉的铜牌和盾形校徽标示出是学校的某学院或研究所。几条热闹的马路上,各公司的写字楼、商店和学校建筑比肩而立。从整体看来,大学和社会没有明显的区分,学校与社会的设施都相互使用,这种开放式的布局在美国各大学中是非常普遍的。开放式的布局也使校园生活社会化,如牛津大学、哈佛大学等,整个大学城是与所在的小镇嵌合在一起的,生活区之内有着大量的小酒馆、咖啡吧、书店等,提供学生交流的场所。这种集中了大量交流场所的地段为大学生的活动中心,类似于我们的大学生俱乐部,更易于激发学生的创造潜能。这种地方往往是学校最活跃的地段之一,许多新异的想法都是诞生于这种无拘无束的讨论和交流之中的。因此,在我国的校园景观设计理念上要借鉴西方的一些想法,来达到校园景观的封闭性与开放性协调统一。

图 7-7

二、校园景观设计的影响因素

（一）气候

气候包括温度、湿度、降水量、风速风向和日照时间、日照强度。随着季节变化,这些自然界生物的能源反过来影响自然的生态,从而影响了校园景观条件,如选择、活力、植被外观、户外场地的使用、建筑物选址和用以缓解恶劣气候的绿色植被。从宏观上看,气候因素在校园景观设计和构建景观的整个过程中都要考虑到。风景如画的大空间和小地区,以及由植物确立和强化的地域感,从最广义上讲,本身就是由气候决定的设计成果。

微观气候决定着大型景观设计和小型项目的设计。景观设计位置和植被排列方式可产生热效应,缓解风给人带来的不舒适,徐徐吹来的微风,在最适宜的时间,最适宜的地点吸热,加速蒸发以冷却温度。在设计户外的天井、游廊和庭院时,要充分利用风向的周期变化。冷热空气的交替和昼夜的温差都要考虑。在寒冷的日子里,座位面朝西南,沐浴阳光又能遮挡寒风;而当烈日炎炎的时候,在阴凉处感受凉风习习,多么惬意。

（二）植被

伽勒特·艾克博认为,绿色植被应在校园景观设计中充分发挥其应有的作用。绿色植被如同健康科学一样具有疗效,如同艺术一样激发灵感。在由技术和网络空间形成的世界里,宜人的环境能提供休闲活动的场所,平定电子时代带给人们的那种烦躁不安的情绪。在校园里,少量的几棵树挺立在空旷区,如绿色雕塑。而排列成行的树木,能清晰标明大路、小径、界限的位置与方向。如果恰当地选取树木,校园路线就会更加明晰。在校园周围种植的树,也许会像绿化带一样密集,但是树木形成的屏障可降低噪声,如同悬浮粒子过滤器一样提高空气质量。

树木能够加强建筑群的整体结构感,就如同框架装饰照片一样。从古至今,在设计精良的校园景观中,植被都是重要的组成部分,设计者在选择树木的种类时,会权衡再三,以期达到最佳美学效果。由于每一种植物都有其独特的形状、外观、颜色和质地。精明的设计者研究它们的特性,把设计理念与实际的视觉效果结合起来。景观有多种选择的可能性,但又是有限的。气候(特别是温度和降水量)影响植物生长的自然环境。不按自然环境选择植物,会影响植被的生长。

（三）环境适宜性

环境适宜性对校园景观设计同样重要,因此也是一个设计影响因素。在设计校园景观时,在从生态学角度衡量的同时,也要考虑环境因素,所选的植被的颜色、质地、休眠状态和季节性要与周围环境相协调。

（四）地貌

地貌也是校园景观设计的影响因素之一。从较大的地貌,如能容纳整个校园的小山或坡道,到小范围地面上难以察觉的起伏,是全面地具体地实现校园景观设计理念的一个基本条件。在设计校园景观时,充分利用地貌,可以增加景观的美感。韦尔斯利大学(图7-8)的景观设计模式是一个引人注目的、成功的例子。它很好地将地形学与地貌结合起来,其中有些特征为大型景观的设计理念提供了佐证。总的设计框架是由小弗雷德里克·劳·奥姆斯特德构思的。他还设计了各种类型的地貌方案。奥姆斯特德认为,这些地貌决定着是否实施校园景观设计方案。这些地貌包括:湿地、位于陡峭坡上的不规则高原、小圆山和大山。奥姆斯特德认为,低地始终保持开阔的状态,建筑物应建在山顶或较高地方。这些目标在韦尔斯利大学成功地实现了。这个13.5公顷的校园区被改造成一个美丽且植被繁茂的山谷,各种区域结合起来形成了组合景观。塔、庭院和方院的组合与东面的塞弗伦斯绿地和罗多敦德瑞谷地相映成趣,停车场转变成一个倾斜、植被繁茂的山谷,令人耳目一新。

（五）地形变动

很少有理想的地形,不用变动就能完整地表达景观设计。因此,在设计校园景观时,要考虑到地形变动,一般来说,可将特殊地貌轻微变动或大幅度变动,或捕捉美景或遮挡劣景;或将地夷平,建运动场;或建造水景或储存溢流水;或在地面雕塑某种艺术作品;或使建筑物以最佳方式与其所在地地貌融为一体,等等。例如哥伦比亚大学,作为校园生活的舞台,哥伦比亚大学图书馆南侧的阶梯、长凳和广场的整体布局是一个成功的景观范例(图7-9),如果其形式和建筑风格难以模仿,其设计意图是可以仿效的。麦金、米德和怀特于1895年设计的经典方案显示了曼哈顿北部陡峭的地貌。大学景观成功占用了附近的街区,扩大了设计范围。通过迁移车辆流通区,增加了地形的可用价值,由此,人们认识到该地区的功用性,加强了对该地形的了解。

图 7-8

图 7-9

（六）校园面积、布局

校园景观不是抽象的，而是有形的。校园所在地的面积、布局的状况和特征都影响着校园景观的设计。在进行校园景观设计时，可以利用数学公式合理分配场地。公式包括建筑物的预测使用空间，停车场、运动场、服务场地的使用空间——根据预测人数计算，然后乘以大学标准的人均空间量。通过预测地面使用面积与覆盖面积之比，将预测空间转换为使用面积的亩数，同时也留出了用于建立其他设施的空间。然后，才能根据地形、财政和政治情况，进一步调整设计方案。

（七）风格

无论是校园整体景观还是局部景观,风格的选择是设计的一个重要影响因素。尽管景观要素(树、灌木丛、地面覆盖物、铺路材料)具有通用性,但是风格要素的使用和安排是多种多样的。为了填充空地,设计者通常会选择在建筑物附近种植树木、草及各种植物,目的是掩盖不协调的景观,或是给行人指引安全路线。如此一来,大面积如画般的美式校园景观就这样形成了。尽管布局不规则,但是景观形成的风格日趋成熟,经久不衰。这种美掩盖了原来景观建设时求实效、求直观所带来的弊端。舒适、安全、价值高,无论从技术上还是从美学角度都是无与伦比的。

第三节　校园景观设计的要点

一、校园主体建筑体系的设计

校园主体建筑体系是校园景观设计的主要构成部分,对校园景观设计的好坏起着决定作用。校园主体建筑体系设计应该注意校前区、校园中心区、开敞空间体系三个主方面的问题。

（一）校前区的设计

校前区就是大学校园"门内＋门外"的空间。它是展现大学面貌标志性区域,也是校园学术文化氛围和社会商业服务集中融合的焦点界面,在组成形态和构成模式上有着独特的意义。它不仅包括大门建筑,还应包括大门前的机动车回车空间、停车场、传达室、邮件书报收发中心、来访接待室等设施,甚至还可以包括零售商店和设施,以及电话、ATM 机、电脑导示演示设备、公交车站等配套设施。

在景观形象上,每个学校都希望自己有一个独具特色的入口,入口并非仅由大门的建筑设计决定,而应该由大门前的引导缓冲空间、大门建筑、周边环境、地面铺装、植物的配置以及透视到校园内部的景致共同决定和构成。较好的实例有美国斯坦福大学的出入口,上海同济大学校门、西安交通大学校门等。斯坦福大学的出入口由棕榈树形成引道,经过浓密的树荫之后进入一片开阔的草坪广场(图 7-10),与金黄色屋顶的房屋建筑相映衬,给人热情、活力的感觉,这样的校园环境让人无限向往。而同济大学以建筑闻名,它嘉定校区的大门(图 7-11)体现了它的学术专长,高大的方形大门与两旁的建筑相得益彰,既是连接过渡,又是一种变奏,雄伟又不失简洁。

（二）校园中心区的设计

作为一个学校不可或缺的空间中心,校园中心通常是由师生公共使用的如图书馆、大礼堂、主教学楼、行政事务管理区等建筑合围而成的广场空间,校区地域广阔的可能还会由数个建筑群形成特征不同的次要中心。对这个区域进行景观设计,要求会比较高,围绕各种设施的户外空间所形成的环境合格形态也是比较多样和精致的,既能满足很强的使用功能,能够进行室外聚会和大规模公共活动，又要能体现校园的特色和魅力。例如清华老校园中心区——"红区"（图 7-12），以二校门、大礼堂、图书馆为轴线，以清华学堂、科学馆为东西两翼，环绕 100 米×70 米的草坪广场构成了最具清华特色的景观。再如西北农林科技大学新校区的设计中，校园中心区以图书馆为中心，紧临人工湖，以教学楼和行政楼为两翼，环抱东向的一片坡地，形成古式下沉剧场的特点，具有丰富高差的视觉感观，实为一件极富特色的环境景观（图 7-13）。

图 7-10

图 7-11

（三）开敞空间体系的设计

开敞空间是体现校园外部空间质量的重要方面。从校园的出入口或校园边缘到校园的建筑设施通常要经过一系列道路、广场及其周边外部空间，从不同规模的广场公共空间到自然开敞的绿地，从不同大小的半公共的室外庭院到各建筑出入口附近的接待聚集空间，这就是开敞空间的层次和等级,校园景观设计应该根据具体情况制定不同的设计目标,并采用不同处理手法以形成多样的、分层次的、宜人的空间特征。开敞空间的丰富层次能为人们提供多种尺度和规模的外部空间,鼓励或刺激人们进行各种交往活动,活跃学习和生活气氛。

图 7-12

图 7-13

二、校园交通系统的设计

校园需要良好的交通秩序,道路系统是校园脉络,同时校园也要求宁静,因此,在设计校园景观时,要保证校园道路交通不干扰教学、生活。

(一)校园交通系统设计的整体要求

在设计校园道路时,整体要做到以下几方面。

第一,校园道路对外交通应与周围城市道路交通系统相协调,同时合理设置出入口和校前区来减少对周围的城市交通的干扰和影响。

　　第二，校园道路要便捷通畅、结构清晰，符合人流及车流的规律，根据人车流量将道路等级划分为主干道、次干道、步行道、校园小径。

　　第三，校园道路以人流为重点，设计安全、流畅的交通网络，校园道路以人车分流为原则来设计适应现代校园环境的使用要求。

　　第四，创造特征明显，环境优美的道路景观。校园道路系统中的步行道由广场、建筑、绿地、构筑物、小品及照明设施等的布置构成的步移景异的丰富多彩的环境空间。

　　第五，考虑道路、管网、绿化的远近期的综合设计，结合校园远期设计规模，道路、管网设施应留有发展余地，并进行立体设计，以取得科学合理的布局。

(二)校园主干道的设计

　　在设计校区主干道时，应先分析校区的主要人流(学生)、车流。一般在外围布置汽车车行道，校内车行道尽量不穿过中心区，而采用环形道，内部(尤其是教学区的中心部位)只布置步行道，从而组成人车分流、功能明确的道路系统，避免干扰教学区的使用。校园环形干路以宽12～20米为宜，连接校园主次出入口及功能区，环形干路有利于疏散消防和地下管线的闭合要求。校园支路宽度以8米为宜，由环形主路呈枝状延伸到各功能区内部，校园次路原则上是禁止车行的，它是主干道与教学区、生活区、运动区联系的纽带，方便师生使用和完全疏散要求。

　　随着人们物质生活水平的提高，大学师生车辆明显增多，加上校园建设和物质供给都以机动车辆为运载工具，机动车对校园中步行活动的干扰越来越大，机动车的停放也成为令管理者头疼的问题。在设计校园景观时，应以设置路障的方式实行机动车管制，对机动车的活动范围和速度加以限制。停车场的位置应该与通达周围步行道路有很好的衔接，并且步行时间在几分钟以内为宜。从景观的角度讲，机动车道路以及停车设施应该有清晰明确的标识系统，便于驾驶员定向，而停车场宜以绿化来遮荫和屏蔽，并且最好用植草砖地面来提供良好的生态环境，增加绿色面积，提高绿化效果(图7-14)。

图 7-14

(三)步行和自行车交通系统的设计

　　步行和自行车交通作为校园最主要的交通方式，其所占用的交通系统需要进行很好的设计，使其与机动车进行区分和衔接。人流量大的主要路线应该足够宽敞,以适应学校人流在时间上相对集中的特点。通常情况下,林荫道是最受欢迎的(图 7-15),步行路的地面铺装和路边的绿化景观应该使人感到愉悦,而穿过绿地的小路与其事先铺设好,还不如根据行人踩行的足迹进行二次施工来确定。步行区内多设铺地,并宜设步廊或架空走廊,供师生滞留和全天候通行,布置橱窗,展廊以交流各种信息,设置坐凳,台板供休憩交谈,点缀花坛、水池、雕塑以美化环境,诱人留步。

图 7-15

步行系统作为一种功能性的景观元素,具有实际的功能。直线道路象征高效、迅捷的工作,校园教学区内部步行道是联系各教学楼、图书馆、实验楼之间的便捷通道,以高效、迅捷为目的,遵循两点最近距离原则。弯曲的流线型道路则给人以流动、悠闲之感,是观光、闲步的意象;校园内部休闲步道,校园内的游园、亭、廊散步道及自然环境成为师生片段放松和休闲的最佳场所;休闲步行道路在设计上是流线型,与两侧的地形、草地、岩石树木及灌丛相结合,成为校园道路的有机组成(图 7-16)。

图 7-16

对于自行车而言,许多学校普遍存在的问题是如何方便、安全、美观地解决车辆停放问题。一个好的思路是充分发挥地下和室内资源,多点停放。许多高校的实践表明,室外停放点很难兼顾到方便、安全和美观等多个方面要求。

三、校园植物景观系统的设计

校园绿化要以植物造景为主,即尽可能多地种植各类乔灌木和地被植物,发挥植物的形体、线条、色彩等自然美,形成错落有序的多层次和多色彩的植物景观,配置成一幅幅美丽动人的画面,供人们观赏以最大限度发挥绿地的生态效益,实现校园环境、功能、经济、资源的优化,创造一个可持续发展的校园环境,让学生在校园生活中感受到自然的亲和与人文的魅力。

(一)校园植物设计的整体要求

校园植物设计一般做到"突出点,重视线,点、线、面相结合",形成了"大面积"及"多样化"的园林绿化特点。

1. 点

"点"是指建筑基础周围绿化,局部绿地等。校园校门广场、图书馆前空间等景点是校区绿化的"重点",其用地相对集中,空间开敞,内容丰富,景观多样,具有较高的园林艺术水平,可满足观赏、游憩活动等多项功能要求,如图 7-17 所示。

图 7-17

2. 线

"线"是指沿主干道形成的带状绿化(图 7-18)。校园道路是校园的骨架,对校园道路绿化要予以高度重视,特别是主干道路网两侧的绿化美化,采用"高中低"三个层次,既要有"一路一树"的高大景观树,如栾树、七叶树、楝树、银杏等,又要有花灌木与耐荫花卉草坪地被,景观层次要丰富。校园各类功能建筑设施环境绿化面是整个校园绿化基础,设计时既要考虑到现代园林植物生态景观的营造,又要充分体现校园的空间特性与多功能要求,校园绿化系统就是各个景点和建筑设施环境通过道路联系起来。

图 7-18

3. 面

"面"指在重点地块种植大片绿地,"多样"是指绿化方式,布置形式及树种的选择上丰富多样。在大面积的生态绿化区以种植高大乔木为主,辅以各种多样的植物群落,起改善小气候环境和创造优美景观的重要作用。沿校园道路种植有特色的行道树,并在边角地带布置灌木、花卉以及观赏性树种,与建筑小品及环境设施充分结合,形成宜人的校园环境,如图 7-19 所示。

图 7-19

(二)校园植物设计的具体方法

第一,围绕校园总体设计进行,与校园环境相统一,是总体设计的补充和完善。因此,要因地制宜地进行绿化造景,尽量利用原有地形和地貌,根据基地实际情况适当进行改造。

第二,按照校园的功能分区进行绿地系统设计,使各功能区能形成各自的景观特色。注意环境的可容性、闭合性和依托感的氛围,通过环境的塑造,创造出多层次的空间供学生和教师学习、休息、运动的环境。

第三,以植物造景为主,做到"乔木、灌木和草本""慢生树种与速生树种""常绿与落叶""绿色与开花"等的结合和配置比例,适当配置珍贵稀有名花,丰富校园季相景观。根据植物的不同特性,尽可能创造更多的绿色空间。通过不同植物品种的配置,形成多色彩、多层次、生态型、花园式的校园环境景观,达到"春意早临花争艳,夏荫浓郁好乘凉,秋色多变看叶果,冬季苍翠不萧条"的景象。

第四,注意植物的生态习性和种植方式。根据树冠大小选择适宜的空间。原则上教学楼前后不宜种植冠幅大、树形高的树种,以免影响教室光线;有特殊气味和分泌物的树种原则上不宜种植在学习区。

第五,注重乡土树种的选择。选择植物应以当地乡土植物为主,并结合引种驯化成功的外地优良植物种类,或能够创造满足其生长要求的外地植物。

四、校园文物和纪念物的设计

在高校校园中,有价值的建筑和纪念物是讲述校史,弘扬学校精神的生动教材,应该统一设计保护。例如云南大学正门会泽院等(图 7-20)。

图 7-20

而一些校友和毕业生捐赠的纪念物品(放置室外的部分)也应该有一个设计,虽然可能仅只是一块刻字的地砖或一个雕塑,但得体的摆放位置和适宜的环境衬托会使它们散发出人文精神的光彩,如扬州大学的"跪乳"(图 7-21)就是上海杰隆集团董事长成国祥校友率上海杰隆集团众扬大校友向母校捐赠的,意为"羔羊跪乳"和"乳必跪而受之",以表达对母校、老师的感恩之情。

图 7-21

五、校园景观小品的设计

在设计校园景观时,不仅要重视校园主体建筑、校园交通系统、植物景观系统以及文物纪念物的设计,还要重视校园景观小品的设计,并且要根据建筑组团的性质合理地规划设计。这样,即使校园建设不能短时期完成,但有了整体的一体化设计,校园景观不管是阶段性印象,还是最终面貌,都将是美丽、高雅、统一而活泼的花园式效果。

（一）雕塑的设计

在校园景观设计中,无论是堆山、理水,还是建筑布局、空间尺度,都是经过反复推敲而成的。因此,要在其中加入新的景点,其难度是不言而喻的,应在景观环境的艺术处理上各自成景又相互关联。例如立于"水木清华"池北岸的朱自清先生汉白玉雕像（图 7-22）成为"水木清华"园区的点睛之笔,使这个传统园林备感增色。

（二）喷泉的设计

喷泉本是西方园林理水的重要手段和环境景观视觉中心,早在清末时期就传入我国,当前在校园景观建设中也被广泛运用。喷泉虽然造型各异但都为校园增添了新的景观,更有意义的是这些喷泉表达了学生们对母校培养的感激之情,如图 7-23 所示。在喷泉的设计上,应注重造型优雅独特,并带有一定的文化气息,与院校的文化相吻合;同时还应注意与周围的景观协调搭配。

图 7-22

图 7-23

（三）立石假山的设计

立石假山是中国传统古典园林的意念性雕塑，它象征着坚若磐石的品质，往往能引起人们无穷的联想，进而起到画龙点睛的作用，寄托着校友对母校的思念与感激之情，是同学们课余饭后学习休息的最佳去处，如图 7-24 所示。在设计校园内的立石假山时，切忌材料的简单堆砌，要注意造型的独特性和艺术性，再配置恰当的植物如松、竹、梅及野花野草等，再现大自然的瑰丽。同时，要师法自然，做到假山不假且有灵气，"虽由人工，宛自天开"，"春山澹冶而如笑，夏山苍翠而如滴，秋山明净而如妆，冬山惨淡而如睡"，达到"咫尺山林而再现美妙的大自然，方寸之内而瞻万里之遥"的艺术境界。此外，要确保假山和周围建筑及其他景物相得益彰，使整个校园景色锦上添花。

图 7-24

　　总之,校园景观设计是全面发展校园环境的重要组成部分,不仅有着美化校园的功能,还能够传承校园的文化精神,在学生形成完美人格、树立正确的世界观、人生观和价值观等方面发挥着重要的促进作用,有利于学生身心健康、和谐地发展。

第八章　植物景观设计

　　植物景观设计是景观规划设计的重要组成部分。植物景观设计与艺术学、园艺学、植物生态学、环境心理学、建筑学、规划学等学科关系紧密，是一门科学与艺术密切结合的学科。它随着时代的发展不断包涵着更深、更广的内容，既为植物自然更替提供了适宜的条件，更为人类提供了理想的生存环境。本章即对植物景观设计的相关内容进行阐述。

第一节　植物景观设计概述

一、植物景观设计的概念

　　植物景观即以植物题材形成的景观。植物景观设计是运用乔木、灌木、藤本、草本等植物素材，通过艺术手法，结合考虑各种生态因子的作用，充分发挥植物本身的形体、线条、色彩等自然美，来创造出与周围环境相适宜、相协调，并且表达一定意境或具有一定功能的艺术空间，供人们观赏。

　　植物是唯一有生命力的景观要素，能使空间体现生命的活力，富于四时变化，是植物景观设计中的重要组成部分，但在植物景观设计中，要考虑的绝不仅是植物，还要综合多方面的因素，诸如视觉、生态、文化、地域、土壤、气候等（图 8-1）。

图 8-1

对于植物景观设计，人们经常简单错误地理解为就是指栽花种草，很多地方持有"三季有花、四季常绿"等观念，植物景观处于喷泉、雕塑、小品等人工景物的陪衬地位，或偏爱以植物材料构成图案效果，热衷把植物修剪成整齐划一的色带或几何形体；或者用大量的栽培植物形成多层次的植物群落，但人工气息十分浓厚；或者片面强调生态效应，将大量的成年大树移栽到城市和园林中。但是，过分整洁的园林景观，失去了野趣横生的自然风貌；不讲科学的逆境栽植，造成了难以为继的高昂代价；极度贫乏的植物材料，组成了单调乏味的植物景观；千篇一律的设计手法，形成了如出一辙的园林景观，这样的作品难以让人感受到植物景观的自然和文化之美。现在，植物景观设计强调自然文化和植物景观的设计手法，关注环境的复杂性、独特性和完整性，充分认识到地域性自然景观中植物景观的形成过程和演变规律，并顺应这一规律进行植物配置。植物景观设计师不仅要重视植物景观的视觉效果，更要营造适应当地自然条件、具有自我更新能力、体现当地自然景观风貌的生态环境，使植物景观成为一个园林景观作品，乃至一个地区的主要特色。可以说，现代植物景观设计的实质就是为植物自然生长、演绎更替提供最适宜的条件，为人类"诗意的栖居"提供最理想的环境。

二、植物景观设计的可持续发展

可持续发展的基本含义是：人类社会的发展应当既满足当代人的需要，又不对后代人满足其需要的能力构成危害。其核心是发展，具有两个鲜明的特征：一是发展的可持续性，即发展应满足现代人和未来人的需要，达到现代和未来人类利用的统一；二是发展的协调性，即发展必须充分考虑资源和环境的承受能力，追求社会经济和资源环境的协调发展。植物景观设计作为一种营造适宜人类生存环境的活动，与自然、社会有着密切的联系。传统的植物景观设计反映的是人类征服自然的过程，将自然看作原材料，强调用人工手段去改造自然，强调社会和经济效应。而现代植物景观设计坚持可持续发展的理念，认为自然是永恒的主题，强调顺应自然规律进行适度调整，尽量减少对自然的人为干扰，均衡社会效益。

坚持可持续发展的植物景观设计，在设计原则方面要遵守以下几点。

(1)自然性原则：植物景观设计首先要符合当地的自然条件状况，按照自然植被的分布特点进行配置。

(2)地域性原则：植物景观设计应与地形、水系相结合，做到"适地适树"，选择与地域景观类型相适应的植物群落类型。

(3)时间性原则：应充分利用植物生长和植物群落演替的规律，注重植物景观随时间和季节变化的效果，强调人工植物群落能够自然生长和自我演替，反对大树移栽和人工修剪等不顾时间因素的设计手法。

(4)多样性原则：植物景观设计应充分体现当地植物品种的丰富性和植物群落的多样性，且为各种植物群落营造更加适宜的生长环境。

(5)经济性原则：强调植物群落的自然适宜性，力求实现植物景观在养护管理上的经济性和简便性，避免养护管理费时费工、水分和肥力消耗过高，人工性过强的植物。

(6)指示性原则：植物景观设计应根据场地的自然条件，营造适宜场地特征、具有自然条件指示作用的植物群落类型，避免反自然、反地域、反气候、反季节的植物景观设计手法。

第二节 植物景观设计的构成要素

一、自然要素

植物景观设计的自然要素主要包括地貌、生物植被、水体和气候。

（一）地貌

地貌是指由地壳运动和其他外力因素相互作用而形成的景观形态。地貌的起伏构成自然景观的基本骨架，不同地貌内外动力过程的结合形成了不同的自然景观特征或意境，如峡谷、峰林、洞穴、河流等。地貌具有的立体感和形象感具有雄伟、险峻、幽深、壮阔或恬静的特性，给人以自然美的感受。地貌的变化能影响人的心情，地势较高的山坡视野开阔，使人心情舒畅，而平缓的林间小道使人感觉悠闲。在地貌学中，按地貌的高度和形态可分为平原地貌（图 8-2）、高原地貌（图 8-3）、山地地貌、谷地地貌和丘陵地貌（图 8-4）等。

图 8-2

图 8-3

图 8-4

地貌是植物景观的基本构成要素之一,在植物景观中,其作用有以下几个方面。

(1)影响物质的流动和生物的扩散与迁移。

(2)影响地面所接受的太阳辐射、水、营养、污染物和其他物质的数量。

(3)地貌特征影响各种自然干扰与人类活动发生的频率、强度和空间格局。

(4)不同地貌特征代表了地形的特异性,并反映下垫面性质和土壤的差异,是植被类型及组成、结构异质性的重要成因。

(二)生物植被

植被是某一地区内全部植物群落的总体。陆地表面分布着由许多植物组成的各种植物群落,如森林、草原、灌丛等,总称为该地区的植被。植被又可分为自然植被和人工植被。自然植被是出现在一个地区的植物长期历史发展的产物。组成植被的单元是植物群落,某一地区植被可以由单一群落或几个群落组成。

覆盖地面的植物及群落具有多样性的特点,从山林到湿地(图 8-5)、从丘陵到高原生长着种类繁多的植物,它们是地球上非常重要的绿色资源和财富。植被的生存环境受制于当地的自然环境,地面土壤、自然气候、环境污染等,这些都会对植被的生长产生不同程度的影响。同时,植被又以其自有的方式间接改变着气候,还可以净化空间,保持水土,为其他生物提供各种食物。

图 8-5

在植物景观设计中,要强调植物群落的自然适应性,尽量选择与地域景观类型相适应的植物群落类型,避免逆地域、反地域的植物移植。同时,植物景观的造景要注意地域植物群落的多样性和丰富性,有利于生态环境的改善和宜人小气候的形成,避免对自然环境和生态系统的破坏。

（三）水体

水是构成自然景观的重要因素之一,也是自然界最为活跃的因素。由于水与山、植物、气候、季节变化等因素的相互影响,会形成很多奇妙的自然景观(图 8-6)。就植物景观设计而言,水无疑对植物的生长和灌溉有着不可替代的作用,同时,植物与水结合又会创造出无比美妙的空间。

在植物景观造景中,一方面要重视对水体的有效利用,避免对自然水体的污染和破坏。尽量利用当地的自然水域对植物进行自然灌溉和养护。在自然水域缺失或不足的情况下,适量人工造湖,以利于植物景观的生长和降低植物景观的维护成本。另一方面要重视对水体的造景作用,处理好植物景观与水体的景观关系。根据水的形态、动态、势态、声音、面积、深度及与陆岸的形状配置适宜的植物类型,创造可观可赏、可游可玩的意境景观。

图 8-6

（四）气候

四季的更替、昼夜气象和温度的变化是气候最显著的特征。这些特征又随经度、纬度、海拔高度、日照强度、植被条件以及水体条件的不同而产生变化。在植物景观设计中,植物能否完成特定的景观功能与其抵抗和适应周围的气候条件的能力是相关的,因此,应重视气候对植物的影响。同时,气候的变化也会引起景观的变化,产生一些意想不到的美景。气候对植物景观的影响主要有以下几方面。

（1）温度。温度决定了植物的抵抗能力和生长。植物生长都有最高温度和最低温度的要求,这在很大程度上决定了在一特定地区或一个工程中植物的适应性。

（2）降雨量。在决定植物适应性时重要性仅次于温度。在很大程度上控制了植被的分布。降雨量大的地方,容易形成茂密的森林;而降雨量稀少的地方只能维持耐干旱植物的生长。

（3）湿度。与温度一起作用于植物。

（4）光照。光照强度和持续时间影响着植物的生长。

（5）风。风可以帮助植物传播花粉、种子,延续植物的繁殖。大风或突然而起的风又可能会对植物造成危害。

二、人文要素

植物景观设计的人文要素主要包括审美观念以及地域特点。

（一）审美观念

审美观念是一定地域内人们对事物的审美看法和价值取向。它是历史的产物,也随历史的发展而发展。不同时代有不同的审美观念,如古代受社会生产力和人们认识上的限制,审美观念简单淳朴,而现代审美观念则丰富多彩,趋于多元化。同时,不同民族有不同的审美观,如中西方的审美观念不同,中国人崇尚"天人合一"的自然审美观,在景观设计中,主张"师法自然",形成了自然山水式园林景观(图 8-7);而西方国家崇尚秩序和比例的美,产生了规整式园林景观。

图 8-7

（二）地域特点

地球表面不同区域的地貌、气候不同,产生了地域的地理特点;而各个民族的不同文化和不同审美观念又形成了地域的人文特点。这两个特点综合作用而形成了地域特点。

地域特点的不同形成了不同风格、不同类型的植物景观,如受人文因素影响的地台式景观、庄园景观、自然山水式景观,受地理因素影响的热带植物景观(图 8-8)、亚热带植物景观、寒带植物景观等。地域特点使植物景观呈现多样性的特点,极大地丰富了植物景观的内容和形式。

图 8-8

三、形式要素

植物景观设计的形式要素主要包括几何要素、色彩要素、质感要素。

(一)几何要素

1. 点

点在景观中起画龙点睛的作用。植物景观的点是指单体或几株植物的零星点缀。点的合理运用是景观设计师创造力的延伸,其手法有自由、陈列、旋转、放射、节奏、特异等,不同点的排列会产生不同的视觉效果。点是一种轻松、随意的装饰美,是景观设计的重要组成部分。

2. 线

在这里所称的线是指用植物栽种的线或是重新组合而构成的线,如景观中的绿篱。线可分为直线、曲线两种。要把景观图案化、工艺化,线的运用是基础。线的粗细可产生远近的关系,同时,线有很强的方向性,垂直线庄重有上升之感,而曲线有自由流动、柔美之感。神以线而传,形以线而立,色以线而明,景观中的线不仅具有装饰美,而且还充溢着一股生命活力的流动美感(图 8-9)。

3. 面

景观中的面主要指的是绿地草坪和各种形式的绿墙,它是景观中最主要的表现手法。面可以组成各种各样的形,把它们或平铺或层叠或相交,其表现力非常丰富。

4. 体

体是被围合而形成的区域,具有体量感。植物景观中的体由植栽或植栽与其他形体围合而成,分为有顶和无顶。一般植物景观中的体内部又会建立开敞的空间,内设人行道和观赏休闲空间,供行人观赏游玩。

图 8-9

（二）质感要素

质感可被定义为物质表面的触觉和视觉特征。植物的质感指植物材料的表面质地,和植物组织密切相关。植物景观的质感取决于植物组成单元的形态、尺寸和总体,它对于植物景观来说是能增加尺度、变化、趣味的设计工具。

在植物景观中,质感是由树叶、细枝、树干的排列和尺寸建立起来的,它可以从几个方面来描述:粗糙与细腻、毛糙与光滑、重与轻、厚与薄,并且随一年的季节而变化。冬天,落叶树的质感取决于枝干的尺寸、数量和位置。当树叶长满时,它的质感主要取决于树叶的大小、形状、数量和排列。

质感与色彩一样,对观赏者同样有某种生理和心理上的影响。例如,质感可从细腻逐步过渡到粗糙,或相反的顺序。从细腻过渡到粗糙,使距离显得近;而从粗糙过渡到细腻,则使距离显得远。

在设计中,可以通过植物之间的对比来获得质感的表现。例如将蕨类植物与灌木植物相比较,则蕨类植物显得更纤细。质感也受植物观赏距离的限制,比如与一棵树的距离很近时,人们能看到树的叶子形状和表面质感;而离这棵树较远时,就只能看到这棵树叶子的总体,质感因而变成植物群的整体感觉。

在植物景观设计中要有效地运用质感,植物的每个部分必须与周边有联系并相互协调。质感变化应当遵循合理和分级的方式,即有序进行,不破坏连续感。

（三）色彩要素

植物或是植物群落的色彩是由其表面反射的光线波长所决定,并且表现出视觉特征,这是植物景观设计诸要素中最引人注目的。它能吸引人的注意力、影响情绪、创造气氛,并表现出特定的景观效果。不同的色彩能引起人们不同的生理和心理反映,如红色热烈、蓝色幽静、紫色高贵等,这些不同的反映可以为植物景观创造提供设计依据,创造出许多不同的景观美景。

在植物景观设计中,基本上要用到两种色彩类型:第一种是背景色,起柔化剂的作用以调和景色,它在整个景观结构中应当是一致的、色彩均匀的和悦目的。第二种是重点色,用于突出景观的某种特质。

植物景观设计中还可以进一步分成三种色彩结构类型:单色,整个景观中采用同种色彩或色调;补色,采用互补的色彩形成景观突出的丛植以构成支配色;杂色,采用随意布置的色彩绘制成一幅多彩的图画。

植物景观中的色彩表现还与观赏距离、光线强弱、地貌状况、植物数量及排列方式和密度有关。同时,色彩还和质感密切相关,柔和的色彩有良好的质感效果,而相对刺目或明亮的色彩则表现出粗糙的质感。

在植物景观设计中,对色彩的运用应注意以下三原则。

(1)人有倾向明亮鲜艳色彩的心理趋势,同时,柔和的冷色调更有助于安静人们的神经系统。

(2)为了不破坏连续性,色彩变化应分等级进行,避免强烈的反差。

(3)任一植物或植物群落的色彩必须与周围环境协调。

第三节 植物景观设计的内容

一、植物景观设计的要素

(一)视觉景观形象

视觉景观形象主要是从人类视觉形象感受要求出发,根据美学规律,利用空间实体景物,研究如何创造赏心悦目的环境形象。在植物景观设计中,必须以敏锐和富有洞察力的艺术手法分析和组合视觉景观,以充分利用极为细微但充满潜在生机的部分,使视觉景观形象得以保护、弱化、缓和及强化。

视觉景观形象的设计处理必须与相连的用地区域或空间状况相和谐(图 8-10)。为了便于更好地控制视觉景观形象的局限性,使人们能以一种更新奇有趣的方式来看某些局部,利用强有力的吸引将人引至远处,或从一地吸引到另一地,使观赏者步移景异,惊喜不断,是一种有效的手段,而利用对景或衬景的方法则可以使视觉景观形象更为深刻。

另外,在视觉景观形象设计中要注意避免视觉兴奋的分散。视觉兴奋的分散不利于视觉景观形象的形成,使场景凌乱而失去主题意义。

(二)环境生态绿化

环境生态绿化主要是从人类的生理感受要求出发,根据自然界生物学原理,利用阳光、气候、动植物、土壤、水体等自然和人工材料,研究如何创造令人舒适的良好的物理环境。

生态性是植物景观的一个重要特性,因为无论在怎样的环境中建造景观,景观都与自然发生着密切的联系,这就必然涉及景观与人类、自然的关系问题。在环境问题日益突出的今天,生态性应引起景观设计师的高度重视(图 8-11)。

图 8-10

图 8-11

把生态理念引入景观艺术设计中,就意味着生态关系的协调与可持续性发展。具体来说,首先是尊重物种的多样性,减少对资源的掠夺,维持植物环境和动物栖息地的质量。其次是尽量减少对自然环境的破坏,特别是毁灭性的破坏,维持地域的生态平衡。最后是尊重地域特点,保留当地的生态特征和文化习俗,避免景观设计中的贵族化和流行化,强行将一些名贵花木或流行花木移植到不适宜的地区栽植。

（三）大众行为心理

大众行为心理主要是从人类的心理精神感受要求出发，根据人类在环境中的行为心理乃至精神活动的规律，利用心理、文化的引导，研究如何创造使人赏心悦目、浮想联翩、积极上进的精神环境。

任何植物景观的建造都是为人服务的，而满足人的行为心理需求程度是评价植物景观宜人性的重要因素。根据环境心理学研究，人的行为心理对环境的要求主要表现在以下几方面。

1. 个人空间

这是个人心理上所需要的最小的空间范围，可以避免外界的侵犯和干扰，具有自我保护功能。

2. 密度和拥挤感

密度指个体与面积的比值。环境中，在高密度的情况下会引起一种消极反应和拥挤感。而拥挤对人的行为影响有三个方面：一是导致人际吸引降低；二是导致退缩行为和利他行为减少；三是有可能导致攻击性增强。

3. 领域性

这是个人或群体为满足某种需要，拥有或占用一个场所或区域，并对其加以人格化和防卫的行为模式。领域具有组织功能，有助于形成私密性和控制感。

4. 私密性

这是对接近自己或自己所在群体的选择性控制。

5. 场所

由特定的人或事所占有的环境的特定部分。这里的场所是非空间性的，强调人赋予环境意义，以及人在与环境持续互动之中所构建出的生活世界。

人的行为习性是人的生物性、社会和文化属性与特定的物质和社会环境长期交互作用的结果。在植物景观设计中，要尽可能创造利于公众接触和交往的条件，注重不同领域的边界处理，形成私密性—公共性层次，增强外部空间的生气感和易识别性。

二、植物景观硬质设计

（一）地面设计

地面设计是指用各种材料对地面进行铺砌装饰，范围包括园路、广场、活动场地等。植物景观环境中的地面铺装设计可以为人们提供一个良好的休闲场所，并创造优美的地面景观；还可以起到分隔和组织空间的作用，组织交通和引导游览线路。

地面铺装（图8-12）的形式很多，如混凝土、石块等硬质材料铺装，塑料、塑胶、混合土等软质材料铺装,碎石、沙砾等衬垫铺装,以及草坪灌木等植物覆盖等。

图 8-12

地面铺装在设计和施工方面应注意以下几点。

(1)地面铺装应具有指引性,增强流线的方向感和空间引导性。

(2)选材要综合考虑材料的质感、色彩、尺寸与周围环境的协调性,以及人流密度和高频率使用对地面材料的损坏。

(3)使用两种以上材料时应兼顾材料特性,注意预留结合处缝隙,避免材料及结构的破坏。

(4)尽量使用生态环保材料,特别是透气和渗水率较高的地面材料。

(5)在不同分区和空间节点上要通过铺装材料的材质、色彩和差异来做空间变化的暗示,以利于景观和视觉的调和。

(二)控制设备

控制设备是拦阻设备与引导设备两大部分的总括。拦阻设备包括强制性阻隔和规劝性拦挡。根据环境的性质和被保护对象的不同,可选用多种拦阻手段。

(1)实墙:可有效遮挡视线,防止外界干扰。

(2)漏墙:即在实墙上做局部漏空处理。视线和噪音的阻隔作用较实墙差,使空间具有半通透的感觉。

(3)栅栏:即全漏空或基本漏空的围墙。与外界的视觉通透效果好,且仍具有较强的防护功能(图 8-13)。

(4)垣墙:80 厘米高度以下的石墙,对视线没有阻挡作用,且拦阻意图不强。

(三)服务设施

景观环境中的服务设施包括垃圾箱、电话亭、休息椅(图 8-14)等。这些设施具有占地少、分布广、可移动等特性。服务设施的设计主要考虑到紧凑实用和反映所在环境特征,在布置时应考虑合适的位置,以及与场所和行人的交通关系,做到既便于寻找、易于识别、随时利用,又能提高景观和环境的效益。

图 8-13

图 8-14

（四）标识系统

标识系统可用于标明位置、指明交通方向、表示对参观者的欢迎、显示场地占用情况以及某些警示提醒等,其在植物景观设计中的作用是十分重要的。作为一种图示艺术,好的标识系统不仅方便人们的参观游览,还可使平凡的景观产生很强的美学效果。

一套好的标识系统应具备最基本的条件,如标识物本身的大小、形状、颜色、排版等,与周围环境的协调性,有时甚至还有植物景观中的象征物或相关形象。

标识系统包括指示牌、介绍牌、警示牌及一些关怀宣传牌。

(1)指示牌:标明位置,指示交通方向(图 8-15)。

图 8-15

（2）介绍牌：对景观环境、内容、特色等的介绍（图 8-16）。

图 8-16

（3）关怀牌：对游客的关怀提示。
（4）警示牌：提醒安全注意事项。

（五）照明设施

照明设施（图 8-17）包括灯具、灯罩、灯架、固定装置等。景观环境中的照明设施选用要考虑两方面的因素：一是满足合理的照明需要，二是照明设施的造型、色彩及布置位置要融入周围环境中，并能美化环境，营造美的情调。

图 8-17

三、植物景观软质设计

植物景观的软质设计是指用一些艺术的手法来创造景观环境,使景观环境既舒适宜人,又具有特定的功能性。具体来说,植物景观的软质设计包括景观空间的塑造、植物的空间造型、植物的特性应用及植物栽植设计的空间结构。

(一)植物景观的空间塑造

植物景观可利用地形及建筑来构筑空间,塑造空间形象,但这种空间一般较为固定,且缺乏灵活性。植物景观中更多的是利用植物本身来组织围合空间,或利用植物与其他构筑要素相互配合共同构成空间范围。植物主要是通过树干的疏密、大小、高低、枝叶来组织围合空间。植物可构成的基本空间形式有以下几种。

(1)开敞空间:利用低矮的灌木或地被植物作为空间的限定因素。这种空间开敞、外向、无私密性。

(2)半开敞空间:由部分较高植物限定空间,视线部分被阻隔。

(3)覆盖空间:有两种形式,一是利用具有浓密树冠的遮荫树构成顶部覆盖而四周开敞的空间;二是绿色走廊式空间,由道路两旁的树交冠遮荫形成(图 8-18)。

(4)封闭空间:即顶部和四周都被植物围合。这种空间荫蔽,无方向性,具有极强的隐秘感和隔离感。

图 8-18

（5）垂直空间：运用高而细的植物构成一个竖向、垂直向上的空间。空间的垂直感强弱取决于四周的开敞程度与植物的垂直高度。

植物与地形相结合，还可强调或消除由于地形的变化所形成的空间感。如将植物植于凸起的地势上，便可增强相邻的凹地或谷地的空间封闭感；而将植物植于凹地或谷地的底部或周围的斜坡上，将会减弱或消除由地形所构成的空间封闭效果。

植物还能改变由建筑物所构成的空间范围和布局。如用植物将建筑物所围合的大空间分割成许多小的次空间；或用植物将几个建筑物形成的空间连接成一个系列空间，增强空间的趣味感。

（二）植物的空间造型

植物的空间造型是指从植物的总体形态与生长习性来表现的三维外部轮廓。它是由植物的主干、主枝、侧枝及叶子所体现的。植物的不同空间造型有不同的情感表现，形成千姿百态的空间美。植物的造型又分为单株植物的造型和群植植物的造型。单株植物造型主要分为垂直向上型、水平展开型、无方向型和特殊型。

（1）垂直向上型包括笔型（如铅笔柏、塔杨）、圆柱型（如钻天杨、杜松）、尖塔型（如雪松、南洋杉、冲天柏）、圆锥型（如圆柏、毛白杨）。此类植物以其挺拔向上的生长之势引导观赏者的视线，使人产生一种超越空间的垂直感和高度感。这类植物宜于表达严肃、静谧、庄严气氛的空间，如陵园、墓地等，也可与一些低矮的植物配置，形成强烈的对比，产生跌宕起伏的感觉。

（2）水平展开型包括偃卧形（如偃柏、铺地柏）、匍匐形（如葡萄、爬山虎）。水平展开型植物既具有安静、平和、舒展的积极表情，又能营造空旷、冷寂的气氛。水平展开型植物使植物产生外延的生长动势，引导视线方向，可增加景观的宽广度。在应用上，宜与垂直向上型植物搭配，产生纵横发展的效果，或与地形的变化、场地的尺度相结合，表现其遮掩的作用。

（3）无方向型是指以圆形、椭圆形或以弧形、曲线为轮廓的构图，因其对视线的引导没有方向性和倾向性，故称无方向型。无方向型植物造型包括圆形、卵圆形、伞形、钟形等。这些造型具有柔和平静的格调，可用于调和外形强烈的植物，形成设计的统一性。

(4)特殊型包括垂枝形、曲枝形、棕榈形等。其应用应视造型与地形和周围场景结合情况而定。

群植植物的空间造型指植物通过群植的方式形成的空间立体效果，其空间表现形式主要是群体植物，而不是单株植物。群植植物的空间造型主要有：草坪、绿篱、绿棚、林缘线、花坛、林荫道。

(1)草坪：主要由水平展开型植物群植形成，形成一种平面感觉(图 8-19)。平面形状可以是规则式的，也可以是不规则式的。在景观中，草坪可以起衬景作用，使围绕其周围的竖向植物更突出形象。其本身也可承担硬质铺地的功能，软化景观的视觉空间。

图 8-19

(2)绿篱：植物通过行植形成的规则几何形式或直线形式称为绿篱(图 8-20)。绿篱可高可矮，在景观中可形成独立的景观形象，也可以作为软化的墙体，起围合组织空间和引导空间的作用，还可以作为雕塑或其他植物造型的背景。

图 8-20

(3)绿棚：由植物缠绕或附着于支架上，构成顶棚形式，顶棚下面为人们活动的空间。绿棚可形成绿色的凉棚或走廊，或花棚，可有效阻挡阳光，给人阴凉舒爽的感觉(图 8-21)。

图 8-21

　　(4)花坛:是指具有一定几何轮廓植床内种植的观赏植物(图 8-22)。花坛植物可是单一品种,也可是多种植物搭配。植物纹样形式也是多种多样的,可以是规则几何式,也可是抽象图案,或题字、标志性图案等。花坛的优势不但在于多样性的强烈装饰,形成视觉的焦点,也在于其随时可更换的灵活性,赋予景观常新多变的感受。

图 8-22

　　(5)林缘线:林缘线原意指树冠垂直投影在平面上的线,这里指密植在一起的树和生长在其下的灌木组成了一道绿墙,形成开放空间的自然边界。林缘线首先要具有良好的天际线形状,组成林缘线的树木要求在形状上协调,可采用无方向型树木搭配而形成舒缓平和的林缘,也可采用垂直型树木形成高大的林缘。林缘线还要注意树木的肌理搭配,树木肌理对林缘线的光影变换、色彩浓淡起着关键性的作用。

　　(6)林荫道:道路两旁线型种植的树木形成了一种特殊的顶棚——林荫道(图 8-23)。林荫道能提供竖向的边界,限定交通线路,还能提供阴凉空间,其作用类似于绿棚。不同树种、生长年限和种植间距,都会影响林荫道的空间效果,给人不同的空间感受。

图 8-23

（三）植物的特性应用

在植物景观中,植物的特性应用包括植物季相设计和性格设计。

植物的季相变化是植物对气候的一种特殊反应,是生物适应环境的一种表现。如大多数的植物会在春季开花,发新叶,秋季结实,而叶子也会由绿变黄或其他颜色。

植物的季相设计首先应对植物本身的季相变化有清晰的了解。植物在不同的季节有不同的生态表现,如一般植物都是春华秋实,树叶颜色也随春夏秋冬的更替而由绿变黄。但某些植物则具有独特性,如菊开深秋、梅开寒冬,枇杷于春季结果,而桃李于夏季结果,更有四季常绿的植物。其次是要对植物各个部分在四季的变化进行设计,注意花的持续期、果的挂果期、枝干树叶的四季变化,使植物景观呈现季季有景。最后,按照美学的原理合理配置。

植物的性格设计是指根据人们赋予植物的性格特征进行组合搭配,营造具有特殊含义的景观环境。自古以来,人们就喜欢根据植物的形态特征和生长习性赋予植物人格化的特征,特别是在中国、日本、古埃及和古希腊,许多植物都具有象征意义,如柳树空灵飘逸,代表伤感的离别;石榴多子,在古希腊代表生命永恒,在我国代表多子多福;松代表君子,菊代表坚强,竹代表高风亮节,梅、兰、竹、菊更是被喻为"四君子"。在设计中,充分发挥想象力,提取出不同植物的相同性格特征,就可以形成富有深意的植物景观形象。如在我国就有梅兰竹菊、柳绿桃红、玉堂富贵、高台牡丹、松鹤延年的传统配置,具有小家碧玉式的雅致耐看,也具有为人熟知的象征意义（图 8-24）。

（四）植物栽植设计的空间结构

在植物景观的空间规划中,栽植设计起着重要的作用。具体来说,植物栽植可以组成轴线结构、道路系统、几何图形、坐标网络、空间层次等,还可以提示空间的转折与过渡,以及起到框景与借景的作用。

1. 轴线结构

轴线是一条或隐或实的线,轴线上的所有要素都围绕它安排,常被用作组织场地和构图,可以赋予景观秩序美。轴线的表现方式多种多样,常见的方式是道路,由草坪、绿篱或花坛围合,也可以由高大的乔木围合。植物栽植形成的轴线主要是在轴线上种植植物,如草坪、花坛、树丛等,也可以是几种形式的组合,形成或直观或微妙的轴线结构形式。

图 8-24

2. 道路系统

道路是供人们游览的路线,其宽度、所用材料及周围植物的配置方式都对行人的心理造成影响。道路的入口、出口、中心,所连接的景点和空间的层次是设计的重点所在,在这些位置上都可以栽植植物,起到提示或引导的作用。采用树木、绿篱、花池等种植方式围绕道路,还可以使道路呈现不同的意境。

3. 坐标网络

用一系列相平行的线和另一系列相平行的线交织,就构成了坐标网络。在栽植设计中,这些线可以用规律性的行植植物来代替,如果园中的果树栽植就是一种坐标网络。坐标网络是空间设计中常用的手法,可以赋予某个地段一种平均的规律感,也可以利用坐标网络定位其他设计要素。打破或丢失坐标网络的一部分可以取得变异的效果。

4. 几何图形

用植物栽植形成几何形图案,可使景观具有明确的秩序和规律感,增强景观的趣味性和观赏性。

5. 空间的转折与过渡提示

在景观发生变化的位置,空间的大小、明暗、运动或静止、封闭或开敞都会发生变化,在这个位置栽植植物,可以起到提示或暗示的作用。如在景观的入口或拐弯处栽植特殊的植物,可以吸引游人,并提示前方另有天地。

6. 空间层次

任何景观的空间功能都不是单一的,如从游览空间到休息空间,从公共空间到私密空间,这些空间具有不同的使用价值和特性,也决定了空间的层次性。空间的层次除了可以用建筑形式表现,也可以用绿篱、顶棚、草坪、花坛等植栽围绕的形式来表现。

第四节　植物景观设计原理

一、生态原理

(一)水分

对植物而言,水不仅是重要的生态因子,也是植物不可缺少的物质。水是植物体主要的组成成分。植物的一切生化反应都需要水分参与,一旦水分供应间断或不足时,就会影响生长发育,持续时间太长还会使植物干死,这种现象在幼苗时期表现得更为严重。反之,如水分过多,会使土壤中的空气流通不畅,氧气缺乏,温度过低,从而降低了根系的呼吸能力,同样影响植物的生长发育,甚至使根系腐烂死亡。

根据植物对水分变化的适应能力可分为如下四类。

1. 旱生植物

旱生植物(图 8-25)是指在生长环境中只要有少量的水分就能满足生长发育的需要,甚至在空气和土壤长期干燥的情况下也能保持活动状态的植物。这类植物一般树干矮小,树冠稀疏,根系发达,吸收能力强,叶形小而厚,有的退化成针状,表层趋于有角质层或者生绒毛等特征。在植物景观设计中常用的旱生植物有落叶松、白皮松、黑松、油松、龙柏、桧柏、侧柏、青桐、杜仲、泡桐、臭椿、合欢、白榆、栓皮栎、槲树、青杨、小叶杨、构树、刺槐、紫薇、毛白杨、棕榈、郁李、油橄榄、杜梨、柚、梅、桃、李、杏、栗树、柿树、枣树、枫香、木麻黄、栾树、黄连木、拓树、白蜡树、腊梅、枇杷、紫穗槐、夹竹桃、栀子花、杜鹃、香水月季、玫瑰、十大功劳、榆叶梅、海棠花、金丝桃、金银花、龙舌兰、丝兰、凤尾兰、连翘、马桑、天门冬、百合、地肤、雁来红、石菖蒲、牵牛花等。

2. 湿生植物

湿生植物(图 8-26)要求土壤水分充足,适合在水湿地中生长,其抗涝性强,在短期内积水生长正常,有的即便根部伸延水中数月也不影响生长。其中还有少数植物长年生长在浅水中照样开花结实。这类植物根系不发达,抗旱能力极差,处于水体的港湾或热带潮湿荫蔽的森林里。常用的湿生植物有垂柳、柽柳、水曲柳、龙爪柳、杞柳、银柳、池杉、水杉、落羽杉、墨西哥落羽杉、臭椿、枫杨、枝江枫杨、秋枫、白蜡、洋白蜡、栾树、朴树、梓树、胡颓子、青杨、木麻黄、木棉、木芙蓉、重阳木、乌桕、紫穗槐、金银花、丝兰、凤尾兰、各种秋海棠、大海芋、观音座莲、水仙、香蒲草、灯心草、毛茛、虎耳草等。

图 8-25

图 8-26

3. 中生植物

中生植物是指介于旱生植物和湿生植物之间的植物。一般陆生植物多属此类。它们对水分变化的适应能力差异很大,如乌桕、水杉等,虽以水淹仍可正常生长,而梧桐、桃、李、木瓜、雪松之类,经水淹就会死亡。

4. 水生植物

植物的全部或一部分,必须在水中才能生长的植物称为水生植物,其又可分为以下几类。

(1)沉水植物:这类植物整个植株沉没在水中,如金鱼藻、黑藻等藻类植物。

(2)浮水植物:这类植物的叶片浮于水面,可直接在水面上接受阳光,并通过叶面在水上进行气体交换,如荷花、浮萍、王莲、睡莲等。

(3)挺水植物:此类植物扎根于水底,大部分茎叶则挺伸于水面之上,如芦苇(图 8-27)、香蒲等。

图 8-27

（二）温度

温度是植物极重要的生命因子之一。根据一年中温度因子的变化，可分为四季：春、夏、秋、冬。地球表面温度变化很大。温度随海拔升高、纬度的北移而降低，随海拔的降低、纬度的南移而升高；一年四季有变化，一天昼夜有变化。

1. 温度与植物的生理活动

温度的变化直接影响着植物的光合作用、呼吸作用和蒸腾作用。每种植物的生长都有最低、最适、最高温度，称为温度三基点。低于最低或高于最高温度界限，都会引起植物生理活动的停止。

2. 温度与植物的生长发育

大多植物生长的环境温度适应范围在 4℃～36℃ 之间，但是因植物种类和发育阶段不同，对温度的要求差异很大。热带植物如椰子、橡胶、槟榔等要求日平均温度在 18℃ 以上才能开始生长；亚热带植物如柑橘、香樟、油桐、竹等在 15℃ 左右开始生长；暖温带植物如桃、紫叶李、槐等在 10℃，甚至不到 10℃ 就开始生长；温带树种紫杉、白桦、云杉在 5℃ 就开始生长。一般植物在 0℃～35℃ 的温度范围内生长，随温度上升生长加速，随温度降低生长减缓。

3. 植物的寒害和热害

低温会使植物遭受寒害和冻害。在低纬度地区，某些植物即便在温度不低于 0℃ 时，也能受害，称为寒害。寒害多发生在热带地区。高纬度地区的冬季或早春，当气温降到 0℃ 以下时，会导致一些植物受害，叫冻害。冻害的严重程度除了极端低温值外，还与降温速度和持续时间有关，也因植物抗性大小而异。在相同条件下降温速度愈快，植物受伤害愈严重，低温持续的时间愈长，受伤害的程度愈大。一般来说，热带干旱地区植物能忍受的最高极限温度为 50℃～60℃ 左右。原产北方高山的某些杜鹃，如长白山自然保护区白头山顶的牛皮杜鹃、苞叶杜鹃、毛毡杜鹃，都能在雪地里开花。

植物细胞的高温致死点大约在 50℃～60℃ 以上，且与高温持续时间有关。在自然条件下，50℃ 以上的气温较为鲜见，通常是因为伴有干化，使枝叶枯焦。薄皮树种的树皮对温度的调节能力较差，在强光照射下则会造成细胞死亡，发生"皮烧"现象。

4. 温度与开花的关系

植物只有在适宜的温度下才能生长发育。对某些植物来说，一定范围的低温有促进花芽分化的作用。例如，紫罗兰只有通过 10℃ 以下的低温才能完成花芽的分化。花芽分化要求的温度与开花需要的温度往往是不一致的，原产热带或亚热带的植物开花所需的温度较高，如牵牛、茑萝、鸡冠花、半支莲、凤仙花等要求温度在 10℃～16℃ 时开花最好。许多树木如得不到它所需要的温度，就不能开花结实。即便是已经形成了花原始体，如果不能满足它的低温要求，也不能开花。北方的许多树种花，其芽头要一年形成，倘若冬天不能满足它对一定低温的要求，翌年就不能开花。不同植物开花需要的低温值和持续的时间不同。起源于北方的植物需要的低温值比起源于南方的要低，而且持续时间也较长些。此外，温度对花色也有一定的影响，温度适宜时，花色艳丽，温度过高或过低花色则淡而不艳。

（三）光照

光是绿色植物进行光合作用不可缺少的能量源泉。只有在光照下，植物才能正常生长、开花和结实。植物依靠叶绿素吸收光能，利用光能进行物质生产，把二氧化碳和水加工成糖和淀粉，释放出氧气供植物生长发育，这就是光合作用，它是植物与光最本质的联系。光的强度、光质以及日照时间的长短都会影响植物的生长和发育。

1. 植物对光照强度的要求

在自然界的植物群落组成中，乔木层、灌木层、地被层所处的光照条件都不相同，长期适应的结果形成了植物对光的不同生态习性。根据植物对光照强度的要求，传统上将植物分成阳性植物、阴性植物和居于这二者之间的耐阴植物。

（1）阳性植物

阳性植物只能在全光照或强光条件下正常生长发育，不耐庇荫，树冠下一般不能正常完成更新过程。阳性植物多数长期生长在阳光充足的地方。由于光照强度大，本身蒸腾强度大，土壤水分蒸发量也大。一般根系庞大且深，适应性也强。

阳性植物包括大部分观花、观果类植物和少数观叶植物，如茉莉、扶桑、石榴、柑橘、橡皮树、紫薇、银杏、椰子、油松、黑松、金钱松、赤松、垂枝柳、池杉、龙柏、桧柏、西藏柏、铅笔柏、侧柏、柏木、毛白杨、银白杨、胡杨、加杨、槐树、刺槐、垂柳、旱柳、柽柳、白榆、榔榆、红果榆、樟树、朴树、楸树、拓树、柞木、泡桐、青桐、悬铃木、枫杨、光皮树、广玉兰、白玉兰、紫玉兰、鹅掌楸、厚朴、杜仲、黄连木、重阳木、樟叶槭、女贞、丁香、合欢、皂荚、连翘、黄檀、石榴、梅花、樱花、杏花、木瓜、葡萄、桂花、紫藤、银桦、蒲葵、珍珠梅、黄杨、枸杞、月季、火棘、爬行卫矛等及许多一二年生植物。

（2）阴性植物

阴性植物适于在庇荫或较弱光照条件下生长发育，而不耐强光，或基本上不会在强光下出现。在自然植物群落中，它们处于中、下层，或生长在潮湿背阴处。

阴性植物主要是一些观叶植物和少数观花植物，如兰花、文竹、玉簪、八仙花、一叶兰、万年青、藤类、蚊母、海桐、珊瑚树、红豆杉、粗榧、香榧、铁杉、可可、咖啡、肉桂、萝芙木、珠兰、茶、怜木、紫金牛、中华常春藤、地锦、三七、草果、人参、黄连、宽叶麦冬及吉祥草等。

（3）耐阴植物

一般需光度在阳性植物和阴性植物之间，对光的适应幅度较大，在全日照条件下生长良好，也能忍受庇荫的环境。大多数植物属于此类，如罗汉松、竹柏、山楂、椴、栾、君迁子、桔梗、白芨、棣棠、珍珠梅、虎刺及蝴蝶花等。

植物的耐阴性是相对的，不是固定不变的。它的喜光程度与纬度、气候、年龄、土壤等条件有密切关系。在低纬度的湿润、温热气候条件下，同一种植物要比在高纬度较冷气候条件下耐阴。在山区，随着海拔高度的增加植物喜光程度也相应增加。

2. 植物对光照时间的要求

光照时间的长短对植物花芽分化和开花具有显著的影响。有些植物需要在白昼较短、黑夜较长的季节开花，另一些植物则需要在白昼较长、黑夜较短的季节开花。植物开花对不同昼夜长短的周期性适应，叫作光周期现象。根据植物对光照时间的要求的不同，可分为以下三类。

（1）长日照植物：生长过程中，有一段时间需要每天有较长日照时数，或者说夜长必须短于某一时数，即每天光照时数需要超过 12～14 小时以上才能形成花芽，而且日照时数越长开花越早。否则，将保持营养状况，不开花结实。唐菖蒲是典型的长日照植物，为了终年使唐菖蒲开花，冬季在温室栽培时，除需要高温外，还要用电灯来增加光照时间。通常以春末和夏季为自然花期的观赏植物是长日照植物，如采取措施延长日照时间，可以促使其提前开花。

（2）短日照植物：生长过程有一段时间要求白天短、黑夜长，即每天的光照时数应少于 12 小时，但需多于 8 小时，这样才能有利于花芽的形成和开花。一品红和菊花是典型的短日照植物，它们在夏季长日照的环境下只进行营养生长，而不开花；入秋以后，当日照时间减少到 10～11 小时，才开始进行花芽分化。多数早春或深秋开花的植物属于短日照植物，若采取措施缩短日照时数，则可促使它们提前开花。

（3）中日照植物：中日照植物对日照时间不敏感，只要发育成熟，温度适合，一年四季都能开花，如月季、扶桑、天竺葵、美人蕉等。

植物的开花对光照时间的要求是其在分布区内长期适应一定光周期变化的结果。短日照植物都是起源于低纬度的南方，长日照植物则起源于高纬度的北方。一般短日照植物由南方引种到北方，由于北方日照时数较长，常出现营养生长延长，易遭受冻害；而长日照植物由北方向南方引种，虽也能正常生长，但发育期延长，有的甚至不能开花结实。因此，在植物配植时应注意植物生长发育对光周期的需求。

（四）土壤

植物生长离不开土壤，土壤是植物生长的基质。土壤对植物最明显的作用之一就是提供植物根系生长的场所。没有土壤，植物就不能站立，更谈不上生长发育。根系在土壤中生长，土壤提供植物需要的水分、养分。

1. 岩石与植物景观

不同的岩石风化后形成不同性质的土壤，不同性质的土壤上有不同的植被，具有不同的植物景观。岩石风化物对土壤性状的影响,主要表现在物理、化学性质上,如土壤厚度、质地、结构、水分、空气、湿度、养分等状况,以及酸碱度等。例如,石灰岩主要由碳酸钙组成,属钙质岩类风化物,风化过程中,碳酸钙可受酸性水溶解,大量随水流失,土壤中缺乏磷和钾,多具石灰质,呈中性或碱性反应,土壤粘实,易干。不宜针叶树生长,宜喜钙耐旱植物生长,上层乔木则以落叶树占优势。例如,杭州龙井寺附近及烟霞洞多属石灰岩,乔木树种有珊瑚朴、大叶榉、榔榆、杭州榆、黄连木,灌木中有石灰岩指示植物南天竺和白瑞香。植物景观常以秋景为佳,秋色叶绚丽夺目。砂岩属硅质岩类风化物,其组成中含大量石英,坚硬,难风化,多构成陡峭的山脊、山坡。在湿润条件下,形成酸性土。砂质,营养元素贫乏。流纹岩也难风化,在干旱条件下,多石砾或沙砾质,在温暖湿润条件下呈酸性或强酸性,形成红色黏土或沙质黏土。杭州云栖及黄龙洞就是分别为砂岩和流纹岩,植被组成中以常绿树种较多,如青冈栎、米槠、苦槠、浙江楠、紫楠、绵槠、香樟等。

2. 土壤物理性质对植物的影响

土壤物理性质主要指土壤的机械组成。理想的土壤是"疏松,有机质丰富,保水、保肥力强,有团粒结构的壤土"。团粒结构内的毛细管孔隙<0.1毫米,有利于贮存大量水、肥;而团粒结构间毛细管孔隙>0.1毫米,有利于通气、排水。

城市土壤的物理性质具有极大的特殊性。很多为建筑土壤,含有大量砖瓦与渣土,如其含量在30%时,有利于在城市践踏剧烈条件下的通气,使根系能生长良好,如高于30%,则保水不好,不利根系生长。城市内由于人流量大,人踩车压,增加了土壤密度,降低了土壤透水和保水能力,使自然降水大部分变成地面径流损失或被蒸发掉,不能渗透至土壤中去,造成缺水。土壤被踩踏紧密后,造成土壤内孔隙度降低,土壤通气不良,抑制植物根系的生长,使根系上移。人踩车压还增加了土壤硬度。一般人流影响土壤深度为3~10厘米,土壤硬度为14~18千克/平方厘米;车辆影响到深度30~35厘米,土壤硬度为10~70千克/平方厘米;机械反复碾压的建筑区,深度可达1米以上。经调查,油松、白皮松、银杏、元宝枫在土壤硬度1~5千克/平方厘米时,根系多;5~8千克/平方厘米时较多;15千克/平方厘米根系少量;大于15千克/平方厘米时,没根系。0.9~8千克/平方厘米时,根系多;8~12千克/平方厘米时,根系较多;12~22千克/平方厘米时,根系较少;大于22千克/平方厘米时,没根系,因为根系无法穿透,毛根死亡,菌根减少。

3. 土壤不同酸碱度的植物生态类型

据我国土壤酸碱性情况,可把土壤酸碱度分成5级:pH<5为强酸性;pH5~6.5为酸性;pH6.5~7.5为中性;pH7.5~8.5为碱性;pH>8.5为强碱性。

酸性土壤植物在碱性土或钙质土上不能生长或生长不良。它们分布在高温多雨地区,土壤中的盐质如钾、钠、钙、镁被淋溶,而铝的浓度增加,土壤呈酸性。另外,在高海拔地区,由于气候冷凉,潮湿,在针叶树为主的森林区,土壤中形成富里酸,含灰分较少,因此土壤也呈酸性。这类植物有柑橘类、茶、山茶、白兰、含笑、珠兰、茉莉、枸骨、八仙花、肉桂、高山杜鹃等。

土壤中含有碳酸钠、碳酸氢钠时,则pH可达8.5以上,称为碱性土。如土壤中所含盐类为氯化钠、硫酸钠,则呈中性。能在盐碱土上生长的植物叫耐盐碱土植物,如新疆杨、合欢、丈冠果、黄栌木槿、柽柳油橄榄、木麻黄等。

土壤是植物生命活动的场所,大部分植物需要中性土壤。根据植物对pH的适应度可分为以下几种。

（1）酸性土植物

在土壤 pH 值 6.5 以下的酸性土壤上生长最好的植物，称为酸性土植物。这类植物在中性土壤上尚可正常生长，但在碱性土壤上就很难生存。一般原生于降雨量大于蒸发量、且雨量分布均匀地区的植物，多为酸性土植物。我国长江及长江以南地区，北方 2 500 米以上海拔的高山地区，其自然分布的植物，也大都为酸性土植物。常见的酸性土植物有杜鹃花科、山茶科的大多数植物，茉莉花、栀子花、瑞香、台湾杉、印度橡皮树、龙眼、荔枝、柑橘类、兰科植物、报春花属、樟科植物、龙胆类、白兰花、杜英、桂花、花楸、金鸡纳、咖啡、金丝桃等。

（2）碱性土植物

在土壤 pH 值 7.5 以上的碱性土上生长良好的植物，称为碱性土植物。由于土壤碱性高，而使土壤水分无机盐浓度大，所以一般植物根部吸收困难，其渗透压也难以将其输送到枝叶中去；同时土壤中的某些矿物质也难以为植物利用，土壤微生物很少生存。这种状态只有耐碱植物能够适应；但若土壤 pH 值超过 8.5，植物就很难生长了。常见的耐碱植物有柽柳、沙枣、沙棘、盐肤木、火炬树、乌桕、苦楝、罗布麻、补血草、骆驼刺、骆驼蓬、地肤、白刺、黑沙篙、枸杞、蔓荆、碱蓬、甘草、黄花、紫穗槐、杜梨、榆、椿、槐、合欢、灰菜、野苑、苦菜、白蜡、洋白蜡、美国白蜡、葡萄、向日葵、棉花、芦苇、胡杨、红花、红花箩、枣树、侧柏、木麻黄等。

（3）中性土植物

中性植物是指在中性土壤上生长最佳的植物。土壤 pH 值在 6.5～7.5 之间。

（五）空气

空气中的氧气是植物呼吸作用必需的气体，二氧化碳是绿色植物光合作用必需的原料。没有空气，植物的呼吸和光合作用就无法进行，同样会死亡。相反，空气中有害物质含量增多时将对植物产生危害作用。在厂矿企业集中的城镇附近，空气中含有烟尘和有害气体，污染大气和土壤。以二氧化硫为例，各种植物对二氧化硫的抗性是不同的，当其含量极低时，硫是可以被植物吸收同化的，但当浓度达到百万分之二时就能使针叶树受害，达到百万分之十时，一般阔叶树叶子会变黄并脱落。因此，在污染地区进行绿化时就必须选用抗性强、净化能力大的植物。

1. 风对植物的生态作用及景观效果

空气中二氧化碳和氧都是植物光合作用的主要原料和物质条件。这两种气体的浓度直接影响植物的健康生长与开花状况。树木有机体主要组成中氮，碳占 45％、氧 42％、氢 6.5％、氮 1.5％、其他 5％，其中碳、氧都来自二氧化碳，可以大大提高植物光合作用效率。因此在植物的养护栽培中有的就应用了二氧化碳发生器等。空气中还常含有植物分泌的挥发性物质，其中有些能影响其他植物的生长。例如，铃兰花朵的芳香能使丁香萎蔫。洋艾分泌物能抑制圆叶当归、石竹、大丽菊、亚麻等生长。

风是空气流动形成的，对植物有利的生态作用表现在帮助授粉和传播种子。兰科和杜鹃花科的种子细小，重量不超过 0.002 毫克。杨柳科、菊科、萝摩科、铁线莲属、柳叶菜属植物有的种子带毛。榆、槭属、白蜡属、枫杨、松属某些植物的种子或果实带翅。以上几种都借助于风来传播。此外，银杏、松、云杉等的花粉也都靠风传播。

风有害的生态作用表现在台风、海潮风、冬春的旱风、高山强劲的大风等。沿海城市树木常受台风危害，如厦门台风过后，冠大阴浓的榕树可被连根拔起；大叶桉主干折断；凤凰木小枝纷纷被吹断,盆架树由于大枝分层轮生,风可穿过,只折断小枝;只有椰子树和木麻黄最为抗风。四川渡口、金沙江的深谷、云南河口等地,有极其干热的焚风,焚风一过植物纷纷落叶,有的甚至死亡。海潮风常把海中的盐分带到植物体上,如抗不住高浓度的盐分,就要死亡。青岛海边口红楠、山茶、黑松、大叶黄杨的抗性就很强。北京早春的干风是植物枝梢干枯的主要原因。由于土壤温度还没提高,根部没恢复吸收机能,在干旱的春风下,枝梢失水而枯。强劲的大风常在高山、海边、草原上遇到,由于大风经常性地吹袭,使直立乔木的迎风面的芽和枝条干枯、侵蚀、折断,只保留背风面的树冠,如一面大旗,故形成旗形树冠的景观。在高山风景点上,犹如迎送游客。

2. 大气污染对植物的影响

随着工业的发展,工厂排放的有毒气体无论在种类和数量上都愈来愈多,对人民健康和植物都带来了严重的影响。

(1)植物受害症状

第一,二氧化硫。二氧化硫进入叶片气孔后,遇水变成亚硫酸,进一步形成亚硫酸盐。当二氧化硫浓度高过植物自行解毒能力时(即转成毒性较小的硫酸盐的能力),积累起来的亚硫酸盐可使海绵细胞和栅栏细胞产生质壁分离,然后收缩或崩溃,叶绿素分解。在叶脉间,或叶脉与叶缘之间出现点状或块状伤斑,产生失绿漂白或褪色变黄的条斑。但叶脉一般保持绿色不受伤害。受害严重时,叶片萎蔫下垂或卷缩,经日晒失水,干枯或脱落。

第二,氯气。氯气对叶肉细胞有很强的杀伤力,很快破坏叶绿素,产生褪色伤斑,严重时全叶漂白脱落。其伤斑与健康组织之间没有明显界限。

第三,氟化氢。氟化氢进入叶片后,常在叶片前端和边缘积累,到足够浓度时,使叶肉中细胞产生质壁分离而死亡。故氟化氢所引起的伤斑多半集中在叶片的前端和边缘,成环带状分布,然后逐渐向内发展。严重时叶片枯焦脱落。

第四,光化学烟雾。光化学烟雾会使叶片下表皮细胞及叶肉中海绵细胞发生质壁分离,并破坏其叶绿素,从而使叶片背面变成银白色、棕色、方铜色或玻璃状,叶片正面会出现一道横贯全叶的坏死带。受害严重时会使整片叶变色,很少发生点、块状伤斑。

(2)植物受害结果

由于有毒气体破坏了叶片组织,降低了光合作用,直接影响了植物的生长发育,表现在生长量降低、早落叶、延迟开花结实或不开花结果、果实变小、产量降低、树体早衰等。

二、美学原理

(一)形式美原理

1. 植物形式美的表现形态

(1)线条美

线条是构成景物外观的基本因素。在植物景观中,采用直线类组合成的图案(如绿篱、行道树等),可表现简洁、现代、秩序、规则和理性。而自然曲线代表着优美、柔和、细腻、流畅、活泼、动感等。

（2）体形美

植物景观的造型相当丰富，不同的植物可以创造出不同的造型，产生不同的效果，有的是以自然体形突出特点，有的通过人工修剪而成（图 8-28）。

图 8-28

（3）光影色彩美

植物的质地不同、体形不同、色彩不同，产生的光影效果也就不同。所以在设计过程中要掌握植物的各种不同特性，适当应用于不同的场合。

（4）图形美

图形一般分为规则式图形（图 8-29）和自然式图形两类。

图 8-29

（5）朦胧美

植物在造景时,借助于其他元素或者天气因素,会产生很多意想不到的效果。中国传统的山水画,体现出如雨中花、烟云细柳之类,朦朦胧胧,若即若离,宛如仙境的感觉。

2. 形式美的运用

植物的形式美,可以通过以下几种艺术手法来表达,突出园林植物景观的特色和风格。

（1）变化和统一

在统一中求变化,在变化中求统一,相同种类的群体可以通过高低不同的形体来产生变化,相同形体的群体可以通过不同的类型来产生变化。

在植物景观设计时,树形、色彩、线条、质地及比例都要有一定的差异和变化,显示多样性,但又要使它们之间保持一定相似性,引起统一感,这样既生动活泼,又和谐统一。如果变化太多,整体就会显得杂乱无章,甚至一些局部感到支离破碎,失去美感。另外,过于繁杂的色彩也会使人心烦意乱,无所适从。因此,要掌握在统一中求变化,在变化中求统一的原则。运用重复的方法最能体现植物景观的统一感。例如,街道绿带中行道树绿带,用等距离配植同种、同龄乔木树种,或在乔木下配植同种、同龄花灌木,这种精确的重复最具统一感。

一座城市在树种规划时,分基调树种、骨干树种和一般树种。其中,基调树种种类少,但数量大,形成该城市的基调及特色,起到统一作用;而一般树种,则种类多,每种量少,五彩缤纷,起到变化的作用。长江以南盛产各种竹类,在景观设计中,众多的竹种均统一在相似的竹叶及竹竿的形状及线条中,但是丛生竹与散生竹有聚有散;高大的毛竹、钓鱼慈竹或麻竹等与低矮的箐竹配植则高低错落;龟甲竹、人面竹、方竹、佛肚竹则节间形状各异;粉单竹、白杆竹、紫竹、黄金间碧玉竹、碧玉间黄金竹、金竹、黄槽竹、菲白竹等则色彩多变。这些竹种经巧妙配植,很能说明在统一中求变化的原则。

（2）动势和均衡

不同的植物形态不同,有的比较规整,如石楠、桂花等;有的有一种定势,如垂柳、竹子、松、龙柏、匍地柏等。在设计时,要讲究植物相互之间的和谐,又要考虑植物在不同生长阶段和季节的变化,以免产生不平衡的状况。

将体量、质地各异的植物种类按均衡的原则配植,景观就显得稳定、顺眼。比如,色彩浓重、体量庞大、数量繁多、质地粗厚、枝叶茂密的植物种类,给人以重的感觉;相反,色彩素淡、体量小巧、数量简少、质地细柔、枝叶疏朗的植物种类,则给人以轻盈的感觉。根据周围环境,在配植时有规则式均衡和自然式均衡。规则式均衡常用于规则式建筑及庄严的陵园或雄伟的皇家园林中,如门前两旁配植对称的两株桂花;楼前配植等距离、左右对称的南洋杉、龙爪槐等;陵墓前、主路两侧配植对称的松或柏等。自然式均衡常用于花园、公园、植物园、风景区等较自然的环境中,如一条蜿蜒曲折的园路两旁,路右若种植一棵高大的雪松,则邻近的左侧须植以数量较多、单株体量较小、成丛的花灌木,以求均衡。

（3）对比和衬托

利用植物的不同形态和特征,运用高低远近、叶形花形、叶色花色果色等对比手法,表现一定的艺术构思,衬托出美的生态景观。

在树丛组合时,要注意相互之间的协调,不宜将形态姿色差异很大的植物组合在一起。植物景观设计时要注意相互联系与配合,体现调和的原则,使人具有柔和、平静、舒适和愉悦的美感。

找出近似性和一致性,配植在一起才能产生协调感。相反的,用差异和变化可产生对比的效果,具有强烈的刺激感,可形成兴奋、热烈和奔放的感受。因此,在植物景观设计中常用对比的手法来突出主题或引人注目。

当植物与建筑物配植时要注意体量、重量等比例的协调。例如,广州中山纪念堂主建筑两旁各用一棵冠径达 25 米的、庞大的白兰花与之相协调;南京中山陵两侧用高大的雪松与雄伟庄严的陵墓相协调(图 8-30)等。一些粗糙质地的建筑墙面可用粗壮的紫藤等植物来美化,但对于质地细腻的瓷砖、马赛克及较精细的耐火砖墙,则应选择纤细的攀援植物来美化。在南方一些与建筑廊柱相邻的小庭院中,宜栽植竹类,竹竿与廊柱在线条上极为协调。一些小比例的岩石园及空间中的植物配植则要选用矮小植物或低矮的园艺树种。反之,庞大的立交桥附近的植物景观宜采用大片色彩鲜艳的花灌木或花卉组成大色块,方能与之在气魄上相协调。

图 8-30

(4)起伏和韵律

植物景观的空间和纵向的立体轮廓线的处理非常重要,应做到高低搭配、有起有伏,产生节奏韵律,避免布局呆板。例如,杭州西湖上的白堤,平舒坦荡,堤上两边各有一行垂柳与碧桃间种,每到春季,翩翩柳丝泛绿,树树桃颜如脂,"间株杨柳间株桃""飘絮飞英撩眼乱",犹如湖中一条飘动的锦带,就是一个成功的范例。

另外,人工修剪的绿篱、花坛内植物图案的连续变化、乔木与灌木的有规律交叉等,都体现出植物的韵律美。

(5)层次和背景

层次分明是一个重要内容,同时能体现植物的主从变化,即产生远景、中景、近景的距离美和上层、中层、下层植物空间美。在植物颜色搭配方面也有所不同,达到既丰富多彩,又多样统一的完美效果。

(二)色彩美原理

1. 植物色彩美与色叶树的应用

植物品类繁多,有木本、草本,木本中又有观花、观叶、观果、观枝干的各种乔木和灌木,草本中又有大量的花卉和草坪植物。一年四季呈现出各种奇丽的色彩和香味,表现出各种体形和线条。植物美最主要表现在植物的叶色上,绝大多数植物的叶片是绿色的,但植物叶片的绿色在色度上有深浅不同,在色调上也有明暗、偏色之异。这种色度和色调的不同随着一年四季的变化而不同。例如,垂柳初发叶时由黄绿逐渐变为淡绿,夏秋季为浓绿。春季银杏和乌桕的叶子为绿色,到了秋季则银杏叶为黄色,乌桕叶为红色。鸡爪槭叶子在春天先红后绿,到秋季又变成红色。这些色叶树木随季节的不同,变化复杂的色彩,人们掌握其生物学特性,运用其最佳色彩稳定规律,实现科学配植是完全可行的。

2. 植物色彩美的常用形式

园林植物色彩表现的形式一般以对比色、邻补色、协调色体现较多。对比色相配的景物能产生对比的艺术效果,给人以强烈醒目的美感,而邻补色就较为缓和,给人以淡雅和谐的感觉。例如,安徽省芜湖市迎宾阁水面一角的荷叶塘,当夏季雨后天晴,绿色荷叶上雨水欲滴欲止,正值粉红色荷花相继怒放时,犹如一幅天然水墨画,给人一种自然可爱的含蓄色彩美。

3. 植物色彩美与色块配置

植物色彩的另一种表现形式就是色块的效果,色块的集中与分散是最能表现色彩效果的手段,而色块的排列又决定了植物的形式美。例如,安徽省芜湖市人民路西段 1998 年拓宽后,用大叶女贞作行道树,分车带点栽杜英,再用金叶女贞和红花檵木作排列式色块配置,暗红色和淡绿色显得明快、简洁、协调。

4. 植物的色彩配置原则

自然是所有颜色的最终来源,而植物的花、果、叶、枝、树皮则是植物色彩的源泉。一般来说,植物的树叶色彩是主要的、大面积效果的,但花色和果色是随不同的季节变化而变化的,常常作为点缀色彩。对于落叶植物,树枝、树干的色彩在冬季便成了重要因素。植物的叶色大多数为绿色,是一种柔和、舒适的色彩,能给人一种镇静、安宁、凉爽的感觉,对人体尤其是大脑皮层,会产生一种良好的刺激,可缓和人的紧张情绪。

植物的花、干、叶、果色彩十分丰富,在配置过程中,可运用单色表现、近色配合、对比色处理以及冷色与暖色的应用等不同的配置方式,实现景观的色彩构图。

(1)单色表现:单色的植物单纯、简洁,也容易产生单调感,可通过明度及纯度的变化来丰富视觉感受。如单色草坪与深绿色常绿针叶类植物等的搭配,可取得和谐的装饰效果。

(2)近色配合:选用两种、三种或四种近似色的植物搭配,一般主要用于花卉搭配,以花镜、花坛等的形式表现,由于色彩色相、明度和纯度相近,具有柔和高雅的气质。

(3)对比色处理:对比色或互补色的植物组合,由于色相、明度等方面的较大差异,容易形成欢快、热烈的气氛,适用于环境空间开阔、视距较远的场合,能起到渲染气氛、引起注目的作用。

(4)冷色与暖色的应用:色彩的冷暖本身就是一种由比较而产生的感觉,冷色与暖色的对比,会加强色彩自身的倾向,使冷色更冷,暖色更暖。但如果运用不当会产生过于唐突、跳跃的效果。

第五节 植物景观设计的原则与实施

一、植物景观设计的原则

植物景观设计需要遵循以下几个原则。

(一)以人为本原则

植物景观设计的主体是人,任何植物景观都是为人而设计的。植物景观物质空间形态的完成最终要为人的生活服务,体现出"以人为本"的原则。这个"人"并不只是生理学意义上的人,而是社会的人,有思想和有感情的人,是需求层次丰富的人,是处在特定文化环境中的人。因此,"以人为本"的原则应是物质和精神两方面的。

(二)生态性原则

生态环境作为人们生活的自然环境,为人类生存和发展提供了一种背景。植物景观设计的生态性原则,就是将人工环境和自然环境有机结合,满足人类回归自然的精神渴求,同时,促进自然环境系统的平衡发展,因地制宜地进行植物景观规划和建设。

(三)整体性原则

从设计的行为特征来看,植物景观设计是一种强调整体效果的艺术。植物景观环境是由各种要素组成的,包括建筑、地面材料、色彩、景观小品等,只有通过对这些要素的有机整合,才能创造一种统一而完美的整体效果。

(四)多元性原则

植物景观设计中的多元性是指景观设计中将人文、历史、风情、地域等多种元素与景观环境相融合的特征。在景观设计中,既可以是本土风情,也可以是异域风格;既可以有现代风格,也可以有古典风格。这种多元形态包含了更多的内涵和神韵:典雅与古朴、简约与细致、理性与感性。只有多元化的景观环境才能使环境更加丰富多彩,才能使人们有更多的选择和欣赏情趣。

(五)艺术性原则

完美的植物景观必须具备科学性与艺术性两方面的高度统一,既满足植物与环境在生态适应上的统一,又要通过艺术构图原理体现出植物个体及群体的形式美,以及人们欣赏时所产生的意境美。植物景观中艺术性的创造是极为细腻复杂的,需要巧妙地利用植物的形体、线条、色彩和质地进行构图(图 8-31),并通过植物的季相变化来创造瑰丽的景观,表现其独特的艺术魅力。

图 8-31

（六）科技性原则

植物景观设计是一门技术性的科学,空间组织的实现必须依赖技术手段,包括材料、工艺、施工、设备、环保技术等,同时还要运用光学、声学、生态学等学科领域的知识,是对科学技术的综合运用。随着人们对景观欣赏要求的提高,各种高科技含量的新技术被应用到景观设计中,如智能化的声控技术、浇灌技术、数字技术等,使景观设计的科技内容得到不断的充实和更新。

二、植物景观设计的实施

（一）植物景观的树种选择

选择合理的植物,是绿地景观营构成功与否的关键,也是形成城市绿地风格、创造不同意境的主要因素。城市生态环境是一个综合的多元的动态因素,它与城市的地理位置、城市结构相联系;城市土壤构成因素复杂,已改变了其自然性能;城市建筑密集,高层建筑增多,光照、水分状况复杂,热岛效应又十分突出。因此,在绿地景观营构时,不仅要注意植物的自然生态特性,更要考虑城市的特殊生态条件,才能保证植物生长健壮,达到预期的景观效果。

植物的生物学特征是植物景观营构的重要内容,其关键是要将组合景观植物的形态、质感及颜色,与人的视觉感相协调统一。一般地说,在营造群体景观时,应注意树形(如圆形、圆柱形、垂枝形、卵形等)的对比与调和,以及轮廓线、天际线的变化;植物枝、干、叶、花、果等可感知的性状,如枝干的光滑与粗糙、叶片的单叶与复叶等都应充分考虑。色泽是最有灵性的审美客体,不同植物的枝叶花果色泽变化很大,同一种植物随气候异色,也存在差异。在植物景观营构中,应十分注意植物各部分的颜色及其变化,要与环境整体统一。

一般将植被分为乔木、灌木、花卉和藤木等。在我国,一般公共绿地常用树种有乌桕、海棠、丁香等;居住单位主要树种有水杉、侧柏、棕榈、槭树、梅花、玉兰、白玉兰、石榴、大叶黄杨、桂花、香樟、迎春、山茶等。防护林主要树种有水杉、榆树、女贞、白杨、柳树、香樟、悬铃木等。街边绿地和行道树物种有水杉、香樟、悬铃木、女贞、梧桐、银杏、广玉兰、桂花、雀舌黄杨等。行道树选种要注意,树种分叉点尽量要高,避免分叉太低影响交通,尽量不要采用果实较大会自行脱落的树种,以免砸伤行人。风景区常用树种一般以原有树种为主,也可集中培育一些观赏树种,如竹类。在设计时,注意保持原有树种和树种多样性,必要时可以引进一些适生树种,并且要注意植物本身的特性,如对土壤的适应程度、喜阴或喜阳等。

具体来说,常见的绿化树种如下。

1. 常绿针叶树

(1)乔木类:雪松、黑松、龙柏、马尾松、桧柏。
(2)灌木类:罗汉松、千头柏、翠柏、匍地柏、日本柳杉、五针松。

2. 常绿阔叶树

(1)乔木类:香樟、广玉兰、女贞、棕榈。
(2)灌木类:珊瑚树、大叶黄杨、瓜子黄杨、雀舌黄杨、枸骨、橘树、石楠、海桐、桂花、夹竹桃、黄馨、迎春、洒金桃叶珊瑚、南天竹、六月雪、小叶女贞、八角金盘、栀子、山茶、金丝桃、杜鹃、丝兰(菠萝花、剑麻)、苏铁(铁树)、十大功劳。

3. 落叶阔叶树

(1)乔木类:垂柳、直柳、枫杨、龙爪柳,乌桕、槐树、青桐、悬铃木(法国梧桐)、槐树(国槐)、合欢、银杏、楝树(苦楝)、梓树。
(2)灌木类:樱花、白玉兰、桃花、腊梅、紫薇、紫荆、槭树、青枫、红叶李、贴梗海棠、钟吊海棠、八仙花、麻叶绣球、金钟花(黄金条)、木芙蓉、木槿(槿树)、山麻杆(桂圆树)、石榴。

4. 藤本

紫藤、络实、地锦(爬山虎、爬墙虎)、常春藤。

5. 竹类

慈孝竹、观音竹、佛肚竹、碧玉镶黄金、黄金镶碧玉。

6. 草

天鹅绒草、结缕草、麦冬草、狗压根、高羊草、剪股颖。

7. 花卉

太阳花、长生菊、一串红、美人蕉、五色苋、甘蓝(球菜花)、菊花、兰花。
另外,在选择树木时需要考虑以下几个问题。
第一,与树高相对应的树池尺寸(表8-1)。
树池篦是护盖树穴、避免人为踩踏、保持树穴通气的铁箅等构筑物。

表 8-1　与树高相对应的树池尺寸

树　　高	必要有效的标准树池尺寸	树池箆尺寸
3 米左右	直径 60 厘米以上,深 50 厘米左右	直径 750 厘米左右
4～5 米左右	直径 80 厘以上,深 60 厘米左右	直径 1 200 厘米左右
6 米左右	直径 120 厘米以上,深 90 厘米左右	直径 1 500 厘米左右
7 米左右	直径 150 厘米以上,深 100 厘米左右	直径 1 800 厘米左右
8～10 米左右	直径 180 厘米以上,深 120 厘米左右	直径 2 000 厘米左右

第二,植株自身的尺寸与规格(图 8-32)树木的形状大致可以分为以下几种。

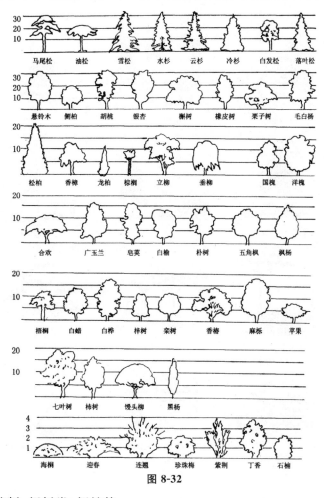

图 8-32

扁圆形:榆树、槐树、栎树类、侧柏等。

长圆形:油松、刺槐、桧柏、海棠等。

圆锥形:云杉、雪松、侧柏、桧柏等。

球形:七叶树、栗树、银杏、杜仲等。

倒卵形:旱柳、垂柳、桑树等。

圆柱形:钻天杨、新疆杨等。

伞形：合欢、油松（壮年之后）等。

卵圆形：苹果、核桃、白皮松、梧桐等。

半圆形：臭椿、馒头柳等。

不规则形：连翘、石榴等。

（二）植物种植的设计与施工

植物种植设计，主要指城市公园、广场、道路及公共环境的绿地等构成城市绿地系统的绿地，同时也包括各类企事业单位绿地及专业绿地等以人工栽植为主的设计。根据不同功能的用地性质设计包括乔木、灌木、草坪、花卉等的栽植设计，一方面要从植物生长特性、生态功能及其他技术方面来进行科学的配置；一方面还应从植物的个体形态（图 8-33）、组群搭配及环境视觉美感角度考虑。

内导外围　　　　　高下向倾　　　　　几何形对比

孤植点景的对焦　　　上升运动　　　　　倒三角酒杯形

苍劲挺拔　　　　　动态平衡　　　　　植物塑型

绿阴蓬架　　　　　升腾 韵律　　　　　根雕

图 8-33

植物栽植设计应从总体的格局入手，根据局部环境与总体间的关系，采用不同的栽植形式，即自然式栽植与规则式栽植。一般在体现自然特色的公园、小型游憩绿地以及自然风景区，按道路的划分与功能组合的性质进行自然式栽植，疏密有致，聚散有序。而在整形广场，自然栽植形式应以片植、散植结合点植而成。规则式栽植多以对植、行植等形成阵列、整形几何状等为主，现代广场中格网式空间划分中的等距树池或行道树、整形绿篱等均为规则式栽植。

栽植设计还要考虑植物景色随季节变化的特性，进行互相配置，可突出不同色叶树种的色相,将植物本身的观形、赏色、闻香、听声效果综合,可充分发挥每种植物的不同特点(图 8-34)。

图 8-34

1. 栽植规划设计要点

(1)首先确认是否必须向有关部门进行栽植规划申报,以及申报内容。在《城市规划法》《自然公园法》《工厂选址法》《森林法》《绿化协定》《环境评估条例》《综合设计制度》的公共空地条例等法规中,就不同规模用地的绿化面积、植树量、树种、配植等问题皆作出了不同的规定,应依照有关法规设计规划。同时,由于需要一定的申报过程,因此在估算设计进度时,应考虑申报因素。

(2)在设计时,应对规划地区的自然环境状况进行调查后再确定树种。栽植的设计规划,要根据所规划地区的气象条件、海风影响、日照情况、地下水位高度、高层风、土壤条件、大气污染状况等现实情况,选择适合当地条件的树种,挑选具有耐阴性和耐潮性的树木,并适当进行土壤改良、填土,以及配备排水设施。

(3)应确保一定的土壤厚度和栽植空间。栽植需要一个最基本的土壤空间,即树木泥球所需的树池深度与直径。同时,还需要一个略大于树木正常生长所需的空间。另外,在确保树池规模的同时,规划设计也要兼顾建筑、围墙等建筑物的地基和市政管线铺设的位置、规模、埋没深度等。

(4)栽植规划要考虑树木对周围环境和居民的影响。具有遮蔽作用的栽植规划,应将中木与落叶小高木配合种植以确保一定日照,同时考虑选择不易生毛虫的树种。

(5)预先确定能否获得所规划的栽植树木。选配高大乔木和行道树树种,应尽可能在栽植施工前一年确定树源。

(6)依据总体概预算和工程费用以及管理水平进行规划设计栽植。应预先使施工方明了,栽植应根据其在整个建设工程概算中的比重,以及它在园林工程预算中的比重而规划,以及依据工程费用条件和管理水平进行设计。

2. 对现状树木的保存

应从建设成本和景观效果两方面去考虑现状树木的保留规划。

若对现状树木进行保留或移植,应根据建筑物的分布、施工路线、市政管线等情况作规划。通常,位于建筑外墙墙线以外2~3米内的树木难以保留。同时,应避免树根、树枝、树干对建筑物造成影响。

大树移植从再利用和环保角度出发,应提倡对现状树木进行移植再利用。树木移植要作切根处理。为保障树木的水分蒸发与吸收平衡,就必须对移植树木作剪枝。这时,树形大多缺乏美感。而且,移植期内,树木的成活率很低。若想避免树木枯死并尽量保持良好树形,关键在于对要移植的树木提前一年做仔细的切根。另外,因一定尺寸的树木新植与移植的费用相等,所以,应慎重对待移植规划。

(1)栽植树木的指定方法

第一,树木名称。根据规划需要,选择适合的树种,并标注树木名称。

第二,通常是把以下3项指标作为标注树木形态、尺寸的基本参数,即树高(H)、胸径(C,地面上1.2米高处的树干周长)、树冠宽度(W,也叫冠径)。而藤本植物还须指定长度。对分株的树木则不使用胸径,而改为指定分株数。标注时的常用单位一般为米(图8-35)。

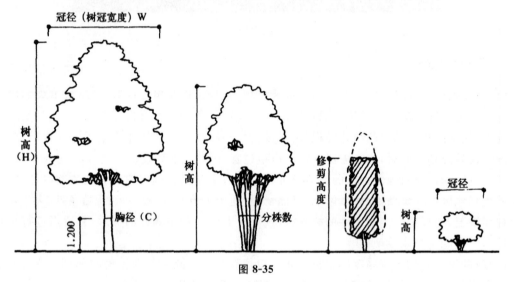

图 8-35

第三,植篱的设计,除树高、冠径外,还要指定修剪高度和单位距离(米)上种植密度(株)。

第四,密植桂花、山茶花等灌木或沿街草等地被植物,一般以单位面积(平方米)上的棵数为指标。如栽种成片生长的植物,则一般按片设计。

第五,种植草坪,以片或带2~3厘米空隙的70%~80%留边草坪为基本单位。

(2)栽植密度与间隔

绿化植物的栽植间距见表8-2。

表8-2 绿化植物栽植间距

名称	不宜小于(中~中)/米	不宜大于(中~中)/米
一行行道树	4.00	6.00
两行行道树(棋盘式栽植)	3.00	5.00
乔木群栽	2.00	/

续表

名称	不宜小于(中～中)/米	不宜大于(中～中)/米
乔木与灌木	0.50	/
灌木群栽(大灌木)	1.00	3.00
(中灌木)	0.75	0.50
(小灌木)	0.30	0.80

白栎、赤栎等混交林中,高大乔木栽植密度为1株/3～4平方米。通常,栽植树木的密度是由所栽树木的大小、位置所决定的。栽植间隔,考虑树木生长因素,一般以3米的等距间隔为准,如能设法避开成列配置,可形成自然美感。

以苗木培育森林,应采用高密度1～2株/平方米栽植,以备后期淘汰使用。在这一阶段极为关键的是在土壤中加入土壤改善材料、肥料来改善土壤。

灌木类密植,其栽植密度由冠径决定。冠径为30厘米者,栽植密度为10～12株/平方米;冠径40厘米者,栽植密度为8株/平方米左右;冠径50厘米者,栽植密度为5株/平方米。至少,冠径40厘米者,不得低于5株/平方米。

红花酢浆草等地被植物的栽植密度由所用花盆等的数量或植物的茂密程度决定。而且玉柳类成片栽壤的地被植物,也多按片栽植。草坪草的最小栽植密度为:早熟禾等为49株/平方米,矮竹类等为25株/平方米。

植篱与灌木相同,皆为冠径决定栽植密度。一般高度1.2～1.5米的植篱,栽植密度为3株/米,高2.0米左右的栽植密度为2～2.5株/米。栽植植篱,如为单层高大植篱,可借助修剪植篱,调整高度,即可形成形态优美的植篱。

具有遮蔽功能的植栽,其栽植密度为:树高3～4米的青栲、栓皮栎、花柏等为1株/米,树高5～6米的青栲、雪松等约为1株/2米。

建筑区内的行道树间隔,如定在4～5米,可使步行者感觉树木浓密。若栽植大叶榉、朴树等树冠较大的树木,可适当拉开栽植间隔。栽种银杏、桂花、女贞等乔木时,又可适当缩小间距。另外,栽植海桐木一类不太高大的树木,其间隔可设定在3～4米左右。

3. 栽植设计

栽植包括移植与定植,移植是在定植前的一种栽培措施,为植物改变种植距离,以适应其生长需要。

(1)移植

移植是为了扩大各类规格的苗株的株行距,使幼苗获得足够的营养、光照与空气,同时在移植时切断了幼苗的主根,可使苗株产生更多的侧根,形成发达的根系,有利其生长。

移植之前,播种的幼苗一般要间枝疏苗,除去过密、瘦弱或有病的小苗。也可将疏下来的幼苗,另行栽植。地栽苗在出现4～5片真叶时作第一次移植。盆播的幼苗,常在出现1～2片真叶时就开始移植。移植的株行距视苗的大小、苗的生长速度及移植后的留床期而定。助苗移植苗床的准备与播种苗床基本相同。移植时的土壤要干湿得当,一般要在土干时移植,但土壤过分干燥时,易使幼苗萎蔫,应在种植的前一天在畦头上浇水,待土粒吸水涨干后不粘手时移植。土湿时,不仅不便操作,且在种植后土壤板结,不利幼苗生长。移植时不要压土过紧,以免根部受伤,待浇水时土粒随水下沉,就可和根系密接。移植以无风阴天为好,如果天气晴朗、光强、炎热,宜在傍晚移植。移植前,要分清品种,避免混杂。挖苗时切断主根,不伤根须,尽可能带护根土移植。挖苗与种植要配合,随挖随种。如果风大,蒸发强烈,挖起幼苗要覆盖遮荫。移植穴要稍大,使根舒畅伸展。种植深度要与原种植深度一致,或再深 1～2 厘米。过浅易倒伏,过深则发育不好。种植后要立即充分浇水,并复浇一次,保证足量。天旱时,要边种边浇水。夏季移植初期要遮荫,以减低蒸发,避免萎蔫。

(2)定植

定植包括将移植后的大苗、盆栽苗、经过贮藏的球根以及宿根花卉、木本花卉,种植于不再移动的地方。定植前,要根据植物的需要,改良土壤结构,调整酸碱度,改良排水条件,一般植物都需要肥沃、疏松而排水良好的土壤。肥料可在整地时拌入或在挖穴后施入穴底。定植时所采用的株间距离,应根据花卉植株成年时的大小,或配植要求而定。挖苗,一般应带护根土,土壤太湿或太干都不宜挖苗,带土多少视根系大小而定。落叶树种在休眠期种植不必带土。常绿花木及移栽不易的种类一定要带完整的泥团,并要用草绳把泥团扎好。定植时要开穴,穴应比待种苗的根系或泥团较大较深,将苗茎基提近土面,扶正入穴。然后将穴周土壤铲入穴内约 2/3 时,抖动苗株使土粒和根系密接;然后在根系外围压紧土壤,最后用松土填平土穴使其与地面相平而略凹。种后立即浇水两次。草花苗种植后,次日要复浇水。球根花卉种植初期一般不需浇水,如果过于干旱,则应浇一次透水。大株的宿根花卉和木本花卉定植时要结合根部修剪,伤根、烂根和枯根都要剪去。大树苗定植后,还要设立支柱,或在三对角设置绳索牵引,防止倾倒。

第九章　城市公园景观设计

目前,城市公园已经成为居民日常生活必不可少的组成部分。随着城市的发展和进一步的更新改造,城市公园已经逐步成为城市内部的基质,正在以简洁、生态和开放的绿地形态渗透到城市之中,与城市的自然景观基质相融合。本章将对城市公园景观设计的相关内容进行简要阐述。

第一节　城市公园概述

一、城市公园的概念

城市公园在不同的时代有不同的概念界定,即使是同一时代,其界定也存在差异,有的突出使用功能、生态环境,有的强调城市公园的环保意义,有的重视文化传承。《中国大百科全书》《城市绿地分类标准》及国内外学者对城市公园进行的概念界定,包含了以下几方面的内涵。

第一,城市公园是城市公共绿地的一种类型。

第二,城市公园的主要功能是休闲、游憩、娱乐,而且随着城市自身的发展及市民、旅游者外在需求的拉动,城市公园将会增加更多的功能产品。

第三,城市公园的主要服务对象是城市居民,但随着城市旅游的兴起,城市公园将不再单一地服务于本地市民,也同时服务于外来旅游者。

在各个地方的公园管理条例里,一般将城市公园定义为具有良好的绿化环境和相应的配套设施,起到改善生态、美化环境、游览休憩、文化健身、科普宣传和应急避险等功能,并向公众开放的公益性场所。

二、城市公园的功能

城市公园的传统功能主要就是满足城市居民的休闲需要,提供休息、游览、锻炼、交往以及举办各种集体文化活动的场所,而现代的城市公园则增加了新的内容。具体来说,这些新的功能主要包括以下几方面。

(一)城市文化展示、传承功能

作为城市的主要公共开放空间,公园不仅是休闲传统的延续,更是城市文化的体现,代表着一个城市的政治、经济、文化、风格和精神气质,也反映着城市居民的心态、追求和品位。美国景观设计之父奥姆斯特德曾说过,公园是一件艺术品,随着岁月的积淀,公园会日益被注入文化底蕴。一座公园就是一段历史,它让人们一走进园子,脑海中就会浮现出昔日的温馨画面、曾经的美好记忆。由此可知,城市公园具有文化展示和传承的功能。

(二)生态功能

城市公园在改善城市生态环境、居住环境和保护生物多样性方面起着积极的、有效的作用。城市公园是城市绿化美化、改善生态环境的重要载体,特别是大批园林绿地的建设,使城市公园成为城市绿地系统中最大的绿色生态板块,是城市中动、植物资源最为丰富之所,对局部小气候的改善有明显效果,使粉尘、汽车尾气等得到有效抑制。

(三)防灾功能

在很多地震多发地区,城市公园还担负着防灾避难的功能,尤其是处于地震带上的城市,防灾避难的功能显得格外重要。1976年的唐山大地震、1999年的台湾集集大地震、2008年的汶川大地震,都让我们认识到防灾意识的提高以及防灾、避难场所的建设在城市发展中的重要性,而城市公园在承担防灾、避难功能上显示了其强大作用。

日本尤其重视公园的防灾作用,其契机就是1923年的关东大地震。在这场大震灾中,城市里的广场、绿地和公园等公共场所对灭火和阻止火势蔓延起到了积极的作用,效力比人工灭火高一倍以上。许多人由于躲避在公园内而幸免一死。地震发生后,当时有157万东京市民都把公园等公共场所作为避难处。1956年,在日本政府出台的《城市公园法》中首次出现了有关公园建设必须考虑防灾功能的条款,在1973年的《城市绿地保全法》中明确规定将城市公园纳入城市绿地的防灾体系。1986年又制定了《紧急建设防灾绿地计划》,把城市公园确定为具有"避难功能"的场所。

(四)组织城市景观功能

现代城市充斥着各种过于拥挤的建筑物,存在着隔离空间和救援通道缺乏等问题,而公园的建设则是一个一举多得的解决办法。土地的深度开发使城市景观趋于破碎化,而城市公园在科学的规划下,可以重新组织构建城市的景观,组合文化、历史、休闲等要素,使城市重新焕发活力。随着城市旅游的兴起,许多知名的大型综合公园以其独特的品位率先成为城市重要的旅游吸引载体,城市公园也起到了城市旅游中心或标志物的功能,如常州的红梅公园、厦门的白鹭洲公园、昆明的翠湖公园等。

三、城市公园的分类

城市公园按照一般的定义,可以分为综合公园、专类公园、带状公园、社区公园、森林公园、邻里公园、花园等类型。下面主要对综合公园、专类公园和森林公园的相关内容进行具体阐述。

(一)综合公园

综合公园是指"内容丰富,有相应设施,适合于公众开展各类户外活动的、规模较大的绿地。综合公园是具有较完善的设施及良好环境,可供游客和居民游憩休闲、游览观光的,有一定规模的城市绿地"[①]。综合公园是公园系统的一个重要组成部分,能够为城市居民的文化生活提供重要支持。

1. 综合公园的类型

综合公园依据其在城市中的位置以及服务范围,可以分为市级综合公园和区级综合公园两类。

(1)市级综合公园

市级综合公园有着丰富的活动内容和完善的基础设置,服务对象是全市居民,因而在确定其面积时要切实依据全市居民的总人数。通常来说,中、小城市可以设置1~2处、服务半径为3~4千米的市级综合公园;大城市、特大城市则可以设置五处或以上、服务半径为4~5千米的市级综合公园。北京的陶然亭公园、上海的长风公园就是典型的市级综合公园。

(2)区级综合公园

区级综合公园有着较为丰富的活动内容和较为完善的基础设施,服务对象是室内一定区域的居民,因而在确定其面积时要切实依据区域居民的总人数。通常来说,区级综合公园应注意突出特色,且以在城市各区设置1~2处为宜,服务半径则以1~1.5千米为宜。青岛市的观海山公园、昆明的海埂公园就是典型的区级综合公园。

2. 综合公园的任务

综合公园既具有一般城市绿地的作用,也承担着以下几个重要任务。

第一,为人们的休息、娱乐、增强身体健康等提供重要支持。

第二,为党、团和少先队组织活动提供重要的场所支持。

第三,举办一些国际友好活动,增强国际间的交流。

第四,举办一些节日游园活动,增强人们之间的团结。

第五,对党和国家的政治、方针、重大决策等进行宣传,以使人们更加拥护党和国家。

第六,对新的科技成就进行宣传,对科学知识、工农业生产知识以及国防军事知识等进行普及,以切实使人们的科学文化水平得到提升。

3. 综合公园的位置选择

在选择综合公园的位置时,需要遵循一定的要求,具体来说,这些要求主要包括以下几方面。

第一,要有较为便利的交通,能与城市的主要道路相连,以方便居民使用。

第二,要有质量较适宜的水面及河湖,以方便开展一些水上活动,进而使公园的活动内容得到丰富。

第三,要有稍微复杂的地形,既要有较为平缓的坡地,也要有起伏较大的坡地,以方便公园布置和丰富园景。

第四,要具备一定的发展备用地以及扩大规模的可能,以便能可持续发展。

第五,要有较为优越的自然资源、较为丰富的人文资源以及较多的树木和古树,以保证公园的建设投资少、见效快。

[①]　蔡雄斌、谢宗添:《城市公园景观规划与设计》,北京:机械工业出版社,2013年,第36页。

4. 综合公园的功能分区

综合公园通常会有一定的功能分区,其中最常设的功能分区有以下几个。

(1)文化娱乐区

文化娱乐区是使人们在游乐中获得科学文化教育的区域,具有多游人、多活动场所、多活动形式、高集散要求等特点,因而在一定程度上可以说是综合公园的中心。

文化娱乐区以阅览室、展览馆、游艺室、剧场、音乐厅、文艺宫、青少年活动室、讲座厅、画廊、棋艺室、舞厅等为主要设置;通常布置在公园的中心位置或是重要节点处,但要尽量与公园的出入口相连,以便于游人的快速集散。

(2)观赏游览区

观赏游览区是人们进行游览、赏景和休息的区域,通常游人较多。一般来说,观赏游览区应选在有优美的山水景观的地方,并结合所在地方的名胜古迹和历史文物等进行专类园的建造(如花卉园、盆景园等),还要配置一些亭、廊、假山、树木、摩崖石刻、雕塑等,以营造出浓郁的情趣和清幽典雅的氛围。

观赏游览区的布局是十分灵活的,既可以布置在远离公园出入口的地方,也可以布置在有开阔的世界、起伏的地势的地方;既可以分块布置(但要注意使各块保持一定的联系),也可以与其他功能区穿插布置。

(3)儿童活动区

儿童活动区是为促使儿童的身心得到健康发展而设立的区域,在确定其规模时要切实依据公园的位置、地形条件、用地总面积、周围的人口规模、儿童的游人量等。通常来说,儿童活动区的设施要与儿童的特点和心理相符合,以小尺度的造型和鲜明的色彩为主,如滑梯、秋千、跷跷板等;儿童活动区的游戏娱乐场所如少年宫、阅览室、障碍游戏室等,要切实依据儿童的年龄来设置;儿童活动区最好布置在公园的入口处,以便于儿童进出。

(4)体育活动区

体育活动区是为了满足青少年进行体育活动、锻炼身体而设立的区域,具有多游人、对其他项目干扰大等特点。通常来说,体育活动区可以设置各种各样的场地,如篮球场、游泳馆、乒乓球馆等;应充分利用地势优势,并尽量设置在与城市主干道相靠近的地方。

(5)安静休息区

安静休息区以有一定起伏地形、茂盛树木和如茵绿地的地方为理想区域;通常在隐蔽处进行设置(如远离公园主入口的地方),且宜散落和素雅。

(6)园务管理区

园务管理区是为了对公园的各项活动进行管理而设立的,通常设置在靠近专用出入口、有方便的水源、方便内外交流的地方。园务管理区的设施主要有办公室、接待处、工具房、食堂、职工宿舍、治安保卫处、派出所等。

(7)老年活动区

老年活动区是为老年人开展娱乐、健身活动而开设的区域,通常应设在环境优美安静、风景宜人的地方。

(二)专类公园

通常来说,专类公园包括植物园、动物园、主题公园、儿童公园、体育公园、遗址公园、湿地公园、纪念性公园等多种类型。在这里,将对动物园、主题公园、儿童公园、体育公园和湿地公园进行具体阐述。

1. 动物园

动物园是指对野生动物以及少量的优良品种的家禽、家畜进行饲养、展览和科研的公共绿地。动物园是伴随着社会经济文化、人民生活水平以及科学教育的不断发展而产生的。它通过展出野生动物,对有关野生动物的科学知识进行宣传和普及,进而对人们进行科普教育。

(1)动物园的类型

动物园依据不同的位置、规模和展出方式,可以分为以下几种类型。

第一,城市动物园。城市动物园通常布置在城市的近郊区,有着较大的面积、丰富的动物品种和比较集中的动物展出。北京动物园(图9-1)、上海动物园便是典型的城市动物园。

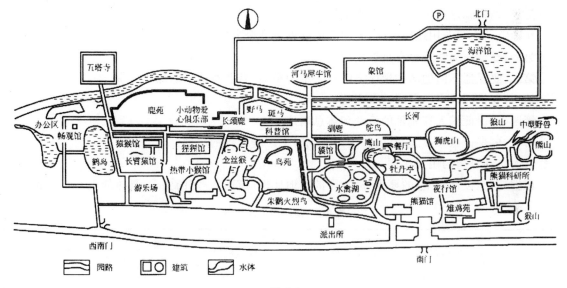

图 9-1

第二,自然动物园。自然动物园通常布置在有着优美的自然环境、丰富的野生动物资源的自然保护区、森林或是风景区;面积较大,而且展出的动物是以自然状态进行生存的。四川都江堰国家森林公园便是典型的自然动物园。

第三,人工自然动物园。人工自然动物园通常布置在城市的远郊区,也有着较大的面积;只有几十个动物品种进行展出,且展出的动物以群养或是敞放的方式为主。台北野生动物园、深圳野生动物园便是典型的人工自然动物园。

第四,专类动物园。专类动物园通常布置在城市的近郊,有着较小的面积、较少的动物展出品种,但是展出的动物品种有着浓郁而鲜明的地方特色。泰国的蝴蝶公园便是典型的专类动物园。

(2)动物园的任务

动物园除了要对游人观赏游览的需要进行满足外,还承担着以下几个重要任务。

第一,对与动物相关的科学知识进行普及,以使人们更好地认识和了解动物。

第二,作为中小学生学习动物知识的一种直观教材。

第三,作为动物学专业的学生实践和丰富动物学知识的重要实习基地。

第四,对动物的习性、饲养、繁殖、驯化、病理与治疗等进行深入的研究,进而对动物进化变异的规律进行揭示,为新的动物品种的创造奠定基础。

第五,对我国与国外的动物赠送及交换活动进行宣传,以进一步增进国际之间的友谊。

(3)动物园的用地

首先是动物园用地的规模。

动物园的用地规模受到很多因素的影响,具体来说有以下几个。

第一,动物园所在城市的性质及总体面积。

第二,动物园的类型。

第三,动物园中动物的品种、具体数量以及动物笼舍的营造形式。

第四,动物园的整体规划和总体风格。

第五,动物园所在地区的自然条件和周围环境。

第六,动物园建造所获得的经济支持。

在确定动物园的用地规模时,要切实依据以下几个方面。

第一,要保证动物笼舍有足够面积。

第二,要保证不同的动物展区之间有一定的距离,且要有适当的绿化地带。

第三,要保证留有一定的后备用地。

第四,要保证游人有充足的活动和休息用地。

第五,要保证服务设施、办公管理以及饲料生产基地等的用地。

其次是动物园的用地比例。

根据《公园设计规范》的要求,动物园的用地比例应符合一定的要求,具体如表 9-1 所示。

表 9-1　动物园用地比例

	规模(公顷)	园路铺设(%)	管理建筑(%)	游览、休息、服务、公共建筑(%)	绿化(%)
动物园	＞20	5~15	＜1.5	＜12.5	＞70
	＞50	5~10	＜1.5	＜11.5	＞75
专类动物园	2~5	10~20	＜2.0	＜12	＞65
	5~10	8~18	＜1.0	＜14	
	10~15	5~15	＜1.0	＜14	

最后是动物园用地的选择。

在对动物园的用地进行选择时,需要从以下几个方面着手进行详细考虑。

第一,交通条件。一般来说,动物园中既有着十分集中的客流量,也有着较多的货物运输量,因此需要将动物园建在交通条件较好的地段。

第二,地形条件。动物园中有着多种多样的动物品种,而且它们需要的生态环境也有所不同。因此,在选择动物园的用地时,要注意选择有着较丰富的地形形式的地段(图 9-2)。

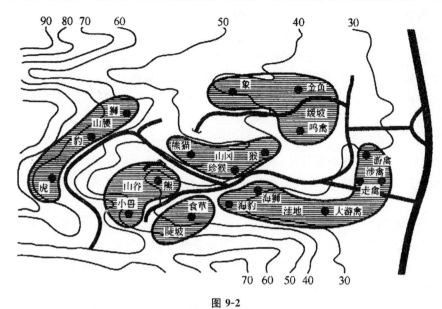

图 9-2

第三,工程条件。在选择动物园的用地时,也要考虑到是否方便进行施工。因此,动物园用地应多选择在地基良好、水源充分、地下无流沙现象的地段,以利于对动物笼舍的建设、对水池以及隔离沟的挖掘等。另外,选择的动物园用地也要有良好的水电供应。

第四,卫生条件。动物园中饲养有大量的动物,产生各种叫声、发出恶臭或传染疾病都是有可能的,因此需要将动物园建在与居民区有适当距离的地段,且最好处于风的下风向以及河流的下游。另外,选择的动物园用地要通风条件良好,周围有卫生防护带,与居住区相隔等。

(4)动物园的布局

动物园的布局方式,具体来说有以下几个。

第一,按照动物的食性和种类进行布局。按照动物的食性和种类进行布局,有利于进行饲养和管理。

第二,按照动物的进化系统进行布局。按照动物的进化系统进行布局,有利于游人对动物进化的概念形成清晰、准确的认识,进而更好地对动物进行识别。但是,按照动物的进化系统进行布局,常常要将具有不同生活习性的同一类动物放在一起,从而给饲养、管理带来了很大困难。

第三,按照动物的原产地进行布局。按照动物的原产地进行布局,有利于游人对动物的原产地及生活习性有更加深入的了解,还能使游人对动物原产地的建筑风格、景观特征及风俗文化等有一定的了解。但是,按照动物的原产地进行布局,难以使游人对动物进化的概念形成一个宏观理解,而且也给饲养、管理带来了一定的困难。

需要指出的是,在进行具体的动物园布局时,既可以单独运用以上一种布局方式,也可以对以上布局方式进行综合运用。

在进行动物园的布局时,还需要遵守一定的要求,具体来说有以下几个。

第一,要形成明确的功能分区。

第二,要保证性质不同的交通不会互相干扰,并要具有一定的联系。

第三,要使主要的公共建筑及动物笼舍与动物园的出入口广场及导游线形成方便的交通联系,以方便游客进行参观。

第四,导游线的设置要与游人的行走习惯相符合。

第五,要使园内所有的道路路面都方便进行清洁。

第六,要使园内的主体建筑处于开阔的地段上,且与主要的出入口相面对。

第七,要在园的四周建砖石围墙、隔离沟或林墙等,以防动物逃出,造成伤人事件。

第八,要在园的四周建一般的出入口和专用的出入口,以保证特殊事故发生时能够对游人进行安全疏散。

(5)动物园的功能分区

动物园通常会有一定的功能分区,其中最常设的功能分区有以下几个。

第一,动物展览区。动物展览区的用地是整个动物园中最大的区域,主要由各种各样的动物笼舍构成。

第二,服务休息区。服务休息区是由接待室、休息亭(廊)、服务站、小卖部、饭馆等构成的。它的布置是较为松散的,通常在全园都有分布,目的是便于游人使用。

第三,隔离区。隔离区的存在,能够使动物园的绿化覆盖率得到一定程度的提高,也能够在一定程度上减少或预防疾病传播。

第四,科普教育区。科普教育区主要是由动物科普馆构成的,通常在动物园的出口位置布置。

第五,职工生活区。通常来说,考虑到避免干扰、保证卫生安全的要求,职工生活区多是在动物园附近另设的。

第六,管理区。管理区主要是由行政办公室、饲料站、检疫站等构成的,通常在园区较为偏僻、隐蔽的地方进行布置,并要布置一定的绿化带进行隔离。另外,管理区所处的位置要方便的交通与动物展览区、科普教育区等相联系,而且要有专用的出入口。

2. 主题公园

主题公园是指"以特定的文化内容为主题,以经济盈利为目的,以现代科技和文化手段为表现,以人为设计创造景观和设施使游客获得旅游体验的封闭性的现代人工景点或景区"[①]。

(1)主题公园的类型

主题公园依据不同的标准,可以分成不同的类型,具体如下。

主题公园以规模为标准,可以分为微型主题公园、小型主题公园、中型主题公园和大型主题公园四类。在我国,凡是投资小于300万元的主题公园便是微型主题公园;凡是投资小于1 000万元的主题公园便是小型主题公园;凡是投资大于2 500万但小于1亿元人民币,且具有较小占地面积的主题公园便是中型主题公园;凡是投资在1亿元人民币左右,且占地面积大于0.2平方千米的主题公园便是大型主题公园。

主题公园以主题的组成形式为标准,可以分为组合式主题公园和包含式主题公园两类。第一,组合式主题公园(如迪士尼主题公园)的内在主题思想是一致的,但是不同的区的主题不论是从类型上来看还是从内容上来看都不存在直接的关系,从而使整个主题公园呈现出组合拼贴的风格,具体来说,组合式主题公园的内在主题是通过各区的主题所营造的环境和气氛烘托出来

---

① 房世宝:《园林规划设计》,北京:化学工业出版社,2007年,第259页。

的;第二,包含式主题公园(如上海影视乐园)内,主题内容是十分明确,而且各区的主题内容都必须与总的主题内容相符合。

主题公园以主题的内容为标准,可以分为历史类主题公园、文学类主题公园、影视类主题公园、科学技术类主题公园、异国类主题公园、自然生态类主题公园、专题花园类主题公园等七类。第一,历史类主题公园的主题有历史人物、历史事件、具有历史时代特征的建筑等,历史类主题公园通过对人类历史发展的追溯,使人们对历史有更加清晰的认识和理解,杭州的宋城便是典型的历史类主题公园;第二,文学类主题公园的主题是文学作品中的人物、事件、场景等,烟台的西游记宫、无锡的水浒城便是典型的文学类主题公园;第三,影视类主题公园又具体有两种类型:第一种类型如厦门同安影视城,是为了拍摄电影或电视剧而搭建的场景与环境,可同时进行拍摄和游览,第二种类型如杭州横店影视城,是以电影场景为依据建造的主题公园;第四,科学技术类主题公园的主题主要有两个:一是现代科技的发展,二是未来科技的展望,广州的天河航天奇观便是典型的科学技术类主题公园;第五,异国类主题公园的主题是不同地域、不同民族的文化、风俗和景观灯,异国类主题公园通过对异国他乡的风土人情的展示,使不同地域、不同民族的人们能够增进了解,进而相互团结,北京世界公园便是典型的异国类主题公园;第六,自然生态类主题公园的主题多种多样,如自然界的生态环境、海洋生物、野生动物等,香港的海洋公园便是典型的自然生态类主题公园;第七,专题花园类主题公园的主题是各种类型的花卉,洛阳牡丹园便是典型的专题花园类主题公园。

主题公园以表现形式为标准,可以分为宫(馆)展览型主题公园、微缩景观型主题公园和古迹延伸型主题公园三类。第一,宫(馆)展览型主题公园主要表现形式是宫(馆)内的展览,而且所有展览的内容都与主题有着密切的联系,德国汉诺威世界博览会园便是典型的宫(馆)展览型主题公园;第二,微缩景观型主题公园就是按照一定的比例,将异国或异地的著名建筑和著名景观等进行缩小建造,深圳的锦绣中华便是典型的微缩景观型主题公园;第三,古迹延伸型主题公园是"将现存建筑与环境保存较好的历史风貌地区或者将同一历史时期的建筑迁建在一定地区的主题公园,具有野外博物馆的性质"[①],开封的铁塔公园便是典型的古迹延伸型主题公园。

(2)主题公园的特征

主题公园有着自身鲜明的特征,具体可归纳为以下几个。

第一,游乐性特征。主题公园有着多样化的表现形式和丰富多彩的活动形式,尤其是娱乐参与型和艺术表演型的活动,给游人游乐带来了重大便利,因而说主题公园具有游乐性特征。

第二,主题性特征。主题性特征是主题公园与其他公园相区别的重要依据。具体来说,主题公园从其命名、建造、景观设计到服务设施的安排、活动内容的展开,都是围绕着一个主题进行的。

第三,文化性特征。主题公园的文化性特征是由其主题性特征衍生而来的。主题公园虽然有着多样化的主题,但每一种主题都蕴含着一定的文化内涵,因而主题公园都有着丰富而浓郁的文化特色。主题公园的文化性特征也是其与其他公园相区别的最重要依据。

第四,商业性特征。主题公园是由人创造的一种旅游资源,因而自产生之日起便具有鲜明的经济、功利色彩。从某种程度上来说,主题公园就是一种商品,它的建造就是为了盈利的,而且只有不断盈利,主题公园才能继续经营下去。因此说,主题公园具有商业性特征。

---

①　蔡雄斌,谢宗添:《城市公园景观规划与设计》,北京:机械工业出版社,2013年,第81页。

（3）主题公园的功能

主题公园的功能主要体现在三个方面，即经济功能、社会功能和生态功能。

主题公园的经济功能，具体表现在以下几个方面。

第一，成功的主题公园能够在一定程度上刺激人们的消费行为，从而使人们的消费水平得到提升。

第二，成功的主题公园能够创造一定的就业，从而使周围地区的就业压力得到缓解。

第三，成功的主题公园能够有效地促进交通运输业和餐饮酒店业等相关产业的发展，从而带动周围经济的进一步发展。

第四，成功的主题公园能够使附近的土地增值。

主题公园的社会功能，具体表现在以下几个方面。

第一，能够促进相互交流。在主题公园内，来自不同地区、不同民族、不同国家的人们都可以感受到"主题"所带来的美好与欢乐，并对人类社会的文明成果形成更加清晰、明确的认识。从一定程度上来说，这可以促使人与人、民族与民族、地区与地区、国家与国家之间的相互交流和相互了解。

第二，能够对文化进行传播。前面已经说过，主题公园具有文化性特征，因此当人们置身其中时，既可以感受到文化的魅力，也可以增加自己的文化知识。

第三，能够提供一定的就业机会。主题公园的运营、管理和维护等都需要有大量的人才和劳动力，这就为人们的就业提供了一定的机会。从某种程度上来说，主题公园就是一个劳动密集型的行业。

第四，能够为人们的休闲娱乐提供场所。主题公园的环境是围绕着主题虚拟出来的，是非日常化的环境。但是，当人们置身其中时，可以暂时将现实的自己忘却并投入到一个新的环境之中，进而脱离出繁忙而紧张的现实生活，获得休闲和娱乐。

主题公园内拥有大量的绿化面积，并始终高度重视绿化工作，从而能够在一定程度上对区域内的生态环境进行调节。这就是主题公园的生态功能。

（4）主题公园的主题选择

主题公园能否成功，与主题的选择有着极其密切的关系。主题是主题公园的灵魂，对于宣传主题公园的形象、吸引游客有着至关重要的作用。因此，在建造主题公园时，一定要选择好主题。而在选择主题公园的主题时，要特别注意以下几个方面。

第一，选择的主题要与所在城市的性质及所处的地位相符合。

第二，选择的主题要与人们的游玩心理相符合。

第三，选择的主题要与所在城市的历史发展、人文风情相符合。

（5）主题公园的位置选择

在选择主题公园的位置时，需要遵循一定的要求，具体来说有以下几个。

第一，要有较为便利的交通，能与城市的主要道路相连，以方便居民使用。

第二，要有较好的经济发展水平和较多的客源。

第三，要避免靠近同类主题的主题公园。

第四，要有合理的土地价格。

第五，要有风景秀美的自然环境，且地理位置和地质条件都适合建造主题公园。

3. 儿童公园

儿童公园一般指"为少年儿童服务的户外公共活动场所,强调互动乐趣的功能性,一般常见于市内或郊区。同时儿童公园也强调了使用者主体的特殊性,一般作为儿童成长的重要社会活动场所"[①]。

(1)儿童公园的类型

根据儿童公园的性质可将其分为综合性儿童公园、特色性儿童公园、一般性儿童公园和儿童游戏场。

综合性儿童公园如迪士尼乐园等,它的设施内容齐全,活动内容丰富,可以为儿童提供科普教育、游戏娱乐、培训管理、游览观光、体育运动等服务。

特色性儿童公园如儿童植物园、儿童体验园等,它的服务内容偏重于一方面的专题,能够为儿童发展自我的某一方面要素或特征提供支持和服务。

一般性儿童公园如社区儿童公园等,它主要为一定区域内的儿童提供服务,内容虽然不全面,但却方便实用。

儿童游戏场如儿童乐园等,它一般独立存在或附属于其他城市公园或景区内儿童游戏场所存在,设施简易,但能够为儿童游戏娱乐提供场所和服务。

(2)儿童公园的功能分区

从功能方面来看,儿童公园可分为以下几个区域。

第一,幼年儿童活动区。幼年儿童活动区是供6岁以下儿童游戏活动的场所。

第二,学龄儿童活动区。学龄儿童活动区是供6～8岁小学生活动的场所。

第三,少年儿童活动区。少年儿童活动区是供小学四、五年级至初中低年级学生活动的场所。

第四,体育活动区。体育活动区是供少年儿童开展体育活动和体育锻炼的场所。

第五,科普文化娱乐区。科普文化娱乐区是为少年儿童提供开展各类科普教育、娱乐游憩活动的场所。

第六,自然景观区。自然景观区是让少年儿童投身自然、接触自然、感受自然、探索自然的场所。

第七,管理服务区。管理服务区是以园务管理和为儿童及陪伴的成人提供卫生、餐饮、住宿、交通等服务的场所。

4. 体育公园

关于体育公园的定义,不同学者有不同的观点。例如,郑强、卢圣认为,体育公园是以体育运动为主题的公园;胡长龙认为,体育公园是为群众开展体育活动提供场地支持的公园;赵建民认为,体育公园是群众开展体育锻炼活动的公园;张国强、贾建中认为,体育公园是在公园中设置体育场地,以供人们开展体育锻炼、体育竞赛等活动的专类公园。这些专家的观点虽然不同,但实际上都是从不同侧面对体育公园的某些侧面进行了描述,本书综合这些观点,将体育公园定义为

[①]　蔡雄彬,谢宗添:《城市公园景观规划与设计》,机械工业出版社,2013年,第69页。

"以突出开展体育活动,如游泳、划船、球类、体操等为主的公园,并具有较多体育活动场地"①。

体育公园的类型很多,根据不同的分类标准可将其分为不同的类型。

(1)根据主题分类

根据主题的不同,可将体育公园分为以沙漠体育运动项目为主题的公园、以水上项目为主题的公园、以森林项目为主题的公园、以海滩项目为主题的公园、以山地休闲项目为主题的公园、以综合性体育项目为主题的公园。

(2)根据服务范围分类

根据服务范围的不同,可将体育公园分为社区级体育公园、市级综合性体育公园两类。

(3)根据来源分类

根据来源的不同,可将体育公园分为三类,即为承接大型赛事而修建的体育公园、直接由体育中心改造而成的体育公园以及专门为大众体育活动服务而建设的体育公园。

5. 湿地公园

对于湿地公园的定义,目前仍没有一个统一的说法。我国相关部门和专家学者根据对湿地公园特征的分析与总结,得出了这样的概念,即"湿地公园是指在自然湿地或人工湿地的基础上,通过合理的规划设计、建设及管理的以湿地景观为主体,以开展湿地科研和科普教育、湿地景观生态游憩的公园绿地"②。

(1)湿地公园的类型

根据不同的分类标准,可将湿地公园分为不同的类型。

第一,根据建设场地的湿地景观属性,可将湿地公园分为自然型湿地公园和人工型湿地公园两类。

自然型湿地公园指的是在自然湿地保护允许的范围内,通过合理、适度的规划,建设成的湿地公园。

人工型湿地公园指的是在城市或城市附近,通过恢复已经退化的湿地或人工修建的湿地建设成的湿地公园。

第二,根据所批准建设的主管部门及公园功能,可将湿地公园分为国家湿地公园和国家城市湿地公园。

国家湿地公园如苏州太湖国家湿地公园、杭州西溪国家湿地公园等,是指经国家主管部门批准建设的湿地公园。

国家城市湿地公园如昆明五甲塘湿地公园、上海崇明西沙湿地公园等,是以生态保护、科普教育、自然野趣和休闲游览为主要内容,具有湿地生态功能和典型特征的公园。

第三,根据湿地公园的位置,可将其分为城中型湿地公园、近郊型湿地公园和远郊型湿地公园。

城中型湿地公园是指建立在城市中的湿地公园。

近郊型湿地公园是指建立在城市近郊的湿地公园。

远郊型湿地公园是指建立在城市远郊的湿地公园。

---

① 蔡雄彬,谢宗添:《城市公园景观规划与设计》,机械工业出版社,2013年,第69页。
② 蔡雄彬,谢宗添:《城市公园景观规划与设计》,机械工业出版社,2013年,第134页。

第四，根据湿地公园的建设目的，可将其分为展示型湿地公园、仿生型湿地公园、自然型湿地公园、恢复型湿地公园、污水净化型湿地公园以及休闲型湿地公园等。

展示型湿地公园指通过模拟天然或自然湿地的外貌特征，展示湿地的相关功能，以达到科普教育目的的公园。

仿生型湿地公园指模仿天然或自然湿地的外貌形态建设而成的公园。

自然型湿地公园指以没有过度的开发利用，而已自然、原始、野生状态的湿地风貌为主的公园。

恢复型湿地公园指在已经消失的湿地或正在逐步退化的湿地基础上，通过人工恢复措施建立起来的公园。

污水净化型湿地公园是指以净化污水、改善水质为目的，能够帮助城市水资源实现循环利用的公园。

休闲型湿地公园是指以休闲娱乐为主要目的的公园。

（2）湿地公园的特征

湿地公园主要有以下几方面的特征。

第一，湿地公园强调湿地系统的生态特性。

第二，湿地公园除了具有一般公园的常规特征及功能外，还以科普湿地知识、提供湿地观光游览等为特色。

第三，湿地公园除了是有人开展社会活动的场所之外，还是生物多样性保护与培育的重要空间和场所。

（3）湿地公园的任务

湿地公园具有以下几项主要任务。

第一，进行湿地生态环境保护。

第二，通过保护湿地公园的水循环、植物、生物栖息环境等方式，传播、展示湿地生态文化，承担观光游览的重任，教育旅游者爱护环境。

第三，对湿地环境及其物种等进行科学研究。

（4）湿地公园的功能分区

湿地公园在功能上通常可分为以下几个区域。

第一，湿地重点保护区。湿地重点保护区指的是重点确保原有生态系统的完整性，贯彻"保护为主"的理念的区域，这类区域常常作为湿地植物及生物栖息的保护区域，可允许进行相关科学研究、保护和视察等，但不允许过多人为打扰。

第二，观光游览区。观光游览区指的是以休闲、游览活动为主的区域，这些区域常常选择在湿地敏感度相对较低的区域，一般会布置一些自然、纯朴、符合湿地环境的游览道路形式。

第三，生态湿地展示区。生态湿地展示区指的是重点展示湿地生态系统、生物多样性的区域。这些区域大多位于湿地重点保护区的外围，作为湿地重点保护区的屏障，可开展一些科普教育活动，并会配备必要的功能性建筑和设施。

第四，管理服务区。管理服务区指的是以为游客提供服务为主要职能的区域。这些区域一般选择在湿地生态系统敏感度相对较低、对湿地整体环境干扰比较小的位置，区域内大都布置了一些人工建筑及构筑物，同时存在短时间内人流量较大的情况。

（三）森林公园

森林公园是指"以森林景观为主体，融自然、人文景观于一体，具有良好的生态环境及地形、地貌特征，具有较大的面积与规模，较高的观赏、文化、科学价值，经科学的保护和适度建设。可为人们提供一系列森林游憩活动及科学文化活动的特定场所"[①]。

1. 森林公园的类型

森林公园的类型众多，根据不同的分类标准可将其分为不同的类型。

（1）根据景观特色分类

根据景观特色可将森林公园分为森林风景型森林公园、山水风景型森林公园、人文景物型森林公园、综合景观型森林公园等。

（2）根据主要旅游功能分类

根据主要旅游功能可将森林公园分为游览观光型森林公园、休闲度假型森林公园、游憩娱乐型森林公园、探险狩猎型森林公园、科普教育型森林公园等。

（3）根据地貌形态分类

根据地貌形态可将森林公园分为山岳型森林公园、江湖型森林公园、海岸-岛屿型森林公园、沙漠型森林公园、火山型森林公园、冰川型森林公园、洞穴型森林公园、草原型森林公园、瀑布型森林公园、温泉型森林公园等。

（4）根据经营规模分类

根据经营规模可将森林公园分为特大型森林公园、大型森林公园、中型森林公园、小型森林公园、微型森林公园等。

（5）根据旅游半径分类

根据旅游半径可将森林公园分为城市型森林公园、近郊型森林公园、郊野型森林公园、山野型森林公园等。

2. 森林公园的特点

与城市公园和风景名胜区相比较，森林公园具有以下几个特点。

第一，森林公园面积较大，一般有数百公顷。

第二，森林公园一般属林业部门管辖，其位置一般在城市郊区。

第三，森林公园的景观主要以森林景观和自然景观为主。

第四，森林公园中可以实施的旅游活动如野营、野炊、野餐、森林浴、垂钓、徒步野游等，是其他公园中较难实现的。

3. 森林公园的功能分区

在功能上，森林公园可以划分为以下几个区域。

（1）游览区

游览区是森林公园的核心区域，是游客参观、游览森林公园的主要活动区域，这里聚集着森

---

① 唐学山等：《园林设计》，北京：中国林业出版社，1996年，第322页。

林公园主要的景区和景点。

（2）狩猎区

狩猎区是森林公园中狩猎场所在的区域，其作用是满足游客的狩猎娱乐需求。

（3）娱乐区

娱乐区是森林公园的辅助区域，是游客在参观、游览森林公园的过程中开展各项娱乐活动的区域，其作用是添补景观不足，吸引游客。

（4）生态保护区

生态保护区是在森林公园中以保持水土、涵养水源、维持森林生态系统为主要目的的区域。

（5）野营区

野营区是森林公园中开展野营、露宿、野炊等活动的区域。

（6）旅游产品生产区

旅游产品生产区一般只存在于较大型的森林公园之中，它是服务于发展森林旅游需求的各种种植业、养殖业、加工业等的区域。

（7）接待服务区

接待服务区是在森林公园中集中布置宾馆、饭店、购物、医疗等接待服务项目及其配套设施的区域。

（8）行政管理区

行政管理区是森林公园中主要用于行政管理的区域。

第二节 城市公园景观设计理论

在对城市公园景观进行设计时，必须要对公园中的功能分区、景点、道路交通、建筑与设施以及植物等进行规划设计。

一、功能分区规划设计

（一）出入口的规划设计

公园出入口是联系公园内、外的纽带和关节点，是由街道空间过渡到公园空间的转折，在整个公园中起着十分重要的作用。根据城市规划和公园分区布局要求，公园的出入口可分为主要出入口、次要出入口和专用出入口三类。

1. 主要出入口

公园的主要出入口一般面向城市主要交通干道、游人主要来源方位，避免设置于几条主要街道的交叉口上，通常只有一到两个，主入口附近的设施内容应丰富新颖，注重景观效果，同时要使主要出入口有足够的人流集散用地，并且便于连接园内其他道路。

2. 次要出入口

次要出入口可在公园的不同方位选择，一般设在园内有大量人流集散的设施附近，通常为三个至多个,起辅助作用,服务对象主要是附近居民或城市次要干道上的游客,其设施规模、内容仅次于主要出入口。

3. 专用出入口

专用出入口多选择在公园管理区附近或较偏僻、隐蔽处,通常只有一个,主要为园务管理、运输和内部工作人员的方便而设,不供游人使用。

(二)安静休息区的规划设计

安静休息区的主要功能是供游人安静休息、学习和进行一些较为安静的体育活动的场所,其占地面积一般较大,可视公园的规模大小进行规划设计。区域内部设置可借助地形优势制造静谧舒适的环境,以山地、谷地、湖泊、河流等起伏多变的区域为佳,优先考虑原有树木最多,景色最优美的地方。在布局上应灵活考虑,不必刻意将所有活动区域集中于一处,如果条件允许,可选择多处,从而创造出不同类型的空间环境及景观,满足不同类型活动的需求。

安静休息区往往依靠植物形成幽静的休憩环境,如采用自然密林式的绿化,或绿篱带形成的密闭空间,或直接做成疏林草地。在林间空地和林下草地设置散步小道,人们可漫步休憩于密林、草地、花园和小溪间,也可在林间铺装、沿路及空地处设置座椅,并配置小雕塑等园林小品。树种主要采用乡土树种,也可适当地应用外来树种,以丰富种群。

另外,安静休息区一般远离主入口,设置在边角处,隔离闹区。但可靠近老人活动区,必要时可考虑将老人活动区布置在安静休息区内。安静休息区的园林建筑可设立亭台、水榭、花架、曲廊、茶室等,面积不宜过大,布置宜散落不宜聚集,色彩宜素雅不宜华丽,与自然景观相结合。

(三)体育活动区的规划设计

体育活动区是公园内以集中开展体育活动为主的区域,其规模、内容、设施应根据公园及其周围环境的状况而定。其常位于公园的次入口处,既可以防止人流过于拥挤,又能方便专门去公园运动的居民。在对体育活动区进行设计时,一方面要考虑其为游人提供进行体育活动的场地、设施,另一方面还要考虑到其作为公园的一部分需要与整个公园的绿地景观相协调。区内可设置场地较小的篮球场、羽毛球场、网球场、门球场、大众体育区、民族体育场地、乒乓球台等。这样的休闲体育活动区域才能使公园的游憩功能得到最有效的发挥,满足市民的期望,实现多元化和多层次的游憩。该区的植物配置一般采用规则式的配置方式。

(四)观赏游览区的规划设计

观赏游览区以观赏、游览参观为主,是一个公园的核心区域。该区域占整个园区的面积比较大,主要进行相对安静的活动,是游人比较喜欢的区域,为达到良好的观赏游览效果,往往选择地形及原有植被等比较优越的地段来进行景观的设计,并结合当地历史文物、名胜,强调自然景观和造景手法,很好地适应当地游人的审美心理,达到事半功倍的效果。

观赏游览区设计中一个非常重要的问题是如何形成较为合理的参观路线和风景展开序列。通常我们在设计时应特别注意选择合理的道路平纵曲线、铺装材料、铺装纹样、宽度变化等,使其能够适应当代景观展现及动态观赏的要求。观赏游览区的植物配置多采用自然式树木配置,在林间空地中可设置草坪、亭、廊、花架、坐凳等。

(五)文化娱乐区的规划设计

文化娱乐区是园区人流最集中、最热闹的活动区域,主要开展科学文化教育、表演、娱乐、游艺等活动。该区域的尺度设置要恰当,人均以 30 平方米左右为宜,可以适当设计 2～3 个中型广场以满足大型活动的需求,其他活动场地可以采用化整为零的方式,将大尺度的空间划分为若干小空间。

文化娱乐区内设有满足活动需求的建筑及设施,一般包括俱乐部、影剧院、音乐厅、展览室(廊)、游戏广场、技艺表演场、露天剧场、溜冰场、科技活动场、舞池、戏水池等。各建筑及设施应根据公园规模、形式、内容、环境条件等因地制宜地进行布置。建筑物的布置既要注重景观要求,又要避免各个活动项目之间的相互干扰。因此,在设计时,可利用一些设计手法使建筑物及各活动区域间保持一定的距离,如通过地形、建筑、树木、水体、道路等进行分隔。在条件允许的情况下,该区尽可能接近公园的出入口,甚至可设置在专用出入口处,达到快速疏通人流、避免拥挤的作用。另外,需要指出的是,文化娱乐区的规划应尽可能地利用原有地形及当地环境特点,创造出风景优美、环境舒适、利用率高、投资少的园林景观和活动区域,如可在较大水面开展水上活动;在缓坡地设置露天剧场、演出舞台等。

(六)老年人活动区的规划设计

随着城市人口老龄化速度的加快,老年人逐渐成为公园中的重要群体。公园已经成为他们晨练、散步、谈心的首选场所。因此在公园中设置老年人活动区很有必要。

老年人活动区在公园规划中应考虑设在观赏游览区或安静休息区附近,环境优雅、风景宜人的背风向阳处。另外,老年人活动区规划设计还应注意以下几方面的问题。

第一,由于老年人的认知能力减退,视觉敏感度下降,因此道路景观空间的营造应指向明确,兼具易识别及艺术化的特征,以防止老人迷失方向,给其活动带来不便。

第二,设计老年人活动区时应充分考虑安全防护问题,如道路广场注意平整、防滑;供老年人使用的道路不宜太窄,不宜使用汀步;厕所内的地面要注意防滑,并设置扶手及放置拐杖处。

第三,老年人活动区应设置必要的服务建筑和必备的活动设施,如座椅、躺椅、避风亭等,以满足老人们聊天、下棋等需求;建设坡道、无性别厕所、坐便器等无障碍设施,满足老年人各项活动畅通无阻;设置一些简单的体育设施和健身器材,如单杠、压腿杠等;挂鸟笼、寄存、公用电话等其他设施在老年人活动区附近也是不可或缺的。

第四,根据老年人的身心特点进行合理有序的功能分区,在园区内应设置动态活动区和静态活动区。动态活动区主要以健身、娱乐为主,静态活动区主要以下棋、聊天为主。两区之间要有相应的距离,可相互观望。

第五,老年人活动区植物的选择应充分考虑到老年人的生理和心理健康方面的特殊需要,选择可以促进身体健康的保健植物、芳香植物,如老茎生花的紫荆、花开百日的紫薇、深秋绚丽的红叶、寒冬傲立的青松、凌空虚心的翠竹等都可以起到振奋老人身心、焕发生命活力的作用。

第六,老年人活动区的植物配置方式应以多种植物组成的落叶阔叶林为主。夏季,植物呈现出丰富的景观和阴凉的环境;冬季,充足的阳光可以通过植物透射进来。

第七,在老年人活动区一些道路的转弯处,应配置色彩鲜明的树种,如红枫、黄金宝树、紫叶李等,起到点缀、指示、引导的作用。

(七)儿童活动区的规划设计

儿童活动区作为城市园林中必不可少的互动性绿地,可以吸引儿童甚至成人的主动交流与自发参与,成为儿童成长过程中的重要空间,它设计的优劣直接关乎儿童身心健康的发展。儿童活动区规划设计应注意以下几个方面的问题。

第一,儿童活动区应选择在日照、通风、排水良好的地段,一般靠近公园主入口,便于儿童进园后能尽快地到达园区内开展自己喜爱的活动。要避免儿童入园后穿越其他各功能区,影响其他各区游人的活动。

第二,儿童活动区的规划、环境建设、活动设施、服务管理都必须遵循"安全第一"这一重要原则。

第三,儿童活动区的地形、水体创造十分重要。在条件允许的情况下,可以考虑在园内增设涉水池、戏水池、小喷泉、人工瀑布等,但应注意水深不能超过儿童正常嬉戏的最大限度。

第四,儿童活动区内道路的布置要简洁明确,容易辨认,主路能起到辨别方向、寻找活动场所的作用,最好在道路交叉处设图牌标注,考虑童车通行的需求而不宜设台阶或较大的坡度。

第五,儿童区活动场地周围应考虑植物的遮阳效果,并能提供宽阔的草坪及场地,以便开展集体活动。植物种植应选择无毒、无刺、无异味、无飞毛飞絮、不易引起儿童皮肤过敏的树木、花草。

第六,儿童活动区应创造庇荫环境,供陪游家长及儿童休息,所以在儿童活动、游戏场地的附近要留有可供休息的设施,如坐凳等。

第七,儿童活动区的建筑、设施要考虑到儿童的特点,做到形象生动、造型新颖、色彩鲜艳。建筑小品的形式要符合少年儿童的兴趣,最好有童话、寓言的内容。园内活动场地题材多样,多运用童话寓言、成语故事、神话传说,注重教育性、知识性、科学性、趣味性和娱乐性。游戏设备的材料不可使用含有毒物质的材料。

(八)公园管理区的规划设计

公园管理区是为公园经营管理的需要而设置的专用区域,一般设在园内较隐蔽的角落,不对游人开放。管理区四周要与游人活动区域有所隔离,园内园外均要有专用的出入口。另外,公园管理区的植物配置既可采用规则式也可采用自然式,但要注意的是建筑物在面向游览区的一面应多植高大乔木,以遮蔽公园内游人的视线。

二、景点规划设计

景点的设置能集中体现公园所要传达的信息,更能够承载公园的文化及内涵。下面主要对景点的定位、选景、造景进行简要分析。

(一)景点的定位

公园景点的定位需要应用"系统论"方法,从更为宏观的、整体的层面上更深层次地来研究确定公园的特色。在具体的景点规划中,应对公园的外部情况与内部情况两方面来进行设计,着重对文化、游人、服务业、土地利用状况、外围交通状况等外部情况进行了解和分析。在基地内部环境资源中,对自然资源、文化底蕴、现有活动资源等进行总结。

（二）选景

在公园景观规划设计中应合理地确定景点的位置,结合规划区的地形地势、环境特点以及人文景观设计出具有一定观赏价值的特色景点。例如,杭州西湖十景为人所称赞——苏堤春晓、双峰插云、三潭映月、曲苑风荷、平湖秋月、南屏晚钟、柳浪闻莺、雷峰夕照、花港观鱼、断桥残雪（图9-3）。

图 9-3

（三）造景

造景是根据园林绿地的性质、功能、规模,将公园中的主体因素加以提炼、加工,结合园林创意与造景技艺,使其成为公园中具有一定观赏价值的景观。随着人们审美观念的提高,造景手段也越来越丰富多彩。

1. 主景与次景

景无论大小均有主次之分,主景是全园的重点、核心,是空间构图的中心,往往体现公园的主题与性质,是全园视线的控制焦点,有较强的感染力。配景对主景起到陪衬作用,是主景的延伸和补充。园林中突出主景的方法有以下几种。

（1）主体升高

为了使构图的主体明显,常将主景在空间高程上加以突出,使主景置于明朗而简洁的蓝天背景之下,使主体的轮廓、造型清晰化,如广州越秀公园的五羊雕塑（图9-4）及南京雨花台烈士陵园雕塑（图9-5）等。

（2）动势向心

一般四面围合的空间,如广场、水面、庭院等,周围的景物具有向心的动势。若在动势的向心处布置主景,可将视线吸引于这一焦点。在造景时,为使构图更加完美,可根据情况调整焦点。

（3）轴线

轴线是建筑群或园林风景发展及延伸的主要方向,主景常置于景观轴线端点、纵横轴线的卡甘交点或放射轴线的焦点上,让视线能够汇集到主景上。

图 9-4

图 9-5

(4)空间构图重心

构图重心给人以稳定感,主景常布置于构图重心上。规则式园林的构图重心为几何中心,自然式园林的构图重心在自然重心上,而非几何中心。

(5)对比与调和

对比可使景物更加鲜明、突出,在园林规划中,常使配景在线条、体量、色彩、走势等方面与主景形成对比,从而强调主景。但同时要注意配景和主景的协调与统一。

2. 前景、中景与背景

在公园中,为了增加景物的深远感或突出某一景物,常在空间距离上划分出前景、中景和背景,前景和背景都为中景服务,这样布景使得景观富有层次感、丰富而又有感染力。因造景要求的不同,前景、中景、背景不一定同时具备。在开阔宏伟的景观前,如纪念性公园等,前景可省略,用简单的背景烘托即可。在处理前景时,常用的手法有框景、漏景、添景、夹景。

（1）框景

框景是指利用门窗框、山桥洞、树等选择恰当角度截取另一空间优美景色的手法。所取景色恰似一幅镶嵌于镜框中的立体风景画。如扬州瘦西湖的吹台(图 9-6)便是采用框景的设计手法,使得框与景相互辉映,共同构成景观。

图 9-6

（2）漏景

漏景以框景灵感发展而来,框景展现了空间的完整景色,漏景则若隐若现,有种"犹抱琵琶半遮面"的朦胧美。它由树林、树干、枝叶或漏花墙、漏花窗中隐约可见,含蓄别致。

（3）添景

添景是为主景或对景增加层次感,增加远景的感染力,起到过渡作用,使主景与周围环境更加协调的一种造景手法。如伫立湖边欣赏远景时,湖边垂柳便起到了添景的作用(图 9-7)。

图 9-7

（4）夹景

夹景是运用透视线、景观轴线突出对景的方法,常借助树丛、树列、建筑、山石等将左右两侧景观加以屏障,从而形成狭长的空间,使游人的视线集中于对景之上,增加深远层次的美感。

3. 对景与分景

(1)对景

对景常位于轴线及风景透视线的端点,可以使两个景物相互观望,丰富园林的景色。一般选择园内透视画面最为精美的位置作为观赏点。位于轴线一端的景叫正对景,如北京万春亭是北京—故宫—景山轴线的端点;位于轴线两端的景,则称互对景,如拙政园中的远香堂和雪香云蔚亭。

(2)分景

分景按艺术效果分为障景及隔景。

第一,障景即抑制视线,分隔空间的屏障景物,多以假山、石墙作为障景,多设于入口处,或自然式园路的交叉处等。

第二,隔景的设置使视线被阻,但隔而不断,形成各种封闭但可流通的空间。所用材料多为通廊、花架、水面、漏窗等。

4. 点景

点景常根据景观特点,结合空间环境、历史文化对景观进行高度概括及提炼,并以牌匾、石碑、对联等多种形式,对景点加以形象化、诗意化的介绍。

5. 借景

公园具有一定的范围,造景必定有一定限度,造园时,有意识地把园外的景物借到园内可透视、感受的范围中来,称为借景。借景具有一定的方法,这些方法主要包括以下几种。

(1)近借

近借主要是指借邻近景物,如植物景观、建筑景观等。例如,苏州沧浪亭借邻河水景,配以假山驳岸,园内外景物相得益彰(图 9-8)。

图 9-8

(2)远借

远借是指将远处山、水、树木、建筑等风景借到园内,可借助园内地形地势,园内高处设立亭台楼阁,游人可登高远眺,将景色尽收眼底。如北京颐和园西借玉泉山,闪光塔影,美不胜收。

（3）俯借

俯借是指居高临下俯视景物，如湖光倒影，琪花瑶草。

（4）仰借

仰借是指仰视以借高处景物为主，如古塔、明月繁星、楼阁。而仰借景物时一般在观景处设置座椅。

（5）应时而借

应时而借是指随四季变化，日出日落，大自然在不同时间，呈现出不同的景象。许多盛名的景点利用自然变化与景物的结合，创造别样的景观。如苏堤春晓、雷峰夕照、曲苑风荷、平湖秋月。

三、道路交通规划设计

公园道路是公园的重要组成部分，起着组织空间、引导游览、交通联系及散步休息的作用。道路的布局要从公园的使用功能出发，根据地形、地貌、景点布局和园务管理活动的需要综合考虑，统一规划。

（一）公园道路的类型

公园道路联系着公园内的不同分区、建筑、景点及活动设施，是公园景观、骨架及构景要素，其类型主要包括以下几种。

1. 主干道

主干道是公园道路系统的主干，路宽通常为 4～6 米，纵坡 8％以下，横坡 1％～4％，一般不宜设梯道。其连接公园各功能分区、主要活动建筑设施、景点，要求方便游人集散，并组织整个公园景观。必要时主干道可通行少量管理用车。公园内主干道两旁应充分绿化，可采用列植高大、浓荫的乔木，树下配置较耐阴的草坪植物，园路两旁可采用耐阴的花卉植物配置花境。

2. 次干道

次干道是公园各区内的主要道路，宽度一般为 2～3 米，引导游人便捷地到达各个景点，对主路起辅助作用，可利用各区的景色来丰富道路景观。另外，考虑到游人的不同需求，在道路布局中还应为游人开辟从一个景区到另一个景区的捷径。

3. 专用道

专用道又分为园务管理专用道及盲人专用道。园务管理专用道应与游览路分开，减少交叉，以免干扰游览。盲人专用道是为了盲人方便而开辟的道路，一般在游览道的内部并用特殊的铺装加以区分，引导盲人游览。

4. 游步道

游步道为游人散步使用，以安静休息区最多，单人行走时路宽为 0.6～1 米，双人行走时路宽为 1.2～2 米。游步道为全园风景变化最细腻、最能体现公园游憩功能和人性化设计的道路。

（二）公园道路的布局形式

公园道路布局形式的成败直接关系着公园设计的成败。概括来说，公园道路的布局形式应考虑以下几个方面。

第一，公园道路的疏密性。公园道路的疏密取决于公园规模和性质。在公园内道路大体占总面积的 10%～12%。

第二，公园道路的回环性。公园中的道路多为四通八达的环形路，游人从任何一个点出发都能游遍全园，不走回头路。

第三，公园道路的结合性。将公园道路与景点的布置结合起来，从而达到因景筑路、因路得景的效果。

第四，公园道路的装饰性。公园道路的铺装常用不同的样式来表达，给人们视觉上带来美感，具有一定的视觉冲击力，体现园路的艺术性原则。

第五，公园道路的曲折性。公园道路随地形和景物而多表现为迂回曲折，流畅自然的曲线性，峰回路转，步移景异。这样不仅可以丰富景观，还可以达到延长游览路线、增加层次景色、活跃空间气氛的效果。

（三）公园道路规划设计的原则

公园道路在规划设计时应遵循一定的原则，概括来说，这些原则主要包括以下几方面。

1. 生态性原则

公园道路规划设计必须考虑保持长期的自然经济效益，生态优先，尽量避免破坏自然环境和原有风景，保护各种动植物资源。避免过多使用华丽的地面铺装或引进非地域性植物，应选择渗水性好或多孔铺装来铺装道路，运用乡土树种，充分利用原有的生态植被。这样不仅增强了该地域人们的认同感，有效降低病虫害侵犯，同时还减少了工程费用。

2. 人性化原则

公园道路设计首先应考虑人的需要，其次才是自然美，只有把两者结合起来，才能达到人与自然的相互和谐。如果缺乏人性化考虑，则会导致生境破坏并影响公园的整体景色。例如，日常生活中经常可以见到草坪中踩出了一条路的现象，大家认为这是不文明行为，但造成这一现象的根源是设计人员一味追求人造自然美，忽略了游人的需要，结果给人们带来不便，有碍于人们的正常通行。

3. 艺术性原则

公园道路艺术性原则体现在将不同的公园景点通过一定形式连接在一起，使之成为一个整体，其整体感来自于园内构成元素间的相互协调，主要体现在以下两个方面。

第一，人对道路的"客观"反应上，表现为人对道路周围景观的艺术感知，环境通过人体的各种感观，对人体的心理产生影响，再结合个人对美的各种理性认识，使人产生美的享受。

第二，人们对美景的认识变迁上，表现为不同时代的人们对何为景色的认识具有时代特性。为了使形式有机连续，还可以运用形状和色彩类似的铺装设计方法，或者采取集中原理把松散的环境元素组织起来,构成一个完整的整体。

四、设施规划设计

(一)公共类设施规划设计

公园布置图,导游牌、路标,坐凳设施,停车场,果皮箱,供水及排水设施,供电及照明设施,厕所等都属于公共类设施规划设计的范畴。

1. 公园布置图

在公园的入口处或道路分道处常设置有公园布置图,为游人提供清晰的路线及景点布置图,方便游人选择和确定游览路线。

2. 导游牌、路标

在路口常设置导游牌及路标,从而引导游人到达游览地点,尤其是在道路系统比较复杂、景点较为丰富的大型公园中,还起到了点景的作用。

3. 坐凳设施

坐凳是供游人休息的不可或缺的设施之一,一般设置在园中具有特色的区域,如水边、路边、广场等。坐凳的形式可以根据公园的风格特色以及周边环境来设置,既可以是古朴的也可以是现代的;既可以是规则的,也可以是自然的。

4. 停车场

随着人们生活水平的提高,车已经成为人们普遍的生活品,而停车场也成了公园必不可少的设施。为方便游人,停车场往往设置在入口处,或者入口广场的周边。

5. 果皮箱

为维护公园环境以及方便游人,果皮箱在数量上有一定要求,应根据游人聚集情况及人流量,在一定的距离内应设置足够数量的果皮箱。

6. 供水及排水设施

公园中用水量较大,如生活用水、生产用水、养护用水、消防用水等。生活用水可以直接用城市自来水或设深井水泵吸水。消防用水一般为单独的水系,生产及养护用水可设循环水系统设施,以节约用水。公园的排水主要依靠自排水以及设施排水,如明沟排水或暗渠排水等。

7. 供电及照明设施

照明器具其本身的造型与功能是公园中景观构造的必要元素,照明器具的设计应综合考虑夜晚的照明以及白天的景观效果,其设计整体造型应协调,符合环境因素间的关系。根据照明器具在公园中设置的环境不同可以分为低位照明灯具、道路照明灯具、装饰照明灯具等。其中,低位照明灯具高度一般为 0.3~1.0 米之间,低于人们的视线高度,此类灯具一般布置于园林地面、道路入口、游步道等处;道路照明灯具高度一般为 1~4 米之间,置于道路两侧;装饰照明灯具主要为园林空间的夜晚提供相应的景观效果,形成夜晚的独特景观。

8. 厕所

公园中的厕所应依据公园的规模容量设计,厕所的设计要满足功能特征,外形美观,但不能过于修饰而喧宾夺主。厕所内部设施应健全,要求有较好的通风排水设施。

(二)服务类设施规划设计

公园中的服务类设施规划设计一般包括商业性建筑设施、饮食性建筑设施、住宿性建筑设施以及其他建筑设施的规划设计。

1. 商业性建筑设施

商店、小卖部、购物中心、小型超市等能够为游人提供香烟、饮料、食品、手工艺品、土特产等所需的物品。

2. 饮食性建筑设施

民以食为天,无论身处何处,饮食一直是人们必谈的话题。不同的环境有着不同的饮食文化,饮食性建筑也因而更加多元化,如餐厅、食堂、酒吧、茶室、饮品店、野餐烧烤地等。而饮食性建筑也成了人们停憩、会客、交友的场所。

3. 住宿性建筑设施

在规模较大的公园里,经常设有接待室、招待所、宾馆或是因需要而设帐篷的营地。

4. 其他建筑设施

公园的售票房常设置于公园大门旁或者门外广场处。

(三)游憩类设施规划设计

文娱类建筑、科普展览建筑以及观光游览建筑设施的规划设计都是游憩类设施规划设计的重要范畴。

1. 文娱类建筑

文娱类建筑是能够为游人提供娱乐健身等的场所,如露天剧场、健身房、游艺室等。

2. 科普展览建筑

科普展览建筑是能够为游人普及科普知识,提供历史文物、文学艺术、工艺美术、书画雕塑、花鸟鱼虫等展览的设施。

3. 观光游览建筑

观光游览建筑为游人提供了一个在休闲游憩的同时能欣赏美景的绝佳之地,因此也为游人摄影留念时所青睐。

(四)管理类设施规划设计

管理类设施主要包括公园大门、围墙、办公室、广播站、宿舍、食堂、医疗卫生、治安保卫、温室大棚、变电室、污水处理场等。其中,公园大门属于公园入口处最为醒目的标志,也决定着是否能够第一时间抓住游人的眼球。大门的设置,常依据公园的定位、文化内涵、规模而决定。常见的有牌坊式、门廊式、柱墩式、屋宇式、门楼式等。

五、植物规划设计

(一)植物规划设计的内容

从设计思维方式和使用功能的角度,可以将公园植物景观设计划分为路线植物景观设计、节点植物景观设计、区域植物景观设计、界面植物景观设计、特色植物景观设计五个方面。

1. 路线植物景观设计

路线植物景观包括公园道路和线性水系周边布置的绿地植物景观,以此形成公园的生态绿廊和水系廊道。公园内部的道路系统应是公园的绿色通道,而两侧的植物景观能够形成绿道网络。在自然式园路中,要打破以往的行道树栽植手法,两侧可栽植能够取得均衡效果的不同树种,但株与株之间要留出透景线,为"步移景异"创造条件。路口及转弯处可种植色彩鲜明的孤植树或树丛,起到引导方向的作用。在次要园路或小游步路路面,可镶嵌草皮,丰富园路景观。而在规则式的园路中,最好有 2～3 种乔木或灌木相间搭配,形成起伏的节奏感。公园中常常呈带状分布水系,作为公园的景观生态轴线。在利用水景的同时,仍以植物造景为主,适当配置游憩设施和有独特风格的建筑小品,构成有韵律、连续性的优美彩带,使人们充分享受大自然的气息。

2. 节点植物景观设计

城市公园在统一规划的基础上,根据不同区域的功能要求,将公园分为若干景观节点,使之成为廊道的重点。公园内部的景观节点主要有出入口节点、文化娱乐节点、安静休息节点、观赏游览节点、儿童活动节点以及老年人活动节点等景观,各个节点应与绿色植物合理搭配,节点植物景观设计要精致并富有特色,才能创造出新颖别致的公园景观。

(1)出入口节点

公园出入口是联系公园内部与城市空间的首要通道。设计时应注意出入口景观设计,要与大门建筑相协调,并且有一定的突出效果。

(2)文化娱乐节点

文化娱乐节点是公园的重点,也是人流量相对较多的区域,要结合公园主题进行景观布置。

营造一种优美闲逸的自然景观,开阔的水域水波激荡,沿岸或杨柳依依,追风拂面;或桃依水笑,分外妖娆;或层林尽染,红火如荼;桥、堤、亭、榭错落有致,相映成趣。

（3）安静休息节点

安静休息节点是专供人们休息、散步、欣赏自然风景。此节点可用密林植物与其他环境分隔。在植物配置上可根据地形高低起伏的变化,采用自然式配置树木。在林间空地中可设置草坪、亭、廊、花架、座椅等。在溪流水域可结合水景植物,形成湿地景观。

（4）观赏游览节点

观赏游览节点是全园景观最丰富的区域,旨在为游人营造景色优美、绿色生态的景观环境。在植物景观设计中,应多采用具有色彩季相变化明显的乔木及灌木。

（5）儿童活动节点

儿童活动节点是供儿童游玩、运动、休息、开展课余活动、学习知识、开阔眼界的场所。其周围多用密林或绿篱、树墙与其他空间分开,如有不同年龄的儿童空间,也应加以分隔。活动节点内的植物布置应考虑儿童特点,如可将植物修建成一些童话中的动物或人物雕像以及石洞、迷宫等来体现童话色彩。

（6）老年人活动节点

老年人活动节点的植物景观应本着生态健康的原则进行规划设计,可种植一些常绿乔木及一些药用植物。

3. 区域植物景观设计

进行公园植物景观设计时,首先要进行的依然是公园内区域植物景观设计。在这个阶段,一般不需要考虑用哪种植物,或是单株及复层植物的具体分布和配置,而是根据功能要求,对不同区域进行植物空间设计、色彩设计等。

4. 界面植物景观设计

界面是指公园与城市的交界面地带,对其进行设计既要考虑从城市的角度观赏公园,又要考虑从公园的角度去欣赏城市的效果。公园界面设计常常根据具体场地现状而定,有时在城市交通干道一侧,利用起伏的地形和密植的植被来限制游人通过,有时也可在公园界面地带种植复式林带,以隔开城市噪声,使公园闹中取静。

5. 特色植物景观设计

利用植物本身特性营造特色植物景观也是公园设计的重要内容。不同的植物能够营造出不同的景观特色。例如,棕榈、椰树、假槟榔等营造的是热带风光;雪松、悬铃木与大片的草坪形成的疏林草地展现的是欧陆风情;而竹径通幽,梅影疏斜表现的是我国传统园林的清雅等。有些植物芳香宜人,也可设计成专类公园的特色形式供游人观赏。

（二）植物规划设计的原则

1. 植物景观多样性原则

我国在公园植物规划设计时应该遵循植物景观多样性原则。在城市公园中应充分体现当地植物品种的丰富性和植物群落的多样性特征,强调为各种植物群落营造更加适宜的生态环境,以提高城市绿地生态系统功能,维持城市的平衡发展,加强地带性植物生态性和变种的筛选和驯化,构筑具有区域特色和城市个性的绿色景观。同时,慎重而节制地引进国外特色物种,重点放在原产于我国但经过培育改良的优良我国植物品种上,以体现城市公园丰富多样的植物景观。

2. 生态效益最大化原则

公园是一个特定的景观生态系统。公园植物是构成现代人类良好生活环境不可缺少的部分。在植物品种的选择上,除要突出乡土树种外,还要突出产生生态效益高的树种。未来的公园景观应该是更生态的、健康的、可持续发展的,有利于全人类和各种生物、环境的协调发展。要做到这一点,在进行植物规划设计时,不但要从美学和造景来考虑,还要从发挥生态效益与适地适树的生态学和栽培学角度来考虑,使公园植物最大限度地发挥其生态效益。

3. 植物种植乡土化原则

乡土植物品种是城市公园良好的植物资源,乡土植物材料的使用,是体现地域文脉及设计生态化的一个重要环节。植物生态习性的不同及各地气候条件的差异,致使植物的分布呈现地域性。不同的地域环境可以形成不同的植物景观,进行景观设计时应根据环境、气候等条件合理地选择当地生长的植物种类,营造具有地方特色的植物景观。一般来说,乡土树种有以下特点:能适应当地生长环境,移植时成活率高,生长迅速而健壮,能适应管理粗放,对土壤、水分、肥料要求不高,耐修剪、病虫害少、抗性强,选择乡土树种,植物成活率高,既经济又有地方特色。因此,公园植物景观应运用乡土植物群落来展示地方景观特色,并创造稳定、持久、和谐的公园风景环境。

4. 养护管理减量化原则

在公园种植方面,要强调植物群落的自然适应性,力求公园植物在养护管理上的经济性和简便性。通过植物配植给游人呈现一个生态优美的景观环境。尽量避免养护管理费时费工、水分和肥力消耗过高、人工性过强的植物景观设计手法。因此,公园植物配置应该采用郁闭度较好的自然植被群落为原型的自然式复层结构。需要修剪的大草坪、树木造型园、刺绣花坛、盆花花坛等,除特殊场合最好不用,这样可以节省一定的管理费用。另外,在设计中,还应多采用抗病虫较好、耗水少的树种。

第三节　公园规划设计方法

公园规划设计时一定要熟悉公园设计的内容、明确公园设计的程序,这也可以说是公园规划设计时需要掌握科学的方法。

一、熟悉公园设计的内容

(一)确定公园的出入口

公园的出入口可以分为主要出入口、次要出入口及专用出入口三种。主要出入口的确定要与城市规划相协调,结合公园内各分区的布局要求、地形地貌等因素综合考虑。合理的主次要出入口都必须满足以下几个要求。

第一,设计美观

第二,有足够的集散空间。

第三,方便到达靠近公交站台、居民生活区或人流量大的地方。

总之,公园出入口的确定可以说是公园规划设计中比较重要的一部分,出入口设计的位置及其景观直接影响着公园的人流量及效果。

(二)对整个公园的地形进行设计

公园总体规划在出入口确定的基础上,必须对整个公园的地形进行设计。地形设计牵涉公园的艺术形象、山水骨架、种植设计的合理性、土方工程的问题。概括来说,在对整个公园的地形进行设计时应该做到以下几方面。

1. 地形设计应结合各分区规划的要求

安静休息区、老年人活动区等要求有一定山林地,溪流蜿蜒的小水面或利用山水组合空间造成局部幽静环境。而文娱活动区域,不宜地形变化过于强烈,以便能开展大量游人短期集散的活动。儿童活动区不宜选择过于陡峭、险峻地形,以保证儿童活动安全。

2. 地形设计时不同设计风格应采用不同的手法

规则式公园的地形设计主要是应用直线和折线,创造不同高程平面的布局。自然式公园的地形设计要根据公园用地的地形特点而采用基本的手法,即《园冶》中所指出的"高方欲就亭台,低凹可开池沼"的挖湖堆山法。

3. 公园地形设计应与全园的植物种植规划紧密结合

公园中的块状绿地、密林和草坪,应在地形设计中结合山地、缓坡考虑;水面应考虑为水生、湿生、沼生植物等不同的生物学特性改造地形。山林地坡度应小于 33%,草坪坡度不应大于 25%。

(三)制定公园用地比例

制定公园用地比例的目的在于确定公园的绿地性质,以避免公园内建筑物面积过大,破坏环境和景观,从而造成城市绿地的减少或损坏。一般情况下,公园的用地比例如表 9-2 所示。

表 9-2　公园用地比例(%)

陆地面积/公顷	用地类型	公园类型												
		综合性公园	儿童公园	动物园	专类动物园	植物园	专类植物园	盆景园	风景名胜公园	其他专类公园	居住区公园	居住小区游园	带状公园	街旁游园
<2	I	—	15~25	—	—	—	15~25	15~25	—	—	—	10~20	15~30	15~30
	II	—	<1.0	—	—	—	<1.0	<1.0	—	—	—	<0.5	<0.5	—
	III	—	<4.0	—	—	—	<7.0	<8.0	—	—	—	<2.5	<2.5	<1.0
	IV	—	>65	—	—	—	>65	>65	—	—	—	>75	>65	>65

续表

陆地面积/公顷	用地类型	公园类型												
		综合性公园	儿童公园	动物园	专类动物园	植物园	专类植物园	盆景园	风景名胜公园	其他专类公园	居住区公园	居住小区游园	带状公园	街旁游园
2~<5	Ⅰ	—	10~20	—	10~20	—	10~20	10~20	—	10~20	10~20	—	15~30	15~30
	Ⅱ	—	<1.0	—	<2.0	—	<1.0	<1.0	—	<1.0	<0.5	—	<0.5	—
	Ⅲ	—	<4.0	—	<12	—	<70	<8.0	—	<5.0	<2.5	—	<2.0	<1.0
	Ⅳ	—	>65	—	>65	—	>70	>65	—	>70	>75	—	>65	>65
5~<10	Ⅰ	8~18	8~18	—	8~18	—	8~18	8~18	—	8~18	8~18	—	10~25	10~25
	Ⅱ	<1.5	<2.0	—	<1.0	—	<1.0	<2.0	—	<1.0	<0.5	—	<0.5	<0.2
	Ⅲ	<5.5	<4.5	—	<14	—	<5.0	<8.0	—	<4.0	<2.0	—	<1.5	<13
	Ⅳ	>70	>65	—	>65	—	>70	>70	—	>75	>75	—	>70	>70
10~<20	Ⅰ	5~15	5~15	—	5~15	—	5~15	—	—	5~15	—	—	10~25	—
	Ⅱ	<1.5	<2.0	—	<1.0	—	<1.0	—	—	<0.5	—	—	<0.5	—
	Ⅲ	<4.5	<4.5	—	<14	—	<4.0	—	—	<3.5	—	—	<1.5	—
	Ⅳ	>75	>70	—	>65	—	>75	—	—	>80	—	—	>70	—
20~<50	Ⅰ	5~15	—	5~15	—	5~10	—	—	—	5~15	—	—	10~25	—
	Ⅱ	<1.0	—	<1.5	—	<0.5	—	—	—	<0.5	—	—	<0.5	—
	Ⅲ	<4.0	—	<12.5	—	<3.5	—	—	—	<2.5	—	—	<1.5	—
	Ⅳ	>75	—	>70	—	>85	—	—	—	>80	—	—	>70	—
≥50	Ⅰ	5~10	—	5~10	—	3~8	—	—	3~8	5~10	—	—	—	—
	Ⅱ	<1.0	—	<1.5	—	<0.5	—	—	—	<0.5	<0.5	—	—	—
	Ⅲ	<3.0	—	<11.5	—	<2.5	—	—	—	<25	<1.5	—	—	—
	Ⅳ	>80	—	>75	—	>85	—	—	—	>85	>85	—	—	—

注：本表引用自《上海市绿化行政许可审核实施细则（暂行）》。其中，Ⅰ表示园路及铺装场地；Ⅱ表示管理建筑；Ⅲ表示游览、休憩、服务、公用建筑；Ⅳ表示绿化用地。

（四）计算公园容量

公园的游人容量可以按照下列公式来计算：

$$C = A / A_m$$

式中，C——公园游人容量（人）；

　　A——公园总面积（平方米）；

　　A_m——公园游人人均占有面积（平方米/人）。

根据《公园设计规范》CJJ 48—1992规定：市、区级公园游人人均占有公园面积以60平方米为宜,居住区公园、带状公园,居住小区游园以 30 平方米为宜,近期公园绿地人均指标低的城市,游人人均占有公园面积可酌情降低,但人均占有公园的陆地面积不得低于 15 平方米,风景名胜公园游人人均占有公园面积宜大于 100 平方米。水面和坡度大于 50% 的陡坡山地面积之和超过总面积的 50% 的公园,游人人均占有公园面积应适当增加,其指标应符合以下规定(表 9-3)。

表 9-3　水面和陡坡面积较大的公园游人人均占有面积指标

水面和陡坡面积占总面积比例(%)	0~50	60	70	80
近期游人占有公园面积/(平方米/人)	≥30	≥40	≥50	≥75
无期游人占有公园面积/(平方米/人)	≥60	≥75	≥100	≥150

注:本表引用自《公园设计规范》。

二、明确公园设计的程序

公园规划设计程序可以分为任务书、调查研究、编制总体设计任务文件、总体规划、技术设计、施工设计六个阶段。

(一)任务书阶段

任务书阶段是充分了解设计委托方对公园设计的预期愿望、对设计所要求的造价及时间期限等内容。

(二)调查研究阶段

1. 对自然条件及社会条件进行调查

(1)对自然条件进行调查

对自然条件进行调查时应该从以下几方面着手。

第一,地形地貌,包括地形起伏度、山脉走向、坡度、谷地开合度、低洼地、沼泽地、安全评价等。

第二,气象特征,包括气温(平均温度、绝对最高温度、绝对最低温度)、降水量、湿度、风(风速、风向、风力等)、霜冻期、大气污染等。

第三,土壤性质,包括土壤的物理化学性质、坚实度、通气透水性能、肥沃度、土层厚度、地下水位等。

第四,动植物状况,包括植物及野生动物的数量、群落、分布状况,古树名木统计,植物覆盖范围、姿态及观赏价值的评定等。

第五,水质水位,包括水系分布状况、水位(常水位、最低及最高水位)、河床情况、水质分析(化学分析、细菌检验)、水流方向等。

(2)对社会条件进行调查

对社会条件进行调查应该从以下几方面着手。

第一,现有设施,包括给水排水设施,能源、电话通信设施,原有建筑物的位置、面积、用途,文化娱乐体育设施等。

第二,交通条件,包括规划地所处的地理位置与城市交通的关系,人流集散方向、数量,交通路线,交通工具,停车场、码头、桥梁状况等。

第三,历史文脉,包括文化古迹种类、历史文献遗迹、民俗民风等。

第四,工农业生产情况,包括农用地及主要产品、工矿企业分布及生产对环境的影响等。

2. 对资料进行分析及利用

将收集到的资料进行整理、分析、判断,以有价值的内容作为依据,勾画出大体骨架,作造型比较,决定设计形式,为规划设计提供参考。

3. 准备规划设计图

准备规划设计图应从以下几方面着手。

第一,总体规划图。小型公园(8 公顷以下)比例尺采用 1∶500,中等公园(8~100 公顷)比例尺采用 1∶1 000~1∶2 000,大型公园(100 公顷以上)比例尺采用 1∶2 000 或 1∶5 000。

第二,现状测量图。包括建筑物位置、大小、风格形式,表示出保留、拆除、利用、改造意见;现有树木种类,设施,给水排水情况;原有物的位置、大小、坐标、方位、红线、范围、比例尺、地形、坡度、等高线等;邻近环境状况、居住区位置、主要道路方向、交通人流量、该地区未来发展状况;能源、水系利用状况等。

第三,技术设计测量图。比例尺为 1∶5 000,方格测量桩距离为 20~50 米;等高线间隔为 0.25~0.5 米;标注道路、广场、水面、地面、各建筑物的标高;绘出各种公用设备网、地形、岩石、水面、乔灌木群落位置,要保留建筑的平面位置及内外标高、立面、尺寸、色彩等。

第四,施工所需测量图。比例尺为 1∶200,方格木桩大小视平面大小和地形而异,等高线间距为 0.25 米,重要地点等高线间距为 0.1 米;画出原有主要树木形状、树形大小,树群及孤植树种、花灌木丛轮廓面积等。

(三)编制总体设计任务文件阶段

编制总体设计任务文件是进行公园设计的指示性文件,主要包括以下几方面的内容。

第一,公园设计的目标、指导思想和原则。

第二,公园和城市规划、绿地系统规划的关系,确定公园性质和主要内容以及设计的艺术特点和风格。

第三,公园地形地貌的利用和改造,确定公园的山水骨架。

第四,确定公园的游人容量。

第五,公园的分期建设实施程序及建设的投资估算。

(四)总体规划阶段

根据总体设计任务文件,对公园进行总体规划。规划成果主要包括图样和设计说明两个方面。

1. 图样

第一,全景鸟瞰图、局部效果图等。

第二,综合现状图。根据照片、现状实测等写实媒介所掌握的资料,经过分析、整理、归纳后,分成若干空间。可用圆形图或抽象图形将其概括表示,比例为1:500～1:2 000。

第三,区位图。表示该公园在城市区域内的位置,显示公园与周边的关系,可由城市总体规划图中获得,比例为1:5 000～1:10 000。

第四,现状分析图。对规划地调查和分析阶段的成果进行分项图示解说。

第五,总体规划设计图。明确表示边界线;种植类型分布;公园主次要及专用出入口的位置、面积、布局形式;道路广场、停车场、导游线路的组织;公园地形、水体、工程构筑物、铺装、山石、景墙等,比例为1:500或1:1 000～1:2 000。

第六,功能分区图。根据总体设计的目标、指导思想和原则、现状,分析不同游人的活动规律及需求,确定并划分不同区域,满足不同功能需求。用示意说明的方法,体现其功能、形式及相互关系。

第七,竖向控制图。清晰标明主要景物高程;各出入口内外地面高程;主要建筑物的室内地面及室外地坪高程;山顶高程;最高、最低水位以及常水位;园路主要转折、交叉点高程;地下管线及地下构筑物的埋深等。

第八,管线设计图。供水管网的布置及雨水和污水的水量,排放方式,管网分布情况等;分区供电设施,配电方式,电缆的铺设以及各区、各点的照明方式,广播、通信设施的位置。

第九,种植设计图。根据设计原则、现状及苗木来源确定公园的基调树种、骨干造景树种;确定植物种植形式,如密林、疏林、树群、树丛、孤植树、花坛、花境、草坪等;设定景点位置、开辟透景线、确定景观轴。

第十,道路系统图。明确公园的主要出入口及主要道路、广场位置;次要干道、游步道等的位置、宽度、路面材料、铺装形式等。

2. 设计说明

设计说明要阐述公园建设方案的规划设计理念及意图,具体内容包括以下几个方面。

第一,公园的位置、规模、现状及设计依据,公园性质、设计原则及目的等。

第二,功能分区以及各分区的内容、面积比例。

第三,设计内容(出入口、道路系统、竖向设计、山石水体等)。

第四,绿化种植布置及树种选择。

第五,水电等各种管线铺设说明。

第六,公园建设计划安排。

第七,其他。

(五)技术设计阶段

技术设计阶段即详细设计阶段。具体包括以下几方面的内容。

第一,地形设计图。确定地形地势,地形需表示出湖、潭、溪、滩、沟以及岛、堤等水体造型。确定主要园林建筑、广场、道路变坡点的高程等。为更好地表达设计意图,要在重要地段或艺术布局最重要的方向作断面图,比例尺一般为1∶200～1∶500。

第二,平面图。根据公园的地形特征或功能分区进行局部详细设计。用不同粗细及形式的线条画出等高线、园路、广场、建筑、水池、驳岸、树林、灌木、草坪、花坛、山石、雕塑等的位置及标高,比例尺一般为1∶500。

第三,分区种植设计图。在总体设计方案确定后,准确地反映乔木的种类、种植位置、数量、规格等,主要包括疏林、密林、树群、树丛、园路树、湖滨树的位置,以及花坛、花境、灌木丛、草坪、水生植物的种植设计图,比例尺一般为1∶500。

第四,管线设计图。水、电、气、通信等管网的位置、规格及埋深。

（六）施工设计阶段

在施工设计阶段应该做好以下几方面的工作。

第一,施工总图。表现各设计因素的平面关系和各自的准确位置,体现放线坐标网、基点、基线的位置,包括原有的建筑物、树木、管线、设计地形等高线、高程、广场、道路、园林小品等。

第二,竖向设计图。表现各设计因素的高差关系,包括竖向设计平面图和竖向设计剖面图。竖向设计平面图如现状等高线、设计等高线、高程,水体的平面位置、水底高程及排水方向,园林建筑的位置、高程及填挖方量等;竖向设计剖面图可表示主要部位地形轮廓及高度,表示水体平面及高程变化,水体、山石、汀步及驳岸处理等。

第三,园林建筑设计图。表现各景区园林建筑的位置及建筑特征、色彩、做法等,可参照建筑制图标准设计。

第四,植物种植设计图。种植设计图主要体现乔、灌木及地被的位置、品种、种植方式、种植密度等。图样包括平面图及大样图,平面图是根据树木规划,在施工总图的基础上,用图例表现出各植物的具体位置及种植方式、间距等;大样图是对重点树群、树丛、绿篱、花坛、花境等的详细描述。

第五,道路广场设计图。主要表现公园内道路和广场的具体位置、面积、高程、坡度、排水方向、路面铺装、结构以及与绿地的关系。

第六,管线设计图。在平面上表达管线的具体位置、坐标,并注明管长、管径、高程及接头处理。

第七,苗木及工程量统计表。苗木统计表中包括苗木的编号、品种、数量、规格、来源等,工程量统计表中包括项目、数量、规格等。

第八,园林小品设计图。包括小品的位置、平立面图、剖面图等,并注明高度及要求,如假山、雕塑、栏杆、标牌等。

第九,设计工程预算。工程建设预算主要包括土建工程项目以及园林绿化工程项目两部分的预算。土建项目包括园林建筑及服务设施、道路交通、体育娱乐设施、水电通信设施、园林设施、山景水景工程等;园林绿化工程项目包括观赏植物的引种栽培、风景林的改造及营造等。

第四节　不同类型公园的设计

公园的类型有很多,在本节内容中,将主要对综合公园、专类公园和森林公园景观的设计进行简要阐述。

一、综合公园景观的设计

(一)集散广场的设计

在对综合公园集散广场进行设计时,要注意依据游人量的大小以及景观艺术构图的需要来确定大小。在集散广场中,还可以设计一些纯装饰性的景观,如水池、花坛、喷泉、雕塑、园区介绍和导游图、标志牌等。

(二)园路的设计

综合公园的园路具有非常重要的作用,既可以对园内外以及不同的功能分区、活动设施等进行连接,也可以对园内交通进行组织以引导游客的游览,还可以成为公园的一个重要景观。因此,在进行综合公园景观的设计时,不能忽视对园路的设计。

1. 园路的宽度设计

在进行综合公园园路的宽度设计时,需要遵循一定的指标,具体见表 9-4。

表 9-4 公园园路宽度/米指标

园路级别	陆地面积/公顷			
	<2	2～<10	10～<50	>50
主干道	2.0～3.5	2.5～4.5	3.5～5.0	5.0～7.0
次干道	1.2～2.0	2.0～3.5	2.0～3.5	3.5～5.0
小道	0.9～1.2	0.9～2.0	1.2～2.0	1.2～3.0

2. 园路的布局设计

在进行综合公园园路的布局设计时,要充分考虑到公园的地形、活动内容以及游人的规模等,做到因地制宜。

3. 园路的弯道设计

在进行综合公园园路的弯道设计时,要特别注意以下几个方面。

第一,要与游人的行为规律相符合。

第二,要外侧比内侧高。

第三,要注意设置转弯镜。

第四,在特殊的情况下,要在弯道的外侧进行护栏的设置。

4. 园路的交叉口设计

在进行综合公园园路的交叉口设计时,要特别注意以下几个方面。

第一,主干道相交的交叉口,要设计成较大的正交方式。

第二,小路相交的交叉口,要注意不可设计过多,且相邻的交叉口应保持一定的距离,不可太近。另外,小路相交的交叉口不可设计太小的交叉角度。

第三,丁字交叉口通常要进行一定的放大设计,如可以形成中心岛或是小广场等。

第四,主干道与山路的交叉口,要设计得十分自然,且藏而不显。

5. 园路的线型设计

在进行综合公园园路的线形设计时,要特别注意以下几方面的内容。

第一,主干道的横坡通常要小于 3%,纵坡则要小于 8%;次干道和小道的纵坡通常要小于18%,而且超过 15% 的纵坡需要进行一定的防滑处理。

第二,允许机动车通行的园路,宽度应该大于 4 米,同时转弯半径应大于或等于 12 米。

第三,道路相连的地方,尽量要使角度平缓。

第四,步行道路要进行一定的无障碍设计,以方便行人游览。

第五,园路在进行铺装时,要与公园的整体风格、所处的功能分区等相符合。

第六,与山顶、孤岛等相通的道路,应尽可能设置成通行复线,若是不设置成通行复线,则要将单行道路在一定程度上进行加宽。

（三）绿化种植的设计

在综合公园内,植物是造景的主体,因而在进行综合公园的景观设计时不能忽略对绿化种植的设计。具体来说,在进行综合公园绿化种植的设计时要特别遵循以下几方面的要求。

第一,要与公园的整体布局相协调。

第二,要根据不同植物的形态和功能进行合理的搭配,同时搭配好的植物要与园中的山、水、石、建筑、道路等相符合。

第三,要依据公园的自然地理条件以及城市的特点、城市居民的爱好进行合理的绿化种植布局。

第四,要多选择具有观赏价值且抗逆性强、病虫害小的绿化树种。

第五,在进行近景绿化时,要注意选用强烈的对比色,以达到醒目的目的;而在进行远景绿化时,则要注意选用简洁的色彩,以达到概括园区景色的目的。

（四）建筑小品的设计

在综合公园内,设计合理的建筑小品能够美化园内环境,也能够丰富园趣,还能够使游人获得一定的教益和美的感受。而且,综合公园的建筑小品也是综合公园景观的一个重要组成部分。因此,在进行综合公园景观的设计时,不能忽视对建筑小品的设计。

1. 综合公园展示小品的设计

综合公园的展示小品主要是与旅游有关指示牌、导游信息标志、路标等,在对其进行设计时要注意与其他的建筑小品保持整体性与和谐性,但又要有自身的特色;要设计得尺度适宜、容易被发现、方便被观赏。

2. 综合公园照明小品的设计

综合公园的照明小品有着众多的种类，如草坪灯、行路灯、装饰灯等。其中，在进行草坪灯的设计时，要注意达到白天对园区进行点缀、晚上进行照明的要求，同时草坪灯之间要保持一定的间距；在进行行路灯的设计时，要注意灯杆高度保持在 2.5～4 米之间，灯距则以 10～20 米为宜。

3. 综合公园服务小品的设计

综合公园的服务小品包括座椅、垃圾桶、电话亭、廊架、洗手池等，下面具体分析一下座椅和垃圾桶的设计。

（1）座椅的设计

在综合公园内，座椅是最常见的一种服务小品。在对座椅进行设计时，要注意遵守以下几方面的要求。

第一，设计的座椅要与游客的活动习惯相符合，要满足游客方便性及私密性的要求。

第二，要依据综合公园的大小以及人流量确定座椅的数量和位置。

第三，设计的座椅在尺度上要与人体工程学相符合。

第四，设计的座椅要巧妙地融入环境之中。

（2）垃圾箱的设计

在综合公园内，垃圾箱也是一种常见的服务小品。在对垃圾箱进行设计时，要注意遵守以下几方面的要求。

第一，设计的垃圾箱应有独特性。

第二，设计的垃圾箱应与环境巧妙融合。

4. 综合公园装饰小品的设计

综合公园的装饰小品包括景墙、雕塑、铺装、栏杆等，下面具体分析一下景墙的设计。

景墙主要是用来造景、对主景进行衬托、丰富园内环境的，因此在对其进行设计时要注意运用丰富且有变化性的线条，同时要注意对景墙的材质进行突显。

二、专类公园景观的设计

（一）动物园景观的设计

1. 动物园道路的设计

在进行动物园道路的设计时需要遵循以下几个具体要求。

第一，主路的导向性要明显，能引导游人便利地参观游览。

第二，道路的布局要合理，以达到调整人流的目的。

第三，道路的交叉口处，也根据实际情况设置一些休息广场。

第四，道路最好采用自然式的布置方式，而且道路与道路之间要形成方便、快捷的联系。

2. 动物园笼舍建筑的设计

在进行动物园笼舍建筑的设计时需要遵循以下几个具体要求。

第一,必须方便对动物进行饲养和管理。

第二,必须与动物的体型、性格、生活习性等相符合。

第三,必须方便游人进行参观游览。

第四,必须保证动物和游人的安全,也要避免动物外逃。

第五,必须要保证风格统一。

第六,必须与周围的环境在色调上保持和谐。

第七,必须要因地制宜,在紧密结合地形的同时尽可能还原动物原产地的环境气氛。

3. 动物园绿化种植的设计

在进行动物园绿化种植的设计时,需要遵循以下几方面的要求。

第一,动物园绿化种植要与动物的生活环境、生存习性相适应,这样既能使种植的植物成为动物的饲料,又能让游人进行观赏,可谓经济实惠。

第二,动物园绿化种植要与动物的陈列要求相符合,以形成各具特色的动物展区。

第三,动物园道路的绿化要达到遮阴的效果,故而可设计成林荫路的形式。

第四,动物园建筑广场道路附近要进行重点的绿化种植。

第五,动物园绿化种植要选择叶、花、果都无毒,树干、树枝都没有尖刺的树种,以保护动物免受伤害。

(二)儿童公园景观的设计

儿童公园的许多景观设计与其他类型的公园的景观设计雷同,只有一些较为特殊的地方存在差异,这里对以下两方面进行说明。

1. 儿童公园活动设施和器械景观的设计

随着社会的发展、时代的进步,儿童公园内的活动设施和器械也在不断发展变化,从原始的沙场、涉水池、秋千、跷跷板等,逐步转变为飞行塔、小铁路、旋转木马、宇宙旅行、急流乘骑、筋头旋转车、快连滑行车等。这些设施一方面为儿童提供了娱乐休闲的服务,另一方面也有助于儿童开发自己的身体、心理、学习等方面的素质。在儿童公园中,儿童活动设施和器械必不可少,要想使其与儿童公园的整体景观协调地融合在一起,就需要根据儿童公园的整体风格,设计这些设施与器械的种类、摆放、规格等。

(1)活动设施和器械的种类选择

儿童公园的活动设施与器械的种类应以其所处的功能分区为依据选择。例如,幼年儿童活动区可选择沙池、小屋、小山、小水池、花架、植物、荫棚、桌椅等活动设施和器械,且这些设施与器械的选择应考虑幼年儿童的安全性问题。学龄儿童活动区可选择秋千、螺旋滑梯、攀登架、飞船等活动设施和器械。少年儿童活动区可选择迷宫、障碍与冒险等活动设施和器械。体育活动区可选择球类、射击、游泳、赛车等活动的设施和器械。科普文化娱乐区应选择投影仪、展示台、舞台灯活动设施和器械等。

（2）活动设施与器械的摆放设计

儿童公园的活动设施与器械的摆放应根据使用儿童的身高等生理特点来决定。

（3）活动设施与器械的规格设计

不同的活动设施与器械在设计时要取不同的规格要求，这里主要分析几种常见的活动设施与器械的规格。

第一类：沙坑的规格。儿童公园的沙坑深度一般为30厘米左右，沙坑的面积应以儿童的数量来确定，一般每个儿童的活动面积应为1平方米左右。

第二类：水池的规格。儿童公园的水池一般应设计成曲线流线形，水深在15～30厘米左右。

第三类：秋千的规格。儿童公园的秋千一般应由木制或金属架上系两绳索做成，架高在2.5～3米左右，木板宽约50厘米，板高距地面25～35厘米。

第四类：滑梯的规格。儿童公园中，供3～4岁的幼儿使用的滑梯高一般为1.5米左右；供10岁左右的儿童使用的滑梯高一般在3米左右。

第五类：攀登架的规格。儿童公园中的攀高架一般由4～5段组成框架，每段高约50～60厘米，总高约2.5米左右。

第六类：跷跷板的规格。儿童公园中的跷跷板的水平高度约60厘米，起高约90厘米，落高约20厘米。

2. 儿童公园种植景观的设计

植物能够为儿童公园增添一抹生命的亮色，也能够凭借其姿态、色彩等创造出独特的景观，因此常常被运用于儿童公园的景观设计之中。而在设计植物景观的过程中，设计师除了要考虑植物的搭配、色彩之外，还应考虑儿童好动、活泼、好奇心等特点，种植一些不会对儿童身体产生危害的植物。总的来说，会对儿童身体产生危害的植物主要包括以下几类。

第一类是有刺激性气味或能够引起过敏反应的植物，如漆树等。

第二类是有毒植物，如夹竹桃等。

第三类是有刺植物，如刺槐、蔷薇等。

第四类是容易给人的呼吸道带来不良作用的植物，如杨树等。

第五类是易生虫害及结浆果的植物，如桑树等。

在选择了合适的植物之后，设计师还需对儿童公园的密林和草地这些能够为儿童提供良好遮荫以及集体活动的场所进行设计，以模拟出森林景观，为儿童的游戏、娱乐、科普、游玩等创造条件。

此外，花坛、花地与生物角也是需要设计师考虑的内容，设计师在设计这些地方的植物景观时，除了要考虑安全性之外，还应考虑植物的种植条件、植物的季相变化、植物的色彩形态等，争取在儿童公园做到四季鲜花不断、绿草如茵。一些有条件的儿童公园还可以专门开辟一个植物角，种植一些可以观赏的植物，如龙爪柳、垂枝榆等，让儿童在观赏中学习植物学的相关知识，培养他们热爱大自然的良好习惯。

（三）主题公园景观的设计

1. 主题公园道路的设计

在主题公园内，道路可以说是骨架和网络。在对其进行设计时，要特别注意以下几个方面。

第一，设计的道路要对主题公园的主题面貌有良好的反映。

第二，设计的道路要与主题公园的风格相协调。

第三，设计的道路要有良好的交通性，且疏密得当。

第四，设计的道路要符合地形的特点。

2. 主题公园水景的设计

主题公园内的水景包括湖泊、瀑布、喷泉、溪流等，在对其进行设计时要特别注意以下几个方面。

第一，要保证设计的水景风格与主题公园的主题保持统一。

第二，要保证设计的水景与其功能相符合。

第三，要保证设计的水景能与人们进行互动，从而使人们在欣赏水景时感受到快乐。

第四，要保证设计的水景有便捷的水上交通。

3. 主题公园绿化种植的设计

主题公园绿化种植的设计，要特别注意以下几个方面。

第一，主题公园的绿化种植要与主题公园的主题和功能相符合，并能够对主题气氛进行烘托。

第二，主题公园的绿化种植要与主题公园的总体绿地布局形式相协调。

第三，主题公园的绿化种植要有一定的季节性，以满足不同季节的游览要求。

第四，主题公园的绿化种植要有一定的艺术性，并要营造出多样统一性的植物景观艺术效果。

4. 主题公园建筑小品的设计

在主题公园内，建筑小品的存在能够使其主题得到很好的展示。因此，在进行主题公园景观的设计时，不能忽视对建筑小品的设计。而在对主题公园的建筑小品进行设计时，要特别注意以下几个方面。

第一，设计的建筑小品要能够突出主题公园的主题和特色。

第二，设计的建筑小品要在造型和色彩上有独特性和感染力。

第三，设计的建筑小品要对环境起到美化作用，并与环境巧妙地融合在一起。

(四)体育公园景观的设计

体育公园是主题公园的一个类型，它的许多设计都符合主题公园的设计要求与规范，这里主要介绍体育公园中较为特殊的绿化景观设计和体育场地设施景观设计。

1. 体育公园绿化景观的设计

体育公园的绿化应为创造良好的体育锻炼环境服务，根据不同的功能分区，进行不同的绿化景观设计。具体来看，公园出入口的绿化景观设计应做到简洁明了，设计师可结合公园的场地情况,布置一些花坛和草坪。在体育建筑的周围应种植一些乔木和灌木,以便与建筑形成呼应,但应注意在建筑的出入口留有足够的空间,以方便游人出入。在体育场周围可适当种植一些大型乔木,场内可种植耐践踏的草坪。

2. 体育公园场地设施景观的设计

在体育公园的设计中,场地设施景观是最重要的组成部分,是用以区别其他类型公园的最主要元素。在设计的过程中,设计师可根据公园的具体功能情况,选择合适的体育设施,并将其集中布置或根据总体布局情况分散布置。

(五)湿地公园景观的设计

1. 湿地公园道路景观的设计

湿地公园的道路景观在设计时除了应满足普通公园道路景观设计的基本要求之外,还需要结合湿地公园自身的独特性,以保护、改造、利用湿地的生态系统为原则,从主干道、次干道、游步道、简易步道的设计入手。

具体来说,湿地公园的主干道和次干道应在满足步行或者通行功能的基础上,设计与选择不会对湿地生态系统造成环境污染的交通工具。

湿地公园的游步道和简易步道主要是为了供游客游览通行使用,设计时应在保留原有场地的土路、小径的基础上,将浮桥、木栈道等纳入其中。

2. 湿地公园水系景观的设计

水系景观是湿地公园景观的重要内容之一,在对它进行设计时,需要注意以下几方面。

第一,改善地表水与地下水的联系,确保地表水与地下水能够相互补充。

第二,做好排水与引水的设计与调整,保证对湿地水资源的合理利用。

第三,将湿地水岸系统纳入水系景观设计中,保持岸边景观与生态的多样性。

3. 湿地公园建筑及小品景观的设计

湿地公园毕竟还属于公园的范畴,因而也需要布置一些功能性和服务性的建筑及设施小品,对这些建筑和设施小品的设计应根据公园的整体性质采用简洁质朴的形式,避开采用规则、僵硬、冰冷的钢筋及混凝土等,而以竹质、木质的自然朴素的材质为主,并应结合它们自身的功能和性质选择合理的布置位置和布置形式。

4. 湿地公园植物景观的设计

湿地公园因为其自身独特的环境,比较适合种植能够在土壤潮湿或者有浅层积水环境中生长的植物,这些植物可分为水生植物、沼生植物和湿生植物三类。它们能够为多种生物包括飞禽、鱼类、微生物等提供生活栖息地,能有效地改善湿地的水质,也能以其优美的形态、色彩及组合形式为湿地公园创造出靓丽的景观,还能通过根系的扭结作用、根茎叶的拦截作用减少地面径流,防止水的侵蚀和冲刷,起到加固驳岸的作用。

对湿地公园的植物景观进行设计,首先应以保护、改造、利用为基础,对原有的植物景观进行合理保护,并适当补充当地的植物种类;对已经受到不同程度破坏的植物区域,应积极补种各类乔木、灌木、水生、湿生植物;对湿地植物的栽种搭配和品种间的搭配应用,应积极考虑其对自然、生态的可利用性,以便构建一个健康、稳定的植物群落。其次,对湿地公园的植物景观设计还必须注重美学因素,考虑植物群落的季节性变化,做到四季有景可观;注意常绿植物和落叶植物的色彩、形态等的搭配,如对于湿地沿岸带可选用姿态优美的耐水湿植物如柳树、木芙蓉等,配以低矮灌木、高大乔木、地被植物形成的乔灌草的搭配形式,塑造出色彩丰富、高低错落的植物景观。

三、森林公园景观的设计

(一)道路交通的设计

总体来看,在道路交通的设计上,森林公园除了要与主要客源地建立便捷的外部交通联系之外,还需要从内部考虑森林旅游、护林防火、环境保护以及公园职工的生产、生活需求。具体来看,森林公园的道路交通设计应主要包括以下几方面。

第一,道路线型应顺应自然,尽量不要破坏地表植被或自然景观。

第二,道路应避开有滑坡、塌方、泥石流等危险的地质不良地段。

第三,应先对森林公园的景观进行分析,判定园内较好的景点,景区的最佳观赏角度、方式,然后以此确定游览路线。

第四,公园内部道路可采用多种形式构成网状结构,并与公园外部的道路合理衔接。

第五,道路两侧应尽量有景可观。

第六,园内的道路应展现出引导游客游览的作用,这就需要设计师考虑游客的游兴规律,合理布置游览路线。

第七,面积较大的森林公园应设置主干道、次干道、游步道等。其中,主干道的宽度应保持在5~7米之内,纵坡不得大于9%,平曲线最小半径不得小于30米。次干道的宽度应保持在3~5米之内,纵坡不得大于13%,平曲线最小半径不得小于15米。游步道的应根据具体情况因地制宜地设置。

第八,公园内应避免有地方交通运输路线通过。必须有交通路线通过时,应在路线两侧设置30~50米宽的防护林带。

第九,道路应根据不同功能要求和当地筑路材料合理确定路面材料和风格,做到与公园整体风格协调统一。

第十,公园中应尽量避开对环境破坏较大的交通工具,选择方便、快捷、舒适、有特色的交通工具。

(二)空地的设计

在森林公园中,游人置身于开朗风景与闭锁风景的相互交替中,能通过空间的开合收放,林中的道路、林缘线、林冠线的曲折变化,而感受到森林的构图节奏与韵律。在此过程中,林中空地作为缓解游人长时间在林中游览产生的视觉封闭感的区域,不仅能够为游人提供休息活动的场所,也能展现出优美的景观,因此,开辟林中空地时不仅需要注意增加森林空间的变化,也要注意对林中空地进行景观塑造。具体来看,塑造林中空地的景观需要注意以下几方面。

第一，林中空地的边缘应设计得自然合理，避免过于僵硬的几何式或直线式曲线的出现。

第二，林中空地边缘的林木应注意做好与周围林木的过渡，使其能够自然地向密林过渡。

第三，林中空地的尺度应结合公园的土壤特性、坡度，草本地被的种类及覆盖能力而定。但从景观设计的角度来看，"闭锁空间的仰角从 $6°$ 起风景价值逐步提高，到 $13°$ 时为最佳，超过 $13°$ 则风景价值逐步下降，$15°$ 以后则过于闭塞。因此，设计林中空地时，林木高度与空地直径比在 $1:3 \sim 1:10$ 之间较为理想"[①]。

（三）林缘及林道的设计

森林公园中的林道和林缘是游人视线最为直接的观赏部分，它的设计会对森林景观产生直接影响。例如，全部用多层垂直郁闭景观布满的林缘会封闭游人的视线，使人产生封闭、单调、闭塞的心理。因此，在森林林缘中，设计师应注意不能使多层垂直郁闭景观过高，只占据林缘的 $2/3 \sim 3/4$ 左右即可。此外，设计师还应注意道路两侧林缘的变化，通过不完全封闭林缘在垂直方向上的视线的做法，让游人的视线可以穿过林缘欣赏到林下的深邃幽远之美，既可以感受闭锁的近景，又能透视半开放的远景。

对森林公园林道的设计，应注意在林道两侧布置灌木、乔木、草本层组合而成的林木群落，以便在为游人提供良好的庇荫条件，使其感受到浓郁的森林气氛的同时，使其视线能够透过灌木、乔木、草本植物之间的间隙观赏到远处的景物。

（四）林分季相的设计

大部分森林公园是以原有林地为基础发展起来的，这些原有的林地不一定适合景观欣赏和游憩的需求，甚至还可能存在一些人工林和景观较差的林地，因此，就需要对原有林分进行调整。例如景德镇枫树山国家森林公园的原有林分为杉木林、马尾松林，这些林分不适合游览需求，因此该森林公园后来在原有林分中增补了针叶树、阔叶树及其他观赏树种，使其林分状况逐步适合游憩的要求。

另外，林木随着季节变化会产生不同的森林季相，且森林公园所占面积较大，所种林木较多，因此需要设计师全面考虑森林的季相构图，使其在突出某一季节特色的同时，形成鲜明的景观效果。

（五）林木郁闭度的设计

森林公园中的林木的郁闭度会直接影响游人的活动，一般情况下，过大的郁闭度会使森林显得黑暗阴湿，不利于游人活动；而过小的郁闭度又会使森林显得过于空旷，森林气氛不足。因此，在对森林景观进行设计时，必须考虑森林林木的郁闭度的问题。

林木郁闭度的不同会产生不同的景观，如郁闭度为 $1 \sim 0.6$ 的森林会形成郁闭景观；郁闭度为 $0.5 \sim 0.3$ 的森林会形成半开朗景观；郁闭度为小于 0.2 的森林会形成开朗景观。针对森林公园的游憩观赏特点，林木景观应以封闭景观为主（占全园的 $45\% \sim 80\%$），辅以半开朗风景（占全园的 $15\% \sim 30\%$）和开朗风景（占全园的 $5\% \sim 25\%$），林木郁闭度应维持在 0.7 左右，这样才能较为适合游客开展森林活动。

---

① 唐学山等．园林设计．北京：中国林业出版社，1996 年，第 332 页．

第十章　居住区景观设计

居住环境是城市空间环境的重要组成部分,其景观设计直接影响到人类的健康以及城市的形象,因此,受到了人们越来越多的关注。人类的居住环境从简陋的茅屋逐步发展到多种多样的现代住宅,其已不仅仅局限于满足居住的要求,人们更加重视居住区的步行、休闲、社交等公共空间,这也向居住区的景观设计提出了更高的要求。本章主要对居住区景观设计的相关内容进行分析。

第一节　居住区景观设计概述

一、居住区景观设计的相关概念

(一)绿地

绿地在居住区景观中占有重要的地位,它是指以自然植被和人工植被为主要存在形态的居住区用地。在一个居住区中,绿地分为公共绿地、专用绿地、道路绿地和其他绿地等种类。它作为居住区用地中的一个有机组成部分,受到了各级政府、居住区居民和开发商越来越被多的关注。

(二)居住区景观

在一般情况下,居住区的景观多指建筑物以外的一切,包括人工的与自然的,它是居住区居民活动和休闲使用的空间环境,具有舒适、安全和观赏性的特点。

(三)户外环境景观

户外环境景观是指居住区各类建筑物以外的空间环境,它是构成居住区景观的主要内容。户外环境景观通常包括软质景观和硬质景观两大类。

(四)居住区景观设计

居住区景观设计是指住宅建筑以外的环境景观设计,主要由物质元素和精神元素构成。居住区的环境景观,直接影响着居民的生活质量。而景观设计师的目标,就是将居住区的景观环境与住宅建筑有机融合在一起,为居民创造出经济上合理,生活和心理感知上方便舒适、安全卫生的优美的居住环境。

二、居住区景观设计的特点

居住区景观设计主要具有以下几个特点。

（一）多样性

多元性是指居住区景观设计中将人文、历史、风情、地域、技术等多种元素与居住区景观环境相融合的一种特征。如在众多的城市住宅环境中，有体现当地风俗的建筑景观，也有异域风格的建筑景观，还有古典风格、现代风格或田园风格的建筑景观。这种丰富多样的景观形态，包含了众多的内涵和神韵——典雅与古朴、简约与细致、理性与狂欢。因此，只有多元性的居住区景观才能让城市环境更为丰富多彩，才能让居民在住宅的选择上有更大余地。

（二）整体性

居住区景观设计是一种强调环境整体效果的艺术。居住区环境是由各种室外建筑的构建、材料、色彩及周围的绿化、景观小品等各种要素整合构成。一个完整的环境设计，不仅可以充分体现构成环境的各种物质的性质，还可以在这个基础上形成统一而完美的整体效果。没有对整体效果的控制与把握，再美的形体或形式都只能是一些支离破碎或自相矛盾的局部。

（三）艺术性

居住区景观设计中的所有内容，都以满足功能为基本要求。这里所说的"功能"包括"使用功能"和"欣赏功能"，二者缺一不可。室外空间包含有形空间与无形空间。有形空间包含形体、材质、色彩、景观等，它的艺术特征一般表现为建筑环境中的对称与均衡、对比与统一、比例与尺度、节奏与韵律等。而无形空间的艺术特征是指室外空间给人带来的流畅、自然、舒适、协调的感受与各种精神需求的满足。二者的全面体现才是景观设计的完美境界。

（四）人文性

景观设计的人文性特征表现在室外空间的环境应与使用者的文化层次、地区文化的特征相适应，并满足人们物质的、精神的各种需求。只有这样，才能形成一个充满文化氛围和人性情趣的景观空间。我国南北自然气候迥异，各民族生活方式各具特色，居住环境千差万别，具有显著的人文性特征，它是极其丰富的景观设计资源。

（五）科技性

现代社会中，人们的居住要求越来越趋向于高档化、舒适化、快捷化、更注重安全性。因此，在居住区景观设计中，增添了很多高科技的含量，如智能化的小区管理系统、电子监控系统、智能化的生活服务网络系统、现代化通讯技术等，而层出不穷的新材料使景观设计的内容在不断地充实和更新。

三、居住区景观设计的原则

在对居住区景观进行设计的过程中，应遵循以下几点原则。

（一）社会性原则

社会性原则在一定层次上可以认为是人本原则的延伸和补充。从"为大众的住宅"到"为大众的社区"，使小康不只停留在"小康住宅"，而应扩大到"小康社区"和"小康社会"。传统的居住区只关注物质环境的设计而不是社区建设，结果是居民对社区的"拥有感"不强。因此，在对居住区景观进行设计时，要赋予环境景观亲切宜人的艺术感召力，通过美化居住区的生活环境，体现出优良的社会文化，促进人际交往和精神文明建设，提倡居民积极参与设计、建设和管理自己的家园，使居民拥有的居住区环境真正成为生活的精神乐园。

同时，还要时时体现人的社会属性，要更多地体现对人际交往的关怀，赋予人们更大的发展空间，要对人的居住行为、心理变化有深层次的介入，从多层次关注人的情感，促进社会交往，共建和谐社会。

（二）经济性原则

居住区景观的设计和建造是一门工程技术性的科学。景观的构成和空间的组织，需要技术手段的支持，也依赖于对材料、工艺、各种技术的科学运用。这里所说的科技，包括结构、材料、工艺、施工、设备、光学、声学、环保等多个方面。

进行居住区景观设计，要根据地域自身的经济条件和技术水平条件，顺应市场发展需求、注重节能、节材和合理使用土地资源；提倡朴实简约，反对浮华铺张和过分追求为景观而景观、"大"而"空"的片面倾向，要尽可能和有针对性地采用新技术、新材料、新设备来有效地完善、优化居住环境，以取得优良的性价比；根据市场需求以及居住区开发的长期效益确定环境建设的定位，管理运作模式以及成本投入，运用全面完善的综合评价标准，通过精心设计与施工实现效益的最大化。

（三）生态性原则

要尽量保持现存的良好生态，改善原有的不良生态环境，将人工环境与自然环境有机协调，提倡将先进的生态技术运用到环境景观的塑造中去，在满足人类回归自然精神渴望的同时，促进自然环境系统的平衡发展和人类可持续发展。

居住区景观设计首先要考虑到当地的生态环境特点，对原有土地、植被、河流等要素进行保护和利用；其次要进行自然的再创造，即在人们充分尊重自然生态系统的前提下，发挥主观能动性，合理规划人工景观。不论是在住宅本体上或是居住环境中，每一种景观创造都应遵循生态原则，都应体现出形式与内容内在的理性与逻辑性。寻求适应自然生态环境的居住形式，提高居住环境的物条件，创造出一种整体有序、协调共生的良好生态系统，为居民的生存和发展提供适宜的环境。

（四）人性化原则

人是居住区的主体，是具体的使用者，人的习惯、行为、性格、爱好都决定了对环境空间的选择，只有最大程度地满足人的需求，才能充分体现出居住区的活力，因此，要将"以人为本"的理念贯穿于环境设计之中，满足人们不断提高的物质和精神生活需求以及社会关系与社会心理方面的需求。环境景观设计中物质空间形态的完成并不是我们设计和营造的目的，而应始终坚定环境的建构是服务于人、取悦于人。以人为本的原则是居住区景观设计中首要的、最基本的原则。

居住区景观设计需要把握人们视觉感受的对象与方式。人的视觉活动方式不同(如远眺、鸟瞰、近观),感受的环境对象也不同。针对不同的视觉活动方式,在不同的范围内我们的景观设计也应采用相应的方法来抓住要点,通过造景、借景、移景等手段以满足人居环境的各种需求。

(五)历史地域性原则

居住区景观的内容和表现风格也是包容的、多样的,它是将人文、历史、风情、地域、技术等多种元素与景观环境相融合的设计。可以在不同的局部表现不同的风格、表达不同的内容,但是各种风格的融合中应以地脉、文脉为依据,做到因地制宜。

要注意和体现建筑地域的自然环境特征,遵循地区气候特征和各地民俗、历史、城市发展状况;因地制宜地创造出具有时代特点和地域特征的空间环境,不可毫无节制的盲目移植;要尊重历史、保护和利用历史性景观。对于历史保护地区的居住区环境设计,更要重视整体的协调统一,做到保留在先、改造在后,真正创作出具有地域特征和历史文化内涵的环境空间。

(六)协调性原则

居住区的景观设计要与周围的自然环境相协调,充分利用规划设计手段,将住宅、道路、绿化、公建配套等在用地范围内进行精心合理的布置和组合,创造有序流动的空间系列。"人—建筑—环境"在规划设计中予以充分的体现。优秀的居住景观不是仅停留在表面的视觉形式中,而是从人与建筑协调的关系中孕育出精神与情感,作为优美的景致深入人心。

第二节　居住区入口景观设计

居住区入口景观在居住区整体景观中占据着十分重要的地位。它是居住区与周围环境,包括建筑、城市街道等之间的过渡和联系空间。它既是居住区与城市空间的分隔,也是居住区空间序列的开端。居住区入口是向外展现居住区特点与风采的窗口,同时也是城市景观的一部分,反映着城市区域环境的整体面貌。下面对居住区入口景观设计的相关问题进行分析。

一、居住区入口概述

(一)居住区入口的功能

居住区入口主要具有实用性、标志性和文化性等功能。

1. 实用性

实用性功能主要体现在交通导向及安全防范上。入口景观空间是居住区和城市道路的连接点,承担着居住区与外部空间联系的重要中介作用,如组织人流集散、车辆通行等。安全防卫则是为了居住区的安全而对通行的人、车进行的必要检查,如门禁系统及智能化车辆管理等。另外,居住区入口空间还兼有交往休息功能,在这里展开的交往活动公共性很强,一般如居民在入口处相遇打招呼、交谈，小区宣传和展示等。有的小区入口处有入口广场，居民可在此停留休息。

2. 标志性

标志是认知环境的参考点，往往不同于周围环境的其他地方，使人很容易识别。居住区入口大门承担着满足居住者认知居住领域的标志功能。居住区入口标识出居住区在城市中的区位，是人们认知居住区的重点，富有个性及特色的入口及大门设计，能带给人强烈的居住认同感，进而产生发自内心的归属感。

3. 文化性

不同的居住区有着不同的居住理念与居住区文化，入口往往结合功能及景观元素直接或间接地反映出不同的地域及民族文化特色，包括居住区特定的文化主题等，通过入口传达一种特殊的文化元素，体现出居住区蕴含的文化特征。

（二）居住区入口的分类

每个居住区为保证与城市之间有良好的交通联系，通常具备两个以上的出入口。居住区入口根据不同的分类标准可进行以下分类。

1. 根据在整体规划中所处的地位划分

按在整体规划中所处的地位，居住区入口可分为主入口、次入口、专用入口三大类。

（1）主入口

居住区主入口是其与城市沟通的主要通道，因此通常设立在居住区对外联系最便捷的位置，方便住户的出入与生活，如临近公交站点、社区商业服务网点、城市公园等。同时，主入口在居住区所有入口中处于主体地位，应具有相应规模与尺度，提供人流集散、车行交通、休憩观景、居住区活动等相关功能，因而通常会与居住区主广场以及主要道路直接联系，并且以方便到达居住区的各主要部分为宜。在满足以上功能的同时，主入口与城市街道直接联系，在很大程度上展现了居住区的整体风格，并与城市街道景观相融合，成为城市形象的有机组成部分。

（2）次入口

次入口是相对主入口而言的，是居住区交通的辅助入口，它一般承担居住区次要的、局部的或小量的人、车流出入功能，常与周边较次要的城市交通路线或街道相联系。次入口的规模等级、景观形象的重要性均应次于主入口，设计处理相对简单，常常作为单独的人行入口或车行入口使用。需要注意的是，对于用地规模较大的小区，多个次入口之间根据具体情况常常作相对主次的划分，因而需要通过相应空间景观的设计与处理来达到所需效果。

（3）专用入口

居住区专用入口主要是为了满足一些特殊功能要求而设置的，如消防的需要，这种消防专用入口大门一般不开，除非有紧急情况发生，比如发生火灾时，给消防车通行。它的设计更简单，只需要有一条路和居住区内外的路相联系。其形式可以处理成和围栏一样，紧急情况下可以打开通车，从远处看这个入口会使人认为它也是围栏。还有的居住区入口是为了运送垃圾等废物而设，这种入口大门平时也不开。

2. 按所承担的交通组织作用划分

按所承担的交通组织作用,居住区入口可分为人行入口、车行入口与人车混行入口三种类型。

(1)人行入口

人行入口是指专供人员通行,一般不通机动车辆的入口,它在居住区内与人行步道相连接,构成人行系统。人行入口由于排除了机械交通,因而出行安全,受限较小,可以创造出更加丰富的居住区入口景观。在设计中常常结合居住区内的景观步道形成一组景观序列,入口即成为序列的起始节点,并运用绿化、水体等景观要素营造出自然亲切的氛围,这样当住户从入口进入居住区内部时,感受到的就是一个形象整体、一气呵成、安全舒适的景观环境。因此,人行入口常常会被置于居住区入口的主导地位,并与一定尺度的步行广场及步道相匹配,作为居住区主入口来进行设计。

(2)车行入口

车行入口是指主要供机动车通行的入口,与居住区内车行道路以及车库相联系构成车行系统,车行入口与车行道路的两侧一般可布置人行道,供行人通过。车行入口的设置应满足小型车以及消防车的通行需要,并与城市道路之间进行合理连接;主要的车行入口应留足一定空间供不进入居住区内部的车辆回车或短时间停靠。

(3)人车混行入口

人行与车行分开设置时,行人与车辆各行其道,既有利于行人安全,营造丰富的步行景观,也有利于提高车辆通行效率。混行设置时,行人与车辆从同一入口进入居住区,相互之间会产生一定的干扰,其优点是可节省管理资源。在混行设置的情况下,应尽量让人与车辆能够清晰地辨认自己的活动区域与路径,减少相互之间的冲突,在设计中可以从路面高差、材质、颜色上作区分,通过大门、绿化、水体等景观要素作划分,这样虽说是同一个入口,但实际是不同的进入通道,从而将相互间的干扰大大降低。具体方式如可在车辆进出的两侧或者单侧布置供行人进出的通道,并与车道之间设置适当的高差(100~150毫米),或者通过绿化等方式将其分隔为人、车两个通道,在可能的情况下,甚至还可为非机动车设置相应的行驶区域,使人、非机动车、车辆三者在入口通行时避免交叉。

需要主要的是,主、次入口与人行、车行入口之间是并行的关系。一个入口的主次只是代表其在居住区整体规划中的相对地位,同时,它可能是单独的人行入口或者车行入口,也可能是人车混行入口。

(三)居住区入口的位置选择

居住区入口的位置选择需要注意以下几点。

1. 遵循城市规划要求

居住区入口根据城市规划的要求,要与城市道路取得良好的关系,要有方便的交通以及供主要人流量的来往。一般来说,居住区的主入口位置应选择和居住区周边最主要的城市道路相衔接。

2. 根据周边环境选址

居住区入口的位置应充分考虑周围的环境情况,如附近其他居住区及街道的位置,附近是否有学校、机关、团体以及公共活动场所等,这些因素都直接影响居住区入口位置的确定。

3. 根据居住区总体规划选址

居住区总体规划也是入口位置选择需要考虑的重要因素。居住区内各住宅建筑的布局、居住区交通流线、居住区消防疏散等因素和入口位置的选择密切相关。尤其是居住区主入口,必须和居住区主要道路、主广场直接相联系,并且到达居住区各个主要部分比较方便。

综合以上分析,在确立居住区入口时,首先应遵循城市规划要求,然后在考虑周边环境的基础上结合居住区的总体规划进行比较调整,最后得出合宜的方案。

二、居住区入口景观的构成要素与形式

(一)居住区入口景观构成要素

居住区入口景观的构成要素根据其功能特点划分,主要包括住居住区形象标识、大门、休闲集散广场、步行通道、回车场地、公共设施等,这些构成要素在提供居住区入口各功能的同时,共同形成了整体的景观形象。

1. 居住区形象标识

居住区形象标识是指标明居住区称谓的标识设施,主要是标明其所在位置。形象标识常常结合大门、广场景观以及形象墙等组合设置,这样既可丰富入口景观的层次,也可更有效地突出本身;在设计中,形象标识是居住区对外展示的基本因素,应注意处理好与其他入口景观要素之间的相互关系,做到尺度适宜、位置醒目、标识清楚,同时还要体现居住区设计的主题与特点,做到点题切题。

2. 大门

大门是指起到限定入口空间作用的"门形"构筑物,安设在居住区入口,特别是主入口处,另一方面便于安全管理,一方面作为形象展示。大门主要包括门体、岗亭、门禁几个部分,以及摄像头、电子监控器、可视电话等智能安全系统设备。值得注意的是,大门有时也与建筑体结合设置,这样的建筑体通常具有综合功能,包括物业、会所、商业等内容,如图10-1所示。设计大门时,首先应满足使用功能要求,其次要注重与居住区风格特点、入口周边环境等协调,并结合形象标识、入口广场等进行设计,注意要摆脱狭义的"门形"束缚,而应从空间整体的角度出发去思考大门的形象设计。

3. 入口广场

居住区人流量较大的入口处通常会设置一定尺度的广场作为集散之用。入口广场除了可担负交通组织的重要功能外,还可作为居民的休闲活动场所。入口广场设计通常以硬质景观为主,并应搭配适量绿化与水景，结合安置休息设施，为居住区及周边居民提供一个安全、舒适的场所，以促使居民交往，改善邻里关系，创造住区生气勃勃的氛围，如图 10-2 所示。

图 10-1

图 10-2

4. 步行通道

入口步行通道外接城市人行道，内接居住区步道，内外交接处通过居住区大门进行管理，如图 10-3 所示。在布置了集散广场时，步行通道通常与集散广场直接联系，形成完整连续的步行系统。在某些情况下，根据居住区以及居住区的规划安排，步行通道可以结合商业设施等形成具有一定规模的入口步行街，供居住区乃至社区居民使用。

5. 车行通道

入口车行通道外接城市道路，内接居住区车道，形成连续的整体。需要注意的是，当地块与城市道路之间存在高差时，入口车行通道应提供充足的过渡距离，一般坡度以不超过 8％为宜，以保证机动车或者非机动车在出入城市道路时的安全。

车行通道在入口处宜分为进、出两个车道，每车道宽度不小于 4 米，以满足消防车通行宽度的要求。车道中间可采取设立中央绿化岛的方式对进出车道进行划分，并相应设立出入门禁。

6. 回车与停车场地

早期建成的居住区，由于当时机动车尚未普及，因此其入口十分接近城市道路，导致车辆一驶出居住区就会有车头停在城市道路边,或者是转弯准备进入居住区时车尾留在城市道路上的现象。所以,在入口设计时一方面应事先对周边道路的交通情况加以了解,预留出高峰时段适合居住区车辆出入、停滞的场地,从而保障行车安全和道路通畅;另一方面,有很多车辆诸如的士等到达居住区入口,但是不需要进入居住区,这也要求在入口处留有一定场地供这些车辆停靠与回车使用。在设计时,回车与停车场地主要可采取停靠港与回车转盘的方式进行布置,应按照车辆尺度、转弯半径等条件进行控制,并注意规定清楚车辆行进路线。此外,在一些特定情况下,如对外开放的会所入口与居住区入口合并设置时,商业步行街与居住区入口合并设置等,都应在入口处安排具有一定数量的停车位和停车场地,停车场地应与车行通道连接,融入入口车行系统中。

图 10-3

(二)居住区入口景观的形式

居住区入口景观根据不同的角度可以分为不同的形态。

1. 按入口的布局形态分为对称式和非对称式

(1)对称式入口。它是指各个入口景观要素依照中轴线对称布置,给人以规整、秩序严谨的感觉,是目前居住区常见的入口景观处理方式,如图 10-4 所示。

图 10-4

（2）非对称式入口。它是一种自由灵活的组合方式，各个景观要素自由灵活布置，给人以活泼生动、自然而富于变化的感觉，如图10-5所示。

图 10-5

2. 按有无广场分为广场型和非广场型

（1）广场型入口。它是指带有集散广场的居住区入口。按广场和门体的位置关系，可以分为以下三种情况。

①广场在门体外面。交通组织和人流集散重点主要在门体之外的疏散广场，以此来解决交通及停车问题。

②广场在门体里面。交通组织和人流集散重点主要在门体之内，对居住区内部会存在一定干扰，主要用于入口外部用地狭小、没有足够场地布置集散广场的情况，这种广场有时与居住区中心绿地联系在一起。

③门体在广场中间。交通组织和人流集散兼顾在门体内外，属于前两种情况的组合。

（2）非广场型入口。有些居住区入口并没有广场，只是在道路入口处设置一座门坊或门洞在路面上，或者只有简单的标志物。这种形式的入口，人流与车流在此无法停留，人们只是匆忙地由一个空间进入另一个空间，快速通过是主要目的。这种类型大多用于居住区次入口，有时也用于主入口。

3. 按空间分割方式分为开放式和封闭式

（1）开放式入口。开放式的入口与大门一般由牌坊或立柱组成，主要起到限定空间、标志界域的作用，没有更多安全防卫的功能。

（2）封闭式入口。封闭式的入口一般带有智能化的门禁系统，通过电控栅栏等限制车辆或行人的出入，目前大多数新建的居住区主入口采用这种形式。

4. 按立面造型分为无顶盖式和有顶盖式

（1）无顶盖式入口。这种入口上方没有横向构件，入口景观上方空间开敞，入口门柱和门房一般独立，如图10-6所示。

图 10-6

（2）有顶盖式入口。这种入口上方设有横向构件，顶盖形式多样，有坡顶、拱顶、摺板、张拉膜等，如图 10-7 所示。

5．按门房与入口道路的平面关系划分

入口门房通常作为居住区保安保卫管理之用，根据门房与入口道路的平面关系，可有以下五种布局形式。

（1）大小入口合一，车流人流不分，适于人流量不大的居住区或大型居住区的次入口、专用入口。

（2）大小入口分开，门房设在居住区入口一侧，适于一般居住区大门。

（3）大小入口分开，门房设在大小入口之间，不对称布局，可兼顾到保卫值勤。

（4）入口门房作为入口景观主体居中布置，门房两侧均为居住区主要入口道路。

（5）大门作对称布置，大小入口分开，中轴两侧设同样内容，适于大型居住区，一般从功能及管理上无对称的需要，主要是形式上服从于对称布局的要求。

图 10-7

三、居住区入口景观设计要点

(一)注重功能性

入口是人类为了防御和通行的需要而设置的。随着社会经济的发展,居住区入口的功能也越来越多,从最初的通行和防卫功能增加了标志、象征等功能。但是,不管入口的设计处理手法如何变化,也不管入口景观的形式简单或复杂,入口设计都是建立在满足基本使用功能基础上的。也就是说,居住区入口的基本功能仍然是以满足通行要求为目的。

因此,居住区入口景观设计应充分考虑通行功能的要求,对于人车混行的入口应尽量做到人车分开进入。空间尺度应能满足人、车(消防车)的通行需要。居住区入口设计时,尽量考虑人车分流。车行道宜分为进、出两个车道,每车道宽度不小于 4 米。人行大门开启方式宜采用平开门或电子刷卡平开门,车行大门则可用平开门、电动推拉门、电动伸缩门、电子刷卡门等。岗亭、门禁系统的设计应注意方便管理。

(二)体现整体

居住区入口景观整体性主要包括两个方面。一方面是入口景观和居住区景观的有机整体性。因此,在入口形象的设计构思中要充分考虑居住区本身的整体设计主题和创意,注意与居住区中的居住及公共建筑保持尺度、色彩、风格上的协调统一,从而使其成为整个居住区景观的一部分,并尽可能体现出温馨、和谐以及安宁的居住氛围。门体本身的建筑材料和细部构造豁及线条、光影等视觉组合效果的整体把握也应从大局着眼,仔细推敲,精心设计才能使整体和局部达到完整统一的效果。同时,还应注重体现居住区的个性特征,提高入口及大门的可识别性和视觉观赏性。

另一方面,入口既是整个居住区的一部分,又是居住区和城市连接的中介。它是组成整个城市景观的一部分,所以景观设计师在设计入口景观时,首先要满足入口景观和整个居住区的协调统一,然后还要考虑与城市的融合。尤其是在一些特殊环境下,如历史保护街区环境中,入口设计要求与街区整体风貌一致,由此,街区形象就成为影响入口构思设计的主导因素。

(三)彰显文化

居住区的规划设计不仅是物质上的创造,还包括文化交流和精神意义上的创造。居住区入口的景观设计要能体现居住区的文化主题,也要和城市或者地区的文化相吻合。也就是说居住区入口处环境设计的文化性特征表现在入口空间的环境应与居民的文化层次、地区文化的特征相适应,并满足人们物质的、精神的各种需求。只有这样,才能形成一个充满文化氛围和人性情趣的环境空间。

入口景观能够反映出一定的地方文化和审美趋向,设计应从空间、尺度、界面的色彩、细部表达来寻找传统与现代的契合点。地方性往往是设计构思的重要源泉,关于地方性的考虑有时也是一种场所精神的考虑。任何一个居住区都是坐落于特定的地域之中的,这些地域都有各自的人文社会精神的特质。每一个地方的人物、每一个地方的故事、每一个语境都有可能作为居住区景观设计乃至入口景观设计构思的着眼点。例如,在北方城市的语境下构思入口景观时,在设计中往往要考虑较为大气、开放的形象造型,而相对于南方城市的语境构思入口景观时,则往往要考虑精致、细腻、秀气的形象风格。当然,这也不是绝对的,但是,总的来说,不同地方的形象构思应和当地的文化审美追求相适应。另外,入口景观形象构思有时还可以以居住区开发商的企业文化和企业形象作为出发点,用以作为宣传开发商企业文化和企业形象的窗口,设计时往往可以从开发商的企业标志、企业的个性特征等方面直接得到启发。

(四)尺度与细部

首先,根据居住区入口不同使用功能和要表达的文化内涵等的要求,赋予入口合适的规模和尺度,如主入口和专用消防入口尺度上就应该有较大的区别。一般主入口和城市主干道相连,为了缓解城市快节奏和紧张的压力带给居民紧张的情绪和人流车流的交通疏散的需要,有必要在门前设置尺度较大的广场。由于此入口功能需要比较复杂,就决定了它的规模和尺度相对大得多。专用入口由于平时门是封闭的,不需要看管,它只有在发生特殊情况的时候才用得上。功能的单一决定了其规模和尺度比主入口要小。

其次,要注意入口本身高宽比以及和周围环境的协调。在推敲各元素在整个入口中所占比例时,要考虑到各元素内部分割的处理。例如,在入口门房处,立面墙面的分割方法不同也会影响到整体比例的效果。门房立面采用竖向分割的方法会让人感觉高一些,短一些;采用横向分割的方法会让人感觉低一些,长一些。同样地,地面分割方法不同也会产生同样的效果。设计师在做设计时一定要考虑到这个因素。适宜的比例尺度与柔和的界面,会使人产生亲近感。另外,还可借助对入口空间细部的处理,如引入自然的绿化和水体等,创造出为人们提供方便的居住入口空间。

第三节　居住区道路景观设计

一、居住区道路景观概述

(一)道路的等级

根据现行《城市居住区规划设计规范》的规定,可以将居住区道路分为居住区(级)道路、小区(级)路、组团(级)路和宅间小路四个级别。在对道路进行规划设计时应参照该规定,主要应依据以下几点。

1. 居住区(级)道路

居住区(级)道路是整个居住区内的主干道,一般用以划分居住区,在大城市中通常与城市支路同级,其道路红线宽度为 20～30 米,其中车行道宽度不小于 9 米,其两侧可分别设置非机动车道及人行道,并应设置相应的道路绿化。

2. 小区(级)路

小区(级)路是小区内的主干道,一般用以划分组团,其宽度主要考虑小区机动车、非机动车与人的通行。如果采用人车混行的方式,则道路的最小宽度为双车道 6 米。如果采取人车分行的方式,则两侧可安排宽度为 1.5 米的人行道。

3. 组团(级)路

组团(级)路上接居住区路、下连宅间小路,是进出组团的主要通道,路面一般按一条自行车道和一条人行道双向计算,宽度为 4 米。特殊情况下最低限度为 3 米。在利用路面排水、两侧要砌筑道牙时,路面宽度需加宽加到 5 米,这种情况下,即使有机动车出入也不会影响到自行车或行人的正常通行。

4. 宅间小路

宅间小路是连接各住宅入口以及通向各单元门前的小路,是进出住宅的最后一级的道路。这一级道路主要供居民、自行车使用,并应满足清运垃圾、救护和搬运家具等需要,其路面宽度一般为 2.5~3 米,最低极限宽度为 2 米。特殊情况下如需大货车、消防车通行,路面两边至少还需各留出宽度不小于 1 米的不布置任何障碍物的范围。

(二)道路的类型

居住区道路作为景观的骨架,是居住区景观系统的有机组成部分。根据人、车使用要求可将居住区各级道路主要划分为车行道路和步行道路两类。车行道路是道路系统的主体,它担负着居住区内部与外界之间的机动车和非机动车的交通联系。步行道一般与居住区内的绿地结合设置,以联系户外活动场地、公共建筑以及各类绿地之间的交通。

1. 车行道路

(1)车行道

车行道是满足居住区车辆通行的整体网络,外部与城市道路直接联系。一般而言,整个居住区内的主干车行道属于居住区(级)道路,联系与到达各个居住区;居住区内的主干车行道属于住区路级别,联系与到达各个组团第二个层次是次干车行道,属于组团路级别,联系与进入到组团内部。根据居住区不同的规划情况,车行道可能只设一个主干级别,也可能设立两个甚至更多的层次级别。

在道路系统中,车行道路尺度较宽,并且连续贯通,是构成住宅区景观骨架的基本要素,在设计中要把握好各级层次,做到架构清楚、线条疏朗、通而不畅,常采用舒展的曲线形式,形成合理、通顺、优美的框架。

(2)回车场地

回车场地是车行道的重要组成部分,当车行道以尽端方式结束时,就需要在尽端处设置回车场地,其尺度不应小于 12 米×12 米,对应的尽端式道路长度不宜大于 120 米。需要注意的是 12 米×12 米是回车场地的最小控制值,条件允许的话,可按照不同的回车方式安排相应规模的回车场地。

(3)消防车道

消防车道是指发生火灾时供消防车通行的道路,其净宽度和净空高度均不应小于 4 米。消防车道应该连贯成一系统,可以使用居住区道路,也可单独设置。当消防车道利用居住区原有道路时,可采取隐蔽方式,即在4米幅宽的消防车道范围内种植不妨碍消防车通行的草坪、花卉,铺设人行步道,只在应急时供消防车使用,这样可以有效弱化单纯是消防车道的生硬感,提高环境质量和景观效果。

2. 步行道路

根据步行道路承载的交通量、主次地位以及功能要求,将其设定为多个层次,即步行干道、宅间步道、园路与健康步道等。各级层次之间应清晰有序,可通过尺度对比、材质划分、色彩区别等方式界定。

(1)步行干道

在实行人车分流的居住区中,步行干道是人行的主通道,其首要功能是组织居住区人行交通,承载居住区的主要人流。步行干道在规划时应与居住区入口直接联系,然后引导人流进入各个组团、分区。设计宜便捷流畅,方便人流的集散。路面宽度应根据具体情况而定,一般可采取组团道路的层级为3~5米,以便在特殊情况下供车辆通行。步行干道进入组团后,连接宅间步道,或者作为宅间步道直接联系与通往各住宅楼栋的入口。

步行干道与居住区景观具有密切的联系,在设计中常常被赋予更多的内容与功能,如结合居住区人行入口形成入口步行景观道,在其中布置休闲集散广场、水体、观景活动场地等,形成对景与轴线景观效果,景观道可延续并直达居住区景观规划的中心,从而成为居住区景观的主干。这时景观道的尺度可以根据设计进行扩张,融入绿化、水体等多个层次,甚至路面也可分隔成主次多个通道,主通路为快速通过,次通路可作为散步、休息、观景等多种行为方式的活动场所,如图10-8所示。

图 10-8

(2)宅间步道

宅间步道与宅间小路属于相同的级别,它与人行干道、组团路相接,其主要功能是接引、疏导住宅入口与步行干道、组团路之间的人流,如需考虑特殊情况下的车辆通行,其路面宽度一般为

2～3米。宅间步道应贴近住宅入口一侧设置，以便与住宅入口之间相连接，如图10-9所示。

图 10-9

另外，宅间步道还可作为居住区健身慢跑道使用，或者通过宅间步道，与宅旁休闲健身场所等联系，方便居民的就近活动。

（3）园路

园路的主要功能是供居民游赏、散步、慢跑、观景等活动使用。园路可与步行干道、宅间步道直接相连，也可通过一定的场所空间转换连接。园路布置宜四通八达，为步行路线提供多种选择与方式，并深入到居住区景观的各个区域与环节，将各个节点景观连接为整体，可以说是居住区景观组织的枝节脉络。园路设计追求曲折自由，力求融入绿树成荫、花木扶疏、缓坡清流的景观环境中，从而取得路随景转、景因路活、相得益彰的艺术效果，引导居住区居民按照设计者意图及设定路线来游赏景物、展开活动。此外，园路本身也可成为观赏的对象，其路面常运用文化石、陶砖与石块、鹅卵石、砾石等天然石材铺设成各种纹理及图案。

（4）健康步道

健康步道是居住区内一种较为特殊的道路形式，它的做法是将鹅卵石铺设在道路上，作为足底按摩健身，其路面宽度一般控制在1.5米以内，可曲折变化并形成环路，并与宅间步道或园路连接。在健康步道周围，可种植草坪、灌木及花卉、景观树等，配合山石及休闲设施等，营造出亲和舒适的休闲氛围。

（三）道路的功能

1. 导向功能

道路作为车辆和人员的汇流途径，具有明确的导向性。道路沿线的环境景观是居住区景观的重要层面，在设计中首先应符合导向要求，可通过路灯、行道树、隔离带、水系、铺装、色彩等进行引导。同时，应注意步行过程中的游玩性与趣味性，可串联起游乐场、棚架、亭廊、水榭等场所小品景观，有序展开，并注意增强环境的景观层次，达到步移景异的视觉效果。

2. 强调功能

道路是景观设计中的线性元素,可形成重要的视线走廊,在设计中应处理好其对景与远景之间的关系。对于较长的直线景观大道,可在其中间段设置一处或多处点景,点景之间相互形成对景效果,从而打破单调的直线景观,丰富景观层次;在道路的转折、交叉以及尽端位置,也应根据视觉效果进行对景与远景的处理,做到视线焦点之处有景可赏。需要注意的是,在具体的设计中应控制好景深与景物的尺度,通常对景是以观赏景物的结构形态为主,远景是以观赏景物的轮廓和色彩为主。注重道路的对景和远景设计,可以强化视线的集中观景效果。

3. 景观功能

休闲性人行道、园路两侧可通过绿化种植,形成绿荫带,并串联花台、亭廊、水景等,形成休闲空间的有序展开,增强环境景观的层次。居住区内的消防车道与人行道、院落车行道合并使用时,可设计成隐蔽式车道,即在 4 米幅宽的消防车道内种植不妨碍消防车通行的草坪花卉,铺设人行步道,平日作为绿地使用,应急时供消防车使用,这样能有效地弱化单纯消防车道的生硬感,提高环境品质和景观效果。

二、居住区道路景观布局设计

(一)人车分流模式

在人车分流的居住区的交通组织中,车行交通和步行交通互不干扰,车行道与步行道各自形成独立的道路系统。"人车分流"是居住区交通规划比较理想的模式。为了达到此目标,目前居住区大多采用了外围车行、内部人行的规划结构。通过对小汽车和消防、救护、搬家等车辆在社区内部轨迹和停车位的精心设计,实现"人车分流"。

这种模式要求组织两套道路系统,即人行道路系统和车行道路系统。这两套道路系统在空间上各自独立,人行交通系统应与居民日常生活设施、绿化、休闲场所、儿童游乐设施等户外活动空间及住宅组团、邻里生活院落、住宅入口等相连,也就是把居民日常户外活动场所用步行系统连接起来。车行系统不应穿越住区,可沿外围设置成尽端形式,并连接停车场(库)。消防应急通道与主干道形成环状道路系统,便于紧急救护、消防或搬家等机动车辆的顺利通行。这种方式能够更好地组织居住区内户外活动空间系统,使户外活动场所更安全、更随意、更舒适。

(二)人车合流模式

"人车合流"的模式在我国应用得最广,这种布置方式可以节约土地,经济性好,将人流与车流纳入同一道路系统,利用划分人行道和车行道的方法解决人行与车行的问题,道路骨架清晰简洁,对交通的包容性好。设计合理的话,它可以增加街道的活力。设计时可结合街道两侧布置各种环境设施,如绿化、交通设施、街道小品等,也可以沿街布置公共服务和健身设施等,加大居民使用的频率,使之成为居民日常活动的重要场所。

(三)混合模式

混合模式是以上两种方式的混合使用方式,一般情况是居住区的公共空间层面,即居住区级、小区级甚至组团级道路执行人车合流,但车辆不进入组团或邻里院落,不干扰居民日常生活,以保障居民日常户外生活频率较高的环境的安宁、安全和安静。这样做既保持了道路骨架清晰、布局简洁、停车贴近家庭的特点,同时也保证居民拥有安全、舒适的户外活动场所。

三、居住区道路景观铺装设计

(一)路面的类型及适用场地

路面铺装依照强度可分为高级铺装、简易铺装和轻型铺装三种。高级铺装适用于交通量大且多重型车辆通行的地面(大型车辆的每日单向交通量达 250 辆以上);简易铺装适用于交通量小,几乎无大型车辆通过的道路;轻型铺装用于机动车交通量小的园路、人行道、广场等的地面,无设计计算标准,可以依据一般地面断面结构来设计,居住区的地面多为此种铺装。

按照地面面层的铺装材料,可以将居住区路面分为沥青路面、混凝土路面、花砖路面、天然石材路面、砂土路面、木路面、合成树脂路面等,如表 10-1 所示。

表 10-1 路面分类及适用场地

路面分类		路面主要特点	适用场地								
			车道	人行道	停车场	广场	园路	游乐场	露台	屋顶广场	体育场
沥青	不透水沥青路面	热辐射低,光反射弱,全年使用,耐久,维护成本低	√	√	√						
	透水性沥青路面	表面不吸水,不吸尘。遇溶解剂可溶解		√	√						
	彩色沥青路面	弹性随混合比例而变化,遇热变软		√			√				
混凝土	混凝土路面	坚硬,无弹性,铺装容易,耐久,全年使用,维护成本低。撞击易碎	√	√	√	√					
	水磨石路面	表面光滑,可配成多种色彩,有一定硬度,可组成图案装饰		√			√	√	√		
	模压路面	易成形,铺装时间短。分坚硬、柔软两种,面层纹理色泽可变		√			√	√			
	混凝土预制砌块路面	有防滑性。步行舒适,施工简单,修整容易,价格低廉,色彩式样丰富		√	√		√				
	水刷石路面	表面砾石均匀露明,有防滑性,观赏性强,砾石粒径可变。不易清扫		√			√	√			

续表

路面分类		路面主要特点	适用场地								
			车道	人行道	停车场	广场	园路	游乐场	露台	屋顶广场	体育场
花砖	釉面砖路面	表面光滑,铺筑成本较高,色彩鲜明。撞击易碎,不适应寒冷气温		✓				✓			
	陶瓷砖路面	有防滑性,有一定的透水性,成本适中。撞击易碎,吸尘,不易清扫		✓			✓	✓	✓		
	透水花砖路面	表面有微孔,形状多样,相互咬合,反光较弱		✓		✓	✓				
	黏土砖路面	价格低廉,施工简单。分平砌和竖砌,接缝多可渗水。平整度差,不易清扫		✓			✓				
天然石材	石块路面	坚硬密实,耐久,抗风化强,承重大。加工成本高,易受化学腐蚀,粗表面,易清扫;光表面,防滑差		✓		✓	✓				
	碎石、卵石路面	在道路基底上用水泥粘铺,有防滑性能,观赏性强。成本较高,不易清扫			✓						
	砂石路面	砂石级配配合,碾压成路面,价格低,易维修,无光反射,质感自然,透水性强						✓			
砂土	砂土路面	用天然砂或级配砂铺成软性路面,价格低,无光反射,透水性强,需常湿润						✓			
	黏土路面	用混合黏土或三七灰土铺成,有透水性,价格低,无光反射,易维修						✓			
木	木地板路面	有一定弹性,步行舒适,防滑,透水性强。成本较高,不耐腐蚀,应选耐潮湿木料						✓	✓		
	木砖路面	步行舒适,防滑,不易起翘。成本较高,需做防腐处理,应选耐潮湿木料						✓		✓	
	木屑路面	质地松软,透水性强,取材方便,价格低廉,表面铺树皮具有装饰性						✓			
合成树脂	人工草皮路面	无尘土,排水良好,行走舒适,成本适中。负荷较轻,维护费用高				✓	✓				
	弹性橡胶路面	具有良好的弹性,排水良好。成本较高,易受损坏,清洗费时							✓	✓	✓
	合成树脂路面	行走舒适、安静,排水良好。分弹性和硬性,适于轻载,需要定期修补								✓	✓

（二）道路铺装设计要点

居住区地面铺装景观是居住区环境的有机组成部分，应尽量使其自然而富有趣味。设计中应根据车行、人行以及各种活动场所的不同要求，采取相应的路面铺设方式。

1. 车行道路的铺装设计

居住区内的车行道路多铺设混凝土、沥青等耐压材料，或与其他材料灵活组合，产生更多的路面铺装效果。混凝土被认为是在技术上比沥青更优质的车行道铺装材料，其表面成型的自由度十分高，可以做成各种图案。在视觉方面，可以更自由地考虑铺装的设计，为了引起司机的注意，有些地方还可利用分缝、凹槽和材质等产生变化。

停车带铺装，为了与一般的行车道区别开来，路面铺装材质上要有所改变，以方便人员的上下车、货物装卸等活动。目前除了常用的嵌草砖外，还可以选择材质较粗糙的铺装，在视觉和功能上降低车行速度，使停车带的铺装成为车行道与步行道之间的视觉缓冲。

2. 人行道路的铺装设计

居住区内的人行道路可以分为人行交通道路和人行休闲性道路。

人行交通道路是指居住区内以步行为主的道路，也称为步行干道。这类道路的铺地多选用柔性路面和生态路面，也可以混凝土组合块材、砖或石材等铺砌而成。在设计中要尽可能采用平整、舒适、耐磨、耐压、便于清扫和美观的地面，地面图案可成为景观的组成部分。

人行休闲性道路是以漫步、游憩、赏景等休闲性需求为主要功能的游步道，如园路、健康步道等。这类铺地宜设计精美，在色彩、质感、纹样上变化丰富，多用碎石、瓦片、卵石、木板等材料拼砌而成，设计时在满足功能性的同时要兼顾艺术性和趣味性，但应避免运用过多的装饰材料而使区域内显得凌乱。铺装材料的选择、铺装形式等可以相互协调或强调对比。

四、居住区道路景观专类设施设计

（一）路缘石

路缘石又称侧石。设置路缘石时，一方面要确保行人安全，进行交通引导，同时又具备保持、保护种植，区分路面铺装的功能。路缘石的材料种类一般有预制混凝土、砖、石料和合成树脂材料等，高度以 100～150 毫米为宜，如图 10-10 所示。在对居住区路缘石进行设计时，对路面上路缘，要求铺设高度整齐统一，局部可采用与路面材料相搭配的花砖或石料；对绿地与混凝土路面、花砖路面、石路面等交界处可不设路缘，但与沥青路面交界处应考虑设置路缘。

（二）边沟

边沟是用于道路或地面排水的设施，如图 10-11 所示。平面型边沟水算格栅宽度要参考排水量和排水坡度确定，一般采用 250～300 毫米，缝形边沟一般缝隙不小于 20 毫米。根据使用场所的要求不同，边沟的材料通常也不相同，车行道排水多用带铁算子的 L 形边沟和 U 形边沟；广场地面多用蝶形和缝形边沟；铺地砖的地面多用加装饰的边沟。同时应当注重色彩的选择和图案的搭配，在满足基本功能的同时还应当具有较高的视觉审美效果。

图 10-10

图 10-11

（三）车挡

车挡是禁止车辆进入的一种竖向路障设施，如图 10-12 所示。设立车挡一方面防止机动车行驶，另一方面具备照明、美观等作用。车挡的材料种类很多，一般有铸铁、不锈钢、混凝土、石材等。同时其形式多样，可以结合居住区景观环境形成风格特色。车挡高度一般为 50 厘米，间隔为 60 厘米，有残疾人用车出入处的宽度可设为 90～120 厘米。

图 10-12

第四节　居住区绿地景观设计

居住区绿地是居住区环境的重要组成部分,是衡量居住环境质量好坏的重要指标之一。绿地即种植绿色植物的场地,居住区绿地在城市绿地系统中占有重要的位置,它直接影响着居民的日常生活。居民在居住区内生活、休息、活动的时间最长,因此其身心健康受到居住区绿地环境很大的影响。由此可见,对居住区绿地景观进行合理的设计具有十分重要的意义。

一、居住区绿地景观概述

(一)居住区绿地的功能

1. 丰富居民生活

绿地是居民进行户外活动的重要载体,居住区绿地中设有老人、青少年和儿童活动的场地和设施,便于居民在住宅附近开展运动、游戏、散步和休息等活动。

2. 美化居住区环境

绿化种植对建筑、设施和场地能够起到衬托、显露或遮阴的作用,还可以用绿化组织空间,美化居住区环境。

3. 改善局地小气候

绿化能够使相对湿度增加,降低夏季的气温,并能降低大风的风速。在无风时,由于绿地比建筑地段的气温低,因此会产生冷热空气的环流,出现小气候微风。在夏季可以利用绿化引导气流,以增强居住区的通风效果。

4. 保护环境卫生

绿化能够净化空气,吸附尘埃和有害气体,阻挡噪声,有利于保护居住区的环境卫生。

5. 保护坡地的稳定

在起伏的地形和河湖岸边,由于植物根系的作用,绿化能防止水土流失,有效维护坡岸和地形的稳定。

此外,绿地还可改善住宅与户外场地之间、住宅与道路之间的关系,起到间隔作用。

(二)居住区绿地的组成

按照《城市居住区规划设计规范》中的划定,居住区绿地应包括公共绿地、配套公建所属绿地、宅旁绿地和道路绿地四个类别。

1. 公共绿地

居住区公共绿地根据规划组织结构级别，应分别设置相应的中心公共绿地，包括居住区公园（居住区级）、小游园（小区级）、组团绿地（组团级），以及其他块状、带状公共绿地等。

2. 配套公建所属绿地

配套公建所属绿地是指居住区内各类公共建筑及设施的绿化用地，常见的如会所、托儿所和幼儿园、中小学、医院、商业服务中心等。其布置首先应满足本身功能的要求，同时应从整个居住区绿地综合考虑，使之成为一个有机的整体。

3. 宅旁绿地

宅旁绿地是指住宅四周的绿地，主要满足居民休息、儿童活动和安排杂物等需要；其布置方式自由灵活，随建筑类型、层数及建筑平面组合形式不同而异。

4. 道路绿地

道路绿地是指居住区内道路红线以内的绿地，如行道树、隔离带等绿化用地。其布置应根据道路断面、走向和地上地下管线敷设情况而定。

二、居住区绿地景观布局设计原则

（一）统一性原则

绿地景观的规划布局应遵循居住区总体的统一性原则，并根据小区的功能组织和居民对绿地的使用要求，采用点线面相结合的原则，形成以中心绿地（小区公园或游园）为中心、道路绿化为网络、宅旁绿地为基础的绿化系统，与周边的城市绿地相衔接，并与城市总体绿地系统相协调。

（二）因地制宜原则

应充分利用建设用地的原有自然条件，做到因地制宜，节约用地和投资。尽量利用劣地、坡地、洼地以及河湖水面作为绿化用地，保护和利用原有基地上的古树名木。

（三）多样性原则

绿地景观规划应考虑不同年龄层次的居民，如老年人、成年人、青少年和儿童活动的需要，按照各自的活动规律配备设施和足够面积的活动场地，为居民提供一个相对集中、多样性的游憩休闲空间。

（四）风格独特原则

居住区绿地景观的布局设计应以植物造景为主，利用植物组织和分隔空间，塑造绿色空间的内在气质与风格。居住区内各种类型的绿地规划既要格调统一，又要在立意构思、布局方式、植物选择上独具特色,在统一中追求变化,营造亲切、平和、开阔的绿化效果和具备环境可识别性的景观特色。

三、居住区绿地景观分类及设计

居住区绿地景观设计应做到层次分明、条理清晰、内涵丰富,这里按照绿地等级以及其在居住区中的相关区位,划分为公共绿地、宅旁绿地、道路绿化、架空空间绿化等几个类别。

(一)公共绿地

居住区公共绿地,其功能与城市公园不完全相同,它是城市绿地系统中最基本、最活跃的部分,是城市绿化空间的延续,又最接近于居民的生活环境。居住区公共绿地主要适合于居民的休息、交往、娱乐等,有利于居民的身心健康。

设计时需要注意,各级绿地除了应具备相应的规模和设施外,其位置也应与其级别相称。例如,小区级的中心绿地应与小区道路相邻,而设在组团内的绿地面积再大也不能取代小区的中心绿地,否则将吸引整个小区人流至此,干扰到组团内居民的安宁环境。

居住区公共绿地又分为居住区公园、居住小区级小游园、居住区组团绿地三个层次。

1. 居住区公园

居住区公园主要是为全居住区居民提供公共绿地。面积约为 1 公顷,一般将公园设在居住区的几何中心位置,服务半径不应超过 1000 米。公园可结合居住区的商业、文化和体育设施布置,为居民提供更为丰富多彩的活动空间,如小型展览、图书阅读、茶餐厅、咖啡店等。

在对居住区公园进行设计时要注意以下几点。

(1)满足功能要求。应根据居民各种活动的要求布置休息、文化娱乐、体育锻炼、儿童游戏、人际交往等各种活动场地与设施。

(2)满足风景审美的要求。以景取胜,注意创造意境,充分利用地形、水体、植物及人工建筑物塑造景观,组成具有魅力的景色。

(3)满足游览的需要。公园空间的构建与园路规划应结合组景,园路既是交通的需要,又是游览观赏的路线。

(4)满足净化环境的需要。多种植树木、花卉、草地,改善居住区的自然环境和小气候。

2. 居住小区级小游园

居住小区级小游园主要供小区内居民使用。作为小区内集中活动与景观观赏的主区域,应具有极强的公共性与可达性。面积以 0.5 公顷为宜,服务半径为 300~500 米,主要服务对象是老人和青少年,提供休息、观赏、游玩、交往及文娱活动场所。

小区游园的基本布置主要有以下三种形式,即中心式、偏心式和边缘式。

(1)"中心式"小游园。将游园设在小区中心,使游园成为"内向"绿化空间。"中心式"小游园的服务半径平均,便于居民使用;游园环境比较安静;小区中心的绿化空间与四周的建筑群产生明显的"虚"与"实"对比,使小区的空间有密有疏,层次丰富而有变化。

(2)"偏心式"小游园。一般可结合入口处理,起到开门见山的作用。

（3）"边缘式"小游园。设在小区一侧沿街布置，或设在建筑群的外围。这种形式大多数是基地使用条件所限的原因所致，配合城市空间进行设计，对外展示小区优美的环境，可起到城市公园的效用。

在形态规划方面，小游园需要结合地形地貌与城市周边环境进行设计，并根据与建筑、道路的交互方式而决定其形态结构，可采取带状形态或集中围合形态等。注意设计时要重视实用性，不能单纯追求形式美，应从人体尺度、活动组织、景观序列与层次等多方位考虑，营造具有个性特色的小区中心绿地景观。

3. 居住区组团绿地

居住区组团绿地是与住宅组团相匹配的公共中心绿地，其规模比小区中心绿地要小，与小区中心绿地之间呈骨架一体关系，同时也是宅旁绿地的延伸、扩大和集中。一般设置在若干栋住宅组成的团组中，并根据团组的空间构成布置成开敞式、半开敞式和封闭式绿地。与宅旁绿地相比，适宜于更大范围的邻里交往。

组团绿地应满足居民户外活动的需要，应布置小型健身场地，设置供老人休息和幼儿游戏的场所，并设置必要的休闲设施，座椅、凉亭等；种植植物围合空间，为活动场地提供适宜的绿色背景，为居民创造防风避晒的条件。种植树木以乔木、灌木为主。地面除硬地外应铺草以美化环境，并以树木为隔离带，减少活动区相互间的干扰。

（二）宅旁绿地

宅旁绿地是组团绿地的发散与补充，围绕在住宅四周，是邻里交往频繁的室外空间，可设置儿童活动场所、晨练健身场地以及交往休息空间等。宅旁绿化应结合住宅的类型及平面特点、建筑组合形式、宅前道路等因素进行布置，创造庭院绿化景观，区分公共与私人空间领域，给予居住者认同感和归属感。此外，宅旁绿地的种植应考虑建筑物的朝向（如在华北地区，建筑物南面不宜种植过密，以免影响通风和采光）。在近窗不宜，种植高大灌木；而在建筑物的西面，需要种植高大阔叶乔木，对夏季降温有明显的效果，如图 10-13 所示。

图 10-13

宅旁绿地除了应设计方便居民行走及滞留的硬质铺装外,还应配置耐践踏的草坪。另外,在住宅周围常因建筑物的相互遮挡而造成的阴影区域,宜种植一些耐阴植物,如罗汉松、珍珠梅、麦冬等,以保证植物的正常生长。在单元入口的设计应增强其识别性,可采用不同的植物类型,营造出不同的入口氛围。

(三)道路绿化

道路绿化是居住区"点、线、面"绿化系统中"线"的部分,起着连接、导向、分割、围合整个居住区绿地的作用,沟通、连接公共绿地、宅旁绿地等各项绿地。道路绿化包含从干道绿化到园路绿化各级层次,其中干道绿化是道路绿化的重点,如图 10-14 所示,它主要包括以下三部分。

(1)分车绿带,即车行道之间可以绿化的分隔带。

(2)行道树绿带,即布设在人行道与车行道之间,以种植行道树为主的绿带。

(3)路侧绿带,即在道路侧面,布设在人行道边缘至道路红线之间的绿带。道路绿化应以乔木为主,搭配灌木、地被植物等,尽可能形成多层次的人工群落景观。

图 10-14

其中,分车绿带宜采用修剪整齐的灌木与花卉配搭的形式。行道树绿带的宽度不宜小于1.5 米,行道树的树种宜选择生命力强健,便于管理,无飞絮、针刺及异味,树干端直、分枝点较高,冠大荫浓、树冠优美、柱形整齐,观赏价值较高,且最好叶片秋季可变色、冬季可观树形、赏枝干的树种,如水杉、云杉、木瓜、垂柳、合欢、雪松等。路侧绿带宜配置时令开花植物、色叶植物,随季节呈现出不同季相,形成系统有序的组合空间,实现多种景观感受。

居住区除主干道之外,其他的道路绿化宜变化多样,因此树木不一定要种成行道树的模样,布局要自然,灵活而富有变化。景观设计中还常采用林中穿路、竹中取道、花中求径等顺应自然的方法,使得园路变化有致,如图 10-15 所示。

(四)架空空间绿化

架空空间绿化是指居住区住宅楼或会所等公共建筑的底层局部或全部架空,形成与住区环境相贯通的半室外空间,并将绿化景观引入其中的绿化方式。底层架空住宅广泛适用于南方亚热带气候区的住宅,有利于居住院落的通风和小气候的调节,方便居住者遮阳避雨,并起到绿化景观的作用。这种结构在南方沿海城市使用较多,在内陆城市也有采用,特别是房屋密集、容积率高的小区,为增加绿化面积和公共面积而做出一种变相的形态,具有过渡性、开放性和地域性等特点,给居民带来轻松惬意的归家感受,是提高居住环境品质的有效方式。

架空层内的绿化,宜种植喜阴的低矮植物和花卉,局部不通风的地段可布置枯山水景观。而作为居住者在户外活动的半公共空间,可配置适量的活动和休闲设施,并注意与宅间、组团绿化融为一体,带来无处不绿的体验,如图10-16所示。

图 10-15

图 10-16

除此之外,平台绿化、屋顶绿化、停车场绿化都是居住区绿地景观设计的重要组成部分,对于居住区环境的改善发挥着不可忽视的作用。

四、居住区植物配置设计

(一)居住区植物配置原则

1. 适应性原则

居住区的绿化植物应易于管理、易于生长、少修剪、少虫害,具有很强的适应性,要适宜当地的气候。

2. 功能性原则

植物应与环境的功能相适应,如考虑遮阳、住宅朝向,行道树宜选用树冠大、遮阳能力强的落叶乔木,儿童游戏及青少年活动场地的绿化忌用有毒或带刺植物,体育活动场不宜种植一些扬花落果、落花树木等。

3. 艺术性原则

居住区内如采用特色性、主调性植物将极大增强环境的特色和感染力,同时也需考虑四季的绿化效果,注意乔木与灌木,常绿和落叶及树姿、色彩的多层次搭配,并对居住区中心、入口等重点部位作特别的效果处理。

(二)居住区植物配置的种类

居住区常用的植物有六类,主要包括乔木、灌木、藤本植物、草本植物、花卉及竹类。

1. 乔木

乔木主干高大明显、生长年限长。乔木依其形体高矮常分为大乔木(12 米以上)、中乔木(6~12 米)、小乔木(4.5~6 米);根据一年四季叶片脱落状况又可分为常绿乔木和落叶乔木两类,叶形宽大者称为阔叶常绿乔木和阔叶落叶乔木,叶片纤细如针或呈鳞形者则称为针叶常绿乔木和针叶落叶乔木。乔木无论在功能上或艺术处理上都能起到主导作用,如界定空间、提供绿荫、防止眩光、调节气候等。

乔木种植应突出其观赏性。首先,乔木的树干树姿丰富,是植物造景不可忽略的因素,如梧桐树干花纹斑驳美丽,腊梅树枝曲折有致,垂柳树枝温柔秀美,都能给人以不同审美感受;其次是乔木具有花、果、叶色等多种观赏点,可以用树林、树丛或孤植点景等方式进行配置,形成诸如桃花林、杏花丛、红枫孤立等优美独特的景致。

2. 灌木

灌木没有明显的主干,多呈丛生状态,或自己不分枝,一般按体高分为大灌木(3~4.5 米)、中灌木(1~2 米)、小灌木(0.3~1 米)。灌木能提供亲切的空间,屏蔽不良景观,或作为乔木和草坪之间的过渡,它对控制风速、噪声、眩光、辐射热、土壤侵蚀等有很大作用。灌木的线条、色彩、质地、形状和花式是主要的视觉特征,其中以开花灌木观赏价值最高,用途最广,多用于重点美化地区。在以乔木为本的原则下,可运用常绿的小乔木和灌木,如桂花、含笑、山茶、十大功劳、南天竹等作为中层绿化植物衬托上层乔木,增加绿化的层次感;同时,应适当搭配花灌木,做到四季有花景,可选择一些香花类小乔木与灌木布置在住宅入口、窗口及阳台附近,如栀子花、桂花、丁香花、浓吞月季等,从而使室外优美的花香渗入室内,如图 10-17 所示。

3. 藤本植物

藤本植物形体细长,不能直立,只能依附于别的植物或支持物,缠绕或攀援地向上生长。藤本根据茎质地的不同,又可分为木质藤本(如葡萄、紫藤等)与草质藤本(如牵牛花、长豇豆等),如

图 10-18 所示。藤本植物在生长过程中都需要借助其他物体生长或匍匐于地面,但也有的植物随环境而变,如果有支撑物,它会成为藤本,如果没有支撑物,它会长成灌木。藤本植物可以节省用于生长支撑组织的能量,可以更有效地吸收阳光,在居住景观中通常可以和亭、廊结合起来,制造出更有意境的景观小品,如图 10-19 所示。

图 10-17

图 10-18

4. 草本植物

草本植物是一类植物的总称,但并非植物科学分类中的一个单元,与草本植物相对应的概念是木本植物,人们通常将草本植物称为"草",而将木本植物称为"树",但也有例外。例如,竹子实际上属于草本植物,但人们经常将其看作一种树。草本植物的茎内木质部不发达,茎、枝柔软,植株较小,一般为一年生、两年生或多年生植物。多数在生长季节终了时,其整体部分死亡,包括一年生和两年生的草本植物,如水稻、萝卜等。多年生草本植物的地上部分每年死去,而地下部分的根、根状茎及鳞茎等能活多年,如天竺葵等。

图 10-19

居住区景观中的草本植物一般指的是草坪和地被植物。草坪与地被植物首先可作为绿化基调,如种植大片草坪供居民观赏、休闲;同时还应注重配置各种草花类地被植物,以红花酢浆草、石蒜、石竹、葱兰、萱草等多年生草花为首。草花植物在养护上,不用经常性地割草,病虫害也较少,可大大降低养护管理成本,达到绿化美化的效果,同时可以在不同时期陆续开花,形成花景不断的景象。

5. 花卉

花卉是指姿态优美、花色艳丽、花香馥郁及具有观赏价值的草本和木本植物,但通常是指草本植物。草本花卉是园林绿地建设中的重要材料,可用于布置花坛、花镜、花丛和花群、花台、基座栽植、花钵等。花卉根据其生态习性可分为一年生花卉、两年生花卉、多年生花卉和水生花卉。

(1)花坛

花坛是将花卉在一定范围内,按一定图案进行配置的景观。通常设在空间较开阔的视线轴线上,如广场、道路及建筑入口处,高度在人的视平线以下。花坛植物以花卉为主,搭配草坪或灌木等,色彩要求对比明显,层次分明。花坛按照形态、观赏季节、栽植材料和表现形式可进行不同的分类。

①按其形态可分为立体花坛和平面花坛两类。而平面花坛又可按构图形式分为规则式、自然式和混合式三种。

②按观赏季节可分为春花坛、夏花坛、秋花坛和冬花坛。

③按栽植材料可分为一、二年生草花坛,球根花坛,水生花坛,专类花坛等。

④按表现形式可分为花丛花坛、绣花式花坛或模纹花坛。

不同的花坛也有不同的设计方法和要点。

①在坛设计应从周围的整体环境来考虑所要表现的花坛主题、位置、形式和色彩组合等。好的花坛设计必须考虑到由春到秋开花不断,设计出不同季节花卉种类的换植计划以及图案的变化,如杜鹃、百合春天开花,一串红、菊花等则秋天开花。

②花坛植物以花卉为主,要求色彩对比明显,以体现层次分明的景观效果。花坛用花宜选择株形整齐、具有多花性、开花整齐而花期长、花色鲜明、耐干燥、抗病虫害和矮生性的品种,如鸡冠花、金鱼草、雏菊、金盏菊、一串红、三色堇、百日草、万寿菊等。在植物选择上应优先考虑当地物种。

③个体花坛面积不宜过大,若是圆形或椭圆形花坛,短轴以 5～8 米为宜,花卉花坛为 10～15 米,草皮花坛可稍大一些。花卉植床可设计为平坦的,也可设计为起伏变化的。植床应高出地面 7～10 厘米,并围以缘石,如图 10-20 所示。

(2)花镜

花镜是指由多种花卉组成的带状自然式植物景观,是模拟自然界中各种野生花木交错生长的情景。配置花镜时要考虑同一季节时彼此的色彩、姿态的和谐与对比关系。花镜图案应随季节变化而展现不同的季相特征,且能维持其完整的构图,如图 10-21 所示。在园林中经过人工种植,形成野花散生的自然植物景观,可以增加花镜的趣味性与观赏性。

图 10-20

图 10-21

（3）花丛和花群

花丛和花群以茎秆挺拔、不易倒伏、花朵繁密、株形丰满、整齐为佳；宜布置于开阔的草坪周围或河边的山坡、叠石旁。

（4）花台

花台是指将花卉种植于高于地面的台座上，面积较花坛小，一般布置1～2种花卉，如图10-22所示。

图 10-22

（5）基座栽植

基座栽植指在建筑物、构筑物四周配置植物或花卉，起到软化基角、烘托氛围的作用。在基座布置植物和花卉时其色彩要注意与建筑物、构筑物本身的风格相协调，如图10-23所示。

图 10-23

（6）花钵

花钵也称为盛花器，花钵的材料、大小和形式繁多，可与台阶矮墙等小品结合成景，花钵内可以直接栽植花卉，亦可按季节放入盆花，如图 10-24 所示。

6. 竹类

竹类植物属于禾本科竹亚科。竹亚科是一类再生性很强的植物，是居住区景观设计中常见的植物素材，合理运用竹类造景，能够提高环境景观的人文品位。竹类植物是集文化美学、景观价值于一身的优良观赏植物，在我国古典、近代及现代园林中均有广泛应用。竹是禾本科多年生木质化植物。竹秆挺拔、修长、亭亭玉立、四季青翠、凌霜傲雪，自古以来都深受人们的喜爱。竹是"梅兰竹菊"四君子之一，同时也是"梅松竹"岁寒三友之一，隐喻着"高风亮节"的性格特征。竹的种类很多，合计有 500 余种，大多可供庭院观赏，著名品种有楠竹、凤尾竹、小琴丝竹、佛肚竹、大佛肚竹、寒竹、湘妃竹、唐竹、泰竹等。竹类成片栽植时，可形成宁静高雅的意境，多用于庭院式的环境创造以及绿篱背景或屏障中。

图 10-24

（三）居住区植物配置方式

植物配置方式是指居住区观赏树木搭配的样式或排列方式，按平面形式分为规则式、自然式和混合式三大类。

1. 规则式配置

规则式配置具有整齐、严谨的特点，具有一定的株行距，且按固定的方式排列，可形成整齐、规则的形态，能产生较严肃的效果，多在入口等处布置。

2. 自然式配置

自然式配置具有自然、灵活的特点，参差有致，没有一定的株行距和固定的排列方式，但更具灵活性,使整体效果更加轻松而富有韵律感。

3. 混合式配置

混合式配置是在某一植物造景中,同时采用规则式和自然式相结合的配置方式。

植物配置的具体种植方式有孤植、对植、列植、丛植和群植等。

第五节 居住区水景景观设计

居住区水景景观的设置,不仅能满足人们观赏的需要、视觉美的享受,而且还可以使人们在生理上、心理上产生宁静、舒适的感受。水景可以起到调节环境小气候的湿度和温度的作用,能够有效改善生态环境,尤其在南方地区,居住环境与自然地形相结合,利用河湖开辟水景来增添地方特色。水景向来是园林造景中的点睛之笔,有着其他景观无法替代的动感、光晕和声响,因此,现代的居住区大多采用人工的方法来修建水池、瀑布、喷泉等,以增加居住环境的景观层次,扩大空间,增添静中有动的乐趣。可见,居住区水景景观的设计对于居住区环境的营造具有重要的作用。

一、居住区水景景观概述

(一)居住区水景景观分类

居住区中的水景景观根据不同的使用功能与规模大小,可分为自然水景、庭院水景、泳池水景、装饰水景等。

1. 自然水景

居住区中的自然水景能体现出江、河、湖、溪的面貌特征。这类水景设计应服从原有的自然生态景观,反映出自然水景线与局部环境水体的空间关系。通过运用借景、对景等手法,充分利用自然条件,形成空间丰富、视线多样的纵向景观、横向景观以及鸟瞰景观,融和居住区内部和外部的景观元素,创造出新的亲水居住形态。

2. 庭院水景

居住区的庭院水景多是人工水景。根据庭院空间的不同,可以采取多种手法进行引水造景(如叠水、溪流、瀑布、涉水池等),也可利用场地中原有的自然水体景观,对其进行综合设计,使自然水景与人工水景融为一体。

3. 泳池水景

在居住区内设置露天泳池不仅是锻炼身体和游乐的重要场所,同时也是邻里之间进行交往的场所。泳池水景以静为主,主要是为了营造一个让居住者在心理和生理上放松的环境,同时突出人的参与性特征,同时泳池的造型和水面也极具观赏价值,给人带来视觉上的美感。

4. 装饰水景

装饰水景能够起到赏心悦目、烘托环境的作用。这种水景往往构成环境景观的中心。装饰水景是通过人工对水流的控制（如排列、疏密、粗细、高低、大小、时间差等）达到以上效果，并借助音乐和灯光的变化产生视觉上的冲击，进一步展示水体的活力和动态美，满足人的亲水要求，其形式主要有喷泉、倒影池等。

（二）居住区水景景观的基本表现形式

根据水体的形态特性，可以将水景景观划分为静水景观和动水景观两大类，静水景观给人以一种宁静、祥和的感受；而动水景观给人一种兴奋、欢愉的感受。

1. 静水景观

静水主要是指水的运动变化比较平缓，一般表现为水平面比较平缓，没有大的高差变化。静水有着优美的倒影效果，极具诗意，有轻盈、幻象的视觉感受。如图 10-25 所示的是模仿自然环境中的湖泊进行造景，水面不规则，堤岸比较自然，体现了天然野趣。在现代居住区水景设计中这种手法运用比较多，可以取得丰富环境的效果。如果是大面积的静水则容易显得空洞无物，松散无神，因此水景设计要曲折丰富。如图 10-26 所示是为了衬托池水的清澈，在池底放鹅卵石或绘图案。

图 10-25

（1）倒影池

光与水的互相作用是水景景观的精华所在，倒影池就是利用光影在水面上形成的倒影，扩大视觉空间、丰富景物的空间层次的水景方式，如图 10-27 所示。

倒影池极具装饰性，可做得精致有趣，在花草树木、小品岩石等物体前设置倒影池，可以利用这些物体的倒影产生视觉美感，无论水池大小都能产生特殊的借景效果。设计倒影池时，首先应当保证场地的平整和池水的平静状态，尽可能避免风的干扰；其次是池底铺装材料应以黑色或深色色调为主，以增强水的镜面效果。

规则式倒影池的设置地点一般位于建筑物的前方或广场的中心，可以作为地面铺装的重要部分,并能成为景观视线轴上的重要节点。自然式倒影池是模仿自然环境中湖泊的造景手法,水体强调水际线的自然变化,有一种天然野趣的意味。自然式倒影池以泥土、植物或石块收边,能使不同的环境区域产生统一连续感,发挥静水的纽带组景作用。

图 10-26

图 10-27

(2)生态水池

生态水池是指既适于水下动植物生长,又能美化环境、调节小气候、供人观赏的水景,如图 10-28 所示。居住区里的生态水池一般以饲养观赏鱼和种植水生植物为主,如鱼草、芦苇、荷花等,营造动物和植物互生互养的生态环境。

生态水池的池岸应尽量蜿蜒,水池的深度应根据饲养鱼的种类、数量以及水草在水下生存的深度而定,一般在 0.3～1.5 米。为了防止陆上动物的侵扰,池边与水面需保证有 0.15 米左右的高差。水池壁与池底须平整以免伤到鱼。池壁与池底以深色为佳。不足 0.3 米的浅水池,池底可作艺术处理,如铺设鹅卵石、马赛克等,以显示水的澄澈透明。若水池比较深,在池底隔水层上应覆盖 0.3～0.5 米厚的土以种植水草。

图 10-28

(3)涉水池

涉水池可分水面下涉水和水面上涉水两种。水面下涉水主要用于儿童嬉水,其深度不得超过 0.3 米,池底必须进行防滑处理,不能种植苔藻类植物;水面上涉水主要用于跨越水面,应设置安全可靠的踏步平台和踏步石(汀步),面积不小于 0.4 米×0.4 米,并满足连续跨越的要求,如图 10-29 所示。

图 10-29

(4)景观泳池

在居住区环境景观中,泳池有着双重的功能,既满足居民的健身要求,同时在整体环境中又成为观赏焦点,令人精神愉悦。泳池外观形式多种多样,可分为规则式与自然式,并装饰以喷泉、绿化、景观小品等,成为居住区环境景观中的一道风景,如图 10-30 所示。

泳池根据功能需要尽可能分为儿童泳池和成人泳池,儿童泳池深度以 0.6～0.9 米为宜,成人泳池为 1.2～2 米。儿童池与成人池可进行统一设计,通常将儿童池放在较高的位置,水经阶梯式或斜坡式跌水流入成人泳池,既保证了安全,又可丰富泳池的造型。池岸必须作圆角处理,铺设软质渗水地面或防滑地砖。泳池周围应布置多种灌木和乔木,并提供休息和遮阳设施,有条件的小区可建设更衣室,方便住户使用。

图 10-30

2. 动水景观

动水景观多用喷泉、溪流、瀑布和跌水等理水形态组构空间。

(1)喷泉

喷泉是通过动力泵驱动水流,根据喷射的速度、方向、水花来造出不同形态。它既是立体的,又是动态的,很引人注目。它可以是小型喷点,喷射速度不快,分布在角落里;也可以是成组的大型喷泉,位于中央,营造壮观的气势。根据喷嘴构造、方向、水压的不同可以创造出喷雾状、苗形、钟形、柱形、弧线形等多种不同的造型,如图 10-31 所示。在居住区景观设计中,喷泉可以结合各种材料,如金属雕刻品、纤维玻璃制品、陶土制品等来设计,随着现代科技的发展,用电脑控制水、光、音、色,使喷泉艺术效果更加富有特色。

图 10-31

(2)溪流

溪流是自然界河流的艺术再现,是一种连续的带状动态水景。溪流面阔,水流柔和随意,轻松愉快;溪流面窄,则水流湍急,动感活泼。溪流设计应讲求师法自然,尽可能追求蜿蜒曲折和缓陡交错,溪流的形态应根据环境条件、水量、流速、水深、水面宽和所用材料进行合理的设计。设计中可通过水面宽窄对比,形成不同景观和意境的交替,形成忽开忽合、时放时收的节奏变化。

　　溪流在设计中常用汀步、小桥、滩地和山石加以点缀,溪水中的散点石能够创造不同的水流形态,从而形成不同的水姿、水色和水声,如图 10-32 所示。溪流水岸宜采用散石和块石,并与水生或湿地植物的配置相结合,减少人工造景的痕迹。

　　溪流的坡度应根据地理条件及排水要求而定。普通溪流的坡度宜为 0.5%,急流处为 3% 左右,缓流处不超过 1%。溪流宽度宜在 1~2 米,水深一般为 0.3~1 米,当超过 0.4 米时,应当在溪流边采取防护措施,如石栏、木栏、矮墙、植物等。

图 10-32

　　(3)瀑布和跌水

　　瀑布是自然界中常见的水景形式,水体从一个高度近乎垂直地降落到另一个高度,除了水体坠落时产生的自由和连贯带给人们以视觉享受外,还有水声所带来的听觉和心灵的享受。瀑布可以结合山石或植物进行精心布置,形成“虽由人作,宛自天开”的自然景象,居住区水景设计中的人工瀑布虽不如大自然的瀑布那样壮丽而有气势,但正因为其小,才使其更具有平易近人的亲和感和活泼轻盈的柔美效果。

　　瀑布通常由背景、水源、落水口、瀑身、承水潭和溪流六部分组成。瀑身是景观的主体,落水到承水潭后接溪流而出。瀑布按其跌落形式可分为很多种,较为常用的有:滑落式、阶梯式、幕布式、丝带式。滑落式瀑布,为单幅瀑面,瀑身跌落角度较缓,给人以幽静清新的感觉;阶梯式瀑布,分为多级跌落,每级高差均等或不同,通过高差跌落带给人们以美妙的视听享受;幕布式瀑布则成单幅瀑面跌落,瀑面较宽,跌落高差较大,给人以恢弘大气之感;丝带式瀑布一般不形成完整瀑面,而是由多幅涓涓细流组成,时断时续,带来一丝恬静的氛围,如图 10-33 所示。

　　瀑布因其水量不同,会产生不同的视觉和听觉效果,因此,落水口的水流量和落水高差的控制成为设计的关键参数,居住区内的人工瀑布落差以 1 米左右为宜。堰顶为保证水流均匀,应有一定的水深和水面宽度,一般宽度不小于 500 毫米,深度在 350~600 毫米为宜,下部潭宽至少为瀑布高度的三分之二,且不小于 1 米,以防止水花溅出。

　　跌水可理解为多级跌落瀑布,一般将落差较小且逐级跌落的动态水景称为跌水,如图 10-34 所示。由于其逐级跌落的方式,不仅有视觉的引导感,还能营造较强的韵律感,相对于瀑布而言,跌水的落差、水量和流速均不大,具有较广泛的适应性,也极具亲和力。

图 10-33

图 10-34

二、居住区水景景观的设计要求

(一)适宜性

在设计居住区水景景观时,应充分利用自然环境,保护和利用现有的地形、地貌、水体、绿化等自然生态条件,根据功能要求,进行空间布局,合理规划水体的走势、大小,协调水景与整个环境的关系,满足功能和审美的双重要求。

(二)观赏性

人与水的视觉接触一般有两种形式:平视和俯视。平视是水面与人的水平视轴倾角大约在20°以内,有宁静之感;俯视是指人从高视位向低水面观看,从而可以感受到水的流线、走向,有神怡之感。通过充分利用声、光、建筑、自然生态（植物、动物和微生物）等媒介，水体能在居住区环境景观中营造出多种优美的视觉效果。

（三）亲水性

是否能与人亲密接触是评价水体环境的一个重要标准。通过合理设计水体的深浅、水景的形式、池岸的高度等，可以让水体具备游乐性和参与性的特征，使人们在桥上、岸边、铺石上都能享受到亲水的乐趣。

三、居住区水景景观的综合规划

在以水景为主题的居住区景观设计中，水系贯穿于区内各空间环境，可看作是由点、线、面形态的水系相互关联与循环形成的结构系统。水体与绿化交相呼应，共同建立居住区的生态景观系统，其中大块面的水体充当着景观的基底；线状的水体作为系带，联系各绿化与水景空间，建立景观秩序；点状的水体是相对线、面的尺度而言的，主要起到装饰、点缀的作用。

（一）面

块面的水是指规模较大、在环境中能起到一定控制作用的水面，它常常会成为居住环境的景观中心。大的水面空间开阔，以静态水为主，在居住区景观中起着重要的基底衬托作用，映衬临水建筑与植物景观等，错落有致，创造出深远的意境。在设计中，大的水面多设于居住区的景观中心区域或作为整个居住区区环境的基底，围绕水面应适当布置亲水观景的设施，水中可养殖一些水生生物，有时为了突出水体的清澈，可在浅水区底面铺装鹅卵石或拼装彩色石块图案。

（二）线

线状的水是指较细长的水面，在居住区景观中主要起到联系与划分空间的作用。在设计时，线状水面一般都采用流水的形式，蜿蜒曲折、时隐时现、时宽时窄，将各个景观环节串联起来；其水面形态有直线形、曲线形以及不规则形等，以枝状结构分布在居住区内，与周围环境紧密结合，是划分空间的有效手段。此外，线形水面一般设计得较浅，可供孩子们嬉戏游玩。

（三）点

点状的水是指一些小规模的水池或水面，以及小型喷泉、小型瀑布等，在居住区景观中主要起到装饰水景的作用。由于比较小，布置灵活，点状的水可以布置于居住区内的任何地点，并常常用作水景系统的起始点、中间节点与终结点，起到提示与烘托环境氛围的效用。

总的来说，在居住区水景结构系统中，点水画龙点睛，线水蜿蜒曲折，池水浩瀚深远，各种不同形态的水系烘托出截然不同的环境感受。设计时，可通过块面、线状的水系并联与串联多个住宅组团，形成景观系统的骨架，也可作为居住区形态规划结构的重要组成部分；同时，对于水景各体系的组织应遵循一定的逻辑，做到有开有合、有始有终、收放得宜，以多变的语态促成丰富的水体空间形态。

四、居住区水景景观的设施设计

(一)景桥的设计

桥在自然水景和人工水景中都起着不可缺少的景观作用,其功能主要有形成交通跨越点;横向分割河流和水面空间;形成地区标志物和视线集合点;成为眺望河流和水面的良好观景场所。

景观桥分为钢制桥、混凝土桥、拱桥、原木桥、锯材木桥、仿木桥、吊桥等。居住区一般以木桥、仿木桥和石拱桥为主,体量不宜过大,应追求自然简洁,如图 10-35 所示。

图 10-35

景观桥的形式和材料多种多样,扶手和栏杆的形式也丰富多彩,设计时要结合具体使用功能以及周边环境,同时考虑材料及色彩的影响,才能使其起到美化景观空间的画龙点睛的作用。

(二)木栈道的设计

邻水木栈道是一个可供人们行走、休息、观景和交流的多功能场所。由于木板材料具有一定的弹性和粗朴的质感,因此,行走其上比一般石铺砖砌的栈道更为舒适,多用于要求较高的居住环境中,如图 10-36 所示。木栈道由表面平铺的面板(或密集排列的木条)和木方架空层两部分组成。木面板常用桉木、柚木、冷杉木、松木等木材,其厚度要根据下部木架空层的支撑点间距而定,一般为 30～50 毫米厚,板宽一般在 100～200 毫米之间,板与板之间宜留出 3～5 毫米宽的缝隙。不应采用企口拼缝方式,面板不应直接铺在地面上,下部至少要有 20 毫米的架空层,以避免雨水的浸泡,保持木材底部的干燥通风,设在水面上的架空层中木方的断面选用要经过计算后确定。

木栈道所用木料必须进行严格的防腐和干燥处理。为了保持木质的本色和增强耐久性,用材在使用前应浸泡在透明的防腐液中 6～15 天,然后进行烘干或自然干燥,使含水量不大于8%,以确保在长期使用中不产生变形。个别庭院受到条件的限制,也可采用涂刷桐油和防腐剂的方式进行防腐处理。连接、固定木板和木方的金属配件,如螺栓、支架等,应采用不锈钢或镀锌材料制作。

图 10-36

（三）建筑小品的设计

在水池区域设置构架廊、凉亭等建筑小品可以提供遮阳的休憩场所。建筑小品的形式和材质应与整个景观风格一致,热带水池中常在池边甚至水中设置"水吧",以增强休闲情趣。建筑小品的位置除了要考虑池边区域的功能需要外,还应照顾到周边建筑与景观的空间需求,如图 10-37 所示。

图 10-37

（四）喷水雕塑的设计

在欧式古典风格的居住区景观中,经常运用欧式经典的雕塑及喷水营造水池水体的声音及动感,如图 10-38 所示。尤其在儿童嬉水池区域,各类海洋生物的喷水雕塑更能强化主体风格并能增加水池空间的声光效果,吸引儿童,增添其玩水的兴致。

图 10-38

(五)驳岸的设计

驳岸是水景景观中应重点处理的部位,如图 10-39 所示。驳岸的设计应根据水体、水态及水量的具体情况而定。较为大型的水面,驳岸通常比较简洁、开阔,而较小的水池驳岸则要求布置精细,与各种水生及岸边植物花草、石块等相结合,形成精巧雅致的景观。驳岸与环境是否相协调、不但取决于驳岸与水面间的高差关系,还取决于驳岸的类型及用材。驳岸类型主要包括普通驳岸、缓坡驳岸、阶梯驳岸等。

图 10-39

在居住区中,驳岸的形式可以分为规则式和不规则式。对于居住区而言,无论水景规模大小,是规则几何式驳岸还是不规则的驳岸,驳岸的高度和水的深浅设计都应满足人的亲水性要求,使驳岸尽可能贴近水面,以人手能触摸到水为最佳,营造一个宜人的亲水空间。一般无护栏的水体在近岸 2.0 米范围内,水深不应大于 0.5 米,同时岸边的平台、汀步或石块应尽可能满足人的落座需求,以便人们在亲水、近水的同时能够坐下来休息观景。居住区水景驳岸应尽可能采取不规则式,因其较为自由,高低起伏不受限制,更能满足人们回归自然的心理需求,景观空间也会因此更富自然情趣。

第十一章 城市广场景观设计

广场被人们称为"城市的客厅",是城市空间的重要组成部分,是城市居民社会生活的中心,是城市历史文化的融合,主要由城市空间、活动场所、景观环境等内容组成,具有组织疏散人流、疏导城市交通、完善丰富城市空间,提供市民户外交流休闲、健身等活动的作用。追溯广场的起源、形成与发展,可以看出随着城市的发展,广场作为城市的公共活动空间越来越受到人们的重视。人们在此休闲、娱乐、交际、集会的同时,也使得城市变得更加美丽与有趣。一个规划设计好的广场是一个城市的象征与名片,因此广场的设计在整个城市规划中占有不可或缺的地位,而广场景观的设计对城市广场设计起着至关重要的作用。

第一节 城市广场的分类及特点

一、城市广场的分类

广场是由城市功能的需要而产生的,并随着城市的变化而发展,因而城市广场按性质功能、平面以及区位不同有多种分类方法,每种分类方法并不是独立的。现代城市广场多是复合型,以一种功能为主,复合多种其他功能。

(一)按广场的性质和功能分

1. 市政广场

市政广场是指用于政治文化集会、庆典、游行、检阅、礼仪、传统的节日活动的场所。市政广场一般修建在市政府和城市行政中心区域,是市政府与市民定期对话和组织集会活动的场所。市政广场的出现是市民参与市政和管理城市的一种象征。它一般位于城市的行政中心,避开繁华的商业街区,有利于形成广场稳重的气氛。同时,市政广场应具有良好的可达性及流通性,通向市政广场的主要干道应有相当的宽度和道路级别,与城市主要干道连接,以满足大量密集人流的集散,如图 11-1 所示为天安门广场。

市政广场的布局形式一般较为规则,广场上的主体建筑物是室内的集会空间,是室外广场空间序列的对景。为了加强稳重庄严的整体效果,建筑群一般呈对称布局,标志性建筑也位于轴线上,不宜布置过多的娱乐性建筑,可适当布置休闲及休憩性建筑及小品。由于市政广场的主要目的是供群体活动,所以广场应该有开敞的集会空间,如硬化铺装地,还可以在广场四周布置行道树,广场内部适当的种植绿化,多以装饰花坛为主。

图 11-1

2. 商业广场

商业广场是指"用于集市贸易、购物的广场,或者商业中心区以室内外结合的方式,把室内商场与露天、半露天市场结合在一起的广场"①。商业广场中应以步行环境为主,采用步行街的布置方式,内外建筑空间应相互渗透,商业活动区应相对集中,从而满足人们购物、休憩、交游、餐饮等多功能要求,它是城市生活的重要中心之一。商业中心广场在注重经济效益的同时,还应兼顾环境效益和社会效益,以达到促进商业繁荣的目的。例如,20 世纪 90 年代后期的深圳东门地区商业街区的改造工程,该地区改造之前虽然是市区内较为繁华的小商品集贸市场,但由于缺乏统一的规划和有效的管理,商业店铺杂乱,购物街道空间拥挤,人车混行,缺乏支持购物行为的休息场所和公益设施。改造后的东门商业地区的购物环境可谓是焕然一新,如图 11-2 所示,街区内的步行商业街、购物和休闲内广场使购物空间整体有序,不仅具有较强的地域文化氛围,而且在很大程度上增强了该地段商贸活动的生机和活力,从而使得市民在购物的同时,可以享受到现代舒适的购物空间环境,取得社会效益、环境效益、经济效益的统一与平衡。

此外,还可以把商业广场布置在商业步行区的一端,利用广场把商业区与文化中心联结起来,赋予了广场更多的文化魅力。如图 11-3 所示,上海南京路景观规划突出体现南京路历史文化内涵与现代时尚气息。

3. 交通广场

交通广场是城市交通系统的有机组成部分,位于城市交通会合转换处或多条干道交会的交叉口,起组织交通、集散、联系、过渡以及停车等作用。另外,交通广场还可以从竖向的布局上解

---

① 胡先祥:《景观规划设计(第 2 版)》,北京:机械工业出版社,2015 年,第 92 页。

决复杂的交通问题,分隔车流和人流,并且有足够的面积和空间,满足车流、人流的安全需要。

图 11-2

图 11-3

交通广场有两种类型,第一类是城市多种交通会合转化的广场,如设在人流大量聚集的车站、码头、飞机场等处的广场,具有提供高效便捷的交通流线和人流疏散功能;另一种类型是城市多条干道交汇处形成的交通广场,通常有大型立交系统。由于城市干道交汇处交通噪声和空气污染严重,因此此类广场应以交通疏导为主,避免人车相互干扰,必要时可以设置天桥和地下通道(图 11-4)。此外,还要避免在此处设置多功能、容纳市民活动的广场空间,同时采取平面、立体的绿化种植吸尘降噪。

4. 文化休闲广场

文化休闲广场主要是为市民提供良好的户外活动空间,满足节假日休闲、交往、娱乐的功能要求,同时代表一个城市的文化传统、风貌特色。因此,文化休闲广场常选址于代表一个城市的政治、经济、文化或商业中心地段(老城或新城中心),有较大的空间规模。随着社会经济发展的进步和生活节奏的加快,人们越来越热衷于到一些具有文化内涵的室外公共场所,缓解工作之余的精神压力和疲劳,如图 11-5 所示,上海人民广场既有良好的生态环境,同时位于博物馆周边又具有良好文化内涵;如图 11-6、11-7 所示美国爱悦广场的不规则台地,是自然等高线的简化,广场上休息廊的不规则屋顶,来自于对落基山山脊线的印象,喷泉的水流轨迹是反复研究加州席尔拉山山间溪流的结果。

图 11-4

图 11-5

图 11-6

图 11-7

　　文化休闲广场在内部空间环境塑造方面,常利用点面结合,立体结合的广场绿化、水景,保证广场具有较高的绿化覆盖率和良好的自然生态环境。广场平面布局形式灵活多样,每一个小空间围绕一个主题,而整体无明确主题,只是向人们提供了一个休憩、游玩的场所。因此,广场无论面积,空间形态、小品设施都要符合人的环境行为规律及人体尺度,才能使人乐于其中。广场空间应具有层次性,在对外围界面进行第一次限定之后,常利用地面高差、绿化、建筑小品、铺地色彩、图案等多种空间限定手法对内部空间作第二次、第三次限定,以满足广场内从集会、庆典、表演等聚集活动到较私密性的情侣、朋友交谈等的空间要求。在广场文化塑造方面,常利用具有鲜明城市文化特征的小品、雕塑及具有传统文化特色的灯具、铺地图案、坐凳等元素烘托广场的地方文化特色。

5. 纪念广场

　　纪念广场是指纪念某些重要事物或重大事件的广场。广场的中心、侧面应以纪念雕塑、纪念碑、纪念物或纪念性建筑物作为标志物,主体标志应位于广场的中心或视觉中心(图 11-8)。其布局及形式应满足纪念的氛围和象征性的要求。

图 11-8

纪念广场的选址非常重要,因为其具有深刻严肃的文化内涵,所以要尽量远离喧闹繁华的商业区或其他干扰源,突出主题,让人在相应环境中得到感化,加强对所纪念对象的认识,产生更大的社会效益。主题纪念物应根据纪念主题和整个场地的大小来确定其尺度大小、设计手法、表现形式、材料、质感等。为了加强整个广场的纪念效果,要使得纪念主体形象鲜明、刻画生动。

6. 生活广场

生活广场是为市民提供良好的户外活动空间的场所,一般位于住宅区内部或住宅周边。这类广场可以以园林绿化为主,也可以以活动健身为主。如图 11-9 所示为中海康城住宅小区广场,广场形式自由,灵活多样。

图 11-9

(二)按广场平面形式分

按照广场平面形式,可以将城市广场分为以下两种类型。

1. 单一型广场

有方形广场(天安门广场)、圆形广场、矩形广场等。

2. 复合型广场

由几种形式组合起来,形成多功能的、多景观的复合空间。如由劳伦斯·哈普林设计的爱悦广场,由三个不同的广场空间组织串连而形成。

(三)按广场剖面形式分

1. 平面型广场

这种广场整体空间与城市道路在一个水平面上,在历史上曾起到过重要作用(图 11-10)。具体而言,平面型广场有利于大型集会和人流疏散,景观空间变化较平淡,能以较小的经济成本为城市增添亮点。

图 11-10

2. 立体型广场

立体型广场又包括以下两种类型。

（1）上升式广场

这种广场是为了突出某一主题，将广场中心抬高，形成高于周边环境的空间（图 11-11）。上升式广场构成了仰视的景观，给人们以神圣、崇高、独特的感觉。在当前城市用地异常紧张以及交通非常拥堵的情况下，上升式广场因其与地面形成多重空间，可以将人、车分开，避免使双方互相干扰，极大地节省了人们的空间。

采用上升式广场还能够打破传统空间的封闭感，创造多功能、多景观、多层次、多情趣的"多元化"空间环境。

图 11-11

（2）下沉式广场

这种广场整体或局部下沉于周围环境,以取得空间和视觉效果的变化(图11-12)。下沉式广场构成了俯视的景观,给人们以活泼、轻快的感觉,被广泛应用在各种城市空间中。与平面型广场相比而言,下沉式广场的整体设计更加舒适完美,否则不会有人特意在此停留。因此,下沉式广场的舒适程度非常重要,为此,应该强调"以人为本"的设计理念,在广场中间建立各种尺度合宜的人性化设施,建立残疾人通道。同时,还要考虑到不同年龄、不同性别、不同文化层次及不同习惯的人们的需求,合理设置广场中的景观。下沉式广场因其是地下空间,所以要充分考虑绿化效果,以免给人带来阴森之感。其中,应设置花坛、流水、草坪、喷泉等,让人赏心悦目。

图 11-12

另外,还可以按广场形态分类,将城市广场分为规整形广场、不规整形广场等;按广场在城市规划结构中的不同地位分类,将城市广场分为城市中心广场、区级中心广场、地方性广场(小区中心、重要地段、建筑物前的广场);按广场的主要构成要素分类,将城市广场分为建筑广场、雕塑广场、水上广场、绿化广场等。

二、城市广场的特点

现代城市广场不仅具备开放空间的各种功能和意义,丰富了市民的文化生活,而且也折射出当代特有的城市广场文化现象,成为城市精神文明的窗口。具体而言,城市广场具有以下几方面特点。

(一)性质上的公共性

作为现代城市市民户外活动的一个重要组成部分,现代城市广场有其公共性。随着人们生活节奏的加快,传统封闭的文化习俗逐渐被现代文明开放的精神所替代,人们越来越喜欢户外活动,尽情释放工作的压力,享受大自然的美好风景。在广场上的人们无论年龄、身份、性别有何不同,都具有平等的游憩和交往的权利。也就是说,人人都可以在城市广场进行文化休闲活动,放松身心。

（二）功能上的综合性

城市广场的最初功能是满足交通、集会、宗教礼仪、集市的需要，以后逐步发展到具有纪念、娱乐、观赏、社交、休闲等多种功能。现代城市广场应满足现代人多种户外活动的功能要求，它是广场产生活力的最原始动力，也是广场在城市公共空间中最具魅力的原因所在。

（三）空间场所上的多样性

现代城市广场内部空间场所具有的多样性特点，取决于功能上的多样性。因为只有具备了空间场所上的多样性，才能达到不同功能实现的目的。不同的人群在广场所需要的空间不一样，如儿童游乐需要有相对开敞独立的空间；情人约会需要有相对私密的空间；歌舞表演者需要有相对完整的空间等。

（四）文化休闲性

作为城市的"客厅"，现代城市广场是反映现代城市居民生活方式的窗口。在现代社会，人们对现代城市广场的普遍要求是注重舒适、追求放松，从而使得广场表现出休闲性特点。广场上的各种设施（如铺装、水体、雕塑、花坛等）都为居民提供了安乐舒服的环境空间。现代城市广场的文化性特点主要表现在两个方面：第一，现代城市广场在一定程度上反映了城市已有的历史、文化；第二，现代城市广场对现代人的文化观念进行创新，即现代城市广场不仅是当地自然和人文背景下的创作作品，而且是创造新文化、新观念的手段和场所，是一个以文化造广场、又以广场造文化的双向互动过程。

第二节 城市广场景观设计的原则

一、多样性原则

现代城市广场功能上更强调多样化，不断朝着综合性方向发展，满足所有人群在公共空间中的各种需求。

广场使用上的多样性包含的社会生活多种多样，可以在广场中进行休息、交谈等较私密性活动，还可以进行集会、观演等大众参与的活动，这类活动中人的行为包括人和环境之间的交流，以及人和人的交流。在生活中，人们需要独处，在观赏广场景观时，也需要相对较为私密的空间，这时，就要求我们在设计中更加细腻地把握空间。如图11-13所示为洛杉矶珀欣广场，广场空间变化丰富，同时又充分考虑到洛杉矶城市多民族聚居的历史特点。

广场使用的多样性还有另一方面的原因，就是人参与其中的随意性。人的参与程度是衡量城市公共空间好坏的标准之一，而人对开放空间的参与是随机的、随意的，这就要求广场能够提供更多物质线索使人参与其中。路径上的可达性是方法之一，但其本质还在于人与环境的融洽程度。

图 11-13

多样性原则还表现在广场形态的多样化,传统广场大多数都是平面型广场,如郑州绿城广场(图 11-14)。这类广场空间在垂直方向没有变化或者很少发生变化,处于相近的水平层面,连接着城市道路交通平面,交通组织便捷,施工技术要求低,经济代价相对较小。为了增强层次感和戏剧性的景观特色,现代平面型城市广场大多利用局部小尺度高差变化和构成要素变异使平铺直叙变为错落有致,开敞广阔变为曲折张弛,事实上城市广场已经在向立体化发展,这类广场利用空间形态的变化通过垂直交通系统将不同水平层面的活动场所串联为整体,打破了以往只在一个平面上做文章的概念,上升、下沉和地面层相互穿插组合,构成一幅既有仰视又有俯瞰的垂直景观,具点、线、面相结合,以及层次性和戏剧性的特点。[①] 这种立体空间广场一方面为人们提供了相对安静舒适的环境,另一方面可以充分利用空间变化,获得丰富活泼的城市景观。立体空间广场通常可分为下沉式广场、上升式广场以及上升、下沉结合的立体广场。巴西圣保罗市的安汉根班广场的重建,就是把已经被交通占据的广场建成在交通隧道以上的上升式绿化广场,给这一地区重新注入了绿色的活力。

图 11-14

① 赵肖丹,陈冠宏:《景观规划设计》,北京:中国水利水电出版社,2012 年,第 166 页。

二、地方特色性原则

广场地方特色性原则是指要突出城市广场的个性,从广场的空间划分、铺装形式、小品布置、植物种植等都要结合该地区风俗文化及地理特征,体现地方特色。

城市广场应突出其地方社会特色,也就是突显该地区的人文特性和历史特性。城市广场建设应继承城市当地的历史文脉,适应地方风情、民俗文化,突出地方建筑艺术特色,使其有利于开展地方特色的民间活动,从而增强广场的凝聚力和城市的吸引力。广场文化是城市广场中的重要内容,是在广场这个特定的空间里呈现出的文化现象及其本身蕴涵的文化特质。文化气息浓厚的广场建筑、雕塑和配套设施等,有助于人们挖掘出具有更为深远意义的广场文化。这些广场文化都是显示城市广场个性的具象。同时,各城市区域风俗文化的表现也是广场文化最突出的一种形式。如图 11-15 所示西安大雁塔北广场规模宏大、气势恢宏,主题景观为水景喷泉,整个广场以大雁塔为中心轴三等分,中央为主景水道,左右两侧分置"唐诗园林区""法相花坛区""禅修林树区"等景观,南端设置有观景平台,周围有旅游商贸设施。音乐喷泉位于广场中轴线上,南北最长约 350 米,东西最宽处 110 米,分为百米瀑布水池、八级叠水池及前端音乐水池三个区域,表演时喷泉样式多变,夜晚在灯光的映照下更加显得多姿多彩,美妙动人。围绕喷泉还有不少细致的小景观,如北广场入口处的大唐盛世书卷铜雕,其后的万佛灯塔和大唐文化柱,旁边的大唐精英人物雕塑群,还有地面铺装的地景浮雕,具有中国美术特色的"诗书画印"雕塑等,甚至灯箱、石栏等建筑上都题有著名诗篇。

图 11-15

世博园非洲广场的设计,堪称突出城市广场个性的典范。它不仅充分挖掘了地方文化的资源,展示了地区文化的风采,而且突出了民族文化的地域性。世博园非洲广场运用历史建筑符号来表现城市历史延续的隐喻手法,如今已经成为时髦的设计技巧。这些经过加工的符号流露着历史建筑的某些特征,容易引起人们的思考和联想,同时又表现出现代社会的一些风貌。同时,在广场的空间里举行各种有益于健康的主题活动,引导不同层次的群众走进广场,这使广场充满生机活力和积极向上的力量(图 11-16)。

图 11-16

　　城市广场设计应该突出地方自然特色,设计时要考虑各个要素是否适应该地区的地形地貌和温度等。同时,还要强化地理特征,适应当地气候条件,尽可能采用具有本地特色的建筑艺术手法和建筑材料,体现地方山水园林的特色。

　　杭州歌剧院前广场特定的形式使其具有强烈的艺术特色和充实的文化内涵,赋予了整个广场思想和灵魂(图 11-17)。

图 11-17

三、与周边环境协调性原则

　　在设计一个城市广场时,应严格按照城市总体规划确定的性质、功能和用地范围,紧密结合交通特征、地形、自然环境等条件,同时处理好紧临道路及主要建筑物的出入口衔接,注意广场的艺术风貌,与周边环境相协调。具体而言,城市广场与周边环境相协调应该做到以下几方面。

首先,注意与周围建筑的协调统一。图 11-18 所示的罗马市政广场是广场与建筑环境完美结合的典范。

其次,要与周边道路协调、统一,这种协调与统一是构成城市广场上环境质量的重要因素。

图 11-18

四、生态性原则

最近几年,我们都在大力提倡生态、环保,建立可持续发展的生态体系,具体来说就是要遵循生态规律,因地制宜,合理布局。反映在广场规划设计中,我们应该更多关注软质景观在设计中的作用,着眼于城市生态环境的整体,创造优美、舒适的可持续发展的环境体系。

(一)引用中国传统造园手法

"源于自然,高于自然",尽可能在特定的环境条件下,使自然生态环境和后期景观特点相适应,也就是一切以顺应自然的态势而造景,使人们在有限的空间中体会到自然带来的无限自由、清新和愉悦。

(二)强调广场环境生态的合理性

设计时,既要考虑阳光充分,绿化面积充足,为市民的活动提供宜人场所,又要做好微气候调节,减少环境压力。城市小气候设计是城市生态问题的重要方面,通过改变环境物理条件,提高公共空间舒适度。

具体措施有:在寒冷地区,为达到节能的目的,广场植物选择上尽量落叶和常绿搭配,保证冬季阳光充足,夏季遮阳庇荫;广场积极利用地上和地下空间,使这些广场能够全天候服务;最后可增大植被面积,扩大水面,利用自然因素创造有利的微气候条件。达拉斯联合银行大厦广场,在设计时,考虑当地气候炎热,利用水和树结合的设计,让行走于广场中的人们感觉如同穿行于森林沼泽地(图 11-19)。

图 11-19

第三节　城市广场景观设计的步骤

一、现状调查分析

注重保护和改善场地周边的自然生态景观,包括基地地形、地质、地貌等。同时,了解与分析场地周边建筑功能、现存植被、自然景观、现有水域、周边交通与景观特色等方面的具体情况。

二、总平面设计

在调研分析的基础上,确定该城市广场合理功能分区、道路划分、活动分区、小品设施及景点布局等的总体概念。

三、种植设计

初步确定该城市广场所需的草坪、地被、乔木、灌木、花卉的种类、数量、间距以及种植穴大小、树形等,使该区域绿化与整体景观协调统一。

四、道路景观

研究、分析城市广场的周边道路情况,确定城市广场与周边道路的连接形式及其他要素。

五、小品设施

对城市广场小品设施等进行初步设计,包括路灯、水池、路篱、休息亭廊、座椅等,使小品设施与城市广场整体景观保持风格上的统一协调,同时又具有一定的文化内涵。

六、竖向设计

注明城市广场景观建筑、道路、绿地等的设计高程及排水坡度等。

七、灯光照明设计

注明城市广场内部高杆灯、射灯、地灯等各种形式的灯的数量及位置。

八、方案的调整和修改

就设计方案向有关部门及专家进行成果汇报,提出修改意见。

九、场地施工

根据最后的规划设计方案及有关规定进行施工图设计,如确定桩位、树木移植、土壤挖填方等。

十、景观技术经济指标及概预算

这是进行城市广场景观设计的最后一个步骤,景观技术经济指标是技术方案、技术措施、技术政策的经济效果的数量反映,是对生产经营活动进行计划、组织、管理、指导、控制、监督和检查的重要工具。利用技术经济指标,可以查明与挖掘生产潜力,增加生产,提高经济效益;考核生产技术活动的经济效果,以合理利用机械设备、改善产品质量;评价各种技术方案,为技术经济决策提供依据。概预算是国家确定和控制基本建设总投资的依据,是工程承包、招标、核定贷款额度的依据,是考核分析设计方案经济合理性的依据,能够确定工程投资的最高限额。

第十二章　城市道路景观设计

　　城市道路景观设计是城市景观设计的重要组成内容,因此,我们有必要对城市道路景观设计的相关内容进行充分的了解。下面,本章就围绕城市道路景观设计基础知识、城市道路景观设计原则、城市道路景观设计的内容及要点、城市道路景观设计步骤与方法等几个方面的内容进行详细阐释。

第一节　城市道路景观设计基础知识

一、城市道路类型

　　城市道路供城市内部交通运输及行人使用,是连接和划分各级城市空间的基本要素,它对居民的工作和生活具有重要的作用,是城市与外界交往的主要交通要道,是城市的"骨架"和"血管"。

　　城市道路根据不同的分类标准可以划分为不同的类型。具体如下。

　　(一)按交通功能分类

　　(1)主干路。又称全市性干道,在城市交通中起到了主导的作用,负担城市各区、组团以及对外交通枢纽之间的主要交通联系。如深圳深南大道与宝安大道连接成一条横贯深圳东西、直达东莞的最主要干道,如图 12-1 所示。

图 12-1

　　(2)快速路。为城市中、长距离快速机动车交通服务的道路,车道至少在四条以上,中间设有分隔带,采用立体交叉控制的办法严格控制车辆出入,同时,对两侧建筑物的进出口加以控制,如

图 12-2 所示。

图 12-2

（3）次干道。它主要负责城市的交通集散，是城市各区、组团内的主要道路，与主干路组成城市干道路网，如图 12-3 所示。

图 12-3

（4）支路。它主要负责交通的汇集，是城市一般街坊道路，直接为用地服务，如图 12-4 所示。

图 12-4

（二）按绿化断面布置形式分类

（1）一板二带式。它是指在车行道两侧人行道分隔线上种植行道树。这种方法非常简单、实用，是最为常见的一种方式。但是需要注意的是，如果车行道过宽，那么树的遮荫效果较差，此时将不利于机动车辆与非机动车辆混合行驶，如图 12-5 所示。

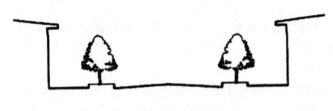

图 12-5

（2）二板三带式。它是指在道路两侧种植行道树，并且用绿化带分隔单向行驶的两条车行道。这种形式比较适合于那些路面宽阔的道路，这样绿化带的效益才能发挥作用，多用于高速公路和入城道路绿化，如图 12-6 所示。

图 12-6

（3）三板四带式。利用两条分隔带把车行道分成三块，中间为机动车道，两侧为非机动车道，连同车道两侧的行道树共为四条绿带。此种形式对道路的面积有一定的要求，只有在比较宽阔的道路上才能实施，其绿化量相当大，在夏季有很好的蔽荫效果。除此之外，它还有利于组织交通，安全可靠，解决了各种车辆混行互相干扰的矛盾，如图 12-7 所示。

图 12-7

（4）四板五带式，为了使车辆的行驶互相不受干扰，利用三条分隔带将车道分为四条而规划为五条绿化带，这样有利于保证行车车速和交通安全。如果道路面积不够宽阔，不适合布置五带，那么可以用栏杆进行分隔，以此来减少占地面积，如图 12-8 所示。

图 12-8

（5）其他形式，按道路所处地理位置、环境条件特点，因地制宜地设置绿带，如山坡、水道的绿化设计。

二、城市道路景观设计

虽然道路最基本的功能就是交通功能,满足人们快速、安全出行的要求,但随着人们对居住环境要求的日益提高,道路作为人们出行与外部空间联系的重要通道,也必然要同时具备交通和环境景观的双重功能。

城市道路景观设计就是根据道路情况以及周围的整体建筑环境进行的设计,使其与城市环境相协调。具体来说,其设计的内容包括城市道路的线形规划、公共设施、建筑类型及组合、街道绿化、街道小品的布设等。

大多数城市中,道路面积占城市土地面积的四分之一左右,对城市的空间布局发挥着重要的作用。凯文·林奇在《城市意象》一书中把构成城市意象的要素分为五类,即道路、边沿、区域、结点和标志,并指出道路作为第一构成要素往往具有主导性,其他环境要素都要沿着它布置并与它相联系。下面,我们就对城市道路景观设计的意义进行必要的阐释。

(一)城市道路是城市对外的窗口

近年来,中国各城市为了发展经济,都在积极改造城市的各种环境,包括经济环境、政治环境、生态环境。此外,还将城市重点建设的目光转移到城市道路上。城市道路是影响人们关于城市印象的重要因素。正如《美国大城市的生与死》一书中所说的那样:"当我们想到一个城市时,首先出现在脑海中的就是街道。街道有生气,城市也就有生气;街道沉闷,城市也就沉闷。"

(二)城市道路能够提高区域地块的价值

道路畅通可以保证区域的正常发展,可以加强本区域与其他区域之间的联系。它是吸引居民和企业的有效手段。不断地加强道路建设,可以把四面八方的人和物汇集到一起。因此,加强对道路的设计与规划,可以发挥道路的带动作用,提升本区域的地块价值。

(三)城市道路是延续城市"人文情怀"的表现

现代城市发展注重完善社会生活并把城市中的人的感情和需求作为重要出发点,不断寻求人与环境有机共存的深层结构的城市环境更新方法。道路作为连接不同地域的"纽带",是人们出行必须要经过的公共场所,在这个场所里能够体现出城市的人文情怀,它是一种重要的文化资源,与城市广场等共同构成城市的区域文化表象。在很多大城市,都出现了这样的道路,如上海浦东的世纪大道(图 12-9)、外滩滨江路景区、南京东路步行街、苏州观前步行街等。因此,加强城市道路建设,讲究城市道路的布局和规划,是延续城市人文情怀,提高城市品位的重要途径。

(四)城市道路能够对交通的改善具有积极意义

适宜的道路景观规划会使路上驾驶的司机有较好的视觉感受,通过视觉的易识别性和景观的秩序性给司机愉悦的心理提示,体现生态的、以人为本的指导思想。

图 12-9

第二节　城市道路景观设计原则

一、可持续发展原则

可持续发展原则主张不为眼前的利益而牺牲长远的利益,不为局部的利益而付出整体的环境代价,坚持自然资源与生态环境、经济、社会的发展相统一。可持续发展原则要求满足人们的需求,达到提高人民生活水平的目标,但同时也要求关注环境的发展。城市的可持续发展也必须要做到这一点,具体到城市道路建设上来说,就是要使道路的规划设计对环境的破坏性影响降低到最小,并且对环境和生态起到强化作用,同时还能够充分利用自然可再生能源,节约不可再生资源的消耗。

二、尊重历史的原则

城市景观环境中那些具有历史意义的场所往往给人们留下较深刻的印象,也为城市建立独特的个性奠定了基础。城市道路景观设计要尊重历史文物,在尊重历史文物的情况下不断地发展自己。对于传统文化、传统历史,我们应该辩证地继承和发展,既不能全盘否定,也不能照抄照搬,要根据时代的发展要求探寻传统文化中适应时代要求的内容、形式与风格,塑造新的形式,创造新的形象。只有文化认同社会价值观吻合,才能引起市民的共鸣,唤起对过去的回忆,产生文化认同感。

城市街道景观的设计要体现一定的文化传统,体现出城市特有的风格来。每个城市有着不同的地方传统文化和传统习惯,不少城市都保留下来了相当数量的历史文化遗迹。我国城市的街道景观,在设计时,应该注意从以下两个方面着手。

第一,要体现对历史传统的延续。因为每个城市都有自己的文化历史,传承城市文化是城市道路景观设计的一个重要内容。

第二，要协调解决建筑形态适应现代人口日益增多的需求。因为随着现代社会的发展，城市人口迅速上升，城市街道需要满足城市人口快速增长的需求，需要与城市的建筑相协调。

这样我们就应在街道景观及环境中合理地考虑传统与发展的相容性。就大多数中国城市而言，除了要保存不同时期的历史建筑外，还要完善历史遗留下来的重要街道与广场空间，同时界定一个理想的街道景观模式以达到建筑风格独特，街道景观视觉连续，广告牌结合夜景效果，绿地草坪构筑休闲空间，规范适应城市发展的开发方式，从而延续城市传统的规划意识。营造城市街道景观，在建筑与道路整体设计的同时，还要有一定量的人工草坪与特色植物景观绿化，有可供人休息的设施，有特色露天文化广场。例如，北京王府井商业步行街（图12-10）在景观建设上就取得了可喜的进步。步行街保留了部分原有的建筑，而且以现代风格建筑为中心标志物，四周围合的花台成为人们小憩之处。四周景观开阔，盆花、电话亭、广告灯饰等小品配合恰当，形成了较好的街道景观效果。

图 12-10

三、整体性原则

城市街道景观设计的整体性原则主要体现在以下几个方面。

第一，从城市整体出发，城市道路景观设计要体现出城市形象的个性化和服务的个性化。

第二，从道路本身出发，要对不同的道路进行统筹规划，考虑道路与周围环境之间的联系。将一条道路作为一个整体考虑，统一考虑道路两侧的建筑物、绿化、街道设施、色彩、历史文化等，避免其成为片段的堆砌和拼凑。

四、连续性原则

城市街道景观设计的连续性原则主要体现在以下几个方面。

第一，时空上的连续性。城市道路承载着城市的发展和演变。道路景观设计就是要将道路空间中各景观要素置于一个特定的时空连续体中加以组合和表达，充分反映这种演进和进化，并能为这种演进和进化做出积极的贡献。

第二,视觉空间上的连续性。道路景观的视觉连续性需要通过一些辅助性的因素来实现,如绿化带,建筑风格、色彩及道路设施等。

第三节　城市道路景观设计的内容及要点

在具体城市道路景观规划设计中,通常需要考虑以下几个方面的内容,即道路线形设计、绿化设计、道路铺装设计、道路交通及公共设施设计、道路节点设计等。

一、道路线形的设计

城市道路景观是动态连续的景观,对于道路线形设计要求较高。驾驶者在道路上的视觉感受为三度空间,由平面线形和纵断线形整合而成。

(一)平面线形

直线道路与曲线道路各有其视觉特性,直线道路的特性是景观视野通畅性好。在很早的时候,人们就意识到在道路的轴线上设置标志物,这样可以把人们的视线集中起来。如利用高大建筑构成道路空间景观的焦点,吸引行人视线,如图 12-11 所示。

图 12-11

但在现代,汽车在道路上快速行驶,直线式的道路很容易让人觉得单调、无聊,没有动感,尤其是长直线,容易引起驾驶员疲劳,导致交通事故发生。因此,在设计中,应注意控制直线路段的长度。一般在路幅较宽的快速路和主干路设计中,可以充分利用道路两侧优美的自然地物地貌或城市建筑物作为道路动态背景,给使用者舒适良好的视觉感受。

汽车在道路上行驶,乘车者能够感受到景物的动态变化,是一种非常美妙的体验,这就要求线路发生一定的曲折变化。曲线道路因其曲率半径大小会有不同的视觉感受,曲率半径在 100～150 米的缓曲线道路,一般都可以带给人良好的视线,同时在行进中的景观变化也较为丰富,容易形成视觉上的连续性景观。但是如果曲率半径太小,很有可能给乘车者带来视觉误导,视线容易停留在某一处,形成定点。因此转弯处可设置具有代表性的地景功能的设施,让路人在此转弯处能有特殊的景观记忆,如图 12-12 所示。

图 12-12

（二）纵断面线形

纵断面线形设计是研究直坡线与竖曲线这两种线形要素的运用与组合，以及对纵坡的大小和长短、前后纵坡的协调、竖曲线半径大小等有关问题。纵面线形应与地形、周围环境相适应，设计成纵坡缓和、视觉连续且平顺圆滑的线形。

选择纵断面线形进行设计时，应该注意线形与地势相一致。在平原地区，一般地形比较平坦，所以在设计时坡度也比较小。在丘陵地区，地形出现了比较大的起伏，这时，应该根据具体的坡度来设计。一方面要顺应地形坡度，另一方面又不能对其太过迁就，纵坡过于迁就势必形成波浪形的纵断线形，影响线形美观。

竖曲线应选用较大的半径，这样有利于视觉和路容美观，尤其当相邻纵坡代数差小时，更应采用大的竖曲线半径，使驾驶员的视觉感到协调匀顺。纵断面线形应均衡连续。

纵断面线形应考虑设计成连续的曲线，即先随地形起伏设计竖曲线，再将相邻的竖曲线连接起来。

（三）道路平、纵线形组合设计

驾驶员看到的道路是三维设计产生的结果，而道路的平面和纵面设计是二维设计。这就要求道路在设计时最终形成三维空间。在这一要求下，道路平、纵线形组合设计就显得尤为重要，只有把握好平纵线的设计关系，才能使道路本身具有良好的视觉连续性，如图 12-13 所示。

（四）道路线形设计原则

道路线性设计时，首先考虑道路的功能、平面线性与纵断线性的融合，并与地形地貌与周边的环境相协调，其设计的基本原则主要表现在以下几个方面。

第一，平面、纵断面线性和横断面的结合应合理，平曲线与竖曲线应配合均衡、协调。

第二，道路应该与周围的环境保持和谐一致，能够提供优美的三维空间，能够给人提供一种连续的视觉体验。

第三，道路路线在设计时应该考虑到地形地貌因素，能够将周围的景物融入其中，避免有过大的填挖,力求与周围景色融为一体,而不露出施工痕迹。

第四,在保证交通安全性的前提下,线性具有动态平顺性,不应产生局部波浪式起伏和急剧转折。

第五,道路设计时要注意控制直线路段的长度,应避免直线路段过长给驾驶员带来视觉疲劳,应通过绿化、小品等设计增加视觉变化。

第六,突出道路形象,通过借助交通设施诱导视线,以保持线性连续性。

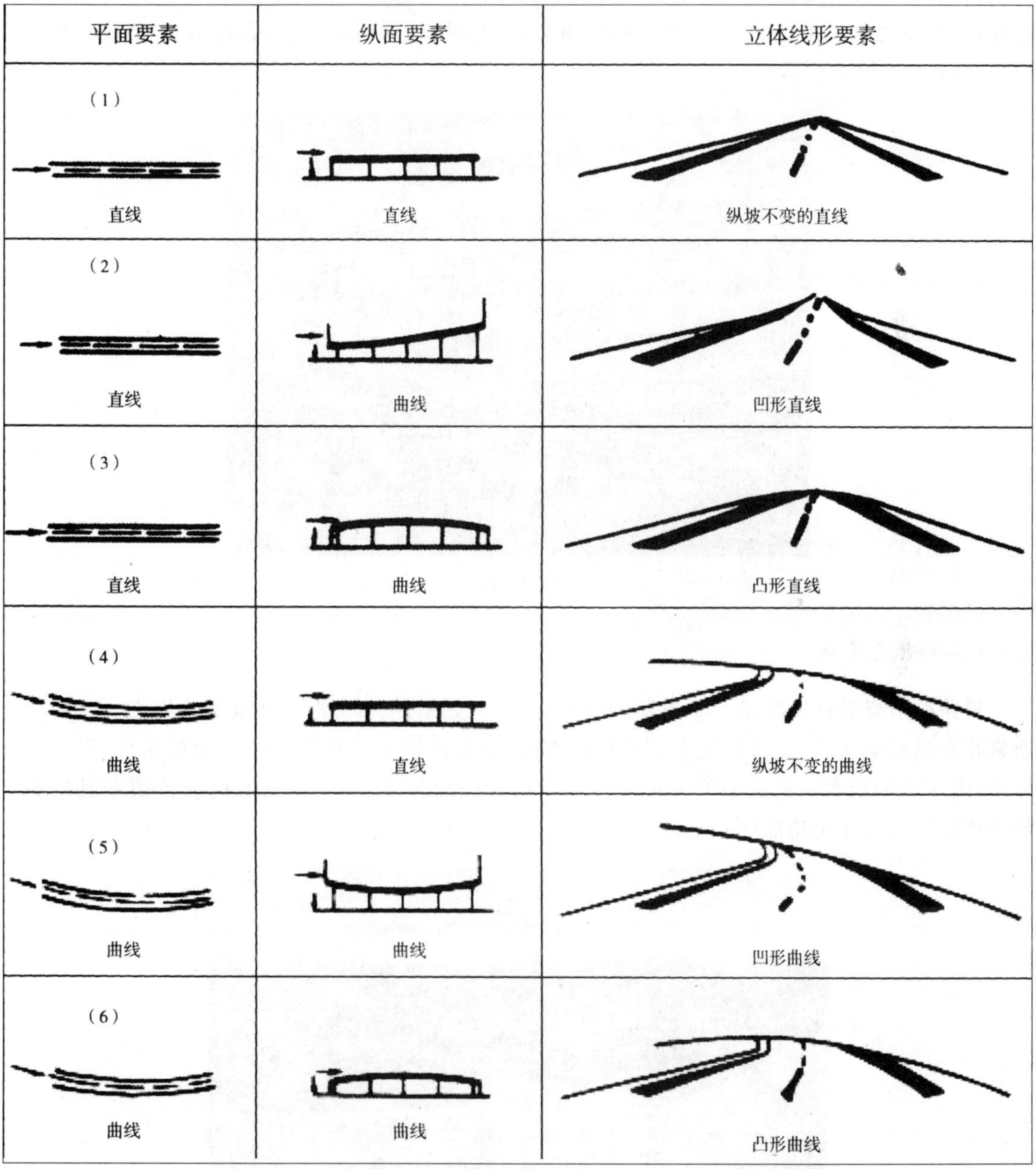

平面要素	纵面要素	立体线形要素
（1） 直线	直线	纵坡不变的直线
（2） 直线	曲线	凹形直线
（3） 直线	曲线	凸形直线
（4） 曲线	直线	纵坡不变的曲线
（5） 曲线	曲线	凹形曲线
（6） 曲线	曲线	凸形曲线

图 12-13

二、道路节点的景观设计

(一)广告景观

在城市道路周围必然会存在一些广告牌匾,这些广告牌除了宣传产品及服务之外,本身也是一道景观,他们常常是道路景观中的重要组成部分。广告牌的设置应该注意与道路景观的一致融合,与周边建筑关系协调,不破坏影响建筑形象,与绿化、照明相结合,合理布设,形成完整的道路景观,如图 12-14 所示。

图 12-14

(二)视觉焦点

道路的节点设计通常是一个道路的重要标志,也是道路区域的一个重要分界点。它的位置通常是在道路交叉口、交通路线上的变化点、空间特征的视觉焦点等。结合地形条件,设置街头绿地(图 12-15)或者一些微型下沉式广场以供行人停滞与休息,不仅具有商业价值而且提高了整条道路的综合使用功能(图 12-16)。

图 12-15

图 12-16

三、道路的绿化种植设计

道路的植栽可以使沿途景观变得丰富多样起来,它不仅点缀了沿途的风景,而且还减缓了驾驶员的视觉疲劳,能够为人们的出行提供一个舒适的环境,使包括道路在内的整个区域风景更加美丽。在绿化设计时,要考虑区域特性、自然环境、沿线条件等,决定植物的位置、范围及种类。道路的绿化设计是动态绿化景观,要求层次分明,与周围环境协调一致。

(一)车行道分隔绿带

对于绿带的宽度和设置目前还并没有一致的要求,通常情况下,三条车道的路面一般有两条分隔绿带;两条路面的车道有一条分隔绿带。分隔绿带上的植物在配植时首先需要考虑的因素就是满足交通安全,要考虑人们的视线,考虑植物是否会对驾驶员以及行人的视线形成遮挡,然后再考虑它的美观作用。一般窄的分隔绿带上配植低矮的灌木及草皮,构成不同的搭配图案,如图 12-17 所示。

图 12-17

如果分隔绿带较宽,那么植物的配置就可以多种多样。既可以是最简单的规则式配植,也可以是自然式的植物配植。前者可以配置等距离的一层乔木,或可在乔木下配植耐荫的灌木及草坪。后者则可以利用植物不同的地姿、线条、色彩,将常绿落叶的乔、灌木,花卉及草坪地被配植成高低错落、层次参差的树丛,如图 12-18 所示,以达到四季有景,富于变化的观赏效果。在暖温带、温带地区,冬天寒冷,为增添街景色彩,可多选用些常绿乔木,如雪松、华山松、油松、桧柏等,地面可用砂地柏、铺地柏等。对于一些土质瘠薄,不宜种植乔木处,可配植芋坪、花卉或抗性强的灌木。

图 12-18

无论采用哪一种植物配植形式,都要注意植物设置与交通安全的关系。在一些重要的交通路段,是不适合配置乔灌木的,防止这些植物阻碍人们的视线,以草坪、花卉及低矮灌木为主。

(二)行道树绿带

行道树绿带是指车行道与人行道之间种植行道树的绿带,如图 12-19 所示。

图 12-19

行道树在道路景观中是十分必要的,它不仅可以提高道路的环境质量,如改善区域空气,消除噪音、调节气候以及涵养水源等;而且还可以作为一个城市文化精神的象征。因此在选择行道树的时候,首先要考虑哪些植物适应本地区的环境特点、气候条件,避免行道树栽植上的盲目性。在我国,许多城市的行道树都可以体现当地生态环境的特点,如北京的国槐、成都的银杏

（图 12-20）、福州的榕树、长沙的香樟、桂林的桂花等。

图 12-20

　　行道树对城市绿化起着非常重要的作用。行道树分为两大类，即常绿行道树和落叶行道树。行道树的选择要遵循一定的标准，即树形整齐，枝叶茂盛，冠大荫浓；树干通直，花、果、叶无异味，无毒无刺激；繁殖容易，生长迅速，移栽成活率高，耐修剪，养护容易，对有害气体抗性强，病虫害少，能够适应当地环境条件。

　　需要注意的是，如果道路面积比较狭窄，没有设置分隔绿带，那么道路两旁的行道应该配置较小的植物，这样有利于汽车尾气的扩散，如果行道植物过高过大，就会使汽车尾气难以扩散，增加道路空间的空气污染度。

　　行道树绿带的立地条件是城市中最差的。因为城市的道路面积比较紧张，所以绿带通常都比较狭窄，常在 1～1.5 米，再加上土质差，人流践踏频繁，根系不深，需在行道树根部设树池，或者在树池内盖上铸铁或钢筋混凝土的树池箅子，以便减少践踏和更好养护管理，如图 12-21 所示。

图 12-21

（三）人行道绿带

人行道绿带指车行道边缘至建筑红线之间的绿化带，包括行道树绿带、步行道绿带及建筑基础绿带。该绿带不仅能够为行人提供优美、隐蔽的环境，而且还能吸收车辆的噪音，减少空气中的噪音污染。人行道绿带的宽度根据路面的宽度而定，目前还没有统一的标准，因此植物配植各异。

国内常见基础绿带是用地锦等藤本植物作墙面垂直绿化，用直立的桧柏、珊瑚树或女贞等植于墙前作为分隔，如绿带宽些，则以此绿色屏障作为背景，前面配植花灌木、宿根花卉及草坪，但在外缘常用绿篱分隔，以防行人践踏破坏。

国外对基础绿带的重视程度非常高，尤其是在夏季，许多城市都以各式各样的基础栽植来构成街景，墙面上不仅有大量绿色的植物，而且还会挂上许多栽有各种花卉的花篮，外窗台上长方形的塑料盒中栽满鲜花，墙基配植多种矮生、匍地的裸子植物、平枝询子、阴绣球以及宿根、球垠花卉，甚至还有配植成微型的岩石园。绿带宽度超过 10 米者，可用规则的林带式配植或配植成花园林荫道，如图 12-22 所示。

图 12-22

（四）交通岛绿地

1. 交通岛

交通岛设在道路交叉口处，形成环形交通，使驶入交叉口的车辆，一律绕岛作逆时针单向行驶。其设计的形状一般为圆形，其直径的大小必须保证车辆能按一定速度以交织方式行驶，由于受到环岛上交织能力的限制，交通岛多设在车流量较大的主干道或具有大量非机动车交通、行人众多的交叉口。目前我国城市所用的圆形中心岛直径为 20～60 米。中心岛在设计时，不能有太多阻碍视线的物体，不能为了吸引人的眼球而装饰得过于花哨。在此地带内设置绿地，一定要注意司机的视线与植物高度的关系。一般情况下，交通岛植物配置的高度不能超过 0.7 米，所以此时选择的植物也多以低矮的常绿灌木为主。中心岛虽然也能构成绿岛，但比较简单，与大型的交通广场或街心游园不同，且必须封闭，如福建莆田市梅园路交通岛绿地（图 12-23）、中关村交通岛绿地雕塑(图 12-24)。

图 12-23

图 12-24

2. 立体交叉绿岛

互通式立体交叉一般由主、次干道和匝道组成,匝道是供车辆左、右转弯,把车流导向主、次干道的。为了确保行车安全,在限定的直径范围内,主次干道和匝道之间形成了几块面积较大的绿化空地,称为绿岛。

绿化布置既要与立体交叉的道路和谐一致,又要满足道路交通安全的需要,使司机有足够的安全视距,因此在立交进出道口和准备会车的地段、在立交匝道内侧道路有平曲线的地段种植植物的高度不能超过司机的视高。在弯道外侧,植物应连续种植,视线要封闭,不使视线涣散,并预示道路方向和曲率,有利于行车安全。

绿岛形成在空旷的交叉地段上,所以它的种植面积通常都会比较大。一般应种植开阔的草坪,草坪上点缀有较高观赏价值的常绿植物和花灌木,也可以种植观叶植物组成的纹样色带和宿根花卉,如北京菜户营立交绿化(图 12-25)、深圳香蜜湖立交绿化(图 12-26)。

图 12-25

图 12-26

有的绿岛还充分利用立交桥下的空间,设置一些较小的服务设施。如果绿岛面积较大,在满足交通安全的状况下,可以参照街心花园的布置模式,设置园路、座椅、花坛等。

立体交叉的绿岛往往形成于不同的道路之间,有较大的坡度,在对其绿化的过程中一般会设挡土墙减缓绿地的坡度。此外,绿岛内还需装设喷灌设施。在进行立体交叉绿化地段的设计时,不仅要考虑其与周围设施环境的关系,还要考虑地下线路、管道的长短问题,这样才能取得较好的绿化效果。外围绿地的树种选择和种植方式,要和道路伸展方向的绿化结合起来考虑。立交和建筑红线之间的空地,可根据附近建筑物性质进行布置。

(五)道路绿地与其他要素的配合

城市道路绿地应与街道上的建筑以及一些设施设备相配合。具体来说,应该做到以下几个方面。

第一,为了交通安全,道路绿地中的植物首先不应太过高大,不应遮挡驾驶员的视线以及一些重要的交通标志。

第二,要留出公共站台的必要范围以及保证乔木有适当高的分枝点,不致刮到大轿车的车顶。

第三,在可能的情况下利用绿篱或灌木遮挡汽车灯的眩光。

第四,要注意绿地建设与周围环境的协调,使其能够起到美化公共建筑和防护居住建筑的作用。

第五,道路附属设施,如路灯、停车场、加油站等也应该根据一定的要求来设置,使其在一定范围内能够发挥服务的作用。

四、城市道路铺装设计

城市道路铺装不仅对道路的区域的分隔、导向、指引等有重要作用,也是城市道路景观设计的重要方面。

(一)步行商业街的铺装

步行商业街铺装主要应突出其热烈的商业气氛,为买卖双方能够提供一个良好的环境,从而实现消费,激活经济的目的。同时,它应当具有舒适安全方便快捷的特点,有较强的方位感和导向性。由于人们的注意力集中在购物以及其他消费中,再加上人口密集,人们常常不注意脚下的路面,因此商业街的地面铺装要尽量平坦,减少高度变化。如果地面有明显的高度变化,应作明显的标志或者标识提醒行人。地面铺装材料要尽可能地注意防滑,通常情况下,采用表面质感粗糙、透水性好、耐污染性强、清扫方便的材料。易于施工和维护的砌块类材料是较好的选择。铺装的时候也要注意不要太过夸张,能给人一种自然的感觉最好,这样人们才能处于一种最佳的放松状态,如上海南京路步行街(图 12-27)。

图 12-27

步行商业街根据不同的类型其铺装形式也不相同。步行商业街分为两种类型,即开敞型与封闭型。开敞型即完全暴露在室外,铺装要考虑到室外景观的特性,要做好防滑防水的工作;而封闭型则是有顶棚遮盖的,它受天气的影响相对较小,更接近于室内铺装。

色彩是步行街铺装设计的一个主要活跃因素,铺装色彩设计要注意与建筑协调,由于各商家店铺为了招徕顾客,其立面设计有时五花八门,因此,可以采用有统一感的主色调铺装强化街道景观的连续性和整体性。而细部色彩设计要亮丽、富于变化、生动活泼,以体现商业街生机勃勃的繁华景象。

铺装的边界设计也是非常重要的一个设计内容,它对人们有提示作用,告诉人们进入到某个区域。对于国外的一些私有的店铺,门前的区域也成为店铺特有的"领地",只有本店铺的顾客才能使用。大部分的店铺会对店门前的铺装进行精心的设计,因为人们可以不会注意林立的广告牌,但一定会注意脚下的道路情况。

步行商业街的图案铺装,可采取反复连续的点、线、面组合的形式,从而产生一种强烈的秩序感,方向感、增加空间的动感,对购物者的行进起到引导作用。铺装设计时通常也会借鉴商业广告,一方面可以对自己的产品和服务进行宣传,另一方面也可以烘托店铺门前的商业氛围。但是要注意与整体的环境相协调,不能想怎么样就怎么样,以至造成视觉上的混乱感,影响购物者对环境舒适度的要求。最好是在统一风格的控制下进行小范围的"独创",巧妙地将广告融入其中,让人可以很自然、舒适地发现商家的广告而并不感到反感,从而提升购物的趣味性,让人流连忘返,乐在其中。例如,巴黎的香榭丽舍大街是一条享有盛名的著名街道,在法国政府的改造下,它成为"世界最美的散步场所"。新拓宽的人行道路面全场都用简洁、连续的花岗石铺装,这也统一了街道中各种不规则要素,如路面的高差、下到车库的斜坡等。人行道用浅灰色花岗石铺设,中间嵌有深色花岗石以装饰,简约而高雅的新铺地改变了城市空间的面貌,给城市带来了新气象,提高了城市的品位。如图 12-28 所示。

图 12-28

(二)车行道铺装

车行道路的铺装主要突出其功能性要求:道路完好率高,有足够的强度,稳定性,耐磨损,平整度好,一定的粗糙度,易清洁等。

城市车行道路主要有以下几种类型。

第一,沥青类路面。沥青路面使用质量和耐久性高,表面平整无接缝,有一定的弹性,行车舒适性较高,振动小、噪声低,养护简便,反光率低,但易有老化。

第二,混凝土路面。水泥混凝土相对而言,具有强度高,抗弯抗压性强,更加耐磨,热稳定性好等特点,它不存在路面老化的问题。但是它的施工时间比较长、需要消耗大量的时间进行养护,而且修复起来难度比较大。

第三,石材铺筑路面。石材可以用于车行道路的铺装,强度高,耐久性好,但是成本造价较高,一般不用于专门的车行道路,但可用于半步行商业街和公交通行商业步行街的铺设。

目前,随着城市机动车的迅速增加,城市交通压力越来越大,很多国外的城市开始提倡人们出行乘坐公共汽车,甚至提出设置公交专用车道以便于提高公交车的行驶速度,鼓励人们更多的乘坐公交车,缓解城市交通压力。公交专用车道的铺装一般采用颜色鲜艳的彩色沥青,或者在地面上用醒目的图案、文字等表示出来,以突出它的特殊性(图 12-29)。

图 12-29

(三)步行道铺装

步行道主要是供行人通行的道路,它限制机动车通行。步行道一般设于车行道的两侧,它的铺装不仅是要起到美观的作用,更重要的是要保护行人的出行安全。所以,铺装的质量就显得非常重要。要想保障行人的通行安全,就要求铺装的界面是坚硬的、耐磨的,具有一定的舒适性和防滑度,同时还要注意界面容易清扫、便于排水,即使在恶劣的天气环境下也不至于发生危险。步行道的铺装要与周围环境相融合,在色调的选择和风格的搭配上要基本一致。此外,步行道的铺装还要有明确的界限,可以用护栏、隔离墩与车行道分开,避免人车混行。

步行道路的类型主要有两种,即交通型和生活型。

交通型道路车流量大,行人较少,承担城市主要的快速交通,这时,街道景观的欣赏者主要是车辆中的驾驶员和乘客,而非步行者。鉴于此,步行道路铺装不需要太过夸张,色调也无需太过明艳,色彩朴素、简单即可,不致吸引过多的行人驻足观看。一般采用砌块铺装,块材之间留有较大的勾缝,重复的简单图案构型使道路有强烈的动感不易停留,如图 12-30 所示。

生活型步行道主要为城市居民的日常生活外出服务的,包括购物、休闲、交往,以步行交通和自行车为主,一般是连接居住建筑和居民需要服务的建筑的重要道路。因此它的铺装需要一些精心的设计,除了满足交通的功能之外,可以选择相对艳丽的颜色图案进行铺装,在材质的选择上,也可以丰富多样(图 12-31)。总之,要做到以人为本,满足人们各个方面的需求。人性化的步行空间充分体现对人的尊重,促进人们的社会交往,创造充满活力的城市生活。

图 12-30

图 12-31

(四)停车场铺装

总的来说,停车场的铺装要求较为平整,但是相对于城市道路而言,又有所不同。停车场是一个城市的公共空间,它可以反映一个城市的精神面貌。在停车场进行铺装设计时,应当着重强调其功能美。在选择铺装材料时,要优先考虑它的承载性。一般情况下,停车场的铺装材料会采用厚的连锁式的混凝土砌块,当然,具有较强承载能力的透水沥青、透水混凝土也是不错的选择。良好的交通流线组织,是停车场铺装功能美的最好体现,应利用不同的铺装处理区分进口通道和出口通道,避免进出车辆的交叉。

另外,停车场的停车位都是人为划分出来的,划分方法其实也可以富于变化,不至于太过单一。除了涂料或油漆之外,其实还可以在地面铺装的时候就预先进行设计,选择与周围铺装材质或者颜色不同的材料预先划分,如图 12-32 所示。

图 12-32

在停车、调头不受影响的前提下,适当的种植一些能产生浓荫的乔木,可以改善停车场的暴晒问题,降低环境温度,调节小气候(图 12-33)。

图 12-33

小面积非昼夜服务的停车场可以使用嵌草式铺装。这种铺装方式具有一定的优点,即涵养水源、净化地表的空气,取得较好的生态效果,但也需注意以下问题。

第一,如果停车场是昼夜服务的,那么车辆周围的植物长期受压或者接受不到阳光,很容易挤压变形和衰败的问题,那么这时嵌草式铺装效果并不好。

第二,草种的选择需慎重,要耐磨、耐压又要便于保养、维护。

五、交通设施的景观设计

道路交通安全设施是道路安全、顺畅、舒适的重要保障,是道路环境的重要组成部分,对道路整体的形象和景观产生了至关重要的影响,包括交通标志、交通标线、护栏、轮廓标等。为了营造舒适的道路环境,道路交通设施在设计时,应该注意发挥其服务的功能,同时还要追求与周边环境和谐一致,浑然天成。

在交通设施的景观设计中,要充分发挥色调和结构变化的作用,采用自然化的设计手法,使交通设施融于环境背景之中。需要注意的是,对交通设施的数量要进行一定的控制,避免数量过多造成的视觉混乱。同时把道路所在区域内所独有的"本土材料、本土文化"融入材料和外观的设计中,使道路景观和人文环境和谐统一。

(一)交通标志的景观设计

交通标志是交通规则形象化之后的语言,负责向驾驶员提供道路信息,是道路与道路使用者进行沟通的媒介,具有法律意义。《道路交通标志和标线》(GB 5768—2009)对于交通标志的图形、符号、颜色和外观尺寸均有严格的规定,作为道路的建设者应该严格地遵循国家标准的规定。但是在创新以及形象化、自然化的理念之下,交通标志可以在一定的范围之内用传统的设计手法,赋予交通标志新的特色。

交通标志景观化设计包括两部分的内容,即标志的版面设计与结构设计。标志版面的景观化设计主要考虑标志的图案以及版面的合理布局两个方面的内容。图案的设计应该是直观、大方的,布局应该和谐、自然的,避免过于局促的布置,如旅游区标志包括指示旅游点位置、旅游信息中心、休闲场所等与旅游者相关的标志信息,其设计结合了道路周边的自然景观和旅游区的特征,特色突出(图 12-34)。

图 12-34

公益类标志一般都带有善意的提示作用,如提醒驾驶员停放车辆或提醒人们保护花草,对于此类标志国家并没有给出明确的规定。通常是在普遍认可的前提下,对其进行景观化的处理(图 12-35)。结构的景观化设计主要是应用隐蔽化的设计手法,以弱化交通标志结构的存在感为主要方向。

图 12-35

为了增强道路视觉的通透性,要尽可能减少道路上的悬臂标志(图 12-36)。如果非要使用悬臂标志,则需要尽可能多地减少交通标志的存在感。在设计这类的标志时,可以选用材质坚硬、轻巧的原料,减少标志对驾驶员的压迫感;标志的位置应尽量减少对景观的影响,在色调的选择上,应选择暗色为主,结构的尺寸越粗大,选择的颜色越深。

图 12-36

(二)护栏的景观设计

当车行道没有足够的宽度采用绿化带进行分隔时,可采用中心护栏,除此之外,如果道路需要设置机动车和非机动车的分离也需要利用护栏等辅助设施。

护栏是街道景观的一个重要组成部分,它的设计对交通安全具有重要的作用。护栏的颜色最好采用富于自然表现力的材料的原色。但有时为了防止腐蚀,需进行涂饰。涂饰的颜色应该与周围的环境相协调,不能与周围的环境形成太大的反差。既要不使街道景观显得杂乱,又要能展现出个性,能够使护栏起到最好的装饰作用。

路墩的作用与护栏的作用类似,因此使用它来代替护栏也比较常见。在选择材料上,要注意考虑其材质与周围环境的协调统一;在颜色的选择上,为了使路墩显得自然大方,通常情况下都会使用材料的原色。当路墩沿人行道放置时,要注意保持放置的直线性。需要安装夜间用于机动车引导的路边线轮廓标识时,不仅要考虑路边线轮廓标的放置位置,还要考虑路墩本身的色彩和轮廓尽量不受其影响。这样才能使路边线轮廓标识充分发挥它在设计上的功能。

六、道路照明设计

灯光能丰富景观,烘托气氛,在道路的景观设计中,灯不再是单纯的照明工具,而是集照明装饰功能为一体,并成为创造、点缀、丰富城市环境空间的重要元素。道路照明主要包括以下三个方面。

(一)路灯照明

路灯主要是在夜间为交通提供照明的,它是城市道路景观中重要的组成内容。根据其作用的不同,可以将其分为不同的类型,即装饰性路灯、高杆路灯、高柱灯和庭院灯四种。按照不同的分类,其布置的具体位置也不相同。图 12-37 为上海南浦大桥夜景照明。

图 12-37

(二)道路沿线建筑形体照明

建筑形体照明要充分利用建筑物的线条、形状特征及周边环境特点,创造出良好的艺术气氛。灯具布置要找出建筑物的有利特征及理想的画面角度,在夜幕降临的时候形成一幕幕动人的画面。

(三)霓虹灯广告照明

霓虹灯富于变换,五光十色,在短时间内灯光能够发生变化,形成不同的层次的光,因此常被广泛地应用于广告、指示照明以及艺术造型照明。需要注意的是,它的功能并不是只有在夜晚才能发挥作用,在白天,如果能够对其进行良好的设计和搭配,同样可以收到意想不到的效果。

当然,城市道路景观设计除了上述内容之外,还包括一些小品设施,尤其集中在步行道的设施设置。这时主要考虑的是行人的需求,为行人提供服务,如自行车停车位、电话亭、自动提款机、垃圾桶、坐凳等,这些设施的设计应根据使用方便、造型别致、尺度亲切、布局合理、无障碍使用的原则。

第四节　城市道路景观设计步骤与方法

一、设计步骤

城市道路景观的设计步骤主要包括以下几个方面。

第一,现状调查分析。要了解场地周边的自然环境和人文环境,自然环境包括地质、地貌,水文、植被等;人文环境包括场地周边建筑功能、周边交通情况与景观特色等。

第二,总体概念设计。在调研分析的基础上,确定该城市道路的功能及景观分区、小品设施及节点布局等的总体概念。

第三,道路线形设计。根据道路的地形情况,将道路平面与纵断面进行有机组合,使其在满足交通需求的前提下,符合景观化的设计要求。

第四,道路节点设计。设置合理位置和大小的景观节点,根据环境的需求选择合适的形式,如广场或者绿地游园等。

第五,种植设计。要根据道路具体的面积情况以及种植的具体位置来选择适合的植物,种植的植物要在不妨碍交通安全的前提下满足美观的要求。此外,还要注意种植设计与城市整体景观协调统一。

第六,道路交通设施。在以上设计基础上选择颜色、形式、质地等与总体效果相协调的护栏、交通标志等交通设施。

第七,小品设施。城市的小品设施包括路灯、广告牌、坐凳、垃圾桶等,主要是针对行人的需求设计的,它也可以反映一个城市的精神风貌,表现一个城市的文化内涵。在设计时,不仅要注意其与城市道路整体景观的一致性,还要注意突出自己的文化特色。

第八,竖向设计。注明城市道路景观的设计高程及排水坡度等。

二、设计方法

(一)总体协调

总体协调的设计方法较为普遍,主要是分析和了解基地的整体状况,以使主要游路能够随基地延伸而贯穿始终,游路沿线布置与主题相关的景点。它主要遵循了线形布局的特点,多适用于基地情况相对复杂,线路较短、景观特色不突出的景观地带。这种方法虽然简单直接,但其使用时有明显的局限,不适合游路过长的景观设计,此外,折后总设计方法过于直白、简单,容易流于平淡和单调。

(二)分段控制

分段控制是指按照城市道路每个段落的地形、自然资源、人文资源等方面的特殊性划分为若干段落,各段落有自己独特的特点,可以形成一个鲜明的主题,按照主题的不同对段落进行景观设计。这种设计方法的运用有助于对不同的段落实现规划与控制,可使相应段落内的管理有针对性,同时也可有效避免总体协调式设计手法造成的单调与直白,适用于较长的带状景观道路设计,能在行进的过程中给游览者带来丰富而多变的景观体验。但是它也存在一些自身的局限性,主要表现在以下两个方面。

第一,由于各段落的设计重点都是根据自身的特点确定的,所以不同的段落之间很难形成连续性,这给人们的视觉造成一定的冲击。

第二,在分段特色不明显的地区,分段控制的方法就不能使用,那么设计中各段落主题的拟定和与主题相关的景观设计就容易陷于随意和盲目,有时甚至会引发相互矛盾和冲突。

（三）主题介入

在主题介入的步骤中，需要归纳各段落的景观特色，并根据景观特色确定适合的主题。主题介入的重点是要明确各个区段的文化特色，在充分尊重当地区位优势的前提下，设计出符合文化内涵的主题。主题的确立既要符合当地的文化特色，又要体现出鲜明的时代感。以主题作为主导线索控制、组织各个带状景观段落，就易于形成线性景观的整体形象。

在城市道路景观的设计中，分段控制发挥着重要的作用，它既可以使道路景观的设计具有整体性，也可以使道路景观表现出自身的独特性，从而为有效指导下一步的详细景观设计提供了便利。主题介入是分段控制之后行之有效的设计方法，它可以将不同区段的特色主题融入整个的景观布局中去，通过恰到好处的设计实现完美的融合，使地域文化与基地现状得以有机的联系在一起，既具有认同感和文化价值，又具有现代感和创新特色。

（四）重点设计

重点设计就是针对城市道路景观沿线上的重要节点进行详细设计，使其成为整个带状景观中的亮点。这种景观设计方法可以突出局部的景观特色，给行人眼前一亮的感觉。但是，它也必须在整体的设计风格基础之上进行，这样才能保持与整体的协调性，否则就容易让人产生眼花缭乱的感觉，虽然节点设计突出了，但是整体效果却大打折扣。

第十三章　园林景观设计

在人们的居住环境中,园林景观做得好,不仅对一座城市或一个乡村的外表形象有着很强的装饰作用,而且对防沙、涵养水源、吸附灰尘、杀菌灭菌、降低噪音、调节气候和保护生态平衡、促进居民身心健康等都有一定作用。因此,在景观设计中,园林景观设计是非常重要的一个内容,本章将从园林景观概述、园林景观设计及其布局、中外园林景观设计分析三个方面对其进行具体分析。

第一节　园林景观概述

一、园林的概念

"园林"一词始于魏晋时期,广见于西晋(200 年左右),有文字记载较早见于《洛阳伽蓝记》。根据园林性质,园林也称作园、苑、园亭、庭园、园池、山池、池馆、别业、山庄等,实质就是在一定的地段范围内,利用并改造天然山水地貌或人为地开辟山水地貌,结合植物栽植和建筑布置,构成一个供人们观赏、游憩、居住的环境。从广义的角度讲,城市公园绿地、庭院绿化、风景名胜区、区域性的植树造林、开发地域景观、荒废地植被建设等都属于园林的范围或范畴;从狭义的角度讲,中国的传统园林、现代城市园林和各种专类观赏园都称为园林。

二、园林景观的构成要素

园林景观的构成要素有很多,其中最常见的包括以下几类。

（一）地形

地形,又称地貌,是地表的起伏变化,也就是地表的外观。园林景观主要由丰富的植物、变化的地形、迷人的水景、精巧的建筑、流畅的道路等园林元素构成,地形在其中发挥着基础性的作用,其他所有的要素都是承载在地形之上,与地形共同协作,营造出宜人的环境。因此,地形可以被看作是园林景观的骨架。

地形具有独特的美学特征,峰峦叠嶂的山地、延绵起伏的坡地、溪涧幽深的谷地以及开阔的草坪、湖面都有着易于识别的特点,其自身的形态便能形成风景。在现代景观设计中地形还被设计师进行艺术加工,形成独特的具有震撼力的景观,如颐和园的佛香阁就是建立在万寿山上,其南对昆明湖,背靠智慧海,以它为中心的各建筑群严整而对称地向两翼展开,形成众星捧月之势,气派相当宏伟(图 13-1)。

图 13-1

由于地形在园林景观中具有非常重要的作用,因此在进行园林景观的设计时,不少设计师会以构成园林骨架的地形来造景,其中最常见的一种就是叠山造景。以中国古典园林为例,常见的叠山造景的方法有以下几种。

1. 旱地堆筑假山

旱地筑山一般用于地势平坦,既无自然山岭可借,又缺乏活泼生动水面的地方,因此在园林景观设计中常用大量的叠山作为园林的艺术点缀,如耦园的黄石假山(图 13-2),用悬崖高峰与临池深渊,构成为典型的高远山水的组景关系;在布局上,采用西高东低,西部临池处叠成悬崖峭壁,并用低水位、小池面的水体作衬托,以达到在小空间中,犹如置身高山深渊前的意境联想;再加上采用浑厚苍老的竖置黄石,仿效石英砂质岩的竖向节理,运用中国画中的斧劈皴法进行堆叠,显得挺拔刚坚,并富有自然风化的美感意趣。

图 13-2

2. 依水堆筑假山

古人认为"水令人远,石令人古",两者在性格上是一刚一柔、一静一动,起到相映成趣的效果,因此在园林设计上也会依水堆筑假山,如苏州狮子林的湖石假山(图 13-3),其以洞壑盘旋出入的奇巧取胜,素有假山王国之誉。园中的假山,大多依水而筑。堆叠假山之所以"依水为妙",被视为"园中第一胜",正如郭熙所言,"水者,天地之血也""山以水为血脉""故山得水而活",山"无水则不媚"。

图 13-3

3. 在墙上嵌入山石

在江南较小庭院内掇石叠山,有一种最常见、最简便的方法,就是在粉墙中嵌入壁岩。正如计成在《园冶》卷三的《掇山·峭壁山》中说道:"峭壁山者,靠壁理也,借以粉壁为纸,以石为绘也。理者相石皴纹,仿古人笔意,植黄山松柏、古梅、美竹、收之圆窗,宛然镜游也。"这类处理在江南园林中很多见,有的嵌于墙内,犹如浮雕,占地很小;有的虽于墙面脱离,但十分逼近,因而占地也不多,其艺术效果与前者相同,均以粉壁为背景,恰似一幅中国山水画,通过洞窗、洞门观赏,其画意更浓。苏州拙政园海棠春坞庭院,于南面院墙嵌以山石,并种植海棠、慈孝竹,题名海棠春坞(图 13-4)。

图 13-4

（二）水体

水体也就是水，它是一种透明洁净的液体。在人类千万年的发展历史中，水在人类的生理——心理结构中占有重要的地位。由于水体极具可塑性，因此是园林景观设计中的重要元素，它可以和建筑物、植物或其他艺术品组合，创造出独具风格的作品，因此，水体是园林景观的重要构成要素。以留园（图 13-5）为例，其山水格局采用了对比的方法，将中部和西部的空间进行对比，形成了疏密相间的空间景观和风景意境。

图 13-5

从现实情况来看，园林景观中水体最常见的形式有两种，即静水和动水，净水如湖、池、塘、潭、沼等；动水如河、溪、渠、涧、瀑布、喷泉、涌泉、壁泉等。此外，水声、倒影也是园林景观的重要因素。

以水体造景在我国古已有之，其中一个最著名的例子就是曲水流觞和建造水池。可见，以水造景是园林建设中常见的一种方式。以建造水池为例，其中也有相当多细节，如池中植物的种植，是否要养水族的考量；池水要如何循环流动；它周围的布景，如亭子的方位、进园的走向等，这些都是造园者需要考虑的问题。

随着园林艺术的不断发展，较大规模的以水造景的方式逐渐出现，其中最常见的就是将水池的规模扩大到水路的安排，如恰好园外有溪，则想办法将它引进园中来，或是起假山，造小型瀑布如帘。或者将水池的修建扩充至人工湖泊和水路的营造，湖中甚至有小岛，小溪则有造桥等。经典的中国园林中，理水方式皆具有巧妙的对比，如池如镜，瀑如帘，一动一静，以符合园林最终追求的天人合一境界。

（三）园林植物

园林植物是指用于绿化园林的植物，它能够使环境变得充满生机和美感，是景观中最富于变化的因素。园林植物具有观赏价值，可以软化建筑空间，为呆板的城市硬质空间增添丰富的色彩和柔美的姿态。此外，园林植物还可以充当构成要素来构建室外空间、遮挡不佳景物，可以调节温度、光照和风速，从而调节区域小气候、缓解许多环境问题。例如，苏州的听枫园（图 13-6），其以亩余之地，回环缭曲，划分组合为大小庭院 5 处。主厅听枫仙馆居中，其南北有庭院各一。南院花木茂盛，东南隅堆假山，两罍轩（吴云曾收藏两齐侯罍于此，故名）、味道居、红叶亭（现名待霜，古枫已不存）、适然亭诸建筑依廊连属。

图 13-6

园林植物是园林景观中最灵活、最生动、最丰富的题材。自然式园林着意表现自然美,对花木的选择标准,一讲姿美,树冠的形态、树枝的疏密曲直、树皮的质感、树叶的形状,都追求自然优美;二讲色美,树叶、树干、花都要求有各种自然的色彩美,如红色的枫叶,青翠的竹叶,白皮松,白色的广玉兰,紫色的紫薇等;三讲味香,要求自然淡雅和清幽。最好四季常有绿,月月有花香,其中尤以腊梅最为淡雅、兰花最为清幽。花木对园林山石景观起衬托作用,又往往和园主追求的精神境界有关。如竹子象征人品清逸和气节高尚,松柏象征坚强和长寿,莲花象征洁净无瑕,兰花象征幽居隐士,玉兰、牡丹、桂花象征荣华富贵,石榴象征多子多孙,紫薇象征高官厚禄等。古树名木对创造园林气氛非常重要,可形成古朴幽深的意境。

假如园林中的山起伏平缓,线条圆滑,种植尖塔状树木后,可使地形外貌有高耸之势。巧妙地运用植物的线条、姿态、色彩,可以和建筑的线条、形式、色彩相得益彰。

在园林中种植花木,常将其置于人们视线集中的地方,以创造多种环境气氛。例如,故宫御花园的轩前海棠,乾隆花园的丛篁棵松,颐和园乐寿堂前后的玉兰,谐趣园的一池荷花等。在具体种植布局中,则"栽梅绕屋""移竹当窗""榆柳荫后圃,桃李罗堂前"。玉兰、紫薇常对植,"内斋有嘉树,双株分庭隅"。许多花木讲究"亭台花木,不为行列",如梅林、桃林、竹丛、梨园、橘园、柿园、月季园、牡丹园等群体美。

（四）园林建筑与小品

在园林景观中,既有使用功能,又能与环境组成景色,供人们游览和使用的各类建筑物或构筑物,都可称为园林建筑与小品。比起山、水、植物,园林建筑与小品较少受到自然条件的制约,人工的成分最多,乃是造园的主要手段中运用最为灵活因而也是最积极的一个手段。应用时要根据园林的立意、功能、造景需要,考虑建筑的组合、体量、造型、色彩,以及与假山、雕塑、植物、水景等诸要素的配合安排,要求精心构思,起到画龙点睛的作用（图 13-7）。

（五）园路与园桥

园路也就是园林中的道路,它是园林景观的骨架和脉络,是联系各景点的纽带,也是构成园林景色的重要因素。园桥是用于行人与轻便车体跨越沟渠、水体及其他凹形障碍的构筑物。它具备点缀环境,为园林增加趣味的装饰作用。园桥一般造型别致、材质精细,和周围景观有机结合,既有园路的特征,又有园林建筑小品的特色。例如,广泛存在于我国苏州园林中的曲桥(图 13-8),它是园林中供游人赏景的通道,考虑到"景莫妙于曲",故园林中桥多做成折角者,如九曲桥,以形成一条来回摆动,左顾右盼的折线,达到延长风景线,扩大景观画面的效果。曲桥一般由石板、栏板构成,石板略高出水面,栏杆低矮,造成与水面似分非分、空间似隔非隔,尤有含蓄无尽之意。

图 13-7

图 13-8

第二节　园林景观设计及布局

一、园林景观的设计

(一)园林景观设计的原则

在进行园林景观设计时,不能盲目进行,而是需要遵循一定的原则。有关园林景观设计的原则,具体来说有以下几个。

1. 多样性与统一性相结合的原则

多样指的是整体中的各个部分在形式上的差异性,统一指的是整体中的各部分在形式上的某些共同性。多样而不统一会显得杂乱无章,统一而不多样也会显得呆板单调。因此,多样性与统一性相结合的原则就是要求在园林景观设计中将众多的事物通过某种关系放在一起,以达到内在和谐的效果。例如,园林中种植多样的植物会使人感到十分丰富,但如果高低、色彩、形态差异过大则可能会使人感到杂乱。

2. 韵律性与节奏型相结合的原则

韵律原指诗歌中的声韵和节律,能够增加诗歌的音乐性和节奏感;节奏是音乐术语,是乐曲结构的基本因素。韵律与节奏都能使人产生对音响的美感,因而韵律性与节奏性相结合原则就是要求在园林景观设计中通过有规律的复杂变化使园林中的各种景物达到统一,进而引起人们美的享受。

在园林景观设计中,各个方面的设计几乎都要遵循韵律性与节奏性相结合原则,如行道树、花带、台阶、蹬道、柱廊、围栅等的设计要体现出简单的韵律和节奏感;林冠线、林缘线、水岸线、园路等的高低起伏和曲折变化要给人一种有声与无声交织在一起的节律感。

3. 调和与对比相结合的原则

在园林中,各种实体或要素之间存在着不同的差异。共性多于差异性的称之为调和,差异性大于共性甚至大到对立的称为对比。调和与对比的区别就在于差异的大小,而两者又以对方的存在为自己存在的前提,只有调和而没有对比就会显得呆板,可忽视调和而强调对比又会显得过于沉静。因此,在进行园林景观设计时要遵循调和与对比相结合的原则,以便众多的景物借助彼此之间的细微变化和连续性而变得更加协调。

需要注意的是,调和与对比原则只适用于同一性质的差异之间,如空间的开敞与封闭、光线的明与暗、体量的大与小、线条的曲与直等,不同性质的差异之间不存在调和与对比。

4. 均衡性与稳定性相结合的原则

均衡纯属于感觉上的,是人们感觉到物体以平衡的状态存在,包括对称均衡和非对称均衡两种类型。对称均衡就是有一条轴线,景物在轴线两边作对称布置,进而促使人们在心理上产生理性、严谨和稳定感;不对称均衡就是没有一条轴线,即使有轴线景物也不沿其两边对称分布。稳定是使受到地心引力作用的物体大而重的部分靠近地面、小而轻的靠近上面,从而保持稳定。均衡性与稳定性相结合的原则就是要求在园林景观设计中体现出景观的均衡和稳定。

5. 联系与分割相结合的原则

因功能或是艺术要求将若干局部组成一个整体就是联系,而因功能或是艺术要求将整体划分为若干局部就是分隔。联系与分隔相结合的原则就是要求在园林景观设计中组织不同材料、局部、体形、空间使其成为一个完美的整体。

6. 适用性与经济性相结合的原则

所谓适用性就是要保证园林的设计因地制宜,且设计的园林功能与目标对象的需求相符;所谓经济性就是要保证设计的园林投资尽可能少。因此,适用性与经济性相结合的原则就是要求在园林景观设计中既要考虑到其适用性,又要考虑到其经济性。

(二)园林景观设计的程序

园林景观设计的程序也就是园林景观设计的步骤和过程,因园林类型的不同而繁简不一,但一般要经过调查研究、总体规划、技术设计和施工四个阶段。

1. 园林景观设计的调查研究阶段

调查研究阶段是整个园林景观设计的基础,只有经过详细的调查研究和合理分析,才能设计出合理的方案,进而避免以后的阶段中出现不必要的遗漏和失误。园林景观设计的调查研究阶段具体来说又包括以下几个方面的工作。

(1)承担任务,明确目标

园林作为一个重要的建设项目,其业主通常会邀请一家或是几家设计单位同时对其进行方案设计,进而从中选出最合理和满意的方案。因此,作为设计方要想更容易地获得业主的认可,就需要在设计之前了解园林的建设规模、投资规模以及业主对这个项目的总体框架方向和基本实施内容,明确业主需要做什么、设计方何时该做什么以及造价问题等。

设计方在充分了解了上述内容后,就可以从总体上确定这个园林项目的性质,进而依据业主意图起草详细的协议书,业主若没有意见便可在协议书上签字,这样能很好地避免以后产生误解,甚至法律诉讼等问题。

(2)收集资料,基地踏勘

一般来说,设计方只要和业务签订了合同,就需着手进行进一步的调查,获取园林建设基地相关的资料,并对园林建设基地进行实地勘查。

(3)研究分析,准备设计

设计者在收集到园林建设基地的相关信息后,要对其进行整理,并进行反复的思考、分析和研究,以准确了解园林建设基地的优缺点,需改造或修正、保留或强化的事物,园林建设基地的限制条件,园林建设基地的功能如何才能真正发挥等。

(4)编制总体设计任务文件

设计者在整理和分析了收集的相关资料后,还需要定出总体设计原则和目标,编制出进行公园设计的要求和说明,要包括园林在城市绿地系统中的关系;园林所处地段的特征及四周环境;园林的性质、主题艺术风格特色要求;园林的面积规模及游人容量等;园林的主次出入口及园路广场等;园林的地形设计,包括山体水系等;园林的植物如基调树种、主调树种选择要求;园林的分期建设实施的程序;园林建设的投资估算。

2. 园林景观设计的总体规划阶段

在完成了调查研究阶段之后,就进入到了园林景观设计的总体规划阶段。园林景观设计的总体规划阶段具体来说又包括以下几个方面的工作。

（1）园林景观设计的图纸

在进行园林景观设计时，通常需要设计很多的图纸，其中最为主要的有位置规划图纸、现状规划图纸、分区规划图纸、地形规划图纸、总平面规划图纸、园林建筑布局规划图纸、绿化规划图纸、管线总体规划图纸、电气规划图纸、整体鸟瞰图纸等。

其中，位置规划图纸也就是示意性图纸，用来表示园林在城市区域内的位置。在设计位置规划图纸时，要求尽量简洁明了。

现状规划图纸就是依据已经掌握的全部资料，经过深入的分析、整理、归纳后，分成若干空间，对现状作综合评述。现状规划图纸可以用圆形圈或是抽象图形将其概括地表示出来，并注意对园林设计中的有利和不利因素进行分析，以便为功能分区提供一定的参考依据。

分区规划图纸的设计要以根据总体设计原则、现状分析图为基础，依据不同的年龄阶段游人的兴趣爱好和活动的要求确定不同的分区，划出不同的空间或区域，使不同空间和区域满足不同的功能要求，并使功能与形式尽可能统一。在设计分区规划图纸时，可以用抽象图形或圆圈来表示，还要注意对不同空间、分区之间的关系进行反映。

地形规划图纸的设计要注意使其对园林建设基地的地形结构有准确而充分的反映，并标明主要园林建筑所在地的地面高程、广场和道路的变坡点高程以及园林周围的市政设施、马路、人行道、相邻单位的地坪高程等。

总平面规划图纸就是依据园林总体设计原则和目标，把园林设计的各个要素在图纸上进行轮廓性的表现。总平面规划图纸的比例尺要依据规划项目面积的大小而定，面积不足 10 公顷的可采用 1∶500，面积大于 10 公顷但不足 50 公顷的可采用 1∶100，面积在 100 公顷以上的可采用 1∶2 000、1∶5 000。

园林总平面规划图纸，具体来说应包括以下内容：第一，园林与周围环境的关系，如周围主要单位名称、居民区分布、面临街道的名称和宽度、园林与周围园界的关系等；第二，园林公园主要、次要和专用出入口的位置、面积、规划形式，以及主要出入口的内外广场、停车场及大门等的布局；第三，园林地形和道路系统的总体规划；第四，园林内建筑物和构筑物等的布局情况；第五，园林内职务的总体规划。

园林建筑布局规划图纸就是在平面上对园林总体设计中建筑在全园的布局进行反映，因而要标明大型主体建筑、展览性建筑、娱乐性建筑、服务性建筑和游览性建筑等的位置及周围关系；主次要和专用出入口的售票房、管理处、造景等；主要建筑物的平立面图。

绿化规划图纸要依据总平面规划图纸的布局、设计原则以及苗木的情况，确定全园的基调树种、各区的侧重树种，标明最好的景观位置以及不同种植类型的安排。

管线总体规划图纸要依据总体规划要求，以绿化规划为基础，标明水、暖管网的大致分布、管径的大小以及水压高低等；上水水源的引进方式；雨水、污水的水量和排放方式等。

电气规划图纸要依据总体规划原则，确定总用电量和用电利用系数，标明配电方式、分区供电设施、电缆的敷设、各区各点的照明方式，以及通讯电缆的敷设和设备位置等。

整体鸟瞰图纸是为了更直观地表达园林设计的意图以及各个景点、景物和景观形象人体设计的，设计时要注意以下几个方面：第一，要遵循"近大远小、近清楚远模糊、近写实远写意"的透视法原则使其拥有空间感、层次感和真实感；第二，可采用一点透视、二点透视、轴测法或多点透视法进行制作，但尺度和比例要对景物形象有可能准确的反映；第三，既要表现出园林本身，又要表现出周围的环境、山体和水系等；第四，在表现树木时，最好以 15～20 年树龄的高度为画图的依据。

（2）园林景观设计的文字说明书

园林景观设计的文字说明书需要对设计者的构思、设计内容和设计要点以及园林建设的规模和相关的技术经济指标和投资概算等进行说明。具体来说需要包括以下几个方面：第一，园林建设的位置、现状、面积；第二，园林建设的工程性质、设计原则；第三，园林建设的功能分区；第四，园林景观设计的主要内容；第五，园林建设的管线和电讯规划；第六，园林建设的管理机构。

（3）园林景观设计的总体规划步骤

园林景观设计的总体规划，通常来说要经过以下几个步骤。

第一，设计构思草图。构思草图的设计就是把第一阶段分析研究的成果具体落实到图纸上。在设计构思草图之前，要认真阅读和理解业主提供的设计任务书或是设计招标书，将业主提出的项目总体定位作一个构想，并与抽象的文化内涵及深层的警世寓意相结合，进而融合到有形的规划构图中去。另外，在设计构思草图时，要充分利用园林建设基地条件，从功能、形式、环境等入手。

通常来说，设计出的构思草图只是初步规划的轮廓，还需要将其结合收集到的原始资料进行补充和修改，以使其更加合理和完善。

第二，初步确定设计方案。构思草图在经过不断的修改和深入之后，就可以初步确定设计方案。初步确定的设计方案应该有比较突出的特色，能够满足设计的环境需求和基本的功能，且便于日后对其进行修改。

第三，完成设计方案文本。由于设计方案的图文包装越来越受到业主和设计单位的重视，因而在设计方案初步确定之后还需要对其进行必要的图文包装，形成完整的规划方案文本。

第四，进行设计方案的调整。设计方案文本完成以后，就需要尽快反馈给业主，业主在仔细研究之后通常会提出一些调整意见，要针对这些反馈信息在短时间内对方案进行调整、修改和补充。需要注意的是，在对设计方案进行调整时，要控制在适度的范围内，力求不影响或改变原有方案的整体布局和基本构思，并能进一步提高方案已有的优势水平。

3. 园林景观设计的技术设计阶段

园林景观设计的总体规划阶段在完成之后，就进入到了具体的技术设计阶段。园林景观设计的技术设计阶段是园林建设施工开始的前提，其是否合理对施工的进度和项目完成后效果有着非常重要的影响。园林景观设计的技术设计阶段具体来说又包括以下几个方面的工作。

（1）设计施工图

在设计施工图时，一般要包括总平面施工图、园林建筑施工图、竖向施工图、园路广场施工图、种植施工图、园林建筑小品施工图、水景施工图、管线施工图和电气施工图。

（2）编制预算

在园林景观设计的技术设计阶段，预算的编制也是非常重要的，它既是实行工程总承包的依据，也是控制造价、签订合同、拨付工程款项和购买材料的依据，还是检查工程进度、分析工程成本的依据。

预算的编制既要包括直接费用，也要包括间接费用。直接费用就是人工、材料、机械和运输等的费用，计算方法与概算相同；间接费用包括设计费用和管理费，要按照直接费用的百分比计算。

（3）编制说明书

编制设计说明书是对初步设计说明书的进一步深化，要具体写明设计依据、设计对象的地理位置和自然条件、园林绿地设计的基本情况、各种园林工程的论证叙述以及园林绿地建成后的效果分析等。

4. 园林景观设计的施工阶段

园林景观设计的技术设计阶段完成之后，就需要进入具体的施工阶段了。园林景观设计的技术设计阶段要特别注意做好以下几方面的工作。

（1）交底施工图

通常来说，当设计方将施工图交给业主后，业主便会以最短的时间联系监理方、施工方共同对施工图进行深入研究，提出各自所发现的各专业方面的问题。之后，业主会组织监理方、施工方和设计方进行施工图设计交底会，请施工图设计人员对相关疑问进行解答。

（2）设计师要积极配合施工

在园林景观设计的施工环节中，设计师的积极配合对工程项目本身来说是非常重要的。设计师在施工过程中，要对建设中的工地进行经常性的勘查，以及时解决施工现场暴露出来的设计问题、设计与施工相配合的问题。

（三）园林景观设计的主要方法

园林景观设计的手法就是园林景观设计者遵循园林景观设计的形式美法则，运用设计的手段、方法、技巧，并结合实际情况和功能要求来达到预想的目的。园林景观设计的手法有很多，下面着重介绍几种最为常用的园林景观设计手法。

1. 隔景

在园林景观设计中，由于功能和造景的需要，需要对园林的空间进行分隔。隔景可以避免各景区的互相干扰，增加园景构图变化，隔断部分视线及游览路线，使空间"小中见大"。隔景的方法和题材很多，如山岗、树丛、植篱、粉墙、漏墙、复廊等（图13-9）。例如，拙政园的水池东南面是一组院落，把大空间划分成一组小空间，用房、廊、墙相互分隔成不同的景致，而这些院落又是连通的，组成封闭安静而又有意境的景色。这里有"海棠春坞"观花弹琴，"听雨轩"纳凉赏雨，"玲珑馆""嘉实亭"尝果看竹。而往西另一侧的"玉兰堂""志清意远"以及"小沧浪"，那是品茗待客的地方。整个园林是大园和小院的对比，是用开敞和隐蔽的对比，组成不同的景区。

在园林景观设计中，隔景的方法主要有以下三种。

（1）实隔：游人视线基本上不能从一个空间透入另一个空间。一般以建筑、实墙、山石密林分割形成实隔。

（2）虚隔：游人视线可以从一个空间透入另一个空间。一般以水面、疏林、道、廊、花架相隔，形成虚隔。

（3）虚实相隔：游人视线有断有续地从一个空间透入另一个空间。一般以堤、岛、桥相隔或实墙开漏窗相隔，形成虚实相隔。

图 13-9

2. 借景

借景是园林景观设计的传统手法,就是意识地把园外的景物"借"到园内视景范围中来,以扩大景物的深度和广度,丰富游赏的内容,达到收无限于有限之中的目的。《园冶》中曾说:"借者:园虽别内外,得景无拘远近,晴峦耸秀,绀宇凌空;极目所至,俗则屏之,嘉则收之,不分町唑,尽为烟景。斯所谓'巧而得体'者也。"

借景分为近借、远借、邻借、互借、仰借、俯借、应时借等七类,包括借山水、动植物、建筑等景物,借人为景物,借天文气象景物等内容。借景的主要方法有:遮蔽近处土山、围墙、栏杆等明显边界,使内外景色不分彼此连成一片;去除阻挡视线的障碍物,开辟赏景透视线;提升视景点的高度,超出阻挡视线的障碍物;借水面倒影看天光云影;在园中特设的地点放一个能反射远处风景的金属球,风景收入其中也有借景的特殊效果。在我国园林中,最出名的一处借景当属拙政园借景北寺塔(图 13-10)。

图 13-10

3. 框景

在园林景观设计中,所谓框景就是为了使游览者在观赏景物时能够产生距离感和空间感,而在观赏点的近处设一种物体以框在远处景物的周围,从而使景更加突出。作框景的近处物体要造型相对简单,所选定的远处景色要有一定的主题、特点或是较为完整,目的物与观赏点的距离也要适中。一般来说,园林中的树木、山石、建筑门窗或是圆凳、圆桌等可以在近处起到框景作用(图 13-11)。

图 13-11

在园林景观设计中,框景的运用要特别注意以下几个方面:第一,视点、外框和景物之间要有合适的距离,以保证景物与外框的大小有合适的比例;第二,要运用好色彩和光线,摆正边框与景物的光线明暗与色调的主次关系;第三,要保证框景内的画面具有谐和统一的氛围,如透过洞门看到园中的亭和榭、透过垂柳看到水中的桥和船等。而且,框景和借景的结合运用,可以产生奇妙的效果。

4. 障景

"障景"也叫"抑景",就是在园林景观中,用于抑制视线,引导空间,屏障景物的布局手法。大凡土山、植物、建筑等都可以用来完成障景。其中,用植物题材的树丛叫树障,用建筑题材做成转折的廊院,叫曲障(图 13-12)等。当然这些题材也可以综合运用。障景一般是在较短距离之间才被发现,因而视线受到抑制,有"山穷水尽疑无路"的感觉,于是改变空间引导方向,而逐渐展开园景,达到"柳暗花明又一村"的境界。即所谓"欲扬先抑,欲露先藏,先藏后露,才能豁然开朗"。

障景的手法是我国造园的特色之一,以著名园林拙政园为例,其入口部分有院门,内叠石成假山,成为障景,使人入院门不能一下子看到全院的景物,在山后有一小池,循廊绕池便豁然开朗,从而获得"曲径通幽""庭院深深"的园林意境。

图 13-12

5. 夹景

夹景就是当远景的水平方向视界很宽时，但其中有并非都很动人时，为了突出理想的景色，而将左右两侧以树丛、树干、土山或建筑等加以屏障，以便形成左右遮挡的狭长空间的一种布局手法（图 13-13）。夹景是运用轴线、透视线突出对景的手法之一，可增加园景的深远感。夹景是一种引导游人注意的有效方法，沿街道的对景常利用密集的行道树来突出，采用的就是这种方法。

图 13-13

6. 添景

当风景点与远方的对景之间没有其他中景、近景过渡时，为求主景或对景有丰富的层次感，加强远景"景深"的感染力，常做添景处理。添景可用建筑的一角或建筑小品、树木花卉，用树木作添景时，树木体型宜高大，姿态宜优美。如在湖边看远景常有几丝柳枝条作为近景的装饰就很生动（图 13-14）。

图 13-14

7. 移景

移景是仿建的一种园林构景手法，是将其他地方优美的景致移在园林中仿造，如承德避暑山庄的芝径云堤是仿效杭州西子湖的苏堤构筑（图 13-15）；殿春簃是苏州网师园内的一处景点，1979 年美国纽约大都会博物馆以殿春簃为原形建造了中国式庭院"明轩"。移景手段的运用，促进了中外及我国南北造园艺术的交流和发展。

图 13-15

8. 点景

点景就是抓住每一个园林景观的特点,根据它的性质、用途,结合空间环境的景象和历史,高度概括,常做出形象化、诗意浓、意境深的园林题咏。其形式多样,有匾额、对联、石碑、石刻等,题咏的对象更是丰富多彩,无论景象、亭台楼阁、一门一桥、一山一水,甚至名木古树都可以给以题名、题咏。例如,苏州拙政园"梧竹幽居",该建筑风格独特、构思巧妙别致的"梧竹幽居"是一座亭,图 13-16 为中部池东的观赏主景。此亭外围为廊,红柱白墙,飞檐翘角,背靠长廊,面对广池,旁有梧桐速阴、翠竹生情。亭的绝妙之处还在于四周白墙开了四个圆形洞门,洞环洞,洞套洞,在不同的角度可看到重叠交错的分圈、套圈、连圈的奇特景观。四个圆洞门既通透、采光、雅致,又形成了四幅花窗掩映、小桥流水、湖光山色、梧竹清韵的美丽框景画面,意味隽永。"梧竹幽居"匾额为文徵明体。"爽借清风明借月,动观流水静观山"对联为清末名书家赵之谦撰书,上联连用两个借字,点出了人类与风月、与自然和谐相处的亲密之情;下联则用一动一静,一虚一实相互衬托、对比,相映成趣。

图 13-16

9. 对景

所谓的对景就是位于园林轴线及风景线端点的景物。对景可以使两个景观相互观望,丰富园林景色,为了观赏对景,要选择最精彩的位置设置供游人休息逗留的场所作为观赏点。如安排亭、榭、草地等与景相对。景可以正对,也可以互对。正对是为了达到雄伟、庄严、气魄宏大的效果,在轴线的端点设景点。互对是在园林绿地轴线或风景视线两端点设景点,互成对景(图 13-17)。互为对景也不一定有非常严格的轴线,可以正对,也可以有所偏离,如颐和园佛香阁建筑与昆明湖中龙王庙岛山的涵虚堂即是。对景也可以分为严格对景和错落对景。其中,严格对景严格对景要求两景点的主轴方向一致,且位于同一条直线上。错落对景错落对景比较自由,只要两景点能正面相向,主轴虽方向一致,但不在一条直线上即可。

在我国的园林中,拙政园将对景运用到了极致,在水池的四周,山上、岸边、池端、廊道都建有各式小亭,这些亭子和周围的环境组成一个个画面,又都是按着造景的要求,造成了一组组对景。

每一个亭子正对着另一个亭子,在空间布局上是对峙的,在景观上是对视的,在外形上是相仿的:方亭对方亭,长方亭对长方亭,六角亭对六角亭,但细细观察又各有特点。亭子的屋顶做法就有不同。例如,"雪香云蔚"亭对着"远香堂",都是长方形歇山屋顶,但一是有竖脊的,一是无脊卷棚;水池东端的"梧竹幽居"方亭配以圆形的门框,四面都是月洞门,而在远远的对面,水池西端的"别有洞天"也是方亭圆形门,却是一个墙壁加厚了的深月洞门,"梧竹幽居"和"别有洞天"是四个圆洞对一个圆洞。这些亭子从其题名额匾和周围种植的树木花卉也可看出造园者的匠心。"雪香云蔚"——植梅,春景;"荷风四面"——植莲,夏景;"待霜"——植枫,秋景;"绣绮"——植腊梅,冬景。这就是四季景色的对应。

图 13-17

二、园林景观的布局

园林景观布局,即在选址、构思立意的基础上,设计者在孕育园林作品的过程中所进行的思维活动,主要包括选取和提炼题材,酝酿和确定主景、配景、功能分区和景点游览路线的分布,探索所采用的园林形式。

(一)园林景观布局的形式

园林景观布局的形式一般可分为规则式、自然式和混合式三种类型。

1. 规则式

规则式也称为几何式、整形式、对称式和建筑式。这种类型园林的整个平面布局、立体造型以及建筑、广场、道路、水面和花草树木等要求严格对称(图 13-18)。

在国外,西方园林主要以规则式为主,其中以文艺复兴时期意大利的台地园和 19 世纪法国勒诺特平面几何图案式园林为代表。在国内,北京天坛、南京中山陵等采用的也是规则式布局。

规则式园林给人以庄严、雄伟、整齐和肃穆之感,一般用于气氛较严肃的纪念性园林或有对称轴的建筑庭园中。规则式园林具有以下特点。

图 13-18

(1)全园布局上具有明显的控制中轴线,并大体以中轴线的前后左右对称或拟对称。

(2)广场多呈规则对称的几何形,主轴和副轴线上的广场形成主次分明的系统,道路均为直线形、折线形和几何曲线形,广场和道路构成方格形式、环状放射形、中轴对称和不对称的几何布局。

(3)雕塑、花架、园灯和栏杆多配置在轴线的起点、交点和终点,雕塑常和喷泉水池构成水体的主景。例如,法国沃—勒—维贡特府邸花园。

(4)规则式园林多处于开阔较平坦地段,由不同高程的水平面及缓倾斜的平面组成。在山地和丘陵地段,则由阶梯形的大小不同的水平台地、倾斜平面及石级组成,其剖面均以直线组成。

(5)主体建筑和单体建筑多采用主轴对称均衡布局设计,多以主体建筑群和次要建筑群形和广场、道路相结合的主轴、副轴系统,形成控制全园的总格局。

(6)规则式园林的外形轮廓为几何形,主要是圆形和长方形,水体的驳岸多整形、垂直,有时加以雕塑。水景的类型有整形水池、整形瀑布、喷泉、壁泉及水渠运河的形式,古代神话雕塑和喷泉构成其主要内容。

(7)园林植物以等距离行列式、对称式为主,树木修剪整形多模拟建筑形体和动物造型、绿篱、绿墙、绿门、绿柱等,为规则式园林较突出的特点。此外,规则式园林常利用大量的绿篱、绿墙和丛林划分空间;花卉常以图案为主要内容的花坛和花带,有时布置成较大型的花坛群。

2. 自然式

自然式园林,又称风景式、不规则式、山水式园林。其中最具代表性的当属中国园林景观

（图 13-19），如颐和园、拙政园、网师园等，这些都是自然式园林的代表作品。

图 13-19

自然式园林从 6 世纪传入日本，18 世纪后传入英国。自然式园林以模仿再现自然为主，不追求对称的平面布局，立体造型及园林要素布置均较自然和自由，相互关系较隐蔽含蓄。这种形式较能适合于有山、有水、有地形起伏的环境，以含蓄、幽雅的意境而见长。自然式园林具有以下特点。

（1）自然式构图没有明显的主轴线，其曲线也无轨迹可循。

（2）园林的地形起伏富于变化，广场和水岸的外缘轮廓线和道路曲线自由灵活。

（3）对建筑物的造型和建筑布局不强调对称，善于与地形结合。

（4）植物配置没有吲定的株行距，充分利用树木自由生长的姿态，不强求造型。

（5）在充分掌握植物的生物学特性的基础上，可以将不同品种的植物配置在一起，以自然界植物生态群落为蓝本，构成生动活泼的自然景观。

3. 混合式

所谓混合式园林，主要指规则式、自然式交错组合，全园没有或形不成控制全园的主轴线和副轴线，只有局部景区、建筑以中轴对称布局，或全园没有明显的自然山水骨架，形不成自然格局。一般情况，多结合地形，在原地形平坦处，根据总体规划需要安排规则式的布局。在原地形条件较复杂，具备起伏不平的地带，结合地形规划成自然式。类似上述两种不同形式规划的组合就是混合式园林。

（二）园林景观布局的原则

园林景观是将一个个不同的景观元素有机地组合成为一个完美的整体，这个有机的统一过程也就是对园林景观进行布局。因此，在布局的过程中，景观设计者需要遵循一定的原则，这样才能将园林中的自然的景物与人工景观有机地结合起来，创造出一个既完整又开放的优秀园林景观。

1. 注意园林布局的综合性与统一性

园林景观的形式是由园林的内容决定的。园林景观的功能是为人们创造一个优美的休息娱乐场所，同时在改善生态环境上起重要的作用，然而，如果只从单方面考虑，而不是从经济、艺术和功能三方面考虑的话，园林景观的功能是得不到体现的。因此，在进行园林景观布局时,设计者应从园林景观的经济、艺术和功能这三方面必须综合考虑,只有把园林的环境保护、文化娱乐等功能与园林的经济要求及艺术要求作为一个整体加以综合解决,才能实现创造者的最终目标。

同时,园林景观中有很多变化多样的景物,在布局的时候就应考虑其不同的格局,否则会杂乱无章。这就要求设计者在布局时,既要使景物多样化,有曲折变化,又要使这些曲折变化有条有理,使多样的景物各有风趣,能互相联系起来,形成统一和谐的整体。

2. 注意园林布局时间和空间上的规定性

园林景观是现实生活中常见的环境之一,因此其布局在空间上都具有规定性,这是因为,园林必须有一定的面积指标作保证才能发挥其作用。同时,园林存在于一定的地域范围内,与周边环境必然存在着某些联系,这些环境将对园林的功能产生重要的影响,以北京颐和园为例,颐和园的风景效果受西山、玉泉山的影响很大,在空间上不是采用封闭式,而是把园外环境的风景引入到园内,这种做法称之为借景,这也就是《园冶》中所说的"晴峦耸秀,绀宇凌空,极目所至,俗则屏之,嘉则收之,不分町疃,尽为烟景……"。这种布局的方法超越了有限的园林空间。同时,有些园林景观在布局中是采用闭锁空间,同样是北京的颐和园,其园内的谐趣园,四周被建筑环抱,园内风景是封闭式的,这种闭锁空间的景物同样给人秀美之感。

除了在空间上要能体现规定性之外,园林的布局在时间上也要体现规定性。园林景观布局时间上的规定性具有两方面的含义:一方面是指园林功能的内容在不同时间内是有变化的,如园林植物在夏季以为游人提供庇荫场所为主,在冬季则需要有充足的阳光。园林景观布局还必须对一年四季植物的季相变化做出规定,在植物选择上应是春季以绿草鲜花为主,夏季以绿树浓荫为主,秋季则以丰富的叶色和累累的硕果为主,冬季则应考虑人们对阳光的需求。另一方面是指植物随时间的推移而生长变化,直至衰老死亡,在形态上和色彩上也在发生变化,因此,必须了解植物的生长特性。植物有衰老死亡,而园林应该日新月异。

3. 注意园林布局要主题鲜明,主景突出

所有的园林景观都有自己的主题,而这个主题是通过园林的内容和景观展现出来的。例如,植物园的主题就是研究植物的生长发育规律,对植物进行鉴定、引种、驯化,同时向游人展示植物界的客观自然规律及人类利用植物和改造植物的知识,设计者在进行植物园的景观布局时,就要始终围绕这个中心,使主题能够鲜明地反映出来。

而要突出园林景观的主题,就需要突出主景,要使其他的景观(主要是配景)必须服从于主景的安排,同时又要对主景起到"烘云托月"的作用。当配景的存在能够与主景起到"相得而益彰"的作用时,才能对构图有积极意义,如北京颐和园有许多景区,像佛香阁景区、苏州河景区、龙王庙景区等,但以佛香阁景区为主体,其他景区为次要景区,在佛香阁景区中,以佛香阁建筑为主景,其他建筑为配景。

在这里需要注意的是,虽然主景对于园林景观布局来说十分重要,但配景也具有十分重要的作用。具体而言配景对突出主景的作用有两方面,一方面是通过对比来烘托主景,例如,平静的昆明湖水面以对比的方式来烘托丰富的万寿山立面。另一方面是从类似方式来陪衬主景,例如,西山的山形、玉泉山的宝塔等则是以类似的形式来陪衬万寿山的。

4. 注意园林布局的因地制宜和巧于因借

园林的布局除了要考虑园林的内容之外,还要考虑当地的自然环境。明代著名造园者计成在《园冶》中就曾提到"园林巧于因借"的看法,其中"因"就是因势,在《园冶》中有"因者虽其基势高下,体形之端正……"的说法。"借"就是园内外的联系,在《园冶》中有"借者,园虽别内外,得景则无拘远近""园地惟山林最胜,有高有凹,有曲有深,有峻有悬,有平而坦,自成天然之趣,不烦人事之工,人奥疏源,就低蓄水,高方欲就亭台,低凹可开池沼"的说法。可见,进行园林景观布局就要根据当地的情况,因地制宜。

(三)园林景观布局的表现手法

1. 突出主景

所谓的主景,就是园林绿地的核心,一般一个园林由若干个景区组成,每个景区都有各自的主景,但各景区中,有主景区与次景区之分,而位于主景区中的主景是园林中的主题和重点。

按照主景所处空间范围的不同,可将园林中的主景归纳为两个方面:一个是指整个园子的主景,另一个是指园子中被园林要素分割的局部空间的主景。例如,北京的颐和园,其中万寿山上的佛香阁的主景是排云殿一组建筑,而谐趣园的主景是涵远堂。

在进行园林景观布局时,要注意突出主景,将配景的衬托作用充分发挥出来,使其像绿叶与红花的关系一样。主景必须要突出,配景则必不可少,但配景不能喧宾夺主,要能够对主景起到烘云托月的作用,所以主景与配景是"相得益彰"的。

一般情况下,在园林布局与设计中,设计师为了突出主景,常会采用以下几种方法。

(1)中轴对称

在规则式园林和园林建筑布局中,常把主景放在总体布局中轴线的终点,而在主体建筑两侧,配置一对或一对以上的配体。中轴对称强调主景的艺术效果是宏伟、庄严和壮丽(图 13-20)。

图 13-20

（2）升高主景

为了使构图主题鲜明，常把主景在高程上加以突出。主景抬高，观主景要仰视，可取蓝天远山为背景，主体造型、轮廓突出，不受其他因素干扰，如假山艺术的"主峰最宜高耸，客山须是奔趋"（图 13-21）。

图 13-21

2. 按照景色的空间距离层次布景

景色就空间距离层次而言有近景、中景、全景和远景。

近景是近视范围较小的单独风景；中景是目视所及范围的景致；全景是相应于一定区域范围的总景色；远景是辽阔空间伸向远处的景致，相应于一个较大范围的景色；远景可以作为园林开旷处瞭望的景色，也可以作为登高处鸟瞰全景的背景。山地远景的轮廓称轮廓景，晨昏和阴雨天的天际线起伏称为蒙景。合理地安排近景、中景与远景，可以加深景的画面，增加层次感，使人获得深远的感觉。

近景、中景、远景不一定都具备，要视造景要求而定，如要开朗广阔、气势宏伟，近景就可不要，只要简洁背景烘托主题即可。

3. 抓住每一个景观的特点

我国园林善于抓住每一个景观特点，根据它的性质、用途，结合空间环境的景象和历史，高度概括，常做出形象化、诗意浓、意境深的园林题咏。其形式多样，有匾额、对联、石碑、石刻等，题咏的对象更是丰富多彩，无论景象、亭台楼阁、一门一桥、一山一水，甚至名木古树都可以给以题名、题咏。如万寿山、爱晚亭、花港观鱼（图 13-22）、正大光明、纵览云飞、碑林等。它不但丰富了景的欣赏内容，增加了诗情画意，点出了景的主题，给人以艺术联想，还有宣传装饰和导游的作用。

各种园林题咏的内容和形式是造景不可分割的组成部分。人们把创作设计园林题咏称为点景手法,它是诗词、书法、雕刻、建筑艺术等的高度综合。

图 13-22

第三节 中外园林景观设计分析

园林景观是人们在改造自然、利用自然的过程中,应用美学认识和对园林技术掌握的集中体现。然而,各国由于历史、地域、文化、社会、经济等的不同,在于美学和哲学思辨上也会产生不同的解读,因而在进行园林设计时也会体现出不同的特点。

一、中国园林景观的设计分析

中国园林景观是中国文化的重要组成部分。作为精神物化的载体,中国园林景观不仅客观真实地反映了不同时代的历史背景、社会经济和工程技术水准,而且特色鲜明地折射出中国人的自然观、人生观和世界观的演变,蕴含了儒、释、道的哲学与宗教思想渗透及山水诗画等传统艺术的影响。

纵观中国园林的发展可以发现,它最早出现在奴隶社会的殷商时期,当时的皇家园林——"囿",被认为是中国园林的雏形。先秦、两汉时期的造园规模十分庞大,但演进变化相对缓慢,总的发展趋势是由神本转向人本,其间,宗教意义淡化,更多地融入了基于现世理性和审美精神的明朗节奏感,游宴享乐之风超越巫祝与狩猎活动,山水人格化始露端倪:造园者对自然山水的竭力模仿,开创了"模山范水"的先河,这一时期是中国园林史的第一个高潮。魏晋南北朝是中国园林发展史上重要的转折阶段。此时,园林的规划由粗放转为细致自觉的经营,造园活动已完全升华到艺术创作的境界。佛学的输入和玄学的兴起,熏陶并引导了整个南北朝时期的文化艺术意趣,理想化的士人阶层借山水来表达自己体玄识远、萧然高寄的襟怀,因此,园林风格雅尚隐逸。隋唐园林在魏晋南北朝奠定的风景式园林艺术的基础上,随着封建经济和文化的进一步发展而臻于全盛。隋唐园林不仅发扬了秦汉时期大气磅礴的气派,而且取得了辉煌的艺术成就,出现了皇家园林、私家园林、寺观园林三大类属。这一时期,园林开始了对诗画互渗的写意山水式风格的追求。到了唐宋,山水诗画跃然巅峰,写意山水园也随之应运而生。及至明清,园林艺术达到高潮,这是中国园林史上极其重要的一个时期。而皇家园林的成熟更标志着我国造园艺术的最高峰,它既融合了江南私家园林的挺秀与皇家宫廷的雄健气派,又突显了大自然生态之美。1994 年,中国四大园林:承德避暑山庄、北京颐和园、苏州拙政园、留园先后被联合国教科文组织列入世界文化遗产名录,从而成为全人类共同的文化财富。纵观中国园林景观的发展历程可以发现,在景观设计,中国园林具有如下几方面的特点。

首先,中国园林擅长以有限的空间表达无限的内涵。宋代宋徽宗的良岳曾被誉为"括天下美,藏古今胜",而清代圆明园中的"九州清晏"则是将中国大地的版图凝聚在一个小小的山水单元之中来体现普天之下莫非王土的思想(图 13-23)。

图 13-23

其次,中国传统文化中的山水诗、山水画深刻表达了人们寄情于山水之间,追求超脱,与自然协调共生的思想。因此,山水诗和山水画的意境就成了中国园林创作的目标之一。东晋文人谢灵运在其庄园的建设中就追求:"四山周回,溪涧交过,水石林竹之美,岩帅暇曲之好。"而唐代诗人白居易在庐山所建草堂则倾心于"仰观山,俯听泉,旁魄竹树云石"的意境(图 13-24)。在园林中,这种诗情画意还以刻石的方式表现出来,起到了点景的作用,书法艺术与园林也结下不解之缘,成为园林不可或缺的部分。

最后,中国园林在布局上看似并不强调明显的、对称性的轴线关系,而实际上却表现出精巧的平衡意识和强烈的整体感。中国园林之所以能区别于外国园林,其中一个重要原因正是其整体形式的与众不同。在这种自然式园林中,仿创自然的山形水势,永恒、奇特的建筑造型与结构,多彩多姿的树木花草,弯弯曲曲的园路,组成了一系列交织了人的情感与梦想的、令人意想不到的园林空间(图 13-25)。

图 13-24

图 13-25

二、日本园林景观的设计分析

　　受中国园林和禅宗思想的影响,日本园林结合本土美学,将中国枯山水一直深入拓展,后又融入源于茶道的茶庭,形成了浓郁的民族风格。

　　首先,写意是日本园林设计的最大特色,而写意园林的最纯净形态是"枯山水"(也称涸山水、唐山水)(图 13-26)。枯山水即"以砂代水,以石代山"。理水运用抽象思维的表现手法,将白砂均匀地排布在平整的地面上,用犁耙精心地划过,形成平行的水纹似的曲线,以此来象征波浪万重,与石景组合时则沿石根把砂面耙成环状的水形,模拟水流湍急的态势,甚至利用不同石组的配列而构成"枯泷"以象征无水之瀑布,是真正写意的无水之水。至于"石景",也是日本园林的主景之一,正所谓"无园不石",尤其在枯山水中显示了很高的造诣。日本石景的选石,以浑厚、朴实、稳重者为贵,不追求中国似的繁多变化,尤其不作飞梁悬石、上阔下狭的奇构,而是山形稳重、底广项削,深得自然之理。石景构图多以"石组"为基本单位,石组又由若干单块石头配列而成,它们的平面位置的排列组合以及在体形、大小、姿态等方面的构图呼应关系,都经过精心推敲,在长期的实践过程中,逐渐形成了经典的程式和实用的套路。

图 13-26

其次,日本园林的植物配置以少而精为美,尤其讲究控制体量和姿态,不植高大树木,不似中国园林般枝叶蔓生。虽经修剪、扎结,仍力求保持它的自然,极少植栽花卉而种青苔或蕨类。日本枯山水对植物形态的精心挑选和修剪,说明日本园林比中国园林更加注重对林木尺度与造型的抽象(图 13-27)。但在整体组景造景方面似少有超越中国园林之处。

图 13-27

再次,日本园林从布局形式看是自然山水园。日本园林偏向水性,日本园林必有岛。从园林的构图看,日本园林以向心式构图与西方园林规则式形成对比。日本园林的轴线较弱,平面中心意识较强。日本园林早期受轴线思想影响深,后期受中心思想影响较深。早期的轴线式园林称为寝殿造园林和净土园林。轴线从南到北依次为堆山—园池—桥—中岛—桥—中岛—桥—广庭—寝殿—后庭。弱轴线或无轴线园林如西芳寺园、天龙寺园、妙心寺园等,有些连轴线对位关系都没有了,如皇家的桂离宫。

最后,日本园林的设计深受禅宗思想和日本美学的影响,这主要表现在以下几方面。

第一,日本园林设计专注于对"静止与永恒"的追求:枯山水庭园是表达禅宗观念与审美理想的凭借,同时也是观赏者"参禅悟道"的载体,它们的美是禅宗冥想的精神美。为了反映修行者所追求的"苦行、自律""向心而觉""梵我合一"的境界,园内几乎不使用任何开花植物,而是使用诸如长绿树、粗拙的木桩、苔藓以及白沙、砾石等具有禅意的简素、孤高、脱俗、静寂和不均整特性的元素,其风格一丝不苟、极尽精雅。这些看似素朴简陋的元素,恰是一种寄托精神的符号,一种用未悟禅的形式媒介,使人们在环境的暗示中反观自身,于静止中求得永恒,即直觉体认禅宗的"空境"。

第二,日本园林在设计上追求"极简与深远":枯山水庭院内,寥寥数笔蕴含极深寓意,乔灌木、岛屿、水体等造园惯用要素均被一一删除,仅以岩石蕴涵的群山意象、耙制沙砾仿拟的流水、生长于荫蔽处的苔地象征的寂寥、曲径寓意的坎坷、石灯隐晦的神明般的导引,来表现情境和回味、传达人生的感悟,其形式单纯、意境空灵,达到了心灵与自然的高度和谐。枯山水庭园对自然的高度摹写具有抽象和具象的构成意味,将艺术象征美推向了极致,具有意韵深邃、内涵丰富的美学价值。

三、英国园林景观的设计分析

17、18世纪,绘画与文学两种艺术热衷于自然的倾向影响了英国造园,加之中国园林文化的影响,英国出现了自然风景园,以起伏开阔的草地、自然曲折的湖岸、成片成丛自然生长的树木为要素构成了一种新的园林(图13-28)。

图 13-28

自然风景式的景观设计风格完全改变了规则式花园的布局样式,这一改变在西方园林发展史中占有重要地位,同时也代表着这一时期园林景观设计发展的新趋势,这种造园形式的转变源于英国文学界的自然主义思想,其一改中世纪与意大利文艺复兴时期中轴线和直线的死板,造园规则用自由的路径与优美动感的河湾取代直线道路和几何形水面,各种树木都按自然生态生长,追求自然和谐的景观面貌,随后法国受此影响也开始流行田园趣味的自然式风景,中国式的假山也开始在法国庭园中出现，人们将茅屋、石桥、牛棚、农舍等布置在园中，弥漫着浓厚的东方情调。英国的自然风景式景观在这个过程中由于人们对自然环境的过分崇拜而显得有些不合实际，导致建筑物突兀于园林风景之外，似乎与庭园无关，于是又逐渐发展出混合式庭院景观，其综合了规则的几何形和自然风景形式，将人工筑构的园林景观与自然风景园林景观形式有机结合，使整个园景更加合理。

四、法国园林景观的设计分析

文艺复兴运动兴起后，法国受意大利造园艺术的感染，发展出带有浓重城堡痕迹的造园形式，其主要表现形式为洛可可式景观设计。洛可可式园林景观设计在气势上较意大利园林景观更加宏伟壮丽，具有丰富华丽的景观视觉效果（图 3-29）。

图 3-29

这一时期法国宫廷园艺师还创造出刺绣分片花坛和林荫树的造景方法，闻名于世的凡尔赛宫景观就是这种法国式景观的杰出代表。17 世纪，园林史上出现了一位开创法国乃至欧洲造园新风的杰出人物——勒·诺特，法国园林即由他开创。中国称之为法国古典主义园林。勒·诺特的造园保留了意大利文艺复兴庄园的一些要素，又以一种更开朗、华丽、宏伟、对称的方式在法国重新组合，创造了一种更显高贵的园林，追求整个园林宁静开阔，统一中又富有变化，富丽堂皇、雄伟壮观的景观效果。

在园林的设计上，法国人深受以笛卡尔为代表的理性主义哲学的影响，推崇艺术高于自然，人工美高于自然美，讲究条理与比例，主从与秩序，更注重整体，而不强调细节的玩味，但因空间开阔，一览无余，意境显得不够深远，人工斧凿痕迹也显得过重。

在平面布局上，法国园林基本上是平面图案式。它运用轴线控制的手法将园林作为一个整体来进行构图，园景沿轴线铺展，主次、起止、过渡、衔接都做精心的处理。由于其巨大的规模与尺度（如凡尔赛宫纵轴长达 3 千米），创造出一系列气势恢宏、广袤深远的园景，故又有"伟大风格"之称，与中国园林景观擅长处理小景相比，法国园林则更擅长处理大景（图 13-30）。

图 3-30

　　在理水方式上,法国园林理水的方法主要表现为以跌瀑、喷泉为主的动态美(图 3-31)。水剧场、水风琴、水晶栅栏、水惊喜、链式瀑布等,各式喷泉构思巧妙,充分展示出水所特有的灵性。相比较而言,静水看似少了些许灵气,但静态水体经过高超的艺术处理后所呈现出来的深远意境,也是动态水体难以企及的。

图 3-31

　　在植物种植上,法国园林的栽植从类型上分,主要有丛林、树篱、花坛、草坪等。丛林是相对集中的整形树木种植区,树篱一般作边界,花坛以色彩与图案取胜,草坪仅作铺地,丛林与花坛各自都有若干种固定的造型,尤其是花坛图案,犹如锦绣般美丽,有"绿色雕刻"之称。

第十四章　滨水景观设计

　　滨水景观是构成城市公共开放空间的重要部分,具有城市中最宝贵的自然风景和人工景观,对城市景观环境具有重要的影响。在现代景观设计中,滨水景观设计是设计的主要内容之一,本章就滨水景观设计的相关内容进行简要分析。

第一节　滨水景观设计概述

　　滨水环境指的是原始的水域环境以及陆域与水域相连的一定区域,一般包括同海、湖、江、河等水域濒临的陆地边缘地带环境。滨水景观也就由水域、过渡域和周边陆域三部分的景观构成。水域的景观主要决定于水域的平面尺度、水深、流速、水质、水生态系统、地域气候、风力、水面的人类活动等要素;过渡域的景观基本是指岸边水位变动范围内的景观;水域周边的陆域景观则主要决定于地理景观。滨水景观的构成也就不单单指水域本身的景物景观,它还包括人的活动及其感受等主观性因素。从这个角度来看,又可以说滨水景观是由自然水体景观、人工水景景观、滨水植物景观构成。以下就自然水景景观、人工水景景观、滨水植物景观的设计进行简要分析。

一、自然水景景观的设计

　　自然水景天然形成,它以自然水资源为主体,与地表的各种要素如土地、山体、岩石、草原等在千百年甚至若干亿年的时间里逐渐融合在一起,并且在顺应不同自然地势中形成了千姿百态、丰富多彩的水体景观。例如,敦煌著名的月牙泉,是依托沙漠而形成的(图 14-1)。自然水景观以观赏为主,人类活动的介入必须以保护环境、维护生态平衡为前提,将水与生态环境当作有联系的整体进行审美观赏。

图 14-1

在对自然界的水体进行规划营造时，应以"依势而建，依势而观"为原则，即以保留水体原有的主体形态为主，抓住其主要景观特征，在有必要的地方增设部分人工观景及功能设施，如根据游览线路进行局部改造与调整，设桥、岛、栈道、平台等。

二、人工水景景观的设计

人工水景景观根据场地的功能需要以及设计构思，极力模仿、提炼、概括、升华自然水景，以此提升景观的意境感受，获得丰富的表现力。各种形式的人工水景景观在现代景观设计中运用非常广泛，设计师设计的滨水景观主要是人工水景景观。

（一）人工水景景观设计的形式

按照设计意图，人工水景可用于灵活划分空间，有序组织空间，在不同的位置的，体现分隔、联系、防御的功能。人工水景景观的设计形式主要有静水、流水、跌水、落水、喷泉等。在这些设计形式中，从空间特征来讲，静水、流水只能形成二维的平面景观空间，跌水、落水、喷泉等则形成具有垂直界面的三维空间，由此形成景观视线的障景。

1. 静水

静水是指不流动的水体景观，可大可小，大可数顷，小则一席见方，设置既可集中也可分散，聚则辽阔，散则迂回（图14-2）。静水面开凿、挖掘的位置，或者是地势低洼处，或者是重要位置。大型静水面为了增加层次与景深，多要进行划分的设计，如设置堤、岛、桥、洲等。小型静水面则可采用规则式水池的形式。由于水面可以产生投影，静水空间也就因此获得了开朗开阔之感。同时，水中产生的倒影有着极富的吸引力，因此成为静水面的一道独特的景观。根据面积的大小，静水又有湖泊、水池、盆景水之分。

图 14-2

2. 流水

流水的形态、声音变化不定，或者汹涌澎湃，或者安静安详；或者欢呼雀跃，或者静寂无声。这主要是由水量、流速来决定的。因此，在设计流水时，要对水在流动中的形态变化和声响变化进行充分的利用，以此营造流水的特有景观效果，表现空间的气氛和性格。例如，自由式园景中的溪涧设计，应与自由随意的空间氛围相适应，因此，水面设置应狭而曲长，转弯处设置山石，让流水溅出水花。与之不同，规整式园景中的流水，应衬托秩序、稳重的空间氛围，因此要整齐布置，水岸平整，水流舒缓（图 14-3）。此外，还可以利用流水的走向组织流线，引导人流，起到空间指示与贯通的作用。营造流水时，需要布置水源、水道、水口和水尾。园内的水源可连接瀑布、喷泉或山石缝隙中的泉洼，留出水口；园外的水源，可以引至高处，或是用石、植被等掩映，再从水口流出，或者汇聚一体再自然流出。

图 14-3

3. 跌水、落水

跌水是指将水体分成几个不同的标高，自高处向低处跌落的水景形式（图 14-4）。而水体在重力作用下，自高向低悬空落下的水景形式，则叫落水，或称瀑布（图 14-5）。跌水、落水都是动态的垂直水景，它们的水位有高差变化，给人诸多的视觉趣味感受，并因此常常成为一个组景的视觉焦点。跌水由于有不同的标高，宽度和台边处理也不同，随之变化，跌水的速度、方向也就不同，可谓形态万千。较大瀑布落下澎湃的冲击水声，水流溅起的水花，能带给人极大的视听享受。在流水的汇集处、水池的排水处、水体的入口处等都可以设置瀑布。瀑布下落处一般都要设置积水潭，起到汇集水量的作用，并且保证水花不会溅出。实际上，瀑布不但具有观赏价值，还有一定的实用价值。例如，倾泻而下的水流可以为池中补充氧气，这有利于水生动植物的生长；瀑布搅起的浮游生物，也成为观赏鱼食物的重要来源。

图 14-4

图 14-5

4. 喷泉

利用压力使水自孔中喷向空中再落下的水景形式,这就是喷泉,又被称为"水雕塑"。不同造型的喷泉,主要取决于不同的喷水高度、喷水式样及声光效果。设计喷泉的形式,其考虑因素包括功能设置、时空关系、使用对象等。如果是单个设置,一般布置于湖心处,形成高射程喷泉。如果要形成喷泉群,可布置在大型水池组中。当然,喷泉还可以和其他景观要素组合成景,如采用旱喷泉、音乐喷泉与地面铺装相组合,游人可在其中嬉戏(图 14-6)。其中,音乐喷泉已图片了传统景观意义,它具有了动态的表演特征,对此,应该在喷泉的周围留出一定的观赏距离。

图 14-6

（二）人工水景景观设计的构筑物

这里的构筑物，主要说的是与水景设计直接相关的构筑物，如水岸、桥梁、岛屿、汀步、亲水平台。

1. 水岸

水岸，水为面，岸为域。水岸是设置亲水活动的场所，人近距离欣赏水景，主要以它为支撑点。水体驳岸是水域和陆域的交接线，相对水而言也是陆域的前沿。人们在观水时，驳岸会自然而然地进入视野；接触水时，也必须通过驳岸，作为到达水边的最终阶段。自然水体的水岸通常覆盖的是植被，以此稳固土壤、抑制水土流失。同时，由于水岸是水陆衔接之处，它也就成为水生动、植物与陆生动、植物进行转换的生态敏感区。因此，水岸空间形式的设计，必须结合所在具体环境的艺术风格、地形地貌、地质条件、材料特性、种植特色以及施工方法、技术经济要求来选择，要综合考虑岸边场地的使用功能、亲水性、安全性和生态性等因素。在实用、经济的前提下注意外形的美观，使其与周围景色相协调。在现代环境景观设计中，水岸的设计大致可以分为人工化驳岸和自然式驳岸这两种类型。

（1）人工化驳岸

用人工材料如砖、水泥、整形石材等砌筑的较为规整的驳岸，即人工化驳岸（图 14-7）。一些对防洪要求较高的滨水区，如城市主河道、陆地标高较低的湖滨海滨等区域，通常需要设计人工化驳岸。另外，还有集中公共活动的水岸，建有邻水建筑的水岸，规整式景观中的各种水池池岸等。人工化驳岸为了要体现出亲水活动的参与性与丰富性，其岸线一般较为规整，陆地一侧的空间较大，供游人表演、聚会；如果与水面有一定的高差，通常还要设置栏杆，同时也可以设置一些座椅等休息设施。

（2）自然式驳岸

完全或局部保留水岸原有的岸线形式及岸边土地、植物，或是模仿自然的水岸形态建造的驳岸，称为自然式驳岸。自然风景园中的一些湖泊、池塘，或是自由式布局的一些小型水景，比较合适采用自然式驳岸。自然式驳岸，顾名思义，讲究自然，其岸线一般为自由的曲线，不拘一格，采用的地面材料来源广泛，如沙地、沙石、卵石、木头、土面、草地、灌木丛等。与人工化驳岸不同，自然式驳岸与水面的高差不大，因此可以设置自然缓坡地从水面过渡到陆地，起固土作用的主要是一些卵石或植被的根系。由于自然式驳岸没有或者很少有人工因素的介入，因此它能够保留水生动植物原有生态系统的完整性，也就更能充分体现一种和谐的水岸关系。自然式驳岸通常可以和散步道相结合，使人既可以贴近大自然，又可以保证人行走的便利性，从而充分享受身心的松弛（图14-8）。

图 14-7

图 14-8

2. 桥梁

在水景中，架设桥梁可以增加水景的层次，打破水面单一的水平景观，从而丰富竖向空间。桥梁可供游人欣赏水景，同时还可其他景观要素产生的倒影与水交相辉映（图14-9），或者随着水的流动,或者因光影的移动,可以产生无穷的变化。

图 14-9

3. 岛屿

在人工水景景观设计中,岛屿是重要的构景手段,也是极富天然情趣的水景,主要适用于成片水体中。设置岛屿可以增加水面边缘面积,同时有利于种植更多的水生植物,也为动物栖息提供更多的空间和良好的环境。岛屿的设置,根据功能可分为上人岛屿和不上人岛屿这两种类型。上人岛屿应适当布置一些人的活动空间,有一定的硬地铺装面,可设高台、亭、塔等观景构筑物;不上人岛屿一般以植被造景为主,营造出一种远观的自然景观效果,通常成为鸟类等动物的天堂。设置岛屿的时候,要特别注意它与水面的比例关系,否则会破坏整个水面的协调感。

4. 汀步

汀步,或叫"掇步""踏步",是步石的一种类型,是指在浅水中按一定间距布设的块石,其微露水面,使人跨步而过。汀步是一种渡水、亲水设施,如同桥梁一样,可以将游人引入另外一处景致,但它比桥梁更加接近水面,质朴自然,别有情趣。在不适合建桥的地方可以用汀步代替桥梁(图 14-10)。汀步属小景,但并不是指可有可无,恰恰相反,却是更见"匠心"。汀步的用材多选用石材,有时也可以使用木材或混凝土等。其造型可以是规整的石板,也可以是随意放置的石块。将步石美化成荷叶形,因此又称为"莲步"。汀步表面平整,适宜游人站立和观景。

5. 亲水平台

为了满足观景、垂钓、跳水、游船等活动的需要,在水边观景的最佳位置通常设置一些平台,即亲水平台(图 14-11)。亲水平台使人可以选择一个最佳的位置和角度与水接触。较小的亲水平台,其材料多以木质为主,用架空的方式置于水边,也有伸入水的形式,如栈桥。较大的亲水平台,为了满足大量人流的聚集,通常使用混凝土等更为坚匿的材料修筑,还可以设置一些休憩设施,如座椅、台阶等。中国古典园林中,还有一种亲水平台称为"矶",面积一般很小,用一块整石砌于岸边,其表面通常打凿得粗糙,主要是为了防滑。

图 14-10

图 14-11

(三)人工水景景观设计的影响因素

人工水景景观设计要考虑三个主要因素:水体的位置、水体的形态、水体的尺度,并对其进行有针对性的设计。

1. 水体的位置

水体的位置选择要结合水源位置,符合整体景观的设计意图和观赏的视线和角度要求。设计时如果想要获得梦幻的倒影,那么就应该将水面设置在平坦开阔之处,并设置一定的观赏距离,在位置上应该考虑可能将其他建筑物映入水中的因素。如果想取得曲径通幽的效果,那么理水造景可设置在僻静、隔离之处,使之形成一处较为独立的空间。

选择水体位置的基地条件对水体景观的形成具有重要影响。例如,位置是地处低洼积水处,应该考虑在该地安排较为宽阔的水景;位置有自然落差,应该考虑在该地设置瀑布水景;针对自然缓坡地段,则应该尽量考虑设置流水景观。

2. 水体的形态

水体的形态大致可分为规整式和自由式两种。

（1）规整式水

规整式水景（图 14-12）的水体通常采用的是规整对称的几何形。为了与规整式水景协调和强化风格，在设置通道、植被、小品的时候，也经常采用较为规整的形式，水池边缘样式统一、棱角分明。大规模的建筑群、大型公共建筑物的配景设计就经常采用规整式水景。此外，欧洲古典园林设计和纪念园林等也常用规整式水体景观。在住区设计中如果采用规整式水体，由于住区面积较小，规整式水体的尺度也缩小，并为了形成与人亲近的景观，还会设置一些座椅、雕塑等。

图 14-12

（2）自由式水景

自由式水景（图 14-13）的形式不讲究几何图形式的对称，而是不拘一格，其水体的岸线是自由随意、随景而至的，如流线型水池、蜿蜒流动的溪流、垂直而泻的瀑布，而且经常设置一些几块岩石、曲折的小径、浓密的植被。自由式水景的形态设计技巧是水体忌直求曲、忌宽求窄，窄处收束视野，宽处顿感开阔，节奏富于变化。

图 14-13

3. 水体的尺度

水体的尺度,大的有千里,如洞庭湖(图 14-14);小的则只有一方。或大或小,各有其韵味,但水体尺度的设置要因地制宜、因需而定、因景而成,切不可盲目求大。例如,苏州园林本身的面积不大,因此设置水体景观的面积也受限制,但是园内掘土成池,四周又布置石块、亭子、水体、山石、建筑物的尺度构成合理,由此获得了微小但精致的水体景观(图 14-15)。大型水面空无一物会显得单调乏味,因此可以将其划分为几处水面,或者设置水口,或者在窄的地方假设桥梁,或者放置船只,增加层次感及进深感,形成了丰富的空间效果。

图 14-14

图 14-15

三、滨水植物景观的设计

滨水植物可以使滨水景观充满活力、生机盎然,其种植设计是滨水景观设计的一个重要组成部分。滨水植物的功能在于其可以护岸、维护生态环境、净化水体、提高生物多样性以及供观赏等,类型多种多样。滨水植物种植设计除了参照一般的植物规划原则外,还有一些特殊要求。

(一)滨水植物的类型

按照不同的位置以及植物所发挥的不同功能来分,滨水植物可以划分为水边植物、水下造氧植物、漂浮类植物和喜湿植物。

1. 水边植物

水边植物主要指的是生长在池边浅水中的植物,它的茎和根通常成为微小水生物的栖息地。水边植物通常生长得很浓密,极富装饰效果,可以成为池边的绿色屏障。不同的水岸形态与多种多样的水边植物,可以组合成丰富多样的亲水空间(图 14-16)。

图 14-16

2. 水下造氧植物

水下造氧植物生活在水中,可以为水中的微生物、鱼虾类等提供氧气和保护地,同时还可以消耗掉水中多余的养料,防止杂草丛生的水藻类的繁衍,减少绿色水体的生成。有些水下造氧植物,如莲花、荷花的叶片和花朵漂浮在水面,也很有观赏价值,而且占用的水面面积可大可小,即使是再小的水面都能容纳一两株莲花,或者几何化的圆形叶面,它们都通常成为水面的焦点(图 14-17)。

3. 漂浮类植物

漂浮类植物根不着生在底泥中,体内具有发达的通气组织,或具有膨大的叶柄(气囊),以保证与大气进行气体交换,整个植物体就浮在水面,为池水提供装饰和绿茵。这类植物生长、繁衍迅速,随水流、风浪四处漂泊,能够比睡莲更快地提供水中遮盖装饰。同时,漂浮类植物还具有实用功能,它们既能吸收水里的矿物质,同时又能遮蔽射入水中的阳光,所以也能够抑制水体中藻类的生长。但是,由于漂浮类植物生长、繁衍特别迅速,又可能成为水中一害,所以需要定时捞出一些,否则会覆盖整个水面(图 14-18)。因此,也不要将漂浮类植物引入非常大的水面,否则清除困难,也影响整个水体景观效果。

图 14-17

图 14-18

4. 喜湿植物

喜湿植物一般生活在水边湿润的土壤里,或者生活在适宜的泥潭或池塘里,但根部不能浸没在水中。可见,喜湿植物不是真正的水生植物,只是它们喜欢生长住有水的地方,根部只有在长期保持湿润的情况下才能旺盛生长。通常,多种喜湿植物的栽植在水边组成浓密的灌木丛,成为水陆间柔和、自然的过渡。喜湿植物品种繁多,常见的有樱草类、玉簪类和落新妇类等植物,另外还有柳树等木本植物、红树植物。

(二)滨水植物景观设计的要求

1. 因"水"制宜,选择植物种类

在进行滨水植物景观设计时,要以水体环境条件和特点为依据,因"水"制宜地选择合适的水

生植物种类进行种植。例如,针对大面积的湖泊、池沼,既考虑观赏价值又考虑生产,可种植莲藕、芡实、芦苇等。而一些较小面积的庭园水体,则凸显观赏价值即可,选择一些点缀种植水生观赏花卉,如荷花、睡莲、王莲、香蒲、水葱等。

不同的水生植物,其生长的水体深度也不同。水生植物按其生活习性和生长特性,分为挺水植物、浮叶植物、漂浮植物、沉水植物等类型,其生长环境及价值如表14-1所示。

表14-1　不同类型水生植物的生长环境及价值

类型	生长环境	价值
挺水植物	只适宜生长于水深1m的浅水中,植株高出水面。因此,较浅的池塘或深水湖、河近岸边与岛缘浅水区,通常设计挺水植物	可丰富水体岸边景观(如荷花、水葱、千屈菜、慈姑、芦苇、菖蒲等)
浮叶植物	可生长于稍深的水体中,但其茎叶不能直立挺出水面,而是浮于水面之上,花朵也是开在水面上。所以设计多种植于面积不大的较深水体中	可点缀水面景观,形成水面观赏焦点(如睡莲、王莲、芡实、菱角等)
漂浮植物	整株漂浮生长于水面或水中,不固定生长于某一地点,因此,这类水生植物可设计运用于各种水深的水体植物造景	点缀水面景色,且可以有效净化水体,吸收有害物质(如水浮莲、凤眼莲等)
沉水植物	植物体全部位于水层下面,因此,这类水生植物可设计运用于富营养化的湖泊、湿地	有利于在水中缺乏空气的情况下进行气体交换(如苦草、金鱼藻、狐尾藻、黑藻等),有些沉水植物的花朵还可以点缀水面景观

水生植物的选择,除考虑水体深浅外,还要讲究多种植物的搭配。设计时,既要满足生态要求,又要注意主次分明,高低错落,在形态、叶色、花色等方面的搭配都应该协调,以此取得优美的景观构图。例如,香蒲与睡莲搭配种植,既可取得高低姿态对比、相互映衬的效果,二者又可协调生长。

2. 水生植物占水面比例适当

水体种植布局设计总的要求是要留出一定面积的活泼水面,并且植物布置有疏有密,有断有续,富于变化,由此获得生动的水面景色。例如,在河湖、池塘等水体中进行水生植物种植设计,不宜将整个水面占满,否则不但造成水面拥挤,而且无法产生水体特有的景观倒影景观效果。较小的水面,也不应在四周种满一圈,植物占据的面积以不超过1/3为宜,否则会显得单调、呆板。

3. 控制水生植物的生长范围

种植设计时,一定要在水体下设计限定植物生长范围的容器或植床设施,以控制挺水植物、浮叶植物的生长范围。如果不加以控制,水生植物就会很快在水面上蔓延,进而影响整个水体景观效果。针对漂浮植物,可选用轻质浮水材料(如竹、木、泡沫、草素等)制成一定形状的浮框,这不但可以限制其生长范围,而且浮框可以移动,使水面上漂浮的绿洲或花朵灵活变化出多种形状的景观。

4. 布置水边植物种植

在水体岸边布置植物时,要根据水边潮湿的环境进行选择。例如,可以种植设计姿态优美的耐水湿植物如柳树、木芙蓉、池杉、素馨、迎春、水杉、水松等。这些植物可以美化河岸、池畔环境,继而丰富水体空间景观(图 14-19)。

图 14-19

在水体岸边种植低矮的灌木,也可以获得别样的风致景观。它们不但可以遮挡河池驳岸,还可以使池岸含蓄、自然、多变,继而获得丰富的花木景观。

如果选择种植高大乔木,则通常可以创造出水岸立面景色和水体空间景观对比构图效果,同时获得生动的倒影景观。当然,也可以适当地设置一些亭、榭、桥、架等建筑小品,起到点缀的作用,进而增加水体空间的景观内容,也可以给游人通过游憩的设施(图 14-20)。

图 14-20

水景的维护和管理是保证水景效果的必要环节。对水景实施维护和管理主要应从下列几个方面来进行,即保证水质,对水底、水岸进行定期的维护,养护好水生动、植物,进行季节性保养,对池中设施进行定期检修,制定管理制度,落实管理人员等。

第二节　滨水景观设计的原则

　　滨水景观是相对独立的景观系统,是景观设计中的重要组成部分。它涉及水的供给和灌溉、气候的调节、防洪以及动植物生长与环境美化等需求,融合了地理学、植物学、景观生态学、环境经济学、艺术学等多学科。滨水景观设计应以体现地方的特色风貌,反映地方文化及体现开放、发展的时代精神为基本点,立足山水园林文化的特征,创造具有时代感的、生态的和文化的景观。具体而言,滨水景观设计应遵循下列原则。

一、自然性原则

　　滨水景观设计要体现自然形态,保护环境的自然要素,要因"水"制宜,追求自然,体现野趣,既要考虑到工程的要求,又要考虑景观和生态的要求,不能简单地把景观林设计搬到水边来,要依照地形特点和水体特点设计出各具特色的景观。

二、生态性原则

　　滨水景观设计应满足生物的生存需要,适宜生物生息、繁衍,遵循生态性原则。如今,生态问题已经是当代人类面临的最为严重的环境问题,因此生态性原则也就理所当然地成为首要原则。在设计时,用水要节制,维持水的自然循环规律;对水质进行生态处理时要充分利用生物生态修复技术,使其具有自动恢复功能;在水体中养殖不同的动植物,以此形成多层次的生物链等(图 14-21)。

图 14-21

三、实用性原则

　　任何设计都具有目的性,实用就是目的之一。滨水景观设计的实用性主要表现在以下几个方面。

（1）水本身具有实用特性，充分利用这个特点，使水景设计不仅具有观赏性，而且具有经济效益，服务于当地人民的生产和生活，如小区入口的水景设计就结合了实用性和观赏性（图 14-22）。

图 14-22

（2）水景设计应以人为本，要充分考虑并满足人们的实际需要，而不是仅仅作为"形象工程"在特定时段象征性地设计。

四、安全性原则

滨水景观设计还要考虑安全性，有时候甚至要满足防洪的要求。例如，河流的一个重要功能是防洪，为此，人们采用了诸如加固堤岸、衬砌河道等工程措施来保证安全。出于生态、美学等方面的考虑，人们对传统工程措施进行了许多改造，如采用生态河堤，使防洪设施及环境成为一个良好的景观。

五、可行性原则

在进行滨水景观设计时，不同类型的水体所需能量和运营成本都不同，应综合考虑各种因素，保证系统运行的可行性。可行性具体表现在地域条件的可行性、经济的可行性、技术的可行性（表 14-2）。

表 14-2　滨水景观设计的可行性表现

表现	相关表述
地域条件的可行性	结合所在地域的条件来设计水景的类型与规模，充分考虑实际建成的效果和可持续使用情况
经济的可行性	大型的音乐喷泉的设计，需要大量的资金进行使用和维护，因此欠发达地区不宜建设此类型的喷泉
技术的可行性	无论是自然水景中的借水为景，还是人工水景中的以水造景，均离不开现代技术的综合协调

六、整体性原则

水景是滨水景观系统中的一部分,具有整体性效果。例如,河流通常就是一个有机整体,其各段相互衔接、呼应,各具特色,联成整体。一般而言,人不仅对水有亲近的愿望,对线状的水体特别是河流也就往往具有溯源心理,设计中往往与墙、柱等建筑元素组合起来运用,使水体周边的空间成为最引人入胜的休闲娱乐空间,进而取得连续而生动的整体效果(图 14-23)。

图 14-23

七、创新性原则

滨水景观设计,其本质及作品的生命力在于自身的创新。如今,水景设计越来越重视民族特色、地域特色、项目特色和设计师风格。水景设计要体现创新性,可从水的类型、组合方式、设计观念、方法、技术等多方面入手。

八、美观性原则

滨水景观设计水景时,要求美观,符合形式美规律,如体现统一与变化、比例与尺度、均衡与稳定、对比与协调、视觉与视差等,以此迎合人们的欣赏习惯,激发其参与的兴趣。在水景设计中,设计师表达自己的设计意图和艺术构思通常需要运用相应的构图经验和形式美规律,同时发散自己的设计思维,敢于打破常规,以期获得丰富多彩的景观。

九、文化性原则

不同地域的滨水环境具有不同的文化特征,水景设计应体现各地区特有的文化性。文化意境的表现并不是取决于水景的大规模和豪华的装饰,而是取决于设计者的文化修养及其对设计要素的驾驭能力。例如,北京香山饭店(图 14-24)和苏州博物馆新馆就精妙地表现了设计者对中国传统山水文化现代性的把握和驾驭。

图 14-24

十、循序渐进的原则

滨水景观设计应当遵循循序渐进的原则,其规划设计方法要具有一定的弹性空间。因为滨水区的规划和建设通常受到技术条件、经济条件的制约,对此可以先选取局部地块进行启动,营造环境景观,带动周边地区经济升值。循序渐进地进行开发,最终完全实现滨水区的利用。

十一、亲水性原则

亲水性是人们观赏、接近和触摸水的一种自然行为。加上现代人文主义的极大影响,现代滨水景观设计更多地考虑了人与生俱来的亲水特性。因此,在水景设计中要遵循亲水性原则,提供更多位置能直接欣赏水景、接近水面、满足人们对水边散步、游戏等的要求,减少人与水之间的障碍,缩短两者间的距离(小于 2m),尽可能增加人的参与性。例如,滨水亲水岸的魅力就在于它通过视觉、听觉、触觉而为人所感受。需要注意的是,水景的亲水性越好,参与活动的人会越多,对环境的影响也越大。

第三节　滨水景观设计的方法

在进行滨水景观设计过程中,水景设计、构筑物设计、绿地景观设计存在不同的立意、功能、模式和侧重点,其具体的设计方法也就有所不同。

一、滨水景观设计中水景设计方法

(一)借水为景

借水为景,即借助自然水景的设计,主要是指对水边的驳岸、水生动植物、公共艺术品等方面的设计。

1. 驳岸

驳岸从造型上可分为立式、斜式和台阶式;从材料的选择上可分为砖岸、土岸、石岸和混凝上岸。设计时应顺应地形,采取不同的设计方法,具体如表 14-3 所示。

表 14-3　不同地形驳岸的设计方法

地形	设计方法
坡度缓或腹地大的水域地段	宜采用天然原型驳岸,以体现自然之美
水域环境坡岸较陡或冲蚀较严重的地段	采用天然石材、木材做护底,其上筑一定坡度的土堤,堤上再种植植被来增加驳岸的抗洪能力
防洪要求较高、腹地较小的地段	应采取台阶式分层处理。在自然式护堤基础上,加设钢筋混凝土挡土墙组成立体景观

2. 水生动植物

对于动植物较多的水景区域,应尽量保持自然风味,减少人工干预;对于缺少水生动植物的地段,应根据气候条件、水体动静形态以及原生态景观形式来进行配置。具体而言,要符合生态性原则,兼顾经济效益;水边植物配置讲究构图;水上植物疏密相间,应留出足够的空旷水面来展示倒影;驳岸植物的配置考虑交通与视觉关系,藏丑露美;还要充分考虑季节因素,既有季相变化的植物,又有常绿植物,以此保持景观的连续性。

3. 公共艺术品

公共艺术品包括水边的雕塑、壁画、装置艺术及其他艺术形式的作品。作品的题材应反映特定的水文化主题,其形式、尺度、材质均以水为背景;设置的位置和场地布置应考虑到达性和观赏性。

(二)以水造景

以水造景,即对人工水景的设计。人工水景形式多样,不同类型的水景在设计中所起的作用均不同,其设计方法与重点也不一样。以下主要针对静水、流水、跌水、喷水四种类型的景观进行设计。

1. 静水景观

人工静水景观包括人工湖、人工水池、水库、水田、水井等。其中水库、水田、水井体现更多的是实用性功能,而景观只是它们的附加功能或作为古迹遗存的一种表现形式。因此,静水景观设计的重点是人工湖和人工水池,以下主要对二者的池身设计、空间布局、水深设计、动植物养殖设计方法进行分析。

池身设计:池身主要有自由式、规则式、自由与规则结合式等设计形式。具体设计方式如表14-4 所示。

表 14-4　人工湖和人工水池的池身设计

项目	池身设计方法
人工湖	人工湖水面大,在设计中通常利用场地中现成的洼地依形就势,形式有自由式和多样式,或者二者结合。为使湖岸曲折变化,在设计中常常设廊、桥、栈道、亭、水榭等建(构)筑物来分隔水体,材料多以砖、石、钢筋混凝土为主,丰富空间层次
水池	面积小,多开挖、砌筑而成。池岸的设计通常采用规则式,如单一矩形、圆形、三角形或两两组合。池形设计应自然、流畅,与环境整体形态相协调。小型水池可采用玻璃纤维、混凝土、压克力等耐腐、防渗材料。设计遵循尺度比例得当的原则

空间布局:人工湖和水池的设计应从整体出发,布局具体从平面构成和立体空间两个方面的维度来进行,对水体进行空间上的整合。水景内部的各构景要素的构图、组合也可从传统园林中吸取有益的造景手法,同时结合自身形态的特征,迎合当代人的审美情趣,以期获得体现时代特色的视觉效果。

水深设计:从安全的角度出发,静水景观的水深宜控制在 1.0m 以内,水面离池边应留有 0.15m 高差。如果要供儿童游玩,水深不得超过 0.3m。种植水生植物的深度一般控制在 0.1~1.0m 等。此外,造景的效果还受到水位的影响,因此水景中应设置自动补水装置和溢流管路。

动植物养殖:水生动植物的投放和种植,应考虑水体规模的大小。人工池水多为静止,其容量小、自洁力差,所以养殖的动植物不能超过正常范围,以免因动植物死亡而造成的环境污染。为获得倒影效果,水面植物不宜过多,应留出足够的空水面。

2. 流水景观

人工流水景观主要指运河、水渠和人工溪流等景观,常表现为线型,能起到串联景点、控制整体景观的作用。

运河:运河通常置身于自然环境之中,跨越多地区,与自然河流有异曲同工之妙。如今,对于运河的设计,人们只需对河道、堤岸及滨水带进行整治,同时适当添置人工造景元素。

水渠:水渠景观是一种典型的线型带状动水景观。按照不同的作用分为文化性水渠、综合性水渠这两大类。文化性水渠,即为灌溉而开凿的古代水渠,如果配建其他旅游服务设施,就可以突出其历史性、纪念性等功能。针对综合性水渠,可以把水渠的形态特征作为设计的基本元素,结合跌水、瀑布、水池甚至喷水等形式,再加上现代造型手法,可以组合成动静配合、点线面交替、视觉心理有抑扬的综合性景观。

溪流:溪流是一种线型的带状流水景观形态,其规模和尺度偏大,形态表现出很强的自然特性。给溪流营造出不同的形态设计,采取的方法也有所不同,如表 14-5 所示。

总之,溪流水景的设计应根据场地的生态条件、各流经地段的特点、空间大小及周边环境景观等情况来确定其水体规模、流量、流态等。

表 14-5　溪流不同流态的设计方法

流态	设计方法
缓流	水流平缓,以光滑、细腻的材料砌筑而成,河床的坡度小于 0.5%
湍流	水声随水流平面形态的变化而变化,以粗糙材料,如卵石、毛石来砌筑河床,制造水流障碍,导致湍流
波浪	一种立体形态上的变化景观。将河床底部做成起伏的波浪,另增置变化突然的河道宽度和流水方向,从而获得浪花

3. 跌水景观

跌水景观主要是对产生跌水的构筑物进行的设计,形态千变万化。其出水口、跌水面、承水池的设计方法也各不相同。

出水口:出水口的常见形式有隐藏式、外露式、单点式、多点式、组合式。出水口的形状、数量与跌水面的关系对跌水的形态有很大影响,其本身也是形成景观的一部分。例如,出水口设计得宽且落差大时,可以形成水帘的效果;出水口设计呈外露管状时,则可以形成管流。

跌水面:跌水面的形式有滑落式、阶梯式、瀑布式、仿自然式和规则式,其中瀑布的形式有帘瀑、挂瀑、叠瀑和飞瀑等。设计跌水面时,重点注意其造型、尺度、色彩和朝向等,这些因素变化和组合可以形成不同的景观。例如,跌水面色深或背阳时,流水晶莹透明,光斑闪烁。

承水池:承水池的形态类似于人工水池或人工溪流。设计要点有以下几方面。

第一,承水池的设置,应充分考虑其形状、大小、亲水性、周边动植物的配置,并要考虑与跌水面、出水口的协调。例如,承水池面积小,而跌水的流量大,就使景观空间拥塞、局促;反之,承水池面积,而跌水的流量小,又会使得水景效果不明显、主题不突出。

第二,为取得不同的水花、水声,制造明显的溅水效果和极具吸引力的水声,设计承水池时应该考虑在水落处设置不同形式、材料(常用石或混凝土材质)的承水石。

4. 喷水景观

喷水景观的类型大致可分为旱地式喷泉、水池式喷泉、水洞式喷泉,其设计方法如表 14-6 所示。

表 14-6　不同喷水景观类型的设计方法

类型	设计方法
旱地式喷泉	由于旱地式喷泉的喷水直接落在地面上,为防止场地湿滑,地面应铺装防滑材料。另外,喷头的设置也应与地面平齐,以免影响行人通行
水池式喷泉	水池式喷泉的水池的形状大小应与喷泉的形式、喷射方向和喷泉高度相协调。通常情况下,水池面的长、宽和直径为喷泉高度的 2 倍左右
水洞式喷泉	此种景观需对喷水进行延时性阶段控制,将喷出的水柱准确地投落于预设的蓄水洞中,最后由水洞隐藏的喷头喷出水花。因此,设计时要考虑风力的影响,喷泉的地面应作防滑处理

依据不同的标准,喷水景观还可以分为很多种类型,即便如此,它们都由水源、喷头、管道和水泵四部分组成,其中对喷泉的形态起决定性作用的是喷头。按照喷头的不同形状可分为单射式线状喷头、球状喷头、泡沫状吸气喷头等,设计时应根据场地条件、水景规模和景观主题等因素来进行相应的选用。

二、滨水景观设计中构筑物设计的方法

滨水景观设计中,水体沿岸构筑物的形式与风格对整个水域空间形态的构成有很大影响。其设计方法如以下几个方面。

第一,要确保沿岸构筑物的密度和形式不能损坏整体景观的轮廓线,并要保持视觉上的通透性。建筑物的形式风格要与周围环境相互协调。

第二,为了使人们方便前往不同的地点进行各种活动,应考虑设置能够陕速、方便到达滨水绿带的通道,同时注意形成风道引入水滨的大陆风。

第三,满足功能要求,满足防洪、泄洪要求;坚固、安全、亲水性好。

第四,体量宜小,造型应轻巧,宜采用水平式构图为主。

第五,色彩宜淡雅,材质朴实(小型建筑、景桥可采用木或仿木结构)。

三、滨水景观设计中绿地景观的设计方法

在滨水区沿线建设一条连续的、功能内容多样的公共绿带,是滨水景观设计的重点内容。滨水区的绿地系统包括林荫步行道、广场、游艇码头、观景台、赏鱼区、儿童娱乐区等,要结合各种活动空间场所对其进行合理设置。

滨水区的植物选择应体现多样化的特征,使滨水区绿地景观更加丰富。其中群落物种多样性大,适应性强,也易于野生动物栖息。滨水区的绿化应多采用自然化设计,讲究地被花草、低矮灌丛、高大树木等的层次组合。另外,要增加软地面和植被覆盖率。

参考文献

[1]胡先祥.景观规划设计.北京:机械工业出版社,2015.

[2]李琴.景观植物配置设计.北京:化学工业出版社,2015.

[3]李楠,刘敬东.景观公共艺术设计.北京:化学工业出版社,2015.

[4]廖建军.园林景观设计基础.长沙:湖南大学出版社,2009.

[5]李开然.园林设计.上海:上海人民美术出版社,2011.

[6]周长亮,张健,张吉祥.景观规划设计原理.北京:机械工业出版社,2011.

[7]王波,王丽莉.植物景观设计.北京:科学出版社,2008.

[8]王萍,杨珺.景观规划设计方法与程序.北京:中国水利水电出版社,2012.

[9]屠苏莉,丁金华.城市景观规划设计.北京:化学工业出版社,2014.

[10]逯海勇,李显秋,贾安强.现代景观建筑设计.北京:中国水利水电出版社,2013.

[11]黄华明.现代景观建筑设计(第2版).武汉:华中科技大学出版社,2013.

[12][美]多贝尔著.校园景观:功能形式实例.北京世纪英闻翻译有限公司译.北京:中国水利水电出版社,2005.

[13]徐进.居住区景观设计.武汉:武汉理工大学出版社,2013.

[14]蔡雄彬,谢宗添《城市公园景观规划与设计》,北京,机械工业出版社,2013.

[15]赵肖丹,陈冠宏.景观规划设计.北京:中国水利水电出版社,2012.

[16]檀文迪.园林景观设计.北京:清华大学出版社,2014.

[17]于立晗.城市景观设计.北京:化学工业出版社,2015.

[18]刘骏.居住小区环境景观设计.重庆:重庆大学出版社,2014.

[19]刘滨谊.现代景观规划设计.南京:东南大学出版社,2005.

[20]封云,林磊.公园绿地规划设计.北京:中国林业出版社,2003.

[21]俞孔坚,李迪华.景观设计:专业学科与教育.北京:中国建筑工业出版社,2003.

[22]尹安石.现代城市景观设计.北京:中国林业出版社,2006.

[23]呙智强.景观设计概论.北京:中国轻工业出版社,2006.

[24]李开然.景观设计基础.上海:上海人民美术出版社,2006.

[25]王长俊.景观美学.南京:南京师范大学出版社,2002.

[26]胡先祥,肖创伟.园林规划设计.北京:机械工业出版社,2007.

[27]段进.城市空间发展论.南京:江苏科学技术出版社,2000.

[28]姚时章,王江萍.城市居住外环境设计.重庆:重庆大学出版社,2000.

[29]白德懋.城市空间环境设计.北京:中国建筑工业出版社,2002.

[30]姚翔.城市广场规划设计探析.保定:河北农业大学,2005.

[31]许浩.城市景观规划设计理论与技法.北京:中国建筑工业出版社,2006.

[32]王枫.生态观念的城市广场.天津:天津大学,2004.

［33］王超.面向市民的现代多功能城市广场设计手法探析.西安:西安建筑科技大学 2004.

［34］亢滨.广场与城市一体化设计研究.北京:北京工业大学,2002.

［35］[美]理查德·L·奥斯汀著.植物景观设计元素.罗爱军译.北京:中国建筑工业出版社,2005.

［36］张吉祥.园林植物种植设计.北京:中国建筑工业出版社,2001.

［37］冯炜,李开然.现代景观设计教程.杭州:中国美术学院出版社,2002.

［38］中国建筑装饰协会.景观设计师培训考试教材.北京:中国建筑工业出版社,2006.

［39］刘滨谊.现代景观规划设计.南京:东南大学出版社,2005.

［40］吴良镛.人居环境科学导论.北京:中国建筑工业出版社,2001.

［41］李铮生.城市园林绿地规划与设计.北京:中国建筑工业出版社,2006.

［42］王晓俊.风景园林设计.南京:江苏科技出版社,2000.

［43］谷康.园林设计初步.南京:东南大学出版社,2003.

［44］李敏.城市绿地系统规划.北京:中国建筑工业出版社,2008.

［45］刘骏,蒲蔚然.城市绿地系统规划与设计.北京:中国建筑工业出版社,2004.

［46］王祥荣.国外城市绿地景观评析.南京:东南大学,2003.